同济大学研究生教材

海洋岩土工程

Marine Geotechnics

[澳] H. G. Poulos 著　郑永来 译

同济大学出版社
TONGJI UNIVERSITY PRESS

内 容 提 要

本书介绍了海洋资源以及典型的海岸结构类型，对海洋土体的特性进行了分析和讨论，特别是周期荷载作用下土体的特性，涉及海床的波浪荷载、沙在地震荷载下的液化等当今海洋岩土工程研究的热门和难点课题。该书在岩土工程勘察的基础上，介绍了离岸重力式结构基础、自升式钻台基础以及近海桩基。同时，还对海床失稳、滑坡等问题的机理和评价方法进行阐述，为维护海床稳定性提供了相关的理论依据。

图书在版编目(CIP)数据

海洋岩土工程 / (澳)波勒斯(H. G. Poulos)著；郑永来译. --上海：同济大学出版社，2017.11

书名原文：Marine Geotechnics

ISBN 978-7-5608-7072-4

Ⅰ.①海… Ⅱ.①波… ②郑… Ⅲ.①海洋工程—岩土工程—研究 Ⅳ.①P752

中国版本图书馆 CIP 数据核字(2017)第 117540 号

海洋岩土工程

[澳] H. G. Poulos **著** 郑永来 **译**

责任编辑 胡晗欣 **责任校对** 徐春莲 **封面设计** 陈益平

出版发行 同济大学出版社 www.tongjipress.com.cn
(上海市四平路 1239 号 邮编：200092 电话：021-65985622)
经　　销 全国各地新华书店
排　　版 南京新翰博图文制作有限公司
印　　刷 上海同济印刷厂有限公司
开　　本 787 mm×1 092 mm 1/16
印　　张 17.25
字　　数 431 000
版　　次 2017 年 11 月第 1 版 2017 年 11 月第 1 次印刷
书　　号 ISBN 978-7-5608-7072-4

定　　价 62.00 元

译者序

海洋蕴藏着丰富的生物和矿产资源，21 世纪人类赖以生存的物质将有很大部分来自海洋生物。对海洋石油、天然气及各种金属、非金属矿物的大规模开发利用将改变现有资源的结构。在海洋资源开发战略中，海洋岩土工程是必不可少的先导工作和关键技术之一。由H. G. Poulos所著的 *Marine Geotechnics* 是一部在国际上具有很大影响力的专业著作，许多知名大学都使用该书作为研究生有关专业的教学参考书。鉴于该书知识的系统性、理论的完整性和案例的实用性，《海洋岩土工程》作为其中文版译著，它的出版将为国内从事海洋岩土工程、港口海岸及近海工程研究的学者、工程设计人员和研究生提供很好的参考读物。

本书介绍了海洋资源以及典型的海岸结构类型，对海洋土体的特性进行了分析和讨论，特别是周期荷载作用下土体的特性，涉及海床的波浪荷载、沙在地震荷载下的液化等当今海洋岩土工程研究的热门和难点课题。本书在岩土工程勘察的基础上，介绍了离岸重力式结构基础、自升式钻台基础以及近海桩基。同时，还对海床失稳、滑坡等问题的机理和评价方法进行阐述，为维护海床稳定性提供了相关的理论依据。

本书共分为 8 章：第 1 章主要介绍海洋资源和海岸结构的类型；第 2 章主要阐述海洋土的特性，包括海底沉积物的来源和分类、海洋泥沙的原位应力状态等；第 3 章介绍了周期荷载作用下土的特性，阐述了周期性泥土反应的实验室试验程序；第 4 章主要介绍了海洋岩土工程勘测的各个阶段和方法；第 5 章介绍了离岸重力式结构地基的稳定性分析、变形分析、管涌和侵蚀等问题；第 6 章介绍了自升式钻台基础的类型和设计荷载，以及相关的性能预测；第 7 章阐述了近海桩基的类型和动态分析；第 8 章讨论并阐述海床稳定性评估中的一些问题和计算分析方法，并给出有关工程分析案例。

本书是译者在近十年的教学和科研实践中陆续翻译整理完成的。在书稿翻译整理过程中，包括同济大学水利工程系的博士及硕士研究生倪寅、黄继辉、薛凤华、郑洁琼和李引等在内的有关人员协助译者做了大量的翻译工作；研究生吴卓睿、赵文鹏、刘斯奇、孙羽捷、孙明楠、宗垒、石磊等协助译者做了很多校对工作。在此一并表示感谢。同时，本书的编辑整理和出版工作得到了“同济大学研究生规划教材”项目的支持，使得这项工作得以顺利实施，在此也特别致谢。

郑询

2017 年 7 月

前　言

烃类化合物回收和海洋建筑物基础设计安全性的需求，引起了岩土工程师对海洋岩土的兴趣并开始了相关问题的研究。海洋岩土在20世纪50年代后期慢慢兴起，在六七十年代开始迅速发展，如今已成为岩土工程的重要组成部分。尽管海洋岩土和陆地岩土问题存在着诸多相似之处，但他们还是有一些显著的区别，尤其是：

(a) 一些海床上的土壤表现出陆地土壤不常遇到的特性；

(b) 由波浪传至海洋建筑物的荷载通常很大，而且具有循环性；

(c) 海洋岩土的勘探和建造费用通常很高，即使在技术上是可行的，但是在施工过程中的设计改进也是难以实现的。

本书有以下几个目的：

(1) 总结一些海洋沉积物可用的岩土信息；

(2) 总结一些受循环荷载作用下土壤特性的可用信息；

(3) 提出一些在海洋建筑基础设计中相对直接但健全的基础步骤。

概述内容的组织结构如下：

(1) 涉及基础设计的海洋建筑和岩土工程的回顾(第1章)；

(2) 海洋沉积物的属性和工程特性的回顾(第2章)；

(3) 循环荷载作用下的土壤特性(第3章)；

(4) 与海洋建筑基础设计相关的调查和设计步骤(第4章—第7章)；

(5) 海床和海底边坡的稳定性(第8章)。

在这样一个发展迅速的领域，本书中的一些资料不可避免会有些过时。这种情况在海洋原位调查和我们对循环荷载作用下土壤响应的理解方面尤是如此。然而，我们希望本书能够包含足够的基本特性，以此能经得住一些当今所有科技书都面临的不可避免的信息滞后。

我们希望本书的标题不会引起误解。虽然书中全面强调海洋基础内容，第2章、第3章和第8章对海洋岩土课题均有相关的更广论述。但我们必须正视本书的价值，包括其在锻炼工程师解决与海洋岩土相关的问题以及对岩土工程或海洋工程毕业的学生所给予的帮助。

许多人都对本书做出了贡献。本书起初是由岩土力学 CSIRO 分部的前任主席 B. H. G. Brady 博士提议的，而且在该书的准备期间，我收到了从 R. Jones 先生处不断发来的鼓励信。另外，我悉尼大学的同事，J. R. Booker 博士，J. C. Small，P. T. Brown 和 R. Coleman 博士，翻阅了许多手稿，给予了很多有价值的评论，而且在某些方面提供了一些额外的信息。在准备本书第 3 章的时候，英国哥伦比亚大学的 P. M. Byrne 博士提供了我一些有用的指导。并且，在每一章里，牛津大学的 C. P. Wroth 博士，康乃尔大学的 F. H. Kulhawy 博士以及挪威岩土工程院的 K. Hoeg 博士都给予我很多有用的评论。R. McGechan 女士和 V. Prebble 女士负责打印手稿，R. Brew 则负责繁重的图纸准备任务。V. Carey 女士在获取图纸及图表复制的权限上提供了很大的帮助。

最后，我必须感激我的妻子 Maria 和我的孩子，他们给予了我精神上的支持，并且容忍了我在本书准备过程中沮丧和焦躁的情绪。

H. G. Poulos

目　　录

1 近海资源的发展

1.1 海洋资源

对海洋资源的开发利用总是广泛地受到人类的关注。然而，在最近的几十年里，随着科学家们对我们的星球——地球越来越丰富的认识，点燃了人们探索的欲望，其中一项任务即对自然资源的勘探也愈加强烈。这是因为世界上许多地方，常规的地表资源即将耗尽。人们迫切需要在占地球表面面积 70%的海洋中，探寻对人类生存发展起着至关重要的新型经济能源和金属矿物资源。人类正在寻找和已经开发的资源有以下这些：(a)石油和天然气；(b)金属矿物；(c)沉积物；(d)食物和蛋白质资源；(e)海洋热能和动能。

在上述资源里，石油和天然气是最近 50 多年对人类最为重要的资源，它们现在占海洋出产海底矿物总价值的 90%(Geer, 1982)。关于石油和天然气资源的具体介绍将会在 1.2 节详细讨论。如图 1-1 所示，人们已知的海床资源遍布于从陆地到大洋中隆的各个地文区(见第 2 章)。

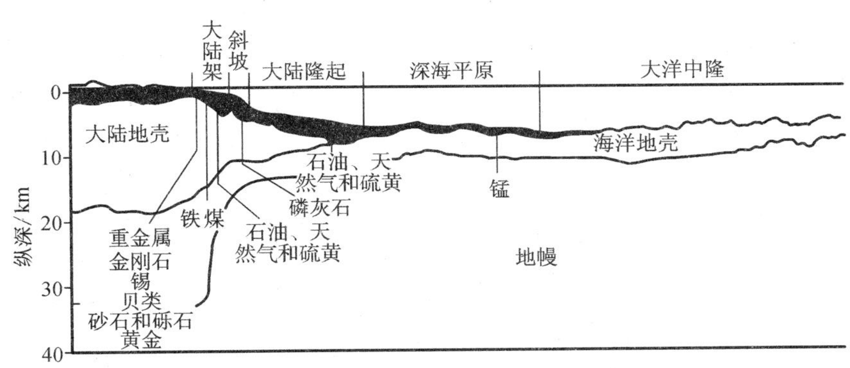

图1-1 现已知或被认为可能存在的海底资源在地文区域的分布图(Wenk, 1977)

已经有几位学者[比如 Emery 和 Skinner(1997)，Cronan(1980)，Ross(1980)，Kent(1980)]写了一些著作来记录海洋矿物资源的特性和自然属性。最早被人们认识到的近海海底矿物资源可能就是固体锰了，于 1870 年被第一次发现，并且相关记录表明其广泛分布于太平洋、大西洋和印度洋海域。这些大洋也盛产铁、镍、铜和钴，但是它们的回收和还原的花费仍然是不经济的。

覆盖在海底表面和海滩上的沉积物也蕴藏着更多有待被开发利用的资源。在最近的一次冰河时期，2 万年至 4 万年前，海平面比如今要低 100 多米。大陆架的许多地方是干涸的土地，在腐蚀和沉积与岸滩泥沙的持续运动共同作用下，砂粒呈不同的粒径和密度分布。比起较轻的石英、长石和沉积黏土，重型矿物有巨大的密度，且分布集中。如此形成了砂矿矿床，包括具有商业价值的矿物如钶、铬、铂、钽、锡、金、银、锆、金刚石和许多稀土(Evans 和 Adamchak, 1969)。其中一些沉淀层的矿物被世界许多地方广泛运用。Rona(1977)在其作品中描述了构造板块运动和深海沉积层的矿物资源的关系。

大陆架沉积层上也广泛分布着牡蛎、石灰泥、砂和砾石。制造重型建筑结构和玻璃生产使得陆地上砂和砾石的供应量减小，所以海洋资源需要被充分利用。纵深很大的砂分布在大陆架的各个地方，同时也可能在海岸三角洲发现沉积层上的砂砾。还能在地表沉积物中发现磷灰岩，这是工业用磷的主要原料。磷是一种重要的肥料，尽管目前世界上磷并不是稀缺矿物，许多国家正在努力寻找和开发这些离他们海岸较远处的磷灰岩矿床。

另一点值得重视的是目前在海水中蕴藏着大量的矿物。表 1-1 近似地展示了 1 km^3 的海水中所蕴藏的大量矿物质成分。尽管表中前 5 项的含量惊人得大，但除了氯化钠以外的其他矿物都被海水稀释了。然而，提炼和生产海中的氯化钠、镁和溴是可行的，也是有价值的。

海洋中可食用的主要是鱼类和其他海洋生物。然而，世界上大量的最基础的食物在海洋中广泛存在，比如用显微镜才能看到的浮游植物群落。尽管我们拥有如此大量的海洋资源，但目前并无实际途径将其转化为人类可用的食物。然而，这些微生物却是大多数海洋生物的食物，其中也有食物链中较高级的鱼和无脊椎动物。人类捕获食用的是这些高级的鱼类，并不是直接捕食低级的鱼，但仅仅捕食了海洋里很少一部分的鱼。剩下的不是死掉，就是腐烂掉或者在海底沉积，但可能它们会以不同形式体现价值，比如“硅藻土”，这就是一种蕴藏在海中很有商业价值的硅质矿物（见第 2 章）。

表 1-1　在 1 km^3 海水内矿物近似的含量

矿物名称	质量/t	矿物名称	质量/t
氯化钠	27 000 000	氟	1 300
氯化镁	3 800 000	铷	120
硫酸镁	1 700 000	碘	60
硫酸钙	1 250 000	钡	30
硫酸钾	850 000	铀	3
碳酸钙	124 000	砷	3
溴化镁	75 000	铜、锰、锌	2～10
溴	64 000	银	0.2
锶	8 000	金	0.004
硼	4 500		

1.2　近海石油和天然气

石油和原油是由复杂的碳氢化合物和其他有机混合物组成的，主要来源于陆地和海洋中的生物，但大多数是来自于海洋浮游生物。石油的主要形式如下（Seibold 和 Berger，1982）：

(a) 有机物的汇聚沉淀定要通过热化学过程转化为石油，形成一条毯状的沉积层，有 1 000 多米厚，温度在 50～150 ℃。如果温度太高，油就会气化成天然气。石油蕴藏的深度很少超过 4 km。

(b) 石油会通过原始富含石油的沉积层向含孔隙的、渗透储油层（岩层）转移，诸如砂岩和石灰岩[图 1-2(a)]。

(c) 海底要储藏石油必须是要覆盖不渗水的页岩和蒸发岩，不然，会有易爆发性的碳氢化合物泄露到地表，例如特立尼达岛和伊拉克出现的沥青湖。

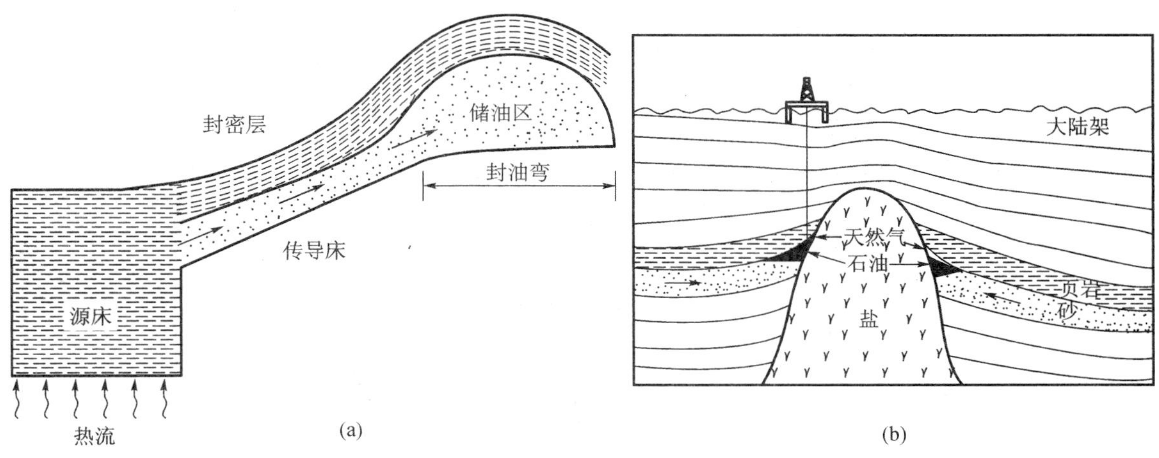

图 1-2 石油积聚储藏的前提条件(Seibold 和 Berger，1982)

(d) 一些石油和其他海底油化过程必须发生在正确的时间框架下，而每一个这样过程的完成是连续发生的。

图 1-2(b)显示的是一个典型的储藏油气的近海地质结构，这些石油和天然气蕴藏在由结晶盐打通的沉积层中。图 1-3 显示出另外一种可能的能储藏石油的地质结构(Ross，1980)。开采碳氢化合物需要精确的侦察和钻机勘探，而且还涉及地质学和工程学的专业知识。

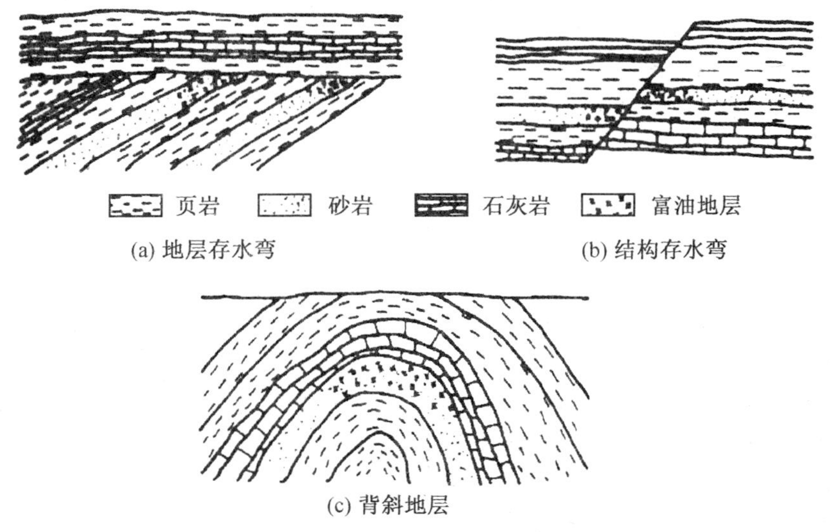

图 1-3 石油积聚的地质结构(继 Ross，1980)

图 1-4 显示了世界上主要近海出产石油和天然气的地区。近海石油产业的发展，是从墨西哥湾开始的，那里的地质形态与图 1-2(a)表现得非常相似。其他的主要地区包括加利福尼亚南海岸、北海、中东、印度尼西亚群岛、中国南海、澳大利亚东南与西北海岸区域和阿拉斯加北冰洋海岸。1982 年，已经有 37 个国家建立了近海产油设施，有 56 个国家实行钻头开采，而且有 80 个国家积极参加对石油的地理调查和勘探工作。

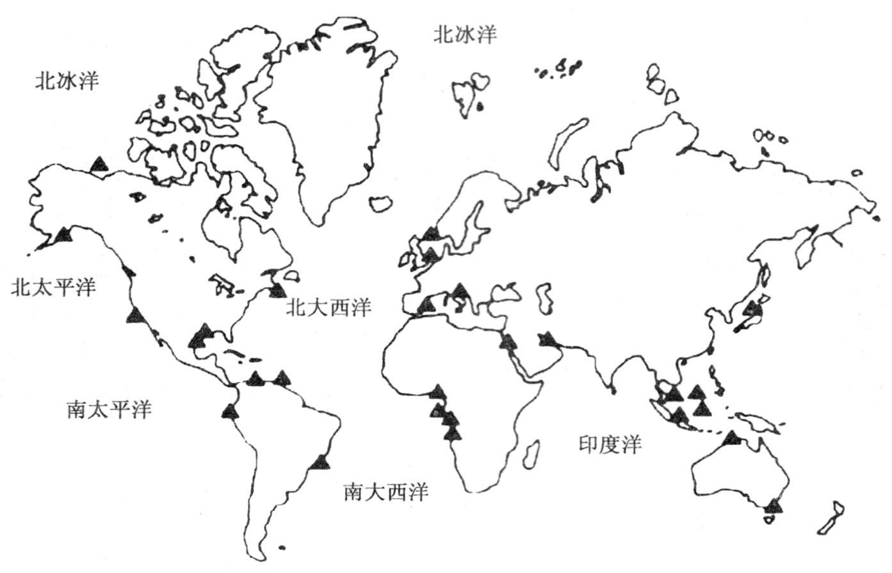

图 1-4 石油钻井在世界大洋的主要分布(McClelland, 1974)

现在已经估算出世界上有 30%的碳氢化合物资源是在近海区域,而且还有 90%的石油和天然气存储在海底下没有被发现(Halbcuty, 1981)。图 1-5 显示出当今的近海地区是石油和天然气的重要产出区域,并显示了其将来的发展情况(Geer, 1982)。石油的生产率为每天以百万桶计(天然气的产量以等价桶计)。世界岸陆和近海的总产量在 2000 年达到了顶峰,但近岸产量还预期将增长到 2020 年。近岸产量比重从 1981 年的 20%增长到 2000 年的 30%,并预期在 2020 年能达到 65%。

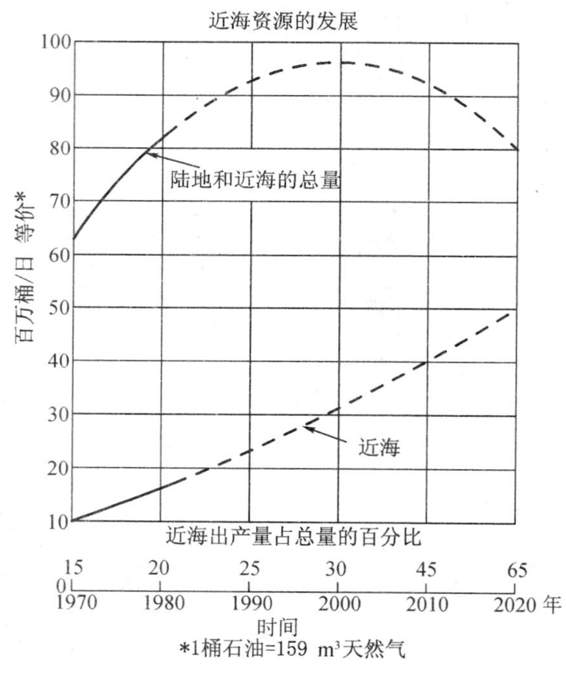

图 1-5 近海石油出产的重要性(Geer, 1982)

由于近岸石油和天然气的产出对商业经济有着重要的影响,工程技术的发展直接影响到近海资源勘探工作的进展。这种对海洋地质构造的勘探如同潮涌般迅猛发展起来,在其众多目的中,其中之一就是使得人们能在恶劣的海洋地质环境中设计出合适的近海建筑来开采石油和天然气。当然,这本书中的资料主要是与近海结构基础设计有关的地质构造问题。

1.3 海岸结构的类型

1.3.1 出产的碳氢化合物

近岸海洋资源开采碳氢化合物通常涉及钻井平台的固定工作,它必须首先要满足多井钻井设备以及石油和天然气钻头等装备的固定工作，并必须要维持约30年。最早的海上平台的固定是用木头支架，早在20世纪初期就被运用于墨西哥湾和里海中仅10～20 m水深的区域。20世纪60年代，随着钢结构海上平台的出现，使得这种平台能建于墨西哥湾、波斯湾和尼日利亚近海岸的100 m深的海洋中。在20世纪70年代，为了对抗北海地区恶劣的环境状况，重力式结构开始发展起来了。20世纪末，钢塔平台结构已经能架在超过300 m深的水中，新的平台结构理论也已经有了进一步的发展，能应用在更深的水中。以上所述是关于近海平台发展的简单回顾。

无论什么样的海上平台，生产钻头的原则是相似的。为了在各个地方获得稳定的流动石油，油井必须钻穿整个地区的海底储存石油的地层。可以从平台用钻头以一个角度钻出60个油井。如果他们从大约30°的角度打入油田3 000 m深的海床钻孔，那他们就能开发出横穿3 km的地区(Flemming, 1977)。每一台钻井设备都涉及钻油井如何钻100 m或更深的洞的问题(通过钻头式、喷气式和驱动式)，并用导管或套管伸进所打的洞中。使用引导管给洞内涂上灰浆，然后再用较小的钻头伸入洞中钻出更深的结构。更多的较小直径的套管伸入其中给洞壁涂上灰浆，这种工程将一直持续下去直到钻头探到碳氢化合物的储藏地。

当所有的钻井都被钻好之后，开采石油的设备也被放置入洞中，包括一个复杂的控制阀门(像圣诞树)，这些控制阀门放置在各个独立的井口中。每一个钻井在海床上都有一台自动的阀门，在钻井遇到危险情况时，这些阀门将自动关闭。在海上平台的甲板上，将开采出来的原油和天然气多样混合物分离开来，装入桶中或传输入海岸输油管线中。这些设备的工作都很有效率，整个钻油平台的工作完全可以通过岸边控制基地的计算机进行自动化控制管理。

1.3.2 高式平台

目前，使用最多的开采石油和天然气的近海水上平台是桩支撑的钢结构平台。这种桩支撑的海上平台主要有两种形式：(a)套式或垫式；(b)塔结构形式。

套式或垫式平台是由带支撑脚的空间框架结构组成，这些框架是通过把桩打入海床底固定住的。这种平台的上层建筑的设计和结构是由Boswell(1984)提出的。常用的结构的建筑程序要考虑建筑物的位置，在确定位置之后从垫台的一脚用打桩机把桩打入地表的油脉。在将桩打入设计的入土深度之后，将桩的上端削去，并架上预制的平台甲板，与桩端用焊接衔接上。台板的重量就由这些桩自身直接承载了。

如图1-6显示了在1947年期间美国的垫式平台的发展过程，首次引进垫式结构平台的是墨西哥湾，而1981年建造了位于墨西哥湾的Cerveza海上平台。Lee(1981)回顾了主要的3座近海平台的设计和建筑结构，它们是Hondo海上平台、Cognac海上平台和Cerveza海上平台。Geer(1982)估算从1947年第一座海上建筑物落成起一直到1982年，会建成超过1 500座此类主要的海上平台。

塔式结构是套式结构在深水区应用的发展。塔式结构主要的特性包括：有着巨大的尺寸；使用群桩而不是单一的桩式；使用桩裙；支撑上层建筑的是沉台框架结构而不是直接用桩支撑的；增大边脚使得整个结构能有一定的浮力。

其他的桩支撑的平台结构也是存在的或者已经被提出，在这之中就有三足铁塔结构(*Offshore Engineer*, 1980)。拉腿式结构、浮式和拉索塔式结构也是依靠桩基础；这些结构会在之后的1.3.4节中介绍到。

支撑海上平台的桩基的设计将在第7章中进行详细的介绍。

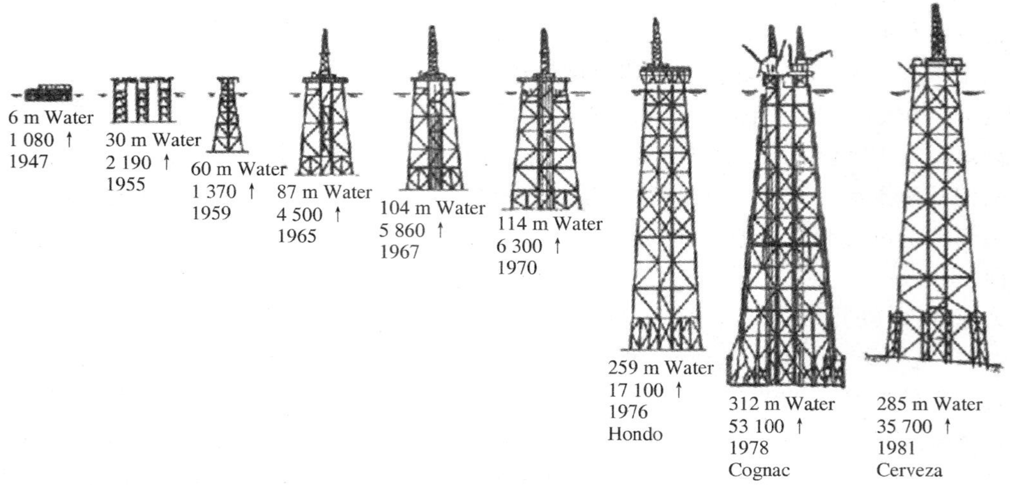

图 1-6　在美国的平台样板的发展史(Geer，1982)

1.3.3　重力式平台结构

重力式结构依靠它们自身的重量来保持结构基础的稳定，抵御垂直面和水平面的周围环境影响所产生的荷载。这些结构平台通常支撑在与之相关的大型基础之上，并与未做任何处理的海底因素有关。重力式平台结构的发展源于北海，因为那一片区域在泥水分界线上或附近有着超固结的土。第一次出现这类结构是 Ekofisk 石油储藏桶，这是在 1973 年安装的。从那时候起，一直到 1986 年，总共有 17 座重力式结构在北海上组装起来，除了其中 3 座之外其他都是混凝土结构平台。图 1-7 介绍了一种典型的混凝土重力式平台结构——Statfjord B。在一个蜂房中，该基础由 24 个单元机构组成，每个单元墙周长20 m、厚 1 m；这些单元是用来储藏原油、柴油和汽油的。

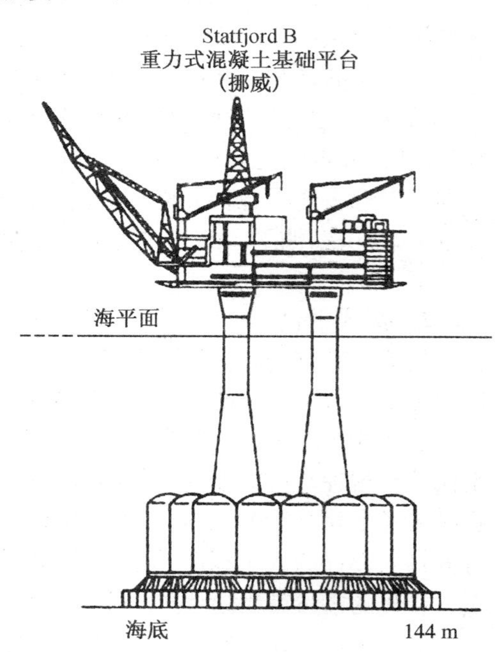

图 1-7　典型重力式平台结构

图 1-8(Eide 和 Andersen，1984)所描述的是一些北海上的工程实例设计样式。Tecnomare Maureen 是一种与众不同的设计样式，它使用了3 个基础承载而不是像其他几种类型那样单一的承载；这三个“瓶状”的脚有能储存大量石油的功能。上述的这类海上平台是早些年间被 Loanga 的海岸油田 Nigeria 使用样式的一种发展，它是由 3 个支柱底垫以及它们所支撑的铁框架所组成，这些支垫依靠着泥水分界线附近的岩石。

我们将在第 5 章详细地介绍重力式平台的基础设计。

1.3.4　柔性结构

柔性结构理论是一个与上述结构相关的新理论，它是让结构体随着风、海浪和潮涌的运动一起产生相应的位移，而不是像套式、塔式和重力式结构那样去抵御它们。这个理论最早是 Watt(1978)提出的，柔性结构是移动幅度和约束力的协调；采用增加应力或者用锚固系统拉住整个体系以减少位移，以增加锚拉力来增加结构稳定。

图 1-8 在北海组装的重力式平台样例(Eide 和 Andersen，1984)

图 1-9 是固定结构和柔性结构一个主要的区别(Ehlers，1982)，它还显示了海洋能量和结构体自然周期的关系。固定结构的设计周期低于自然波浪周期，而柔性结构的设计周期要高于自然波浪周期。柔性结构理论提供了潜在的延伸平台技术，一直能到水深 1 000 m 以下。

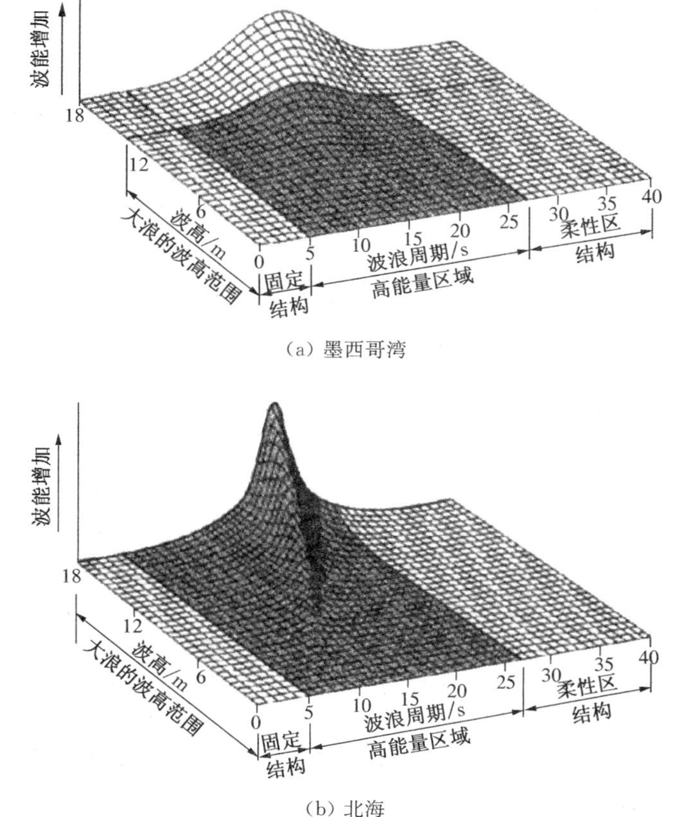

(a) 墨西哥湾

(b) 北海

图 1-9 海浪谱图表现了海洋能量和不同近海钻油平台设计基础周期振动的关系(Ehlers，1982)

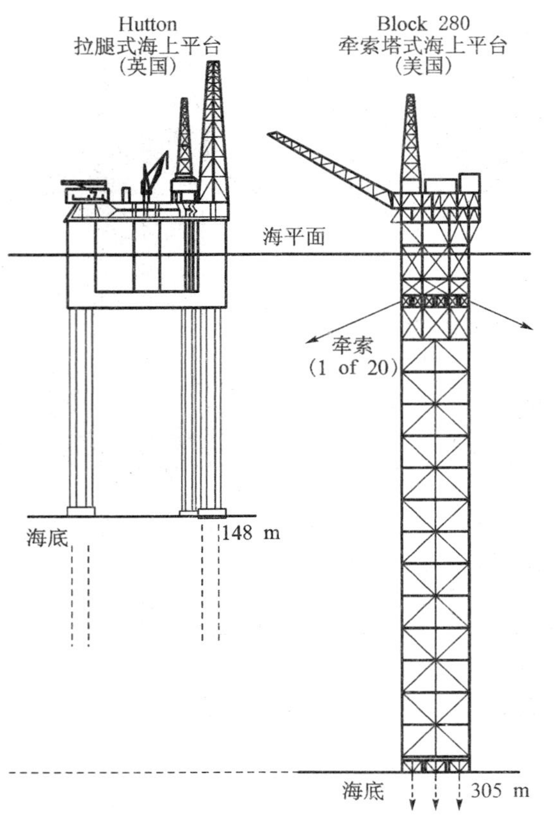

图 1-10　柔性近海海上平台(Ehlers, 1982)

现在已经发展出了两种主要的柔性结构，拉腿式平台结构和牵索塔式平台结构(图 1-10)。拉腿式平台主要有两个建筑元素：一个是类似半潜式的钻井装置但要比它大得多，另一个是平台四角上的垂直拉锚。这些锚是用高强拉直钢管制成，并且设计成一直保持绷紧状态。第一座这样的结构，1984 年建于北海上的 Hutton 海上平台。拉腿式海上平台技术的发展演绎过程已经在 Mercier(1982)的著作中有了详细的讨论。

牵索塔式结构是由一座细长的铁塔，用阵列放置的几根长锚索缆将塔身拉直。每根索缆的一端都需要与重块相连接，这些重块是在海床底上的，并给索缆一定的拉力使之能拉直。在遇到猛烈的风暴气候时，重块会逐渐抬起从而引起塔身倾斜。第一座这种类型的塔台是墨西哥湾区域的密西西比河峡谷中的 Lena 拉索塔。

表 1-2 归纳了这两种柔性结构的主要特征，也包括 Statfjord B 重力式结构平台和 Magnus 桩式平台。从中明显可以看出，随着水深的增加，每桶油的价格也在增加。

表 1-2　四种近海平台的主要特性(Ehlers, 1982)

平台类型	Statfjord B	Magnus	Hutton	Block 280 (Mississippi Canyon)
位置	北海 (挪威)	北海 (英国)	北海 (英国)	墨西哥湾 (美国)
结构	重力式混凝土机构	钢套和桩式机构	拉腿式结构	牵索塔式机构
类型	固定式	固定式	柔性式	柔性式
水深/m	144	186	148	305
一百年波幅/m	30.5	31.1	29.9	22.0
出产量/(桶・d^{-1})	150 000	120 000	110 000	25 000
开始运营时间	1982	1983	1984	1984
甲板最大偏移/m	<1	1.3	24	12
粗略估计总花费/百万美元	1.8	2.6	1.3	0.8
每桶每日的花费/美元	12 000	21 700	11 800	32 000
项目负责公司	Mobil	British Petroleum	Conoco	Exxon

1.3.5　自升式钻塔装置

自升式钻塔装置主要由一个三条或更多的支腿支撑的平台驳船组成。这些支腿连接在同一个支柱底板上或者相互独立互不干扰(见第 6 章中图 6-1 和图 6-2)。当驳船固定位置之后,支腿就放下直到海底,用起重机将驳船撑出水面,重量的支撑就直接转移到支腿上,变为由支腿支撑。这类装置是传统的作为临时性生产的平台,尤其是为了节约资金用在油田边缘地带,且这类平台一般仅使用几个月时间。近年来,一些自升式钻塔装置被用作更永久的结构,并用支腿在侧面支撑住平台。

为了改进地基的安全稳定,要经常进行预荷载。要完成这项任务就要抬起驳船至高出水面,然后在预荷载桶内灌水,这样就能给整个基础一个高出正常荷载的预应力以增加在面对风暴环境时的安全性。然而,如此的预荷载仅限于垂直的静力;但预荷载法不能运用到抵御垂直和水平周期外力的影响。而自升式钻塔的安全记录并不是很好,近几年内就有好几起事故发生。

第 6 章将讨论自升式钻塔平台的基础设计。

1.3.6 北极环境下的近海结构建筑

Watt(1982)总结了与在北极地区勘探碳氢化合物有关的一些问题。这其中潜在的困难是:冰层对近海结构建筑的影响非常大;低渗透性和高膨胀性的淤泥大量存在;海床的永久冻土可能变暖流失。

Geer(1982)列出了许多在北极海中勘探和开采原油的重大发展,如图 1-11 所描述。1964 年,第一座能适应冰雪天气的海上平台,在阿拉斯加的 Cook 港 30 m 水深区域组建完成。1973 年,第一座勘探井在加拿大 Beaufort 海的一个人工小岛上开钻。在接下来的数年中,一座勘探井从浮冰海上平台开钻,同时在 1978 年第一座北极海上工程从一个冰上平台钻井完工。1981 年,一种新型的人工岛——沉箱式岛组装完成。

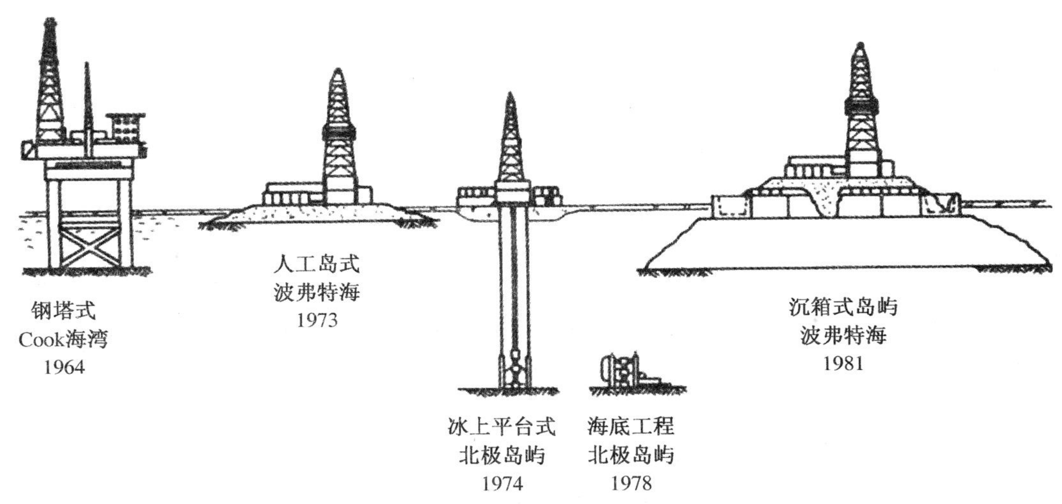

图 1-11 北极近海石油生产的巨大发展(Geer, 1982)

自从 1974 年来,大量的人工沙滩和砂砾岛屿在 20 m 深的潜水区被建造起来。岛屿的类型从所谓的“奉献型”海滩岛屿到“武装型”海滩岛屿,都使用沙袋、岩石块或者混凝土护垫做成斜坡等,把海岸保护起来。岛屿可能由于滑坡或地基不稳或结冰产生的巨大剪切力而被毁。另一个人们关心的问题是周期性波浪荷载、结冰产生的振动荷载或者地震将孔隙水压入填满沙中的过程。

沉箱式岛屿减少其填充所需的沙和砂砾的总体积,这是因为沉箱以环状放置在预先处理过的海底肩状阶地土层的顶部。沉箱内部空间进行回填的目的是抵御冰块撞击所产生的剪切力。图 1-12 显示了一座北极地区的可移动沉箱平台,它能够使用传统工艺上的人造沙和砂砾对顶部区域进行替换。钢架沉箱是一个有机的整体单元,它使用浮力确定位置并固定在海底肩状阶地土层之上。对沉箱式来说,只要移除沉箱环内部的沙,就能够将其转移到另一个区域。

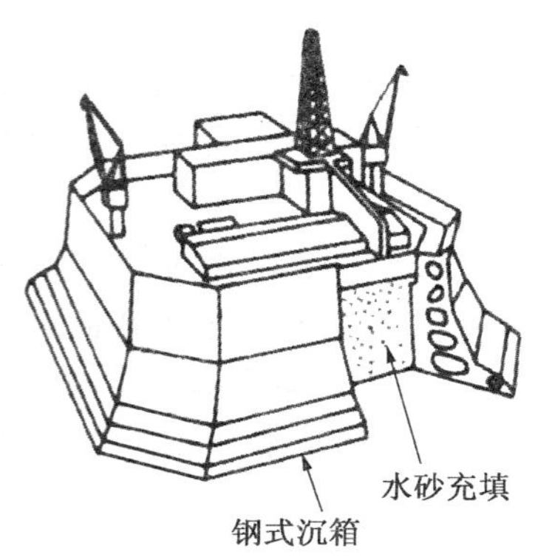

图 1-12 一座位于沙岛顶部的可移动钢结构沉箱平台(Watt, 1982)

近些年来,一个新的北极岛屿钻井理论发展起来了,由美国设计、日本建造的 CIDS(混凝土岛屿钻探系统)出现了。首次建造的此类建筑是在 1984 年的 Beaufort 海上,它的具体建筑结构在 Ono 等(1985)上有详细的描述。CIDS 是一种可移动岛屿,也是一种混合结构,由铁架模块和混凝土模块两部分组成。当它要被移到另一个地基上时,上部的两个模块也能被撤换,其底部的喷射系统向下喷射海水和空气,用来提供简单的浮力,从海床上浮起来。

1.3.7 其他近海结构

有许多其他类型的近海结构将一些地质学知识运用到设计中。水下生产系统(图 1-11)并不需要附近的固定式结构的支持。例如,位于北海的 Fulmar 油田中的框架式 SALM 系统(单锚拉腿泊船)。它是由一座 83 m 高的塔和一艘可转换的装油船(是一种存储石油的船体)组成,油船是由一个 60 m 长的系泊手臂与主体联系起的。具体的维护工作是由工程师在干燥的环境中使用潜水钟来执行的。在*Offshore Engineer*(1986)这本书中,回顾全世界此类的生产系统。在设计此类系统时,对平台塔身的荷载能力和海床锚拉力的评估是非常有必要考虑的。

水陆两用结构主要被使用在以勘探为目的的工作中,但也会作为临时的生产设备使用。它们一般都被精心设计的锚、链和拉紧装置系统系泊在需要的位置上。依靠结构底部的锚固系统,它们能够存在于极限为 400 m 深的海水中。地质学问题明显的增多与这类结构的锚固系统有着关系。

尽管水下勘探交通工具(有人驾驶或无人驾驶)主要的设计问题一般都是水流压力影响结构自身的问题,但在使用时也需要考虑船只与海底的相互影响。此外,如果进行一些水下抢救工作的话,可能出现一些关于抵御浅埋物体的爆炸问题。

1.3.8 深水中的石油生产

在 1986 年时,最大水深处的产油设备建筑可以建造在大约 300 m 的地方。然而,未来的产油设备可能设计在超过 2 000 m 水深的海中。在 Huslid 等(1982)和 Chateau(1982)的著作中已经讨论了此类关于深水区建造产油生产建筑的问题和理论。上述提到的两位作家,后者给我们提出了一个非常有用的关于多样系统在钻井和生产时的能力总结,其列举在图1-13和图 1-14 中。这些图片用图解法表现出每个可选方案的极限水深情况。图中"*"表示目前所认识到的最大水深位置(在 1982 年),虚线表示在更深入的研究后所得出的极限水深可能的位置。

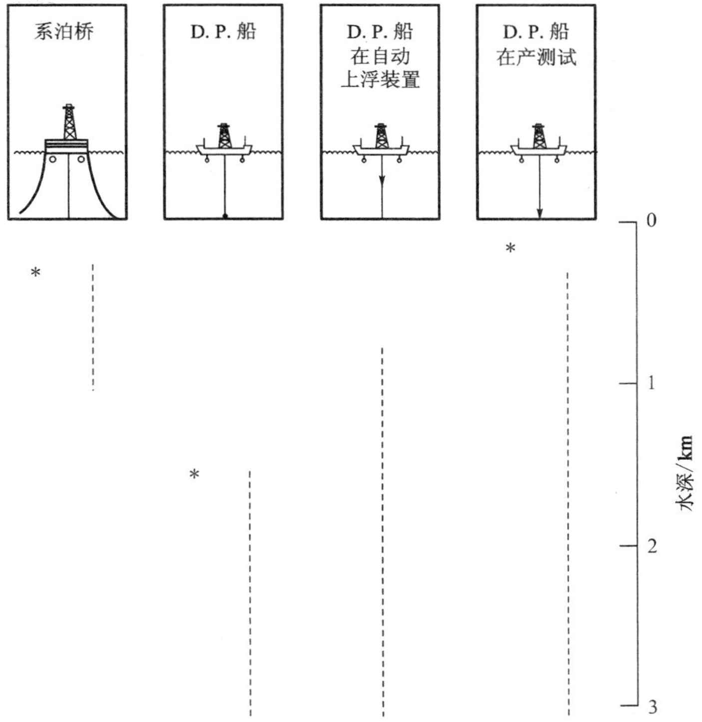

图 1-13 在深水中的全钻井生产测试(Chateau，1982)

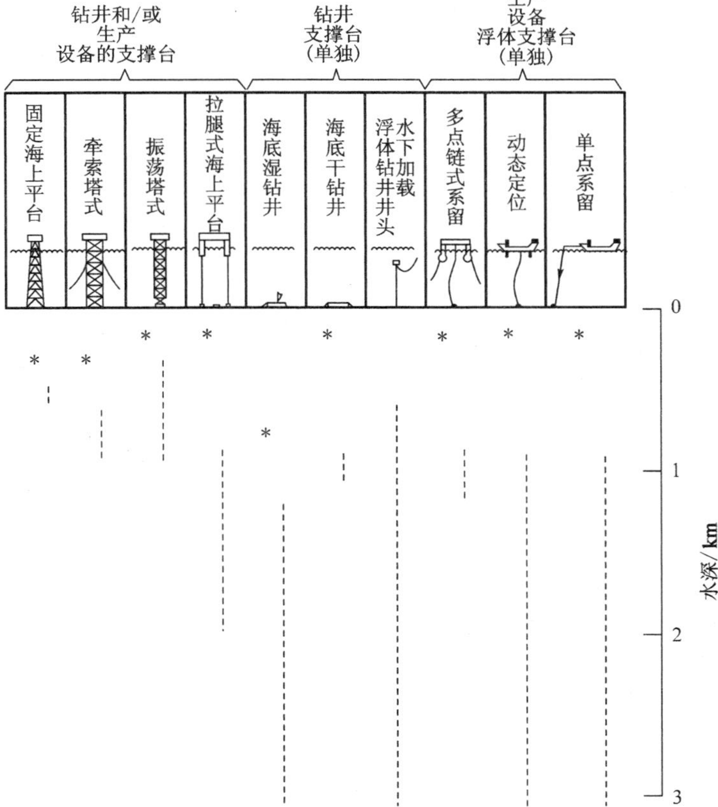

图 1-14 在深水中的油井和生产设备(Chateau，1982)

对钻井、完工和测试来说，浮力支持不能在超过 1 000 m 的水中操作，然而，动态地确定位置则有能力在超过 2 000 m 的水深中进行操作。

为了生产，仅仅只有一种由井头和工程设备组成的系统——拉腿式海上平台，有可能在 1 000 m深的地方进行工作。Chateau 认为油井和生产支持设备的分开，有利于在更深的水中工作。他认为井头应该被安置在海底，并且生产设备系统应该装备在支撑体的表面，或者固定在水上的系泊位上，再或者固定在一个动态的位置上。

1.4 近海结构在设计时所需考虑的因素

如图 1-15 所示，这是勘探、生产石油和天然气时的一系列典型的事件过程。当一个区域发现了碳氢化合物之后，需要 2～3 年时间对该位置进行调查研究。设计一座近海水上平台，需要跨学科的共同努力，包括海洋学、地质工程、结构工程、海岸土木工程和造船学等。

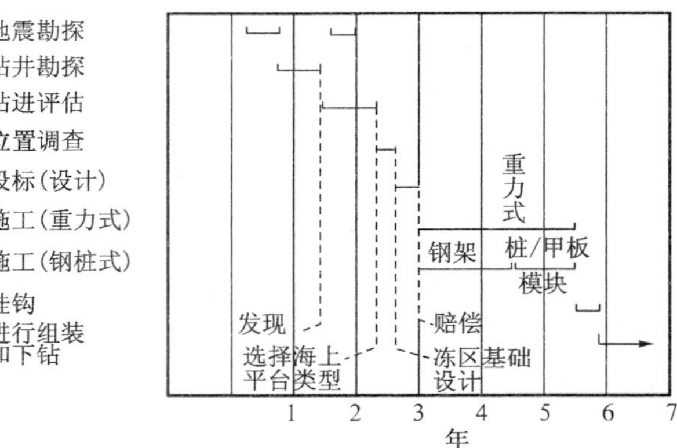

图 1-15 从勘探到生产的一系列工程事件(Andresen 等，1979)

图 1-16 总结了所需要涉及的每个项目的工作规律以及所碰到问题的范围。

Graff(1981)认为整个设计过程是由 5 个主要阶段组成的：

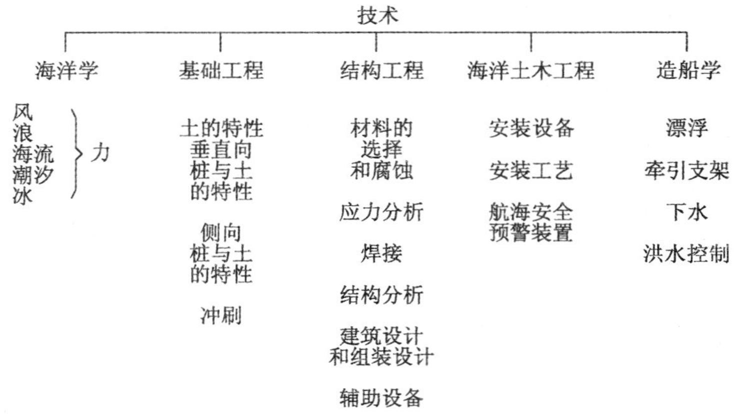

图 1-16 关于近海水上平台设计工作(Graff，1981)

(1) 操作标准的确定。我们所需的确定包括所需钻井的数目、打钻装备的类型、所需甲板的空间大小、运输石油或者天然气的方式(例如使用油轮、装卸桥或输油管线等)和储存石油的方式。

(2) 环境标准的确定。在对设计中的海上平台进行分析时，需要考虑波浪、涌流、风和地震等这些外力因素施加于预想的平台上的评估。这些外力如图 1-17 所示。

(3) 基础设计。这需要研究这片区域的地质学历史、实验室和原位测试得出的海底泥土特性及适当的分析，用来确保基础能够有足够的安全来抵御工程操作和自然环境带给结构的附加荷载力。

(4) 结构设计。此过程涉及海上平台机构的结构分析和设计。这是一个反复的过程，因为生产运作和环境影响所产生的外力，它们本身都依靠着结构的尺寸和数量。结构体必须进行分析，以便确保在建造和组装结构的时候能抵御那些外力的作用，也就是那些由生产操作和环境影响所产生的荷载。

(5) 施工和安装。许多近海水上平台是在海滨上建造的，然后搬运到海面的最终位置进行组装。这些组成部分都是预先做好的最大单元，这样能够最经济节约地将单元件从建造场地运送到目标位置上。运输可能涉及使用巨型驳船，或者在重力式结构的情况下使用拖船。在组装结构和固定其基础之后，甲板部分必须马上固定到预定位置。

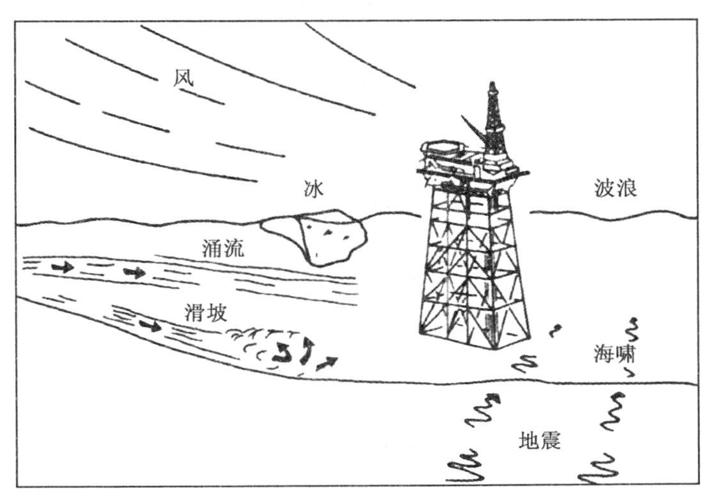

图 1-17 自然环境产生的外力对近海结构的影响(Selnes，1982)

Watt(1978)认为这些步骤都必须是相当详细的，还必须确定一些特定的问题，如铁塔塔身和重力式平台并进行分析。理想的来说，我们应该执行一套完整的流体-结构-基础的分析过程，但是，尽管尖端的分析技术已经有了很大的发展，目前一些传统的技术和数据输入等都依旧被方便地用来作为日常的设计工具，这些尖端分析技术的有效性和适用性还不足以让人有信心。

1.5 海岸地质工程问题

大陆边缘的近海建筑设计工作，涉及许多岩土工程问题，如图 1-18(Focht 和 Kraft，1977)所示。作者在 20 世纪 70 年代中期对海岸地质工程进行了广泛的回顾，而且还强调了按时间顺序进行认识和解决许多问题，这些问题出现在一些具体工程中，这些工程会遇到一些不期而遇的困难。

表 1-3 归纳了一些在 20 世纪 40 年代和 20 世纪 80 年代中期近海岩土工程极其重要的发展。由表可以清晰地看到近 20 年来近海岩土工程的发展及其增长速率。在过去的这些年里，地质工程师们花了更多的时间去关注和认识 10 年 20 年前所遇到的问题。举例来说，在 60 年代后期 70 年代初期第一次认识到很难在石灰质砂土上建造地基，但是仅从 80 年代早期开始，科学家们就大力投入了此类问题的研究，与之一起的问题还有如何在世界各个地区的石灰质沉积层上建造海上平台的主体结构。在澳大利亚西北部的北 Rankin 天然气海上平台(Cottrill，1986)促使了科学家们去研究群桩在石灰岩地质构造上的性状。并且，尽管长期以来人们早已认识到关于桩在稳定和周期荷载下的性状问题，仍然有一些研究小组不屈服目前

得出来的简单结论，而继续从事着该研究工作。

表 1-3　　近海地质工程的发展

年代	遭遇的事件或者问题	重点工程及其位置
20 世纪 40 年代	第一个近海钻孔 第一座近海采油建筑 第一个水下可移动单位	墨西哥湾
20 世纪 50 年代	桩的侧荷载 可移动钻井海上平台的地基基础 用浮动驳船对位置的调查 桩入砂土后坑拉能力 管线的浮选与安置	南 42 区通道 Mr. Gus i passamaquoddy 工程 墨西哥湾(Hurricane Audrey) 墨西哥湾
20 世纪 60 年代	在较深水中的位置调查 目标物体对渗透和爆发的阻抗能力 在钻井洞中使用水泥桩 群桩附近空间的土质性状；桩性能的预报过程 使用等波分析桩动力的预测 桩在石灰质砂土中的性状 海床非稳定性	墨西哥湾(线路取样) 水下长尾鲨的遗失 阿拉斯加的 Cook 海湾 阿拉伯海湾各处 开展 API 工程 西 Sole 天然气田 Bass Strait，澳大利亚 墨西哥湾，Hurricane Camille
20 世纪 70 年代	重力式结构 土壤强度在周期性荷载下的影响 使用较小扩孔的基础 在海底使用锥形贯入仪器 分析群桩侧面荷载 加强使用等波分析 桩性能预测的重要回顾 地震对沿海建筑基础的影响 北极人工岛 拉腿式海上平台 牵索塔式海上平台	Ekofisk 大油箱 北海，Forties 油田 多种多样的：API Hondo 海上平台 波弗特海 Hutton 油田，北海 Lena 海上平台，墨西哥湾
20 世纪 80 年代	用原位测试来测量桩基础的性能 深水重力式海上平台理论 桩在灌水泥的石灰质砂土中的性能	Magnus 海上平台，北海 北海 北 Rankin 海上平台，澳大利亚

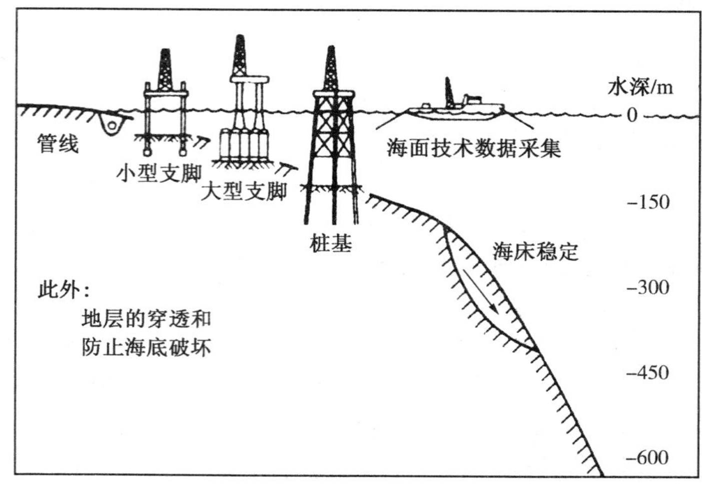

图 1-18　沿海地质工程问题(Focht 和 Kraft，1977)

本书列举的所有问题如图 1-18 所示。第 2 章将讨论其普遍性质和沿海沉积物的特性。第 3 章处理的是在周期荷载下的土壤性状的问题。第 4 章回顾了沿海地质工程的调查进程以及从原位测试和实验测试得出的设计参数的解释。第 5—7 章涉及重力式结构、顶托钻井结构和桩基结构的基础设计。最后,第 8 章讨论了关于海床稳定的许多问题,包括在重力作用下的边坡稳定问题、海浪和地震力问题、海浪和地震作用下的土质液化问题、管线的地质工程问题、海床对结构体的作用力问题,以及锚的拉力问题。

在此书中所涉及的沿海地质学问题,无法全部一一详细列出。然而,在这些问题中有一个问题值得进一步讨论,那就是目前争论的焦点:在海底填埋辐射废料。在深海海底下面进行上述工作具有许多优势,但是仍然有许多问题需要解决,比如:深海沉积层能否抵御辐射物的腐蚀所产生的温度?什么样的方式和过程能够放置这些物质?关于上述第一个问题,人们已经做了许多的工作(Bowen, 1980; Forsch, 1977; Booker 和 Savvidou, 1984, 1985; Carter 和 Booker, 1985)。Silva(1977)讨论了辐射物安置的可能方法,在图 1-19 有所举例说明。Hollister(1977)也已经指出,沉积层甚至水体本身都有可能形成部分的抑制辐射系统。沉积层通常只有非常低的渗透能力但有很高效率的吸附能力,这些都有可能防止放射性核素从核废料罐中泄露出去扩散到海洋中。然而,在有更多的信心预见到海床放射性废料如何安全处置的理论出现之前,许多关于热量理论和辐射在土壤中的传导探索工作仍将继续。

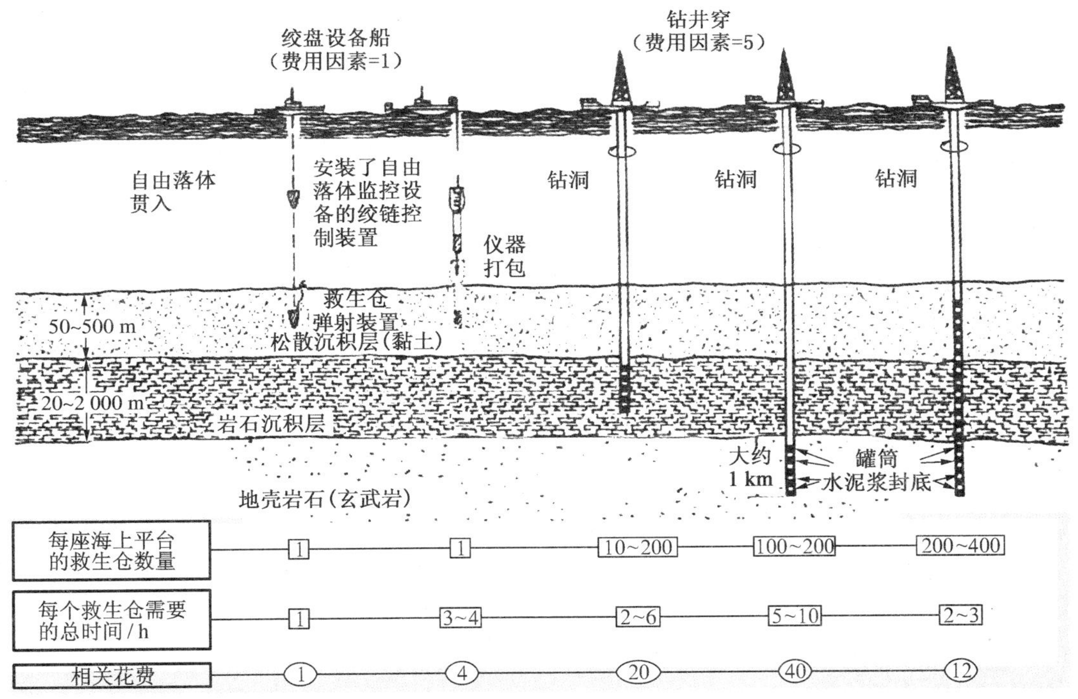

图 1-19　辐射废料罐在海床放置的多种工程理论

回到近海产油和天然气的建筑物面临的主要问题上来,有一点必须强调,近海结构基础设计和陆上的沿海结构之间是有许多不同的。对近海建筑来说:

(a) 设计荷载的值通常非常大,因为基础非常大。人们还需要组装此类基础的新方法来发展此项工程。

(b) 横向荷载实质上是部分垂直荷载引起的，并且倾覆力矩很大。图 1-20 显示了近海建筑和大型陆上多层建筑最大设计荷载的差异。垂直荷载是可以比较的，但其他的组成部分都有着巨大的不同。

(c) 这里主要的周期性荷载是由垂直荷载和水平荷载组成的。可能除了电视塔的地基以外，陆上建筑的地基很少会遭受到如此巨大的周期性组合荷载。对近海建筑来说，能否有效抵御周期性荷载是选用何种类型地基的关键。传统的固定式海上平台会受到一种压力的周期性荷载，然而拉腿式海上平台会受到一种张力周期性荷载。

(d) 海床沉积层通常非常坚固，然而在距海底很近的土质是相当柔软和可压缩的。一些土层也表现出不寻常的运动特性(比如石灰质砂土、硅藻质砂土和北极淤泥质土)，现在人们在此类土质上进行地基设计的经验很有限。

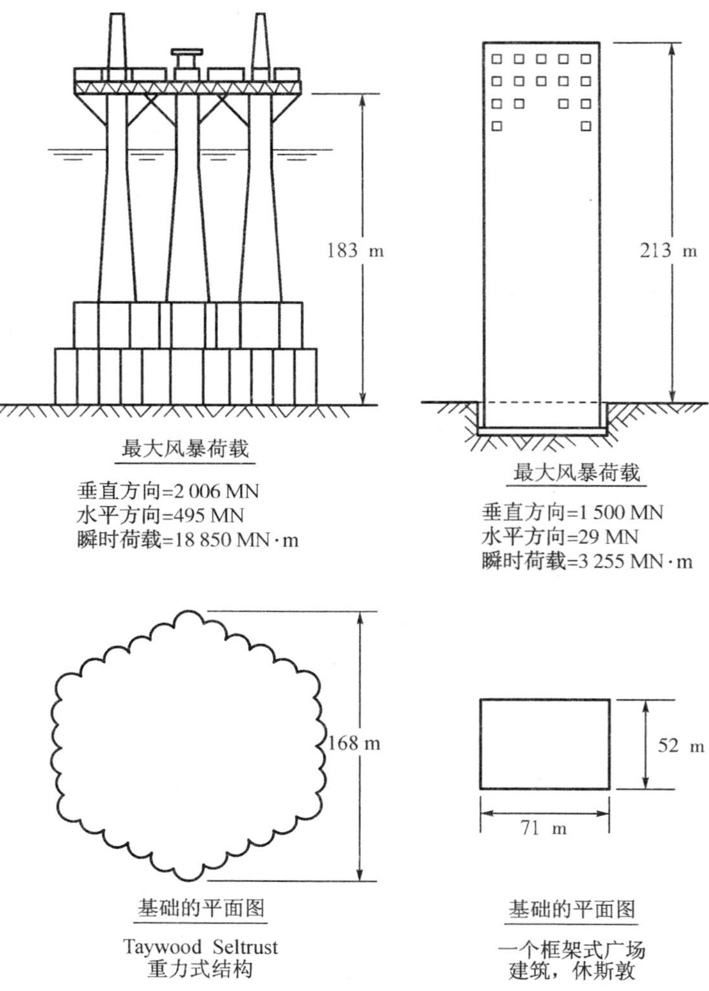

图 1-20 传统重力式结构建筑的比较(继 Young 等，1975)

(e) 实地勘探和原位测试的花费是相当大的，然而建造那些地基的花费也是相当大的，这些在总工程的组成花费中均占有相当大的比例。

正是由于这些不同，如果要将陆上建造经验和设计过程直接运用到近海地基建造上来，是不可能的。所以，现在有一种发展趋势，就是在设计时使用更多的基础分析方法，且更少地依赖经验去完成任务。这种趋势将反映在第 5 章至第 8 章的内容中，其焦点在使用地质分析的方法来解决近海工程问题。然而，仍然无法避免使用一定限度的经验主义，尤其是在确定土壤参数时。

2　海洋土的特性

2.1　海洋床面的地形要素

通常来说海洋有 3 种地形要素：大陆边缘、海底床面和主要的海洋山脉体系。图 2-1 对这些要素都进行了概括的描述，同时在图 2-2 中对墨西哥湾进行了明确的描述。占海域总体 21%的大陆边缘一共有 74×10^6 km^2，一般由大陆架、大陆斜坡和大陆隆组成。其中，大陆架 27×10^6 km^2，大陆斜坡 28×10^6 km^2，大陆隆 19×10^6 km^2。以下几篇关于海洋地貌的文章都对这些要素的来源和特征进行了详细的描述，如 Shepard(1963)，Keen(1968)以及 Shepard(1977)。

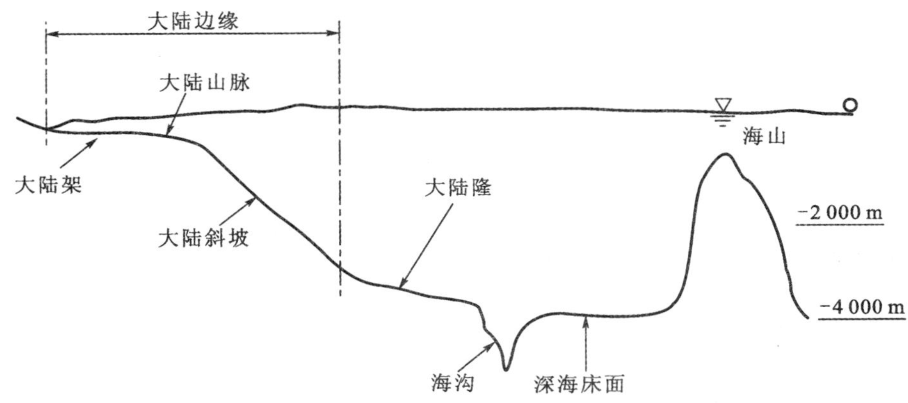

图 2-1　海底床面的主要地形学要素

大陆架是近岸陆地在海水中的地形学和地质学上的延续物，同时受海底侵蚀和沉积的影响而变化。它的平均宽度大概有 70 km，而平均坡度是 0°07′，它在冰冻的区域最深，而在有珊瑚生长的地方最浅；在北冰洋及太平洋北侧和西侧最宽，在新山脉的附近最窄，表明强烈的断层作用正在发生。大陆架的向海部分延伸到大陆架断裂处或大陆山脉，即深度在 10～500 m 范围，平均深度为 200 m。

大陆斜坡比大陆架的坡度要陡得多，典型的坡度为 1/40(1°26′)，并且有可能包含一系列的悬崖；但是这些斜坡的坡度大都不一致，一般在断层的海岸坡度为 6°，而在大河口处只有 1°。图 2-3(Campbell 等，1982)显示出石油资源已在开发和有望开发的一些地区的大陆斜坡的坡度。

大陆斜坡的底端部分称为大陆隆，它的坡度一般在 1/1 000～1/700，在很多区域以沉积质的形式出现。大陆隆主要是由混浊物形成的流体(即流动如同清质流体的半流质稀薄泥沙流)和有些地区能达到 1.6 km 厚的远洋泥沙沉积而成的，这些泥沙大都来自大陆，甚至有可能来自白垩纪时代。峡谷有时通过大陆隆，就成为泥沙向海运移的通道，有些甚至扩展到大陆斜坡和大陆架上了。

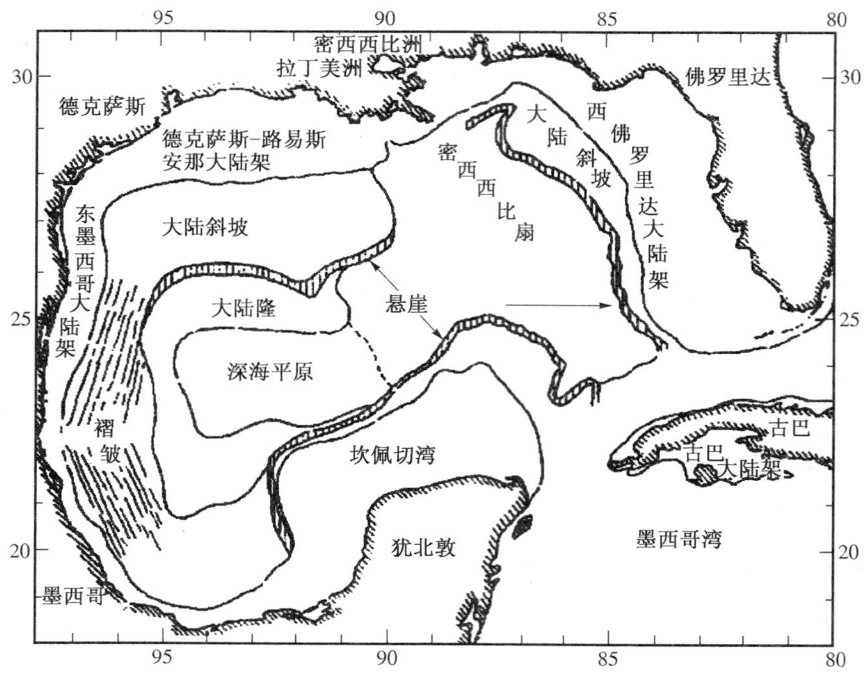

图 2-2 墨西哥湾地形学上的各个地区

海洋盆地床面包含了除海洋山脉体系以外的所有自大陆边缘向海移动的东西。邻近大陆隆的深海平原在大西洋分布十分广泛，但在太平洋却很稀有，并且它们都很平顺，其坡度在1/10 000～1/1 000。所有的深海平原都与峡谷以及近岸的这些泥沙资源的通道相连，这些泥沙以浑厚的泥水形式输送到深海平原然后沉积下来。海山是孤立的火山源的海床隆，它们并没有穿透海面，但是却有可能比它们周围的地方要高出1 000 m甚至更多。遍布海洋的平顶海山显示出它们曾经在海面以上但随后被腐蚀成现在的样子。现在，在所有海洋中，主要的海洋山脉体系形成了一系列的相互连接的地形学高地，其宽度在 1 000～4 000 km，相对海底高出 2～4 km，有时突出海面形成岛屿。被称为“中等海洋山脉”的那些山脉有时会被用来描述这样的一些特征，其中最为人所知的就是中大西洋山脉。在太平洋盆

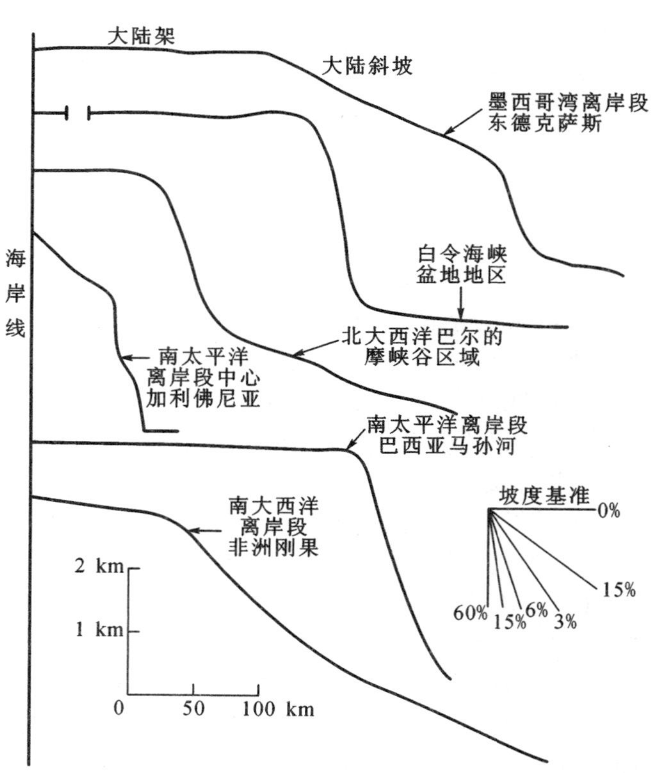

图 2-3 选择区域中显示大陆斜坡同相邻大陆架之间关系的精细图(Campbell 等,1982)

地中占明显主导地位的海沟不但狭长而且两边很陡峭。它们是海洋中最深的一部分，经常出现超过 8 km 的深度，其中最深的是马里亚纳海沟，其深度超过 11 km。

大陆边缘的平均厚度为 2 km，体积为 $150\times10^6\ km^3$(King, 1975)，因此大陆边缘包含了总泥沙量的 73%，包括大部分在大陆被侵蚀的物质。它们对于储存石油非常重要，特别是一些发生迅速沉淀的区域，这些区域为石油的形成创造了有利的环境。(1.2 节)这样就很清楚了，对那些对沿岸石油资源的发展十分关心的地球技术工程师们来讲，最感兴趣的就是大陆架上的土壤情况。

2.2 海底沉积物的来源、分类和分布情况

海底沉积物由来自陆地的岩屑质和来自溶液中由生物和化学过程中提取的物质所组成。岩屑质由被河流、冰河及风带来的微粒组成；而有机质则大量的来自于贝壳和海底生物体骨骼。除了有可能在大陆架边缘出现局部颗粒变大的情况，颗粒的粒径大体上是从海岸线向外随距离的增大而减小。泥沙在靠近陆地的地方最粗，而在海洋中等山脉上的最细，有些区域的海底因为已经被强流冲刷干净而成为毫无泥沙覆盖的区域。

泥沙颗粒分类至少有两种方法，按颗粒大小分和按来源分。表 2-1(Gross, 1977)是一种典型的按颗粒大小分类的方法。颗粒粒径是泥沙的一个重要性质，它决定了泥沙的运移模式和泥沙沉积到床面之前运移的距离。图 2-4 指出了各种典型的泥沙颗粒的各种来源。

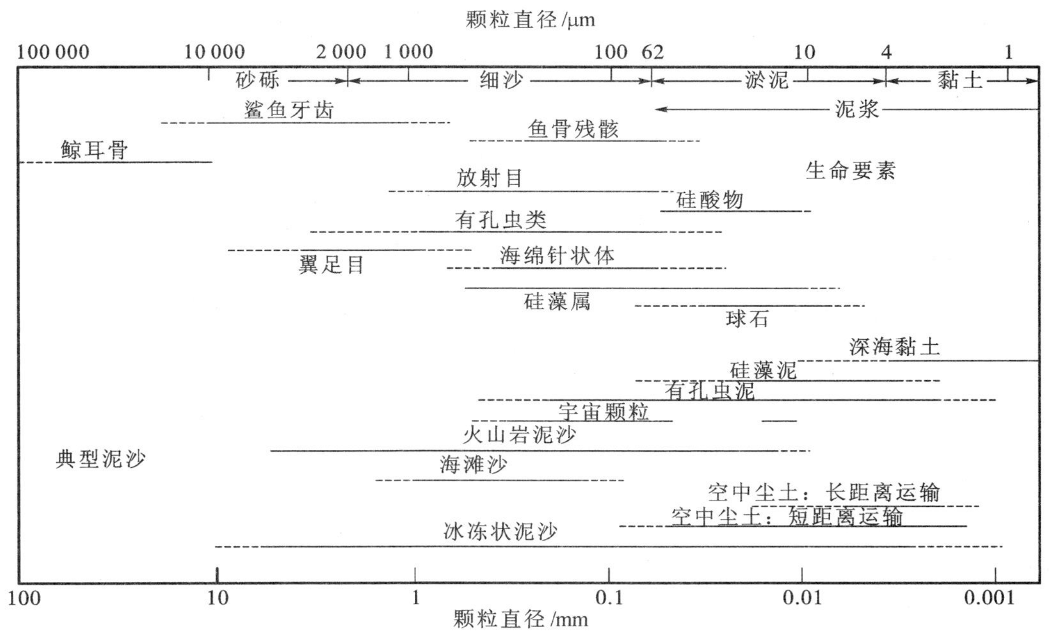

图 2-4 各种来源的典型粒径尺寸

表 2-2 和表 2-3 总结了来自大陆边缘和深海(深海平原和山脉等)的各种类型泥沙的平均粒径和比重(Hamilton, 1974; Hamilton 等, 1982)。

不同类型颗粒特性的可变性已经在这些表格中得到了清楚的证明。

表 2-1　　按尺寸分类的泥沙颗粒(温氏分级表)

粒度级份额	颗粒粒径/mm	粒度级份额	颗粒粒径/mm
漂石	>256	细沙	0.062～2
圆石	64～256	淤泥	0.004～0.062
小圆石	4～64	黏土	<0.004
砂砾	2～4		

当按来源分类时,泥沙可以分为以下 3 类:

(a) 岩石产生的颗粒,它们主要是硅酸盐矿物颗粒,这些颗粒来自于在风化过程中被侵蚀的陆源硅酸盐岩石;火山喷发也有可能是岩石生颗粒的来源。

(b) 有机物颗粒,它们主要是因无法溶解而保留下来的如骨骼、牙齿、贝壳等海洋有机体。

(c) 含氢的颗粒,它们是由海水间或泥沙间的化学反应产生的,其中锰结核是这类颗粒中最突出的例子。这些结核通常生成的速度极其慢,一般在 1～100 mm/百万年。

表 2-2　　大陆边缘(大陆架和大陆斜坡)环境(Hamilton, 1974);泥沙平均尺寸分析和堆积密度

泥沙类型		样本数	平均颗粒直径		砂土 /%	粉土 /%	黏土 /%	相对密度
			/mm	/ϕ				
砂土	粗糙的	2	0.528 5	0.92	100.0	0.0	0.0	2.710
	级配好的	18	0.163 8	2.61	92.4	4.2	3.4	2.708
	极配非常好的	6	0.091 5	3.45	84.2	10.1	5.7	2.693
粉质砂土		14	0.067 9	3.88	64.0	23.1	12.9	2.704
砂质粉土		17	0.030 8	5.02	26.1	60.7	13.2	2.668
粉土		12	0.021 3	5.55	6.3	80.6	13.1	2.645
粉砂质黏土		18	0.018 3	5.77	33.3	40.2	26.5	2.705
黏质粉土		54	0.007 4	7.07	5.9	60.6	33.5	2.656
粉质黏土		19	0.002 7	8.52	4.8	41.2	54.0	2.701

注:在表 2-2 和表 2-3 中,ϕ 是颗粒尺寸的对数表达值$=-\log_2$(颗粒直径的毫米数)。

表 2-3　　深海平原和深海丘陵环境(Hamilton, 1974; Hamilton 等,1982);泥沙平均尺寸分析和堆积密度

环境泥沙类型		样本数	平均颗粒直径		砂土 /%	粉土 /%	黏土 /%	相对密度
			/mm	/ϕ				
深海平原	砂质粉土	1	0.017 0	5.68	19.4	65.0	15.6	2.461
	粉土	3	0.009 2	6.77	3.2	78.0	18.8	2.606
	砂质粉黏土	2	0.020 8	5.59	35.2	33.3	31.5	2.653
	黏质粉土	21	0.005 6	7.49	5.0	55.4	39.6	2.636
	粉质黏土	36	0.002 1	8.91	2.7	36.0	78.3	2.638
	黏土	5	0.001 4	9.51	0.0	21.7	78.3	2.672
白令海和鄂霍次克海(硅藻类)	粉土	1	0.017 9	5.80	6.5	76.3	17.2	2.474
	黏质粉土	5	0.004 9	7.68	8.1	49.1	42.8	2.466
	粉质黏土	23	0.002 4	8.71	3.0	37.4	59.6	2.454

（续表）

环境泥沙类型		样本数	平均颗粒直径		砂土 /%	粉土 /%	黏土 /%	相对密度
			/mm	/ϕ				
深海丘陵，深海红土	黏质粉土	17	0.005 6	7.49	3.9	58.7	37.4	2.678
	粉质黏土	60	0.004 9	8.76	2.1	32.2	65.7	2.717
	黏土	45	0.002 4	9.43	0.1	19.0	80.9	2.781
石灰质软泥	砂质粉黏土	34	0.015 4	6.02	37.3	22.3	40.4	2.703
	粉土	1	0.016 9	5.89	16.3	75.6	8.1	2.625
	黏质粉土	15	0.006 9	7.17	3.4	60.7	35.9	2.678
	粉质黏土	151	0.005 6	7.48	14.1	33.3	52.6	2.653

顺着上述内容，Noorany(1983)提出了一种全面的关于海洋泥沙分类的系统。从岩土工程的观点来看，岩石和有机物颗粒最为重要，因此值得密切关注。

图 2-5 概括了海洋泥沙形成的过程(Silva, 1974)，陆源和海洋泥沙在环境和成分上都有所不同，包括以下几点：

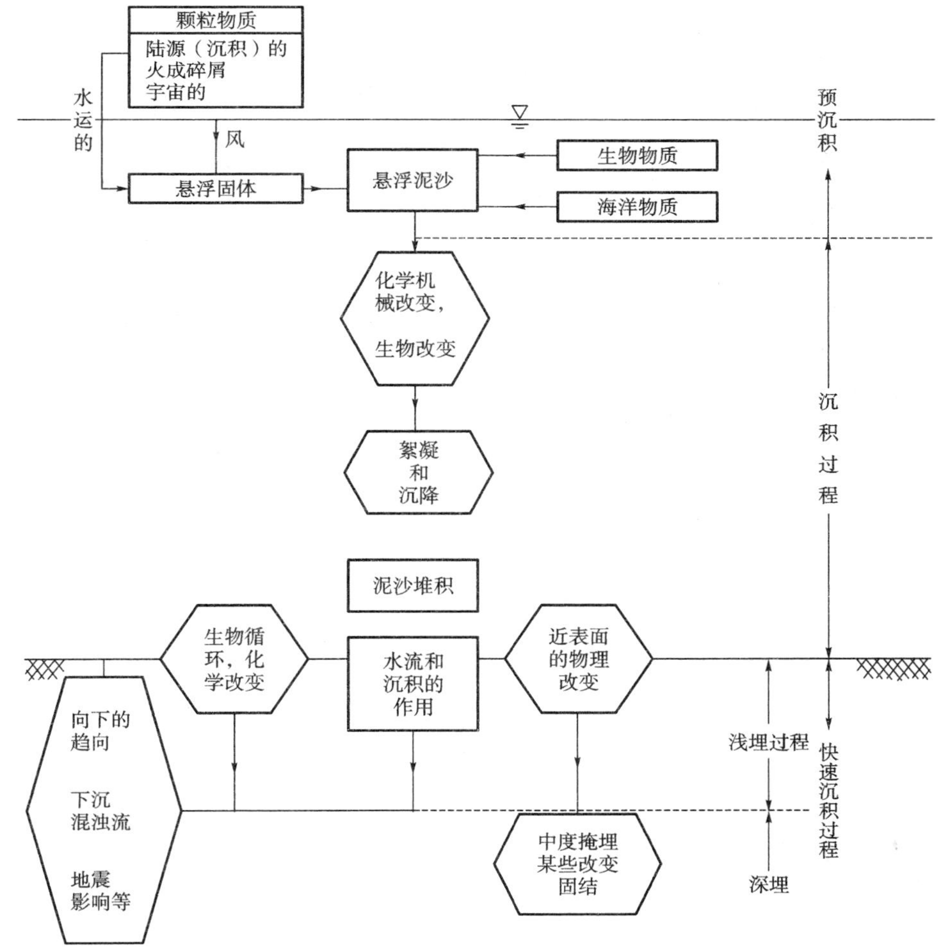

图 2-5　海底泥沙的形成过程(Silva, 1974)

(a) 海洋泥沙为纯盐水饱和。

(b) 海洋泥沙和陆源泥沙在成分上有所不同，因为海洋泥沙中存在有机物颗粒。

(c) 海洋泥沙的沉积作用在海洋中要慢得多，特别是在深海。

(d) 海洋泥沙的高压、低温环境也会对其微观结构产生影响。

因此，可以预计的是在工程活动中至少在某些方面对待海洋泥沙应有别于对待陆源泥沙。

2.2.1 岩石产生的泥沙

河流是海洋泥沙最大的来源，每年输入泥沙约200亿吨，大多数来自于亚洲。图2-6显示了岩石生泥沙的主要来源的地区，而且这些进入海洋的泥沙大都起源于半干旱的地区，通常就是山区。在这些山区，雨水不足以使那些可以覆盖山土以抵抗腐蚀的植被存活，但却足以侵蚀山土。泥沙颗粒的沉淀速度主要取决于它的粒径，粒径越大沉速越大。因此，砂砾可能在它们进入海洋的入口附近沉淀，而淤泥质泥沙就有可能会被运移相当长的一段距离，黏土也可能会被运移很长的一段距离。

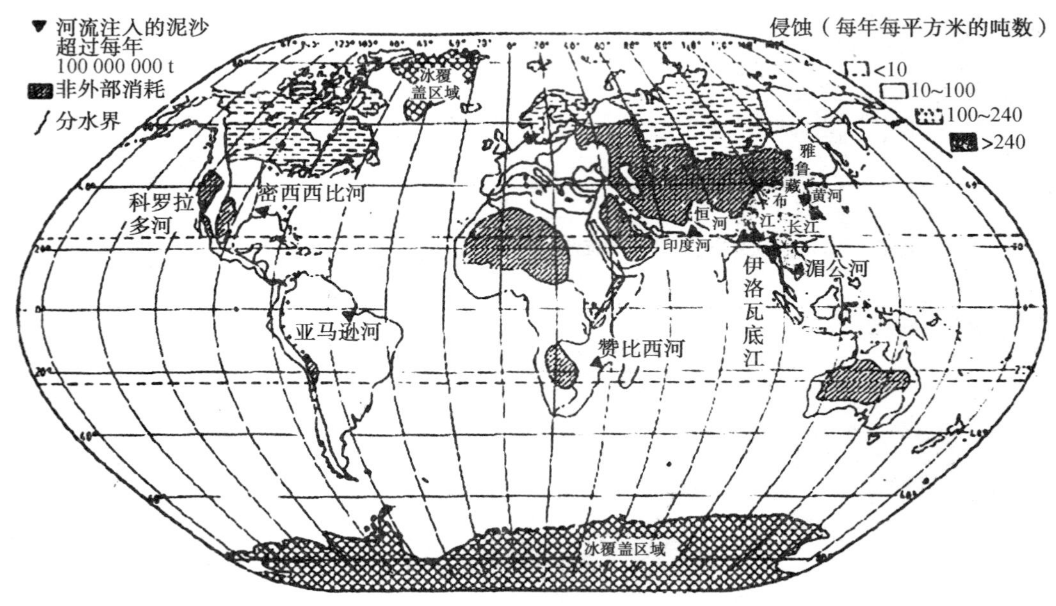

图2-6 岩石产生的泥沙的主要来源

风每年都要输送1亿吨泥沙进入海洋，主要是从植被稀少和有强风的沙漠及高山带来的。粒径小于20 μm的颗粒有可能被风运移很长的距离，而粒径小于10 μm的火山灰则有可能被风带着进行全球漂移。

优质的岩石生泥沙因为它的颜色和它所含的黏土矿物而常常被说成是褐色(或红色)的黏土，而它所含的黏土矿物中无机物成分在60%以上。具有代表性的就是高岭石或者水铝矿，它们都是由热带河流提供并且在高风化的热带泥土中被发现的优质岩石生泥沙。而伊利石，这种由河流或风运送的泥沙颗粒，在大西洋和太平洋的北部及中部的含量都很大。蒙脱石则常常来源于海底火山运动，在南太平洋和印度洋的含量都非常大。绿泥石发现于北极土壤中，它是由于沉积岩和变质岩在冰冻作用下磨损而产生的。表2-4显示了黏土矿物在海洋中的分布状态。这些黏土矿物的相对数量和相应的积聚速度不仅仅受到来源的影响，还受到它们从陆地进入海洋环境的传送路径的影响，也就是说，可能来源于大气，水，或者是冰。直接来讲，海底床面的地形也能影响这些矿物的相对数量。

表 2-4 海洋中黏土矿物的分布状态(Griffin 等，1968)

位置	样本数量	绿泥石/%	蒙脱石/%	伊利石/%	高岭石/%
北大西洋	202～206	10	16	55	20
南大西洋	196～214	11	26	47	17
北太平洋	170	18	35	40	8
南太平洋	140～151	13	53	26	8
印度洋	127～129	12	41	33	17

这些年来，令岩土工程师们产生特殊兴趣的是他们在北极地区遇到的泥沙，在那里石油类的沉淀物正在被开采，比如说在阿拉斯加大陆架。这些淤泥来源于河流中的冰，并且有可能达到 20 m 厚，有时甚至包含了残留的永久冻结带。这些淤泥能够显示出一种高度的明显的过度固结，这些有可能是因为以往的冰冻和解冻作用。Wang 等(1982)以及 Singh 和 Quigley (1983)曾讨论过由这些泥土而引发的岩土问题。

混浊流是水和泥沙的密集混合体，它们沿海底床面流动，把泥沙从大陆边缘传送到大陆隆，甚至进入深海。它们有可能被如地震、飓风或者大量河流泥沙突然间的注入所触发。由泥沙流形成的沉积物是会分级分层的，也就是小颗粒的泥沙会渐渐压在大颗粒的沉积物上面。因此，浅水生物的壳和陆地植物的某些片段就这样被带到了深海床面上。

混浊流在大陆架比较窄的地方最为活跃(如大西洋和北印度洋)，在大陆架比较宽的地方最不活跃(如太平洋，因为在那里，沿着大陆边缘的沟壑和海山脉阻止了混浊流向深海床面的移动)。除了携带泥沙以及以沉积的方式塑造海底地形外，人们还认为混浊流可以切割海底峡谷使得众多大陆边缘出现凹痕。

下面在 2.4 节中会讨论无机海洋黏土颗粒。

2.2.2 生物产生的泥沙

生物产生的泥沙在成分上有可能是石灰质类的或者是硅酸类的。最普遍的就是石灰质的，就如主要以方解石的形式出现的碳酸钙。现在还有一种在化学性质上相似的矿物叫文石(霰石)，但因为其更容易溶解，所以在深海泥沙更加难以保存。最常见的有机物石灰质颗粒就是贝壳类和有孔虫类的壳，典型的例子参见图 2-7。有孔虫类的直径大体上小于 1 mm，它的壳是由一个孔或者互相联系的多个孔组成的。并且在有限的地理区域范围内，可以存在各种各样不同类型的有孔虫类(Poag，1981)。球石就是石灰类沉积型海藻的外壳，它在深海碳酸类物质形成的细颗粒泥沙中占了很大的比例(图 2-8)。其他的颗粒包括翼足目类(一种带壳且其壳主要由文石组成的软体动物)、苔藓虫门(其构造是形成类细胞的隔间构造)、海绵体、海胆纲动物、星状类和海百合类。珊瑚也是由碳酸钙组成的，进一步讲，它们是由腔肠动物珊瑚虫组成，这种珊瑚虫构造出了环状的钙质骨架。表 2-5 概括了一些比较普遍的海洋碳酸类物质(Chaney 等，1982)。

在沿海岸的环境中，所有上面提到的颗粒都是存在的，但在深海，主要的钙类生物体是有孔虫类、球石类和翼足目类。当这些生物死后，它们慢慢下沉到海底床面上。因为碳酸钙在一定的高压下就会溶解，所含钙类泥沙在 4 000 m 以下的海底就很难被找到了。

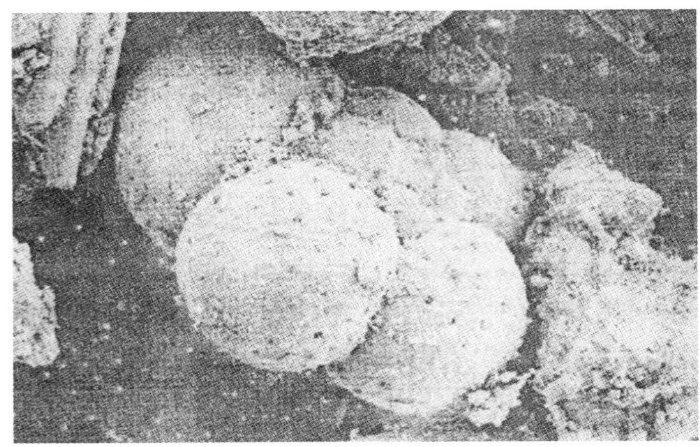

图 2-7 澳大利亚西北岸大陆架中的有孔虫类和石灰质泥沙颗粒

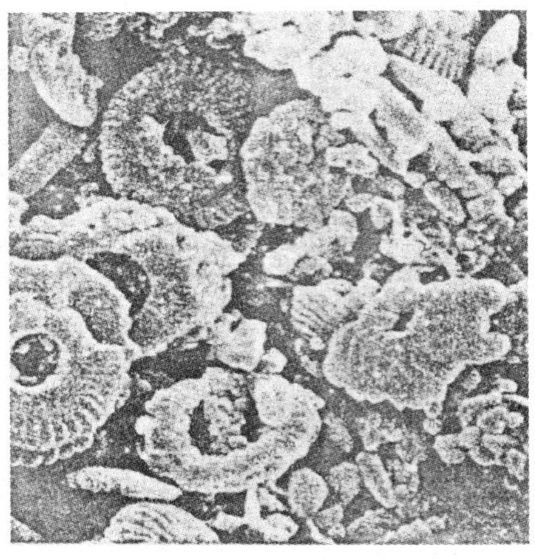

图 2-8 白垩纪有孔虫或微型浮游生物化石软泥中的球石

表 2-5 **海洋碳酸类物质(Chaney 等, 1982)**

名称	形状	最小的微细颗粒形状	深度位置/m	环境		有孔性	全面材性	化学组成
				高能区	低能区			
有孔虫类的壳	1 mm		3 500	深海底的有孔虫	浮游类有孔虫	多孔渗水的	非黏性的(砂质粉土)	方解石(少量含镁方解石)
翼目足类的壳	1~2 mm	没有离散的微细颗粒	3 000	热带和亚热带水体	海底软泥	多孔渗水的	非黏性的(细沙)	霰石
球石类植物化石	0.01 mm		3 500~5 000	—	物种类型在纬度方向上大体的变化	没有固定的有孔性	非黏性的(淤泥)	藻类方解石壳,由器官组织或碳酸镁保护的骨骼
珊瑚	20 cm	没有离散的微细颗粒	0~35	分支的,大块的,成薄壳状的珊瑚	多叶的薄壳状的珊瑚	多孔渗水的	非黏性的(砂砾)	含镁方解石霰石
沉淀物	0.1~0.6 mm 极为可变极不稳定	没有离散的微细颗粒	35~200	鱼卵石	小球体	没有固定的有孔性	非黏性的(细沙)	含镁方解石
深海底的物质	—	—	35~200	分支珊瑚藻,有孔虫,浮游生物	软体动物,深海有孔虫,海胆类片段生物	—	—	含镁方解石

注:各组分物质构成可定性地表述为:砂、砂质粉土、砂质砾石和淤泥土。

北纬 30°和南纬 30°之间的环境条件最适宜含钙类泥沙的沉积。高浓度碳酸钙存在于那些高生物生产区域,如东太平洋、中大西洋山脉轴线区域、百慕大群岛和巴哈马群岛附近海域以及澳大利亚附近海域和北印度洋。石灰质颗粒沉淀的其中一个因素是由于泥沙颗粒表面晶状体的生长而形成的絮凝现象。在水沙分界面上或者周围发生的黏固是成不规则分布的层状或透镜状。此时黏固程度并不会随着深度的加大而有所增加的,同时有着很好的碳酸类黏固物的层也会和并没有什么黏固物的层发生交换。而来自同一区域范围的黏固层也会在相当大的程度上发生变化。很小数量(1%～2%)的有机物质就有可能对泥沙沉淀的加速作用产生巨大的影响(Rezak, 1974),与此同时 Fookes 和 Higginbotham (1975)则认为絮凝是由诸如温度或二氧化碳含量等因素的微小变化而引起的,而它与下沉也几乎同时发生。因此,颗粒间类似的集合在那些距离很近的黏固和非黏固组成中都会出现。含钙类泥沙的具体内容将会在 2.5 节中进行更加详细的讨论。

4 类硅酸类有机体已经在海洋生物生泥沙中被找到,它们分别是硅藻、放射目、海绵体和氟硅化物。其中,硅藻(单细胞藻类;图 2-9)的壳和放射目(单细胞浮游生物;图 2-10)最为常见。在深海中同样也发现了硅酸类海绵针状体,但它对沉淀的影响程度远不及上面提到的硅藻和放射目。以那些有机体形式沉淀的硅石在海水中具有很高的溶解性,因此,它们在海底床面上的堆积主要取决于它们的尺寸和在水柱体中的硅石浓度,以及取决于在表面与在化学上具有保护作用的有机化合物或镁等元素的结合。

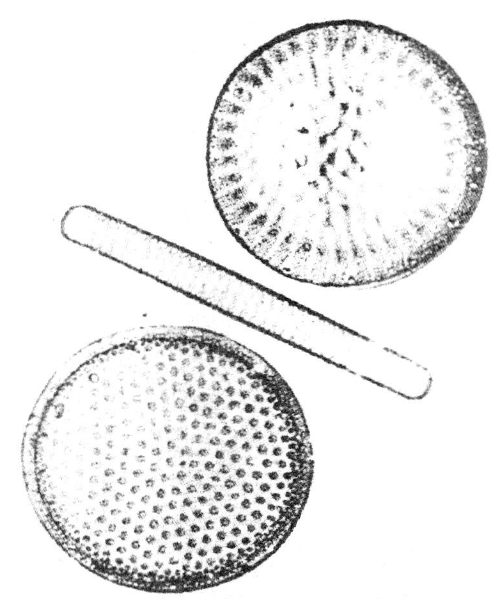

图 2-9 硅藻属;海洋硅土沉淀类有机物;直径大约为 0.1 mm(Turekian, 1976)

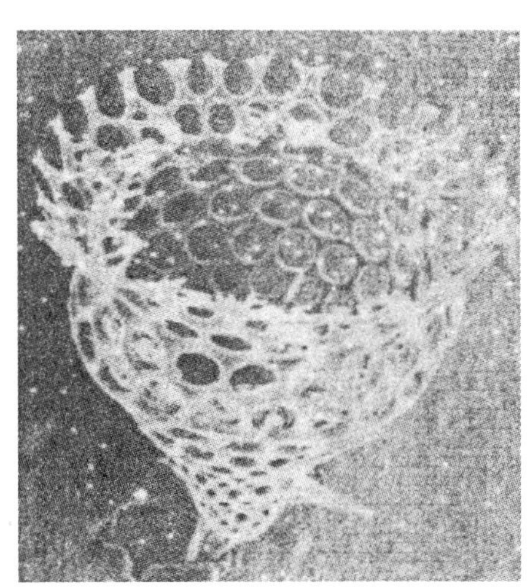

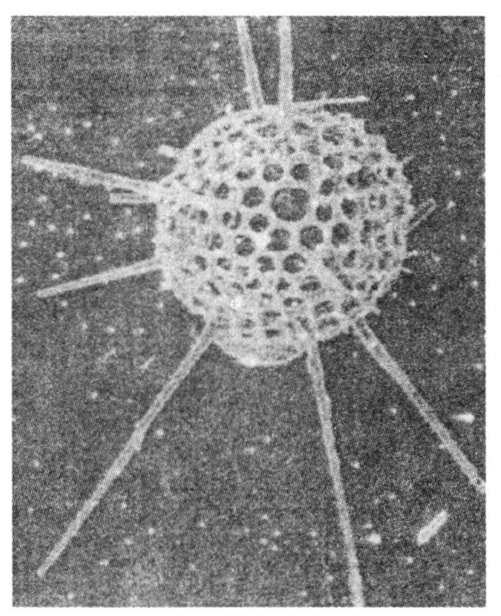

图 2-10 深海放射目;长度大约为 0.1 mm(Turekian, 1976)

硅酸类泥沙主要分布于高纬度地区和赤道太平洋地区。在夏季,日照时间长,同时迅速的对流循环使得营养的供给也得以持续,这样,在高纬度地区,大量的硅藻壳迅速地堆积起来。在赤道太平洋地区,充足的营养供应和来自向上流动的含有磷酸盐和大量硅石的深层海水,使得硅藻类和放射目类迅速生长(Turekian, 1976)。在这个地区,泥沙堆积物的厚度明显比其他海洋床面(深度大于 600 m)上要大些。对硅酸类泥沙的深度讨论将在 2.6 节中进行。

2.2.3 泥沙的分布状况

岩石生和生物生泥沙在全球海洋中的分布状况可见图 2-11(Gross, 1977)。生物组成占总体积 30%以上的泥沙被分类称作“软泥”,如果有孔虫类的壳是主要组成物,那么称作“有孔虫软泥”,如果有孔虫类和球石占主导地位,那么称作“海底软泥”,如果富含硅藻类,则称为“硅藻软泥”。

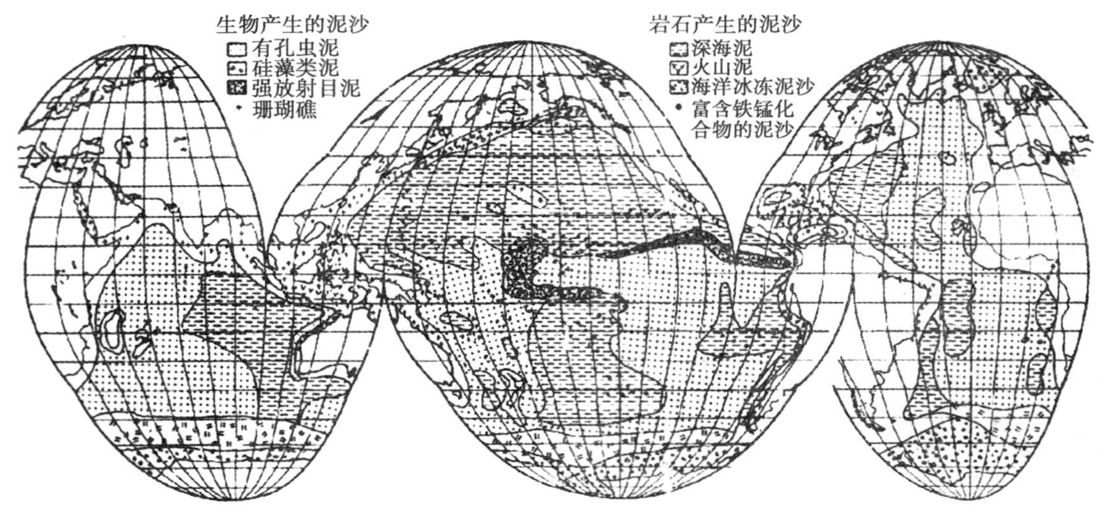

图 2-11　深海泥沙的分布状况

由 Keller(1967)总结的北大西洋和北太平洋海域的泥沙分布状况可见图 2-12 和图 2-13。同时 Keller 还提出了这些泥沙的一些物理属性(表面剪切力、含水率、个体质量),并且在某种程度上找到了这些属性同泥沙类型、水流和当地的地形之间的一些相互关系。

表 2-6 概括了深海泥沙的成分和不同种类泥沙的相对富裕程度,并且可知,软泥是泥沙中最常见的一种类型。深海泥沙随水深的分布情况可见图 2-14(Gross, 1977)。含钙类泥沙在相对较浅的水域比较普遍,而在更深一些的水域主要的泥沙种类是褐黏土,这是因为碳酸钙在深度超过大约 4 000 m 的海水中就比较容易溶解了。Griffin 等(1968)已经估计了在 3 个大洋中泥沙的堆积速度,见表 2-7。这些速度的差异很大,如在赤道太平洋的大部分堆积能力较强的区域,一般堆积的速度可达到或超过 15 mm/1 000 年,与此同时在北大西洋的一些区域堆积的速度要远小于 1 mm/1 000 年。

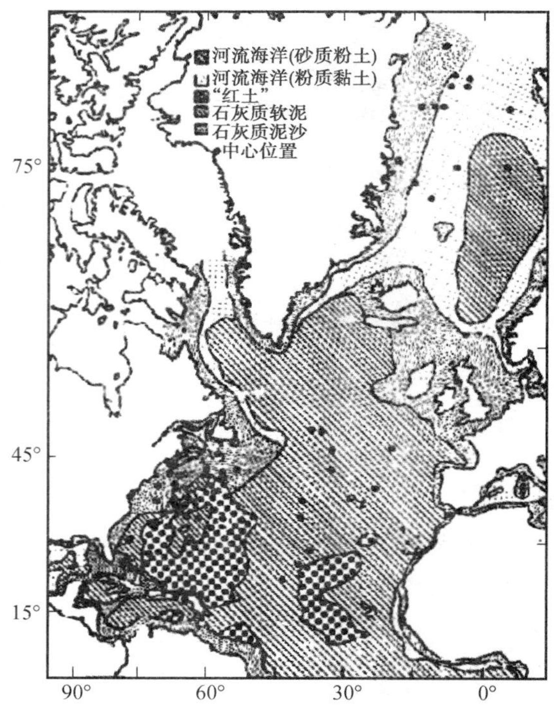

图 2-12　北大西洋海域泥沙的分布状况 (Keller, 1967)

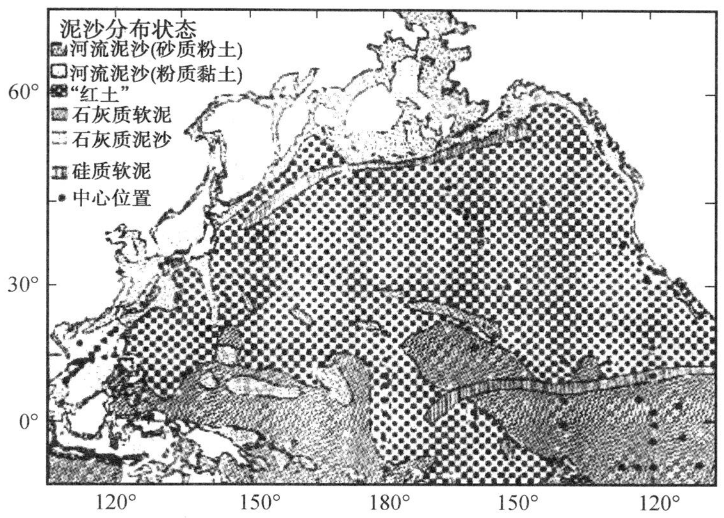

图 2-13 北太平洋海域泥沙的分布状况(Keller, 1967)

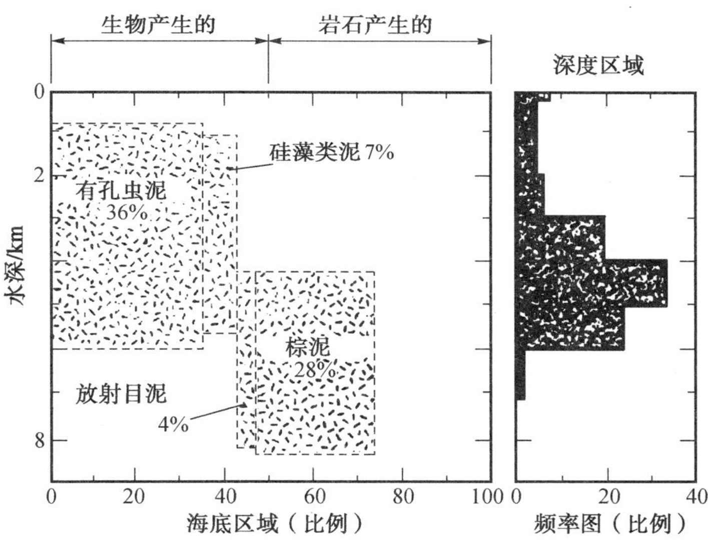

图 2-14 深海泥沙伴随水深的分布状况(Gross, 1977)

表 2-6 深海泥沙的富裕度和成分(Cross, 1977)

成分		石灰质泥/%	硅质泥		棕泥/%
			硅藻类/%	放射目/%	
生物产生的	石灰质	65	7	4	8
	硅质	2	70	54	1
岩石产生的和含氢的		33	23	42	92
深海泥沙中的富裕度		48	14		38

表 2-7　　海洋泥沙的堆积速度(Griffin 等，1968)

海域	堆积速度 mm/1 000 年
大西洋	0.2～7
太平洋	0.3～23
印度洋	0.5～1

2.3 海洋泥沙的原位应力状态

海底土有 3 种状态：正常固结、超固结和一种不完全的固结状态，也就是经常被提到的“不固结”。在正常固结状态中，有效超载压力 σ'_{v0} 与预固结的有效应力 σ'_{vc} 是相等的，而后者通常可由实验室里的固结实验得到。在超固结土中，σ'_{v0} 要小于 σ'_{vc}。在不完全固结土中，当前的垂直有效应力要小于 $\sigma'_{v0}=\gamma' z$，其中 γ' 是浮重度。大体上讲，大陆架上和大陆斜坡上的泥沙是在超固结的状态下的，三角洲沉积物是不完全固结，而深海平原泥沙是正常固结(Fukuoka 和 Nakase，1973)。有效超载压力和超固结比 $ORC=\sigma'_{vc}/\sigma'_{v0}$ 对决定泥沙的工程应用起着至关重要的作用(Ladd 和 Foott，1974)。可以预见的是，因为泥沙的沉积过程，海底泥沙将处于正常固结状态，因此，调查这些泥沙在超固结和不完全固结状态下有可能存在的机理是很有趣的。

2.3.1 超固结中可能存在的机理

超固结是由固结完成以后所发生的应力转移引起的。这个是在陆地环境中的主要机理，而在海底环境中，它有可能起因于在浅水环境中的海底侵蚀和前期的冰冻作用。它也有可能由前期的波浪荷载所引起，这时预固结应力会有所增加，特别是在浅水中。除了这些常见的超固结以外，还有很多作用可以引起超固结(或者说表观超固结)。它们包括：

(1) 徐变或二次固结，在持续的有效应力作用下它导致了孔隙率的减小，也因此导致了表观预固结压力的发展。Leonards 和 Girault(1961)以及 Bjerrum(1967)已经详细地考虑过这个过程了。如图 2-15 所示，Bjerrum 进一步发展了这样一个概念，就是容积变化是由两部分组成的：一个是瞬时压缩，也就是与有效应力的变化同时发生的压缩；另一个是滞后压缩，也就是发生在持续有效应力作用的过程中的压缩。后者是随着时间的推移而增加的，并且导致了“预留阻力”的增加，这个“预留阻力”可以抵抗后期压缩和同样也随时间的推移而增加的“假冒”的预固结应力 p'_c。在跟踪荷载作用下，土体会以超固结

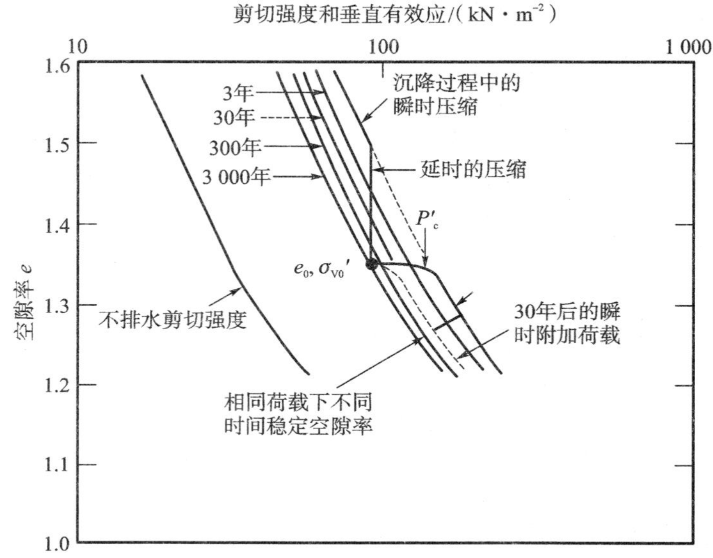

图 2-15　Bjerrum 关于瞬时和延时压缩的构想(Bjerrum，1967)

的形式运转直到有效应力达到 p'_c，在那之后压缩会沿着瞬时压缩线继续下去。

(2) 黏固，也就是由于黏合剂的作用而发生的短暂化学结合的进一步发展。这种结合主要发生在颗粒的连接处，而且很多试剂都可以引起这样的结合，如碳酸盐以及铝和铁的化合物。在富含碳酸钙的钙质生物类土壤中，黏结作用是极其重要的。

(3) 触变硬化，这是一个还没有完全被人们所了解的过程，但它却可以使连续结构的强度随着时间的推移而增加。触变作用较多发生在蒙脱石中，而很少注意到在高岭石中发生。

2.3.2 不完全固结中可能存在的机理

这里提到的不完全固结过程在其他地方经常被称为"不固结"。这个令人误解的术语因为其含义与"超固结"是正好相反的一个情况，所以是不合适的。不完全固结一般都同土中的过剩孔隙压力的存在联系在一起，也就是说原位有效应力 $\sigma' = \sigma - u$ 要小于计算有效过度荷载 $\gamma' z$。Sangrey(1977)确定了 4 种有可能会引起过剩孔隙压力和"不固结"泥沙存在的机理。请看图 2-16 和下面的讨论：

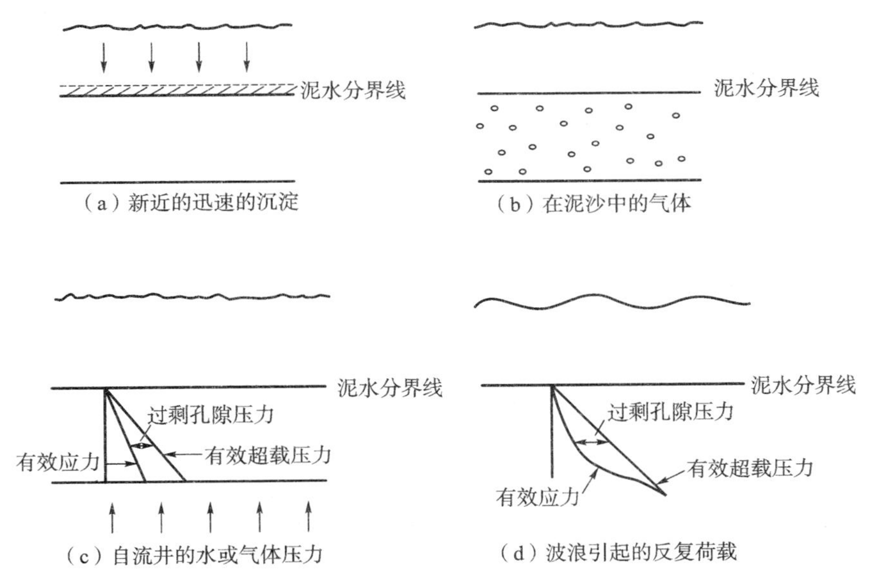

图 2-16 不完全固结中可能存在的机理

(1) 高速沉淀。在沉淀过程中，总应力和过剩孔隙压力一同增加，但这个过剩孔隙压力的消散却是相当慢的，它主要取决于泥沙的浓度和固结系数(Olsson, 1953; Gibson, 1958)。因此，如图 2-16 所示，有效应力 σ' 将小于最后的应力值($\gamma' z$)。土体将始终保持不完全固结状态直到过剩孔隙压力 u_e 完全消散，即 $\sigma' = \gamma' z$，这时土体将会成为正常固结状态。Olsson(1953)和 Gibson(1958)已经对 u_e 给出了理论上的解决方法，即假设的小应变固结理论，而后来其他一些研究者则运用了有限应变固结理论对其进行研究(Been 和 Sills, 1980; Schiffman 和 Pane, 1984)。Sangrey 等(1979)已经发表了一些研究结果，在阿拉斯加湾海域的泥沙迅速沉淀形成了一种泥沙，这些泥沙是小于 10%固结的泥沙，也就是说它的有效应力小于有效超载压力的 10%。Silva 和 Jordan(1984)以及 Shepherd 等(1978)的资料已经提供了关于这个现象进一步的实地证据。图 2-17 是有效超载压力和预固结压力的典型实测纵断面。

(2) 海底泥沙中的气体。如第 4 章中讨论的，海底泥沙中气体的存在是对取样过程的巨

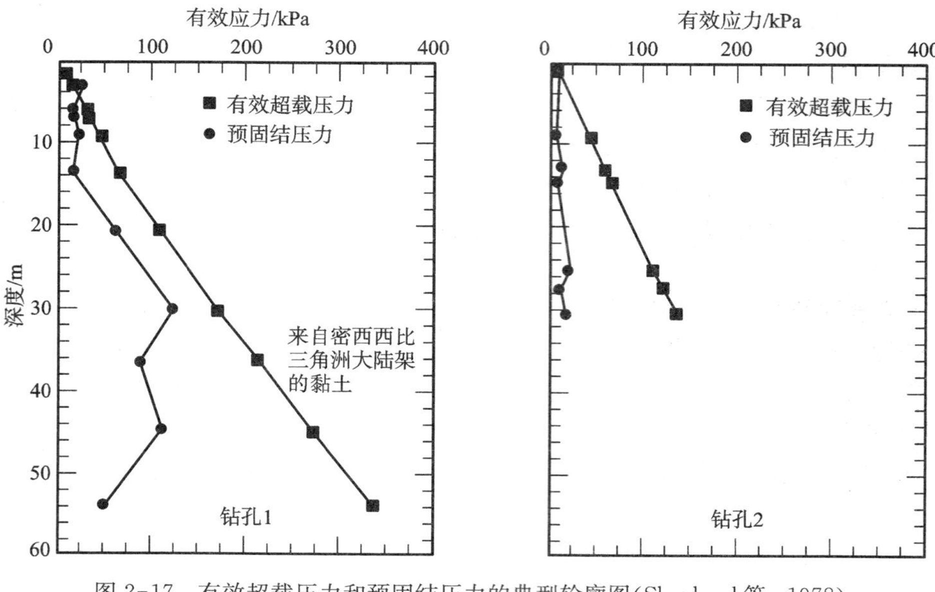

图 2-17 有效超载压力和预固结压力的典型轮廓图(Shepherd 等，1978)

大的干扰。游离气体在原位有效应力状态下也有着重要的影响力，因为它的压力会提高过剩空隙压力，也因此使有效应力的值减小，并且小于相应的饱和土中的应力值。这样土体将会处在 $\sigma' < \gamma' z$ 的应力状态中。原始的生物气体形成于溶液中，并且溶解在饱和土的孔隙水中。越多的气体产生，气体的饱和度就越接近孔隙水中气体的极限，而这个极限决定了总的压力状态。当气体的饱和度超过了这个极限时，游离气体将会出现结晶现象，并且原位孔隙压力也会增加。总的孔隙压力是气体压力和水压力的总和；气体产生得越多，孔隙压力就越高。尽管对测量的压力是水压力还是气体压力还不是很明确，Dunlap 和 Bryant 的测量显示出孔隙压力近似等于超载压力。游离气体存在的进一步的结果是它会使土体的可压缩性得到极大的增加，并且对土体的声学特性也有相当的影响。Whelan 等已经进一步发展了一种分析，这种分析可以预报在泥沙中的原位瓦斯浓度和最大气体压力。但是总的来说还是对气体产生的机理，生物气体产物，泥沙化学性质以及气相和孔隙压力之间的关系缺乏完整的了解。

(3) 来自自流水或气体压力源的泄露。在海洋床面以下的石油和承水层受到上面的静水压力，在这种情况下，就会产生从过剩压力源向排水面或排水边界的渗流。这样，过剩孔隙压力将会上升，在自流源上面的一个简单的具有统一渗透性的土层中，过剩孔隙压力同深度呈线性关系。有效压力将会因此小于有效超载压力，也就再次导致 $\sigma' < \gamma' z$。Sangrey(1977)认为由自流源水库而产生的过剩孔隙压力在离岸地区非常普遍，特别是在已经发现有石油资源的地方。

(4) 波浪产生的反复荷载。大型的风暴潮会引起土壤剖面上侧部分产生很大程度的循环应力(见第 8 章)，并且在一些软质的饱和土中，还会产生过剩孔隙压力[图 2-16(d)]。这样，就又会使得有效应力小于有效超载应力。对于那些低渗透性的颗粒，由某个暴风雨形成的过剩孔隙压力会与由早些的暴风雨带来的过剩孔隙压力或由于其他机理产生的低于正常的垂直有效应力(即 $\sigma' < \gamma' z$)进行叠加。但这是一个瞬时现象，因为这些过剩孔隙压力将会在暴风雨的进行过程中或者之后趋于消散。如此便有可能在暴风雨之后，当孔隙压力消散以后，土体最终又成为超固结状态。

不管是引起不完全固结还是引起低于正常的垂直有效应力的机理，其结果是相似的，即土体的剪切强度降低了，而可压缩性有所增加。

2.4 无机黏性泥土

2.4.1 简介

海底黏土与陆地黏土的区别在于其原位内应力情况不同，并且海底黏土中可能存在气体。而且一般而言的低质量未扰动样本在后者中获取。尽管如此，还是有迹象表明海底黏土的基本表现与陆地黏土是类似的，推求所得的陆地土的工程参数间的相关性可以运用于海底土研究上。这个小节将就海底黏土的特性——塑性、指标特性、力学特性、固结特性以及变形参量——分析可得的数据资料。

在详细讨论这些特性之前，考虑了不同离岸位置、不同水深处的典型的地球剖面。图 2-18—图 2-21 展示了部分剖面及一些实验室测试得出的基本的土工数据。在一些情况下，包括普通的固结（或不完全固结）黏土中，海洋床面以下的剩余剪切力随着深度增加而增加，在泥水分界线处几乎为零，甚至在相当深度处也很小，如 Gemeinhardt 和 Wong（1978）所述，在婆罗洲的四型三角洲黏土在 45 m 的深度的应力为 25～30 kPa。另一方面，在很硬的超固结黏土中，如在北海（图 2-21），剩余剪切力随着深度或多或少保持常数。显然，要精确分析海底沉积物的表现，必须适当地模拟沉积物中不同深度的应力和硬度。

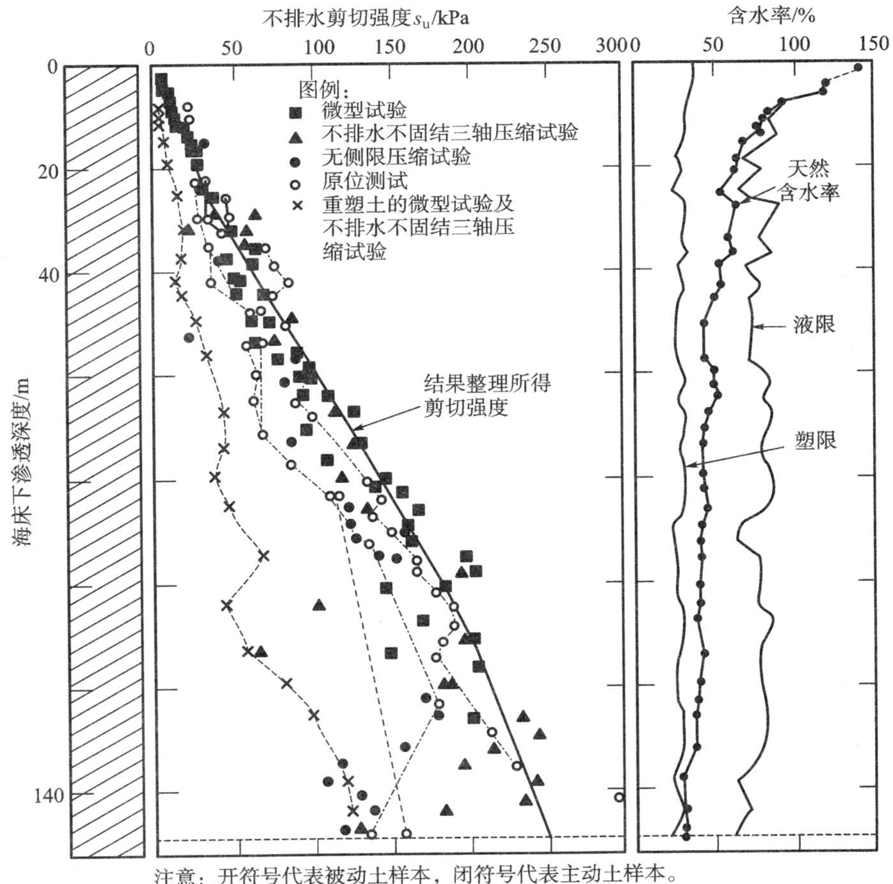

图 2-18　墨西哥湾典型泥土条件（Quiros 等，1983）

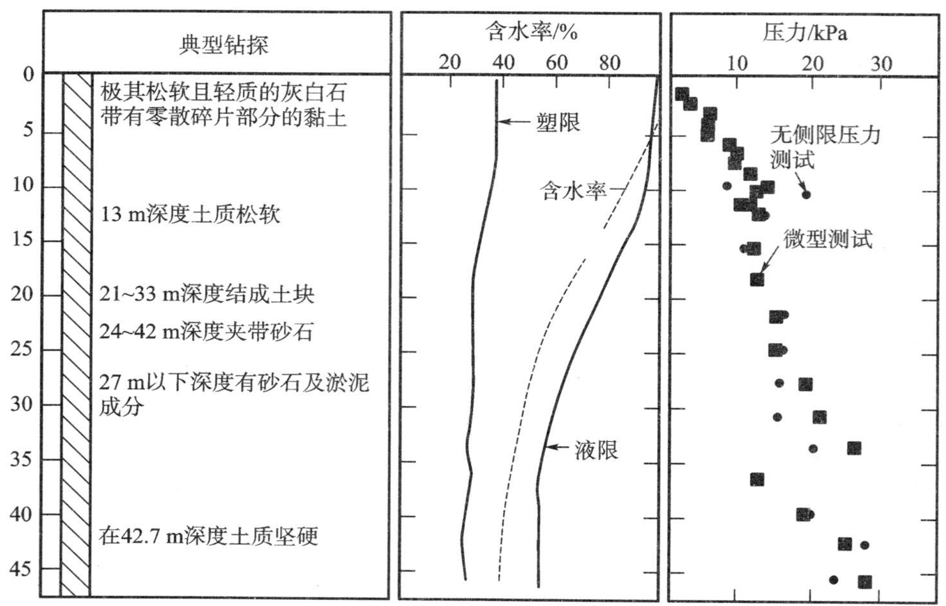

图 2-19　钻探及试验结果记录;婆罗洲(Gemeinhardt 和 Wong，1978)

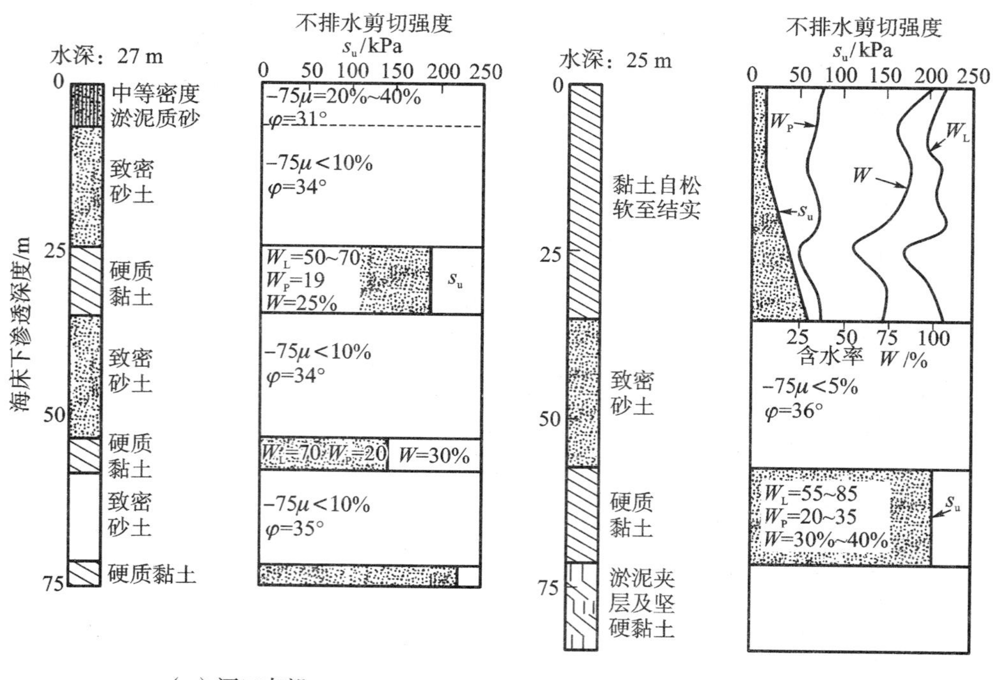

（a）河口南部　　（b）河口北部

图 2-20　扎伊尔河床泥土断面图(Sullivan 和 Squire，1980)

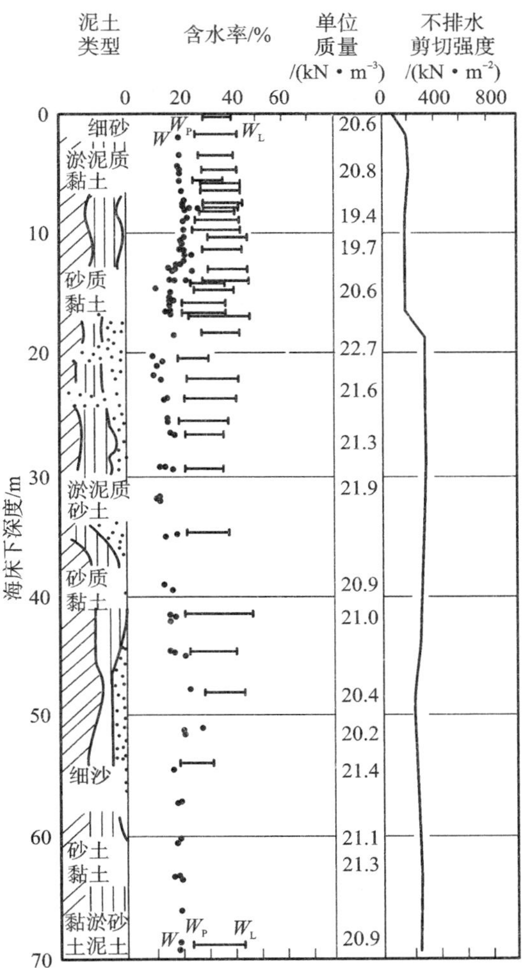

图 2-21 北海测站 Statfjord A 的泥土断面图(Lunne 等，1981)

2.4.2 指标特性

Meyerhof(1979)已经就近岸水域的黏土塑性及离岸水域的黏土塑性总结了一些数据，图 2-22 展示了这些数据和其他一些数据。许多代表此类土的点都大致在同一条直线上，在塑性表中，这条直线平行或高于 A 线，代表了不同塑性不同压缩性的无机黏土。来自大西洋、波罗的海和东太平洋地区的黏土位于 A 线的下方，反映它们的有机物容量更高。有些证据表明塑性指标随水深增加而增

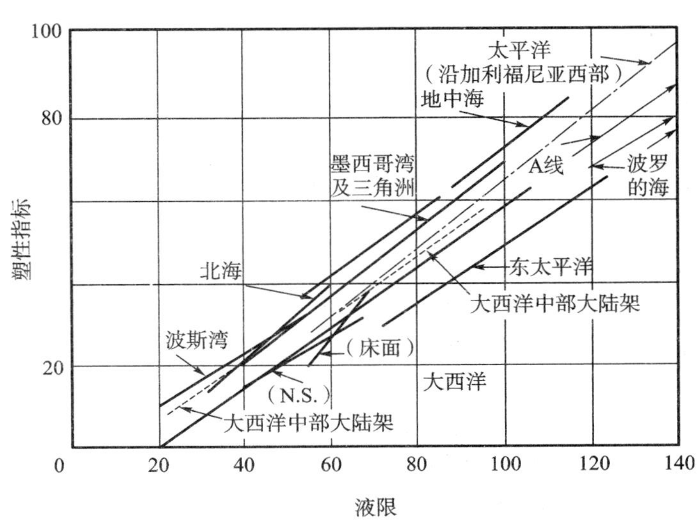

图 2-22 沿岸淤泥的弹性关系(Meyerhof，1979)

加(Olsen 等,1982)。推测起来，大概是由于水深产生了沉积作用。软的海洋黏土的流动性指标在 1～1.5 很正常,但更硬的黏土的流动性指标要小得多,甚至小于零。

Richards 等(1975)总结了不同地方的海洋土的指标数据,相关的再生数据列于表 2-8 和 2-9 中。黏土和淤泥颗粒的相对密度一般在 2.6～2.75,大陆及近岸沉积物的平均相对密度为 2.67,深海红黏土为 2.70(Hamilton, 1974)。

表 2-8　　黏性砂土的土工特性,圣地亚哥谷(Richards 等, 1975)

特性	分析数量	平均值	标准差	区间	
				最小值	最大值
砂/%,>62 μm	44	114	3	1	17
淤泥/%, 2～62 μm	44	61	6	52	77
黏土/%,<2 μm	44	35	7	15	46
孔隙率/%	226	3.4	0.6	1.3	4.7
含水率/%,占干质量的百分比	583	125	28	43	249
液限	58	111	19	50	144
塑限	58	47	6	35	59
塑性指标	58	64	6	14	85
原位松散密度/(mg·m^{-3})	1 044	1.27	0.04	1.21	1.35

表 2-9　　黏性砂土的土工特性,缅因州海湾,大陆架;水深 245～287 m(Richards 等, 1975)

特性	分析数量	平均值	标准差	区间	
				最小值	最大值
砂/%,>62 μm	162	<1	1	0	7
淤泥/%,2～62 μm	162	44	11	23	75
黏土/%,<2 μm	162	56	11	25	77
孔隙率/%	224	4.2	0.5	2.5	6.2
含水率/%,占干质量的百分比	496	163	25	87	322
液限	32	124	17	67	142
塑限	32	47	5	29	53
塑性指标	32	78	13	38	91
原位松散密度/(mg·m^{-3})	224	1.33	0.04	1.24	1.50

2.4.3 剪切力

取样产生的扰动、试验程序及仪器设备等因素都可能造成实验室测量所得的不排水剪切强度更易不精确或相当分散。图 2-18(Quiros 等, 1983)所示的许多简单试验例证了这种分散性,而 Burgess 等(1983)列举了测量剪力的实验室方法和原位测试的主要不同点。因此,现在有趋势运用更合理的途径去获得剪切力,其中一个方法是 Ladd 和 Foott(1974)提出的 SHANSEP 法(压力过程及标准化泥土工程特性)。在这个方法中,根据有效超载压力来进行测得的不排水剪切强度的标准化,并且强度还与超固结比 *OCR* 有关。正如 4.5 节中所提到,一个高质量未扰动的样本是固结的,在无横向应变(K_0)的情况下测量所得,先施以超过原位有效过埋压力的垂直有效压力，再卸荷至可以达到所要求的 *OCR* 值的适当垂直压力。样本再被施压至破坏以得到不排水剪切强度 s_u。除了混凝土化及高结构强度的黏土，大多数黏土所表现出的性质都是标准化的。典型例子的标准化应力图如图2-23所示，其中包括了一系列陆上黏土以及墨西哥湾的黏土。由后者所得出的结果与波士顿蓝黏土的结果十分相似，说明标准化性质的概念可以应用于海洋黏土。

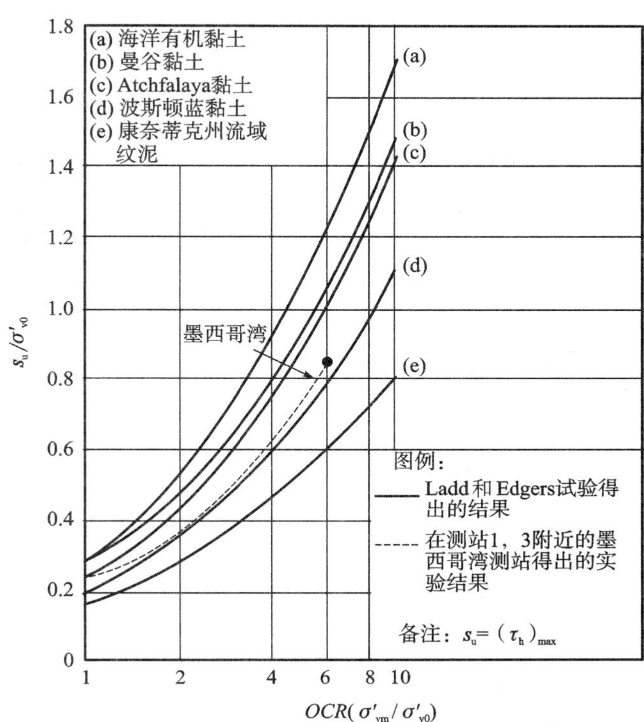

图 2-23 标准化不排水剪切强度数据(Ouiros 等，1983)

对于一般的固结黏土，标准剪切应力 s_u/σ'_{v0} 随着塑性指数(Bjerrum 和 Simons，1960)的增加而增加，这种趋势也出现于海洋黏土中。图2-24所示为 Meyerhof(1979)收集的数据以及 Ladd 和 Azzouz(1983)的数据，都证明了以上观点。然而必须说明的是：一些如阿拉斯加淤泥(Wang，1982)之类的泥土呈现出比图 2-24 所示更高的不排水剪切强度。

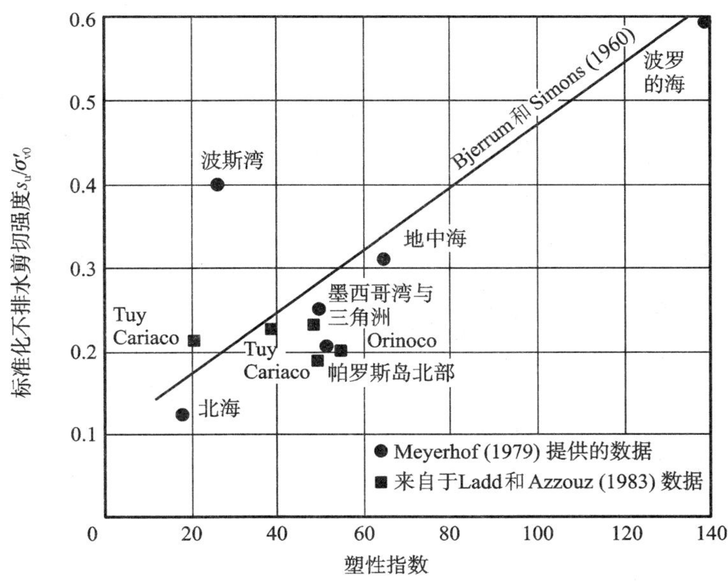

图 2-24 普通固结沿岸黏土的不排水剪切强度(继 Meyerhof，1979)

对于超固结黏土来说，超固结比 *OCR* 和超固结土与普通固结土间的标准剪应力比率基本呈唯一关系，估计关系式如下：

$$\frac{\left(\frac{s_u}{\sigma'_{v0}}\right)_{oc}}{\left(\frac{s_u}{\sigma'_{v0}}\right)_{nc}} = ORC^m \tag{2-1}$$

式中,m 大约为 0.8,参数 m 与临界状态土压力参数(Wroth, 1984)有直接相关关系。

关于不排水剪切强度与液性指数之间的相关关系,Wroth 和 Wood(1978)及 Wroth(1979)推出了有用的近似关系式,还被运用于北海黏土研究上。经观察,对于重塑黏土,液限时的不排水剪切强度大约为 1.7 kN/m²,而塑限时的不排水剪切强度大约为170 kN/m²。假设含水率和不排水剪切强度的对数之间呈线性关系,得到如下关系式:

$$s_u^* \approx 170\exp(-4.6I_L)\ \text{kN/m}^2 \tag{2-2}$$

式中,s_u^* 是重塑黏土的不排水剪切强度;I_L 是液性指数。

Wroth(1979)认为这个关系式是个有用的框架结构,依据它可以分析离岸样本,经观察其剪切应力得出持久性和可靠性。然而,Wroth 提醒道:"在大多数例子中,观察所得的剪切应力都是从尚未扰动的原样所得,在超固结黏土的情况下会超过不排水剪切强度及包括裂缝在内的黏土剪切强度;基础设计者应该要考虑到这些因素,不能依赖于只从液性指数获得的重塑黏土剪切强度。"

不排水剪切强度在陆上及离岸土力学的应用上十分方便,但是更基础的方法是用有效应力来解决泥土应力。在传统的摩尔-库仑破坏标准中包括两个应力参数,有效应力内聚力 c' 和有效应力摩擦角 φ'。对于普通固结黏土,c' 为 0,而 φ' 随着塑性指数的变化而变化。Kenney(1959)搜集的陆上黏土的数据以及一些书面可查的海洋黏土的数据在图 2-25 中可见。再一次证明陆上及离岸有机黏土的特性是近似的。

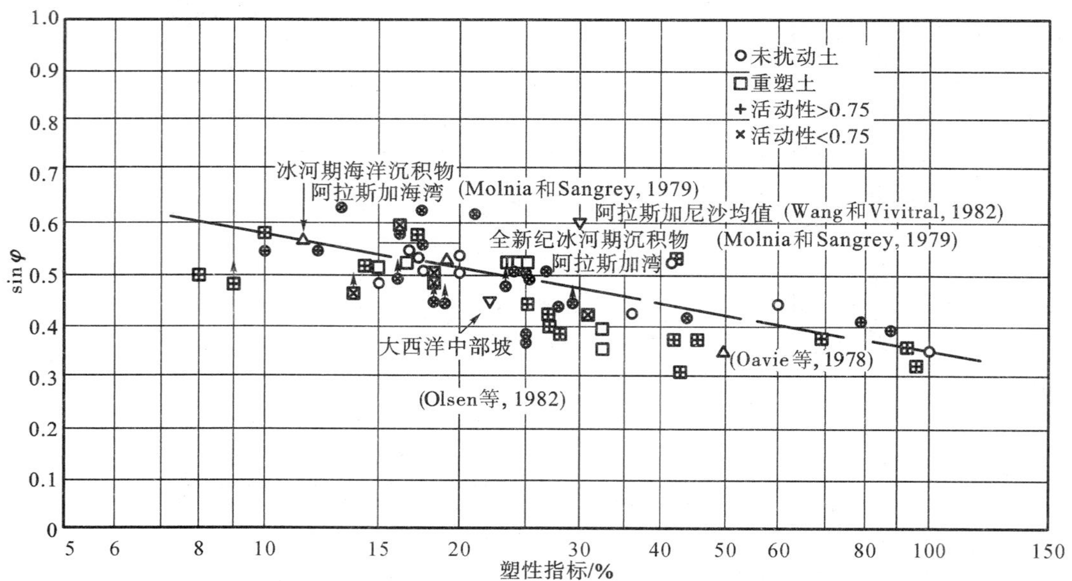

图 2-25 一般固结土的 sin φ 与塑性指标间的关系(继 Kenney, 1959)

值得注意的是,标准不排水剪切强度可由有效应力参数 c' 和 φ' 来表示:

$$\frac{s_u}{\sigma'_{v0}} = \frac{[K_0 + A_f(1 - K_0)]\sin\varphi' + \left(\frac{c'}{\sigma'_{v0}}\right)\cos\varphi'}{1 + (2A_f - 1)\sin\varphi'} \tag{2-3}$$

式中，K_0 为静止土压力系数；A_f 为破坏时的毛细孔压力系数 A [Skempton(1954)三轴压缩实验时定义]；σ'_{v0} 为初始垂向有效应力。

对于普通固结黏土，K_0 可由 Jaky(1944)表达式推求而得：

$$K_0 \approx 1 - \sin\varphi' \tag{2-4}$$

对于超固结黏土，Mayne 和 Kulhawy(1982)建议 K_0 可由如下表达式推求而得：

$$K_0 \approx (1 - \sin\varphi')(OCR)^{\sin\varphi'} \tag{2-5}$$

毛细孔压力系数 A_f 也取决于 OCR，随着 OCR 值增加而明显减小。一般来说，当 OCR 值为 1 时，A_f 值在 0.6～1.0；当 OCR 值在 8～10 时，A_f 值减少至 0；对于更高的 OCR 值，则 A_f 值变为负值(Ladd 等，1977)。在大多数情况下，使用式(2-3)时，取 $c' = 0$ 是合适的，除非土质过硬。

2.4.4 固结特性

一个土样的单向压缩性可由一系列方式来表现，但运用最广泛的也许是压缩指数 C_I，它代表孔隙比在每个有效应力变化的记录周期中的变化。普通固结土的压缩指数 C_I 随着液限的提高而提高。Meyerhof(1979)收集的浅海地区的陆上及离岸黏土的数据如图 2-26 所示，与低或中灵敏度的未扰动土(Terzaghi 和 Peck，1967)进行比较。大西洋中部大陆架的黏土数据(Demars 等，1979)也在图中，Herrmann 等于 1972 年提出的关于海洋沉积物的相关关系与大多数数据拟合得很好，与 Richards 等于 1975 年所得的数据也拟合得很好，Richards 等得出缅因州海湾液限 124 的淤泥质黏土的 C_I 值为 1.4。除了北海黏土，给定液限的离岸堆积物的可压缩性都比陆上泥土大。通常，离岸距离越远 C_I 值越大，也许是因为堆积速率慢而构造更宽广。大西洋中部大陆架的黏土的 C_I 值比起该图上所考虑的其他黏土要大得多。

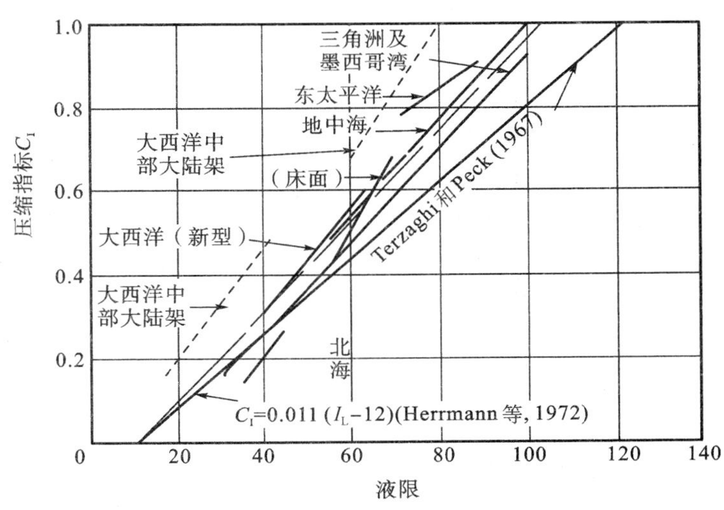

图 2-26　沿岸黏土的压缩指标(继 Meyerhof，1979)

C_I 与初始含水率及初始孔隙比也有关。图 2-27 是 Noorany 等(1975)记录的初始含水率的泥土压缩比率 $\frac{C_I}{1+e_0}$ 分布以及日本 Seto 内海黏土的相关性(Okusa 等，1983)。该图显示压缩比率随着初始含水率的增加而增加，但是深海黏土的压缩比率值小于陆地黏土和 Seto 内海相对浅水区的黏土。

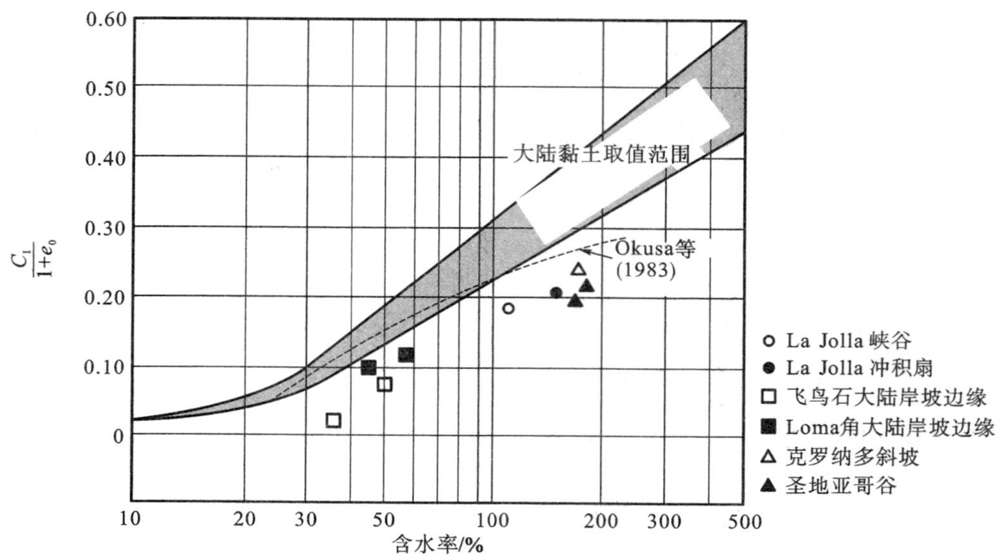

图 2-27 压缩比关于含水率的变化(继 Noorany 等, 1975)

Wroth(1979)得出关于 C_I 的更有用的关系式,用泥土的塑性指数和相对密度来表示。用临界状态概念,下式可以推广到重塑黏土:

$$C_I \approx \frac{G_s I_P}{200} \tag{2-6}$$

式中, G_s 是土颗粒的相对密度; I_P 是塑性指数(以%计)。

Wroth 同时提出依据塑性指数、原位有效垂直压力、再压缩指数 C_s 与压缩指数 C_I 之比的估计值来估计黏土的原位未固结土压力的程序。Wroth 提出,当 $I_P=15\%$,后面那个比值大约为 0.17;当 $I_P=100\%$,比值为 0.34;比值在此区间变化。研究发现,重塑土都大致有一条单向固结线,这条线通过液性指数为 1、有效垂直应力约为 6.3 kN/m^2 的点,还通过液性指数为 0、有效垂直应力约为 630 kN/m^2 的点。观察图2-28,点 M 表示土的原位条件,以 $\frac{-0.5C_s}{C_I}$ 为斜率过此点再画压缩线可以找到点 N,则超固结比 OCR 简化为 $\frac{\sigma'_N}{\sigma'_M}$。

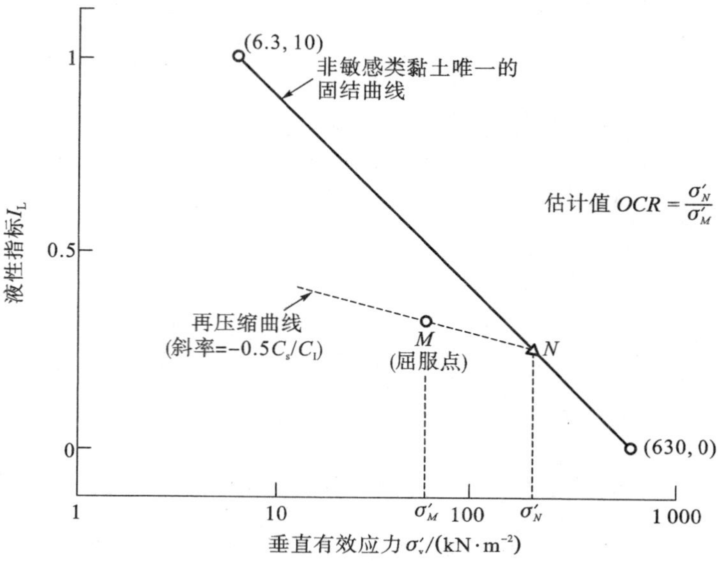

图 2-28 通过液性指标得出的过固结比估计值(Worth, 1979)

Meyerhof(1979)提出,固结系数 c_v 值在 $10^{-3} \sim 10^{-6}$ cm^2/s,这和具有类似塑性特征的陆上泥土是相似的。表 2-10列出了一些可查询的书面数据，支持了 Meyerhof 的观点，当然也有一些泥土的 c_v 值也许大了很多，量级在 0.1 cm^2/s 或更大。

表 2-10 关于固结系数 c_v 数据总结

出处	泥土类型	e_0	$c_v/(cm^2 \cdot s^{-1})$	参考
缅因州海湾	淤泥质黏土	4.2	5×10^{-4}	Richards 等(1975)
La Jolla 峡谷	黏土状淤泥淤泥质黏土	3.2	2.7×10^{-4}	Noorany 等(1975)
La Jolla 冲积扇	淤泥	4.0	5×10^{-4}	Noorany 等(1975)
飞鸟暗礁	砂质淤泥	1.2	35×10^{-4}	Noorany 等(1975)
Point Loma	淤泥质砂土	1.5	7×10^{-4}	Noorany 等(1975)
Coronado 陡坡	淤泥质黏土	4.6	1×10^{-4}	Noorany 等(1975)
圣地亚哥谷	黏土状淤泥	4.6	2.8×10^{-4}	Noorany 等(1975)
大西洋	浊流岩	1.5	63×10^{-4}	Herrmann 和 Houston(1976)
阿拉斯加海湾	冰状黏土		11×10^{-4}	Molnia 和 Sangrey(1979)
大西洋中部	淤泥质黏土	0.5	$(20\sim140)\times10^{-4}$	Demars 等(1979)
大陆架	黏土	2.2	$(20\sim140)\times10^{-4}$	Demars 等(1979)
Harim-Nada，日本	淤泥质黏土	2.0	4×10^{-4}	Okusa 等(1983)

泥土渗透性很大程度上取决于孔隙比。Bryant 等(1974)收集的数据显示，渗透系数 k 与孔隙比 e 的关系如下：

$$k = 10^{-11} e^5 \text{ m/s} \tag{2-7}$$

然而，这条线的拟合十分分散，而且在野外，渗透系数很容易受出现的淤泥或砂质裂痕的影响。Bryant 等(1976)收集的墨西哥湾沉积物的数据证实了渗透系数取决于孔隙比和孔隙率。对于很大一部分土，从含黏土量 80%的泥土到砂质土和淤泥，渗透系数 k 都可由推导而得的下式计算：

$$k = 10^{-6} \times 2.718^m \text{ m/s} \tag{2-8}$$

式中，$m = 14.3n - 26.3$；n 为孔隙率($0 \leqslant n \leqslant 1$)。式(2-8) 得出的 k 值大于式(2-7)。

关于海洋黏土的徐变特征很少有书面记载。Mesri 和 Godlewski(1977)指出，对于陆上泥土，第二次压缩系数 $C_{\alpha e}$(单位记录时间周期内孔隙比变化) 与压缩指数 C_I 之间有很大的关系，除了有机泥煤和高敏泥土，黏性泥土的比值 $\dfrac{C_{\alpha e}}{C_I}$ 在 0.05±0.02 区间内。Bryant 等(1974)记载的 De Soto 峡谷样本数据显示 $\dfrac{C_{\alpha e}}{C_I}$ 在 0.03～0.05，在以上区间中，再一次证实海洋土和陆地土的工程特性是有可比性的。

2.4.5 变形参数

尽管土明显具有非弹性性质，但是在预测三轴条件下土的变形时，还是很方便地赋予其弹性特性。这些变形参数(通常为杨氏弹性模量 E_s 或剪切模量 G_s，还有泊松比 ν_s)十分依赖初始压力状态、压力路径、压力增量、试验中的排水条件以及所使用的试验类型。Ladd 等(1977)给出了关于这些因素的一系列讨论。

变形模量值的确定，不是通过各种各样的原位测试，就是通过实验室测试。一种估计弹性模量的简便方法是通过测试泥土中的声速(Hampton，1974；Hamilton，1974)。受迫模量 $D=\dfrac{1}{m_v}$(其中，m_v 是声降系数)可由下式计算：

$$D=\rho v_P^2 \tag{2-9}$$

式中，ρ 是泥土的质量密度。

对于弹性材料，D，E_s 和 ν_s 如下式相互联系：

$$D=\frac{(1-\nu_s)E_s}{(1+\nu_s)(1-2\nu_s)} \tag{2-10}$$

完全排水条件下的 ν_s 值在 0.35±0.1 范围内，由此可通过式(2-10)计算杨氏弹性模量 E_s。所得的值只和小应变相关；对于更大的应变，E_s 值要小得多[Seed 和 Idriss，1970；同样可见图 3-30]。Hampton(1974)以及 Hamilton 等(1974)列出数据说明了声速 v_P 和孔隙率或颗粒平均直径间的关系。表 2-11 总结了此数据，说明 v_P 和密度都随着颗粒尺寸减小而减小，进一步表明杨氏弹性模量 E_s 也随着颗粒尺寸减小而减小。

关于预测基础变形，运用在适当的初始压力条件和一系列压力下测得的实验室数据来充当泥土模量更合适。Ladd 和 Foott(1974)提出的 SHANSEP 法再一次成为用无量纲形式表示实验结果的有效方法。图 2-29 表示了 7 种不同类型的普通固结土的不排水简单剪切实验数据(Ladd 等，1977)。E_u/s_u 随着施加的压力等级增高而明显减小；它也随着超固结比 OCR 增加而减小，尤其是 $OCR>2$ 的情况下。Esrig 等(1975)提供的密西西比三角洲的普通固结沉积物性质与图 2-29 中的波士顿蓝黏土的性质十分相似。又一次证明了海洋土与陆地土的特性是很相近的。

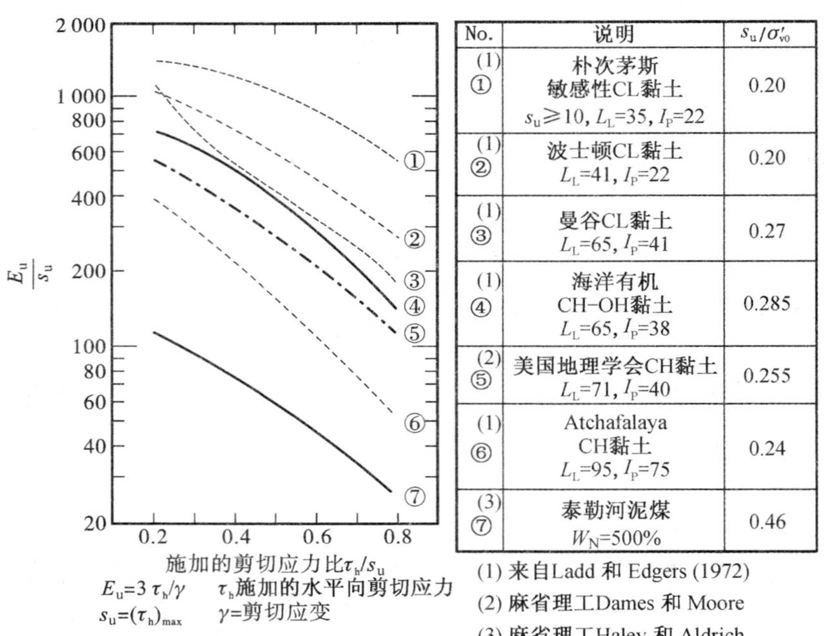

No.	说明	s_u/σ'_{v0}
(1) ①	朴次茅斯 敏感性CL黏土 $s_u\geqslant10$, L_L=35, I_P=22	0.20
(1) ②	波士顿CL黏土 L_L=41, I_P=22	0.20
(1) ③	曼谷CL黏土 L_L=65, I_P=41	0.27
(1) ④	海洋有机 CH-OH黏土 L_L=65, I_P=38	0.285
(2) ⑤	美国地理学会CH黏土 L_L=71, I_P=40	0.255
(1) ⑥	Atchafalaya CH黏土 L_L=95, I_P=75	0.24
(3) ⑦	泰勒河泥煤 W_N=500%	0.46

(1) 来自Ladd 和 Edgers (1972)
(2) 麻省理工Dames 和 Moore
(3) 麻省理工Haley 和 Aldrich

图 2-29　标准化不排水杨氏模量

表 2-11　　海洋沉积物的密度及声速(继 Hamilton, 1974)

环境	泥土类型	ρ/(t·m^{-3})	v_P/(m·s^{-1})
大陆阶地	淤泥	1.77	1 623
	淤泥质黏土	1.42	1 520
深海平原	淤泥	1.60	1 563
	黏土	1.36	1 504
深海丘陵	黏性淤泥	1.35	1 527
	红黏土	1.34	1 499

2.5　石灰质沉积物

2.5.1　典型地形剖面

图 2-30—图 2-32 展示了石灰质砂质地区和淤泥地区的典型地形剖面，展示了一系列地质数据，可以观察出以下特性：

(a) 偶然有胶结带出现在未胶结层中(也可见 2.2.2 部分)；

(b) 未胶结层中的锥形渗透抗力值很小；

(c) 实验室测量而得的摩擦角很大，尤其在泥水分界线附近。

第 2.2.2 部分讨论了石灰质沉积物的共有特征和来源。分类方法以及工程特性如下所述。

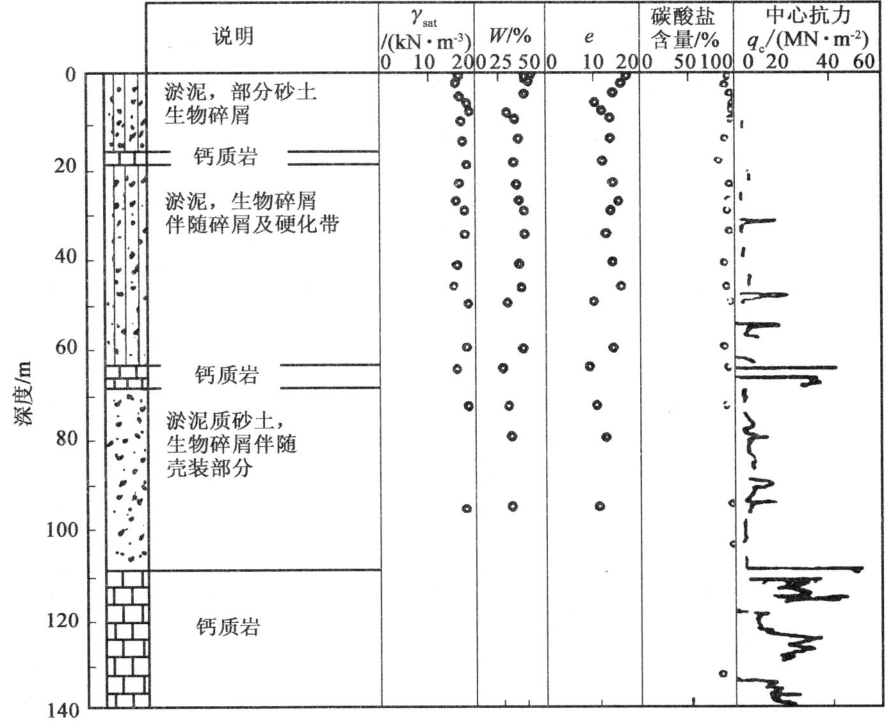

图 2-30　澳大利亚西北大陆架的地质分层

土质说明
含水率*/%
过筛率*#200/%
S.P.T值**
深度/m
珊瑚沉淀物
带有胶结晶
状体的砂土
及块体
带有珊瑚沉淀物的
淤泥及黏土
沉积岩
* 钻孔 BP-10 BP-11
** 钻孔 BP-10 BP-11及BP-17

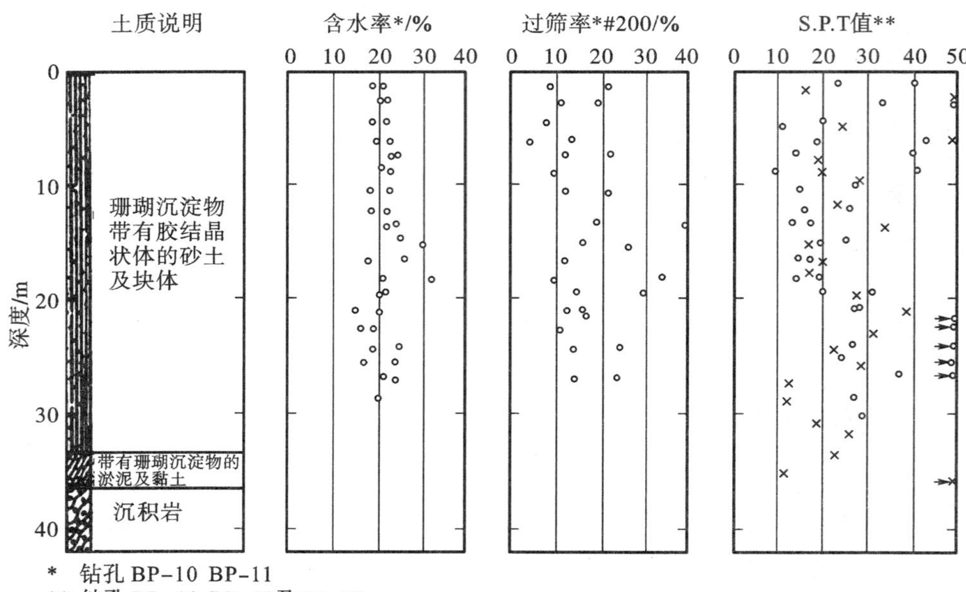

图 2-31 菲律宾沿岸典型石灰质泥土分层(Puyuelo 等，1983)

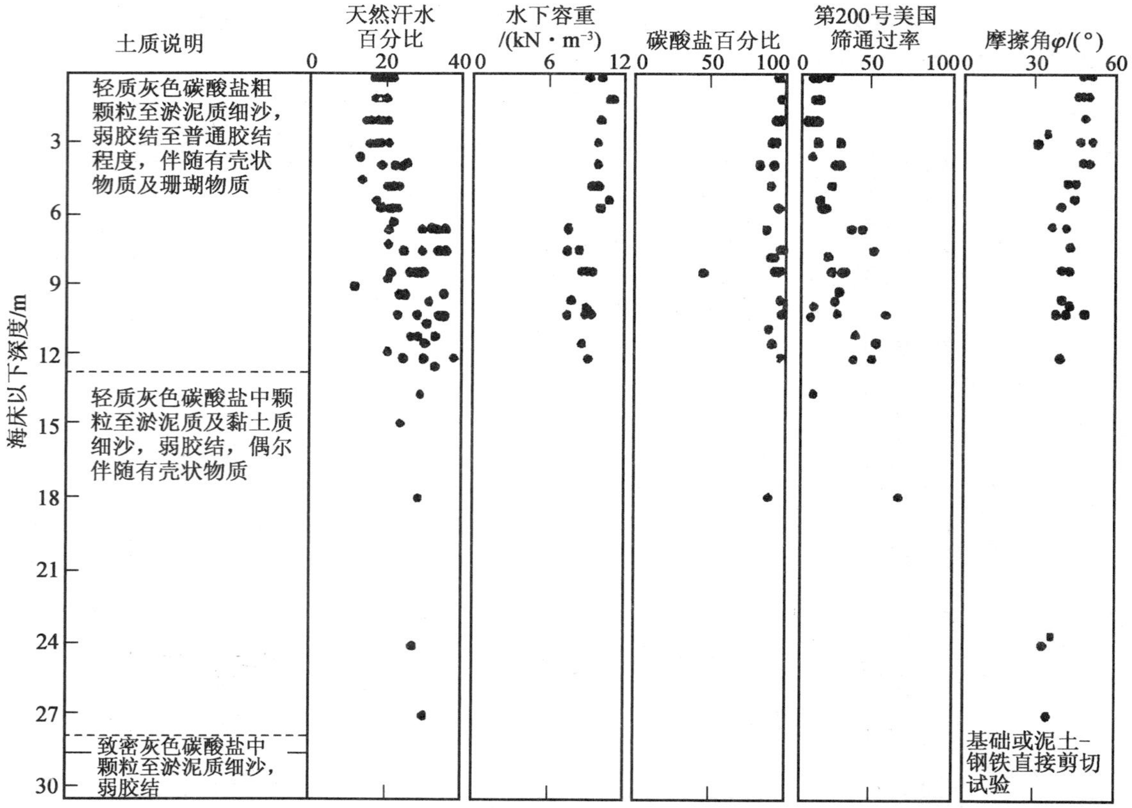

土质说明
天然汗水
百分比
水下容重
/(kN · m⁻³)
碳酸盐百分比
第200号美国
筛通过率
摩擦角φ/(°)
海床以下深度/m
轻质灰色碳酸盐粗
颗粒至淤泥质细沙，
弱胶结至普通胶结
程度，伴随有壳状
物质及珊瑚物质
轻质灰色碳酸盐中颗
粒至淤泥质及黏土质
细沙，弱胶结，偶尔
伴随有壳状物质
致密灰色碳酸盐中
颗粒至淤泥质细沙，
弱胶结
基础或泥土-
钢铁直接剪切
试验

图 2-32 土质;苏伊士湾七月测站

2.5.2 分类

石灰质和碳酸盐沉积物的分类系统发展了许多。Fookes 和 Higginbotham(1975)提出的系统运用了颗粒尺寸和沉淀后的硬化度作为工程意义的重要参数，尽管其他因素如矿物组成、来源和强度都可能很重要。Fookes 和 Higginbotham 也参考了 Krynine(1948)和 Pettijohn(1957)关于一些不纯碳酸盐岩石的著作，并提议硬化沉积物的子分类可依据碳酸盐和非碳酸盐成分的比例。

Clark 和 Walker(1977)拓展了以上系统，使其包含了从完全碳酸盐岩石到完全不含碳酸盐岩石，并且(从碳酸盐岩石到完全不含碳酸盐岩石)它们强度的增加以及它们粒径的变化。材料的区分基于 3 个参数：颗粒尺寸、碳酸盐含量和强度。他们介绍了一些新术语如灰泥岩、灰淤岩、灰屑岩、灰块岩来替代碳酸盐黏土石料、碳酸盐淤泥石料等，以防止混淆混合碳酸盐或非碳酸盐材料。词语“黏土”“淤泥”“沙子”“砂砾”纯粹只是颗粒尺寸的指标，因此每个种类都还有矿物学上的限定。碳酸盐含量在 50%～90%时，其余部分被称作硅酸盐。碳酸盐含量在 50%以下，野外难以确定碳酸盐种类时，“石灰质”被用于说明碳酸盐的存在。

Demars 等(1976)强调碳酸盐含量在决定碳酸盐沉积物特性中的重要性，他们发现，当碳酸盐含量超过 40%时，泥土必定显示粒状特性；当碳酸盐含量小于 40%时，泥土呈现黏聚特性。他们主张，碳酸盐含量是一个指标特性，并应与其他指标特性共同确定。

King 等(1980)采用了 Clark 和 Walker 系统的改进版本。完整的分类包括如下几项：(a)颗粒尺寸；(b)基本材料名称；(c)硬度；(d)基床和迭片结构；(e)碳酸盐来源；(f)颜色；(g)杂质。

图 2-33 为以上术语及其他。材料名称基于 Clark 和 Walker 的方案，图 2-34 为碳酸盐含量超过 90%的沉积物分类。对于碳酸盐含量更少的材料，前缀“碳酸盐”作如表 2-12 替换。

1. 主要部分的颗粒尺寸	细/中/粗
2. 名称	见分类图
3a. 硬度(细颗粒沉积物)	很软/软/结实/僵硬/很僵硬/坚硬
3b. 胶结程度(中-粗颗粒沉积物)	未胶结/微弱胶结/弱胶结/胶结/强胶结/极强胶结
4. 基床和迭片结构	薄层积/层积/薄基床/中基床/厚基床
5. 碳酸盐来源(中-粗颗粒沉积物)	生物分解岩/分解岩/鲕粒岩/暗礁岩
6. 颜色	芒塞尔泥土色图
7. 杂质	无/部分/多泥/淤泥/含沙/多碎石

图 2-33 碳酸盐沉积物描述(King 等，1980)

表 2-12 不同碳酸盐含量下材料的前缀

碳酸盐含量/%	前缀
50～90	硅酸碳酸盐
10～50	石灰质硅石
0～10	硅石

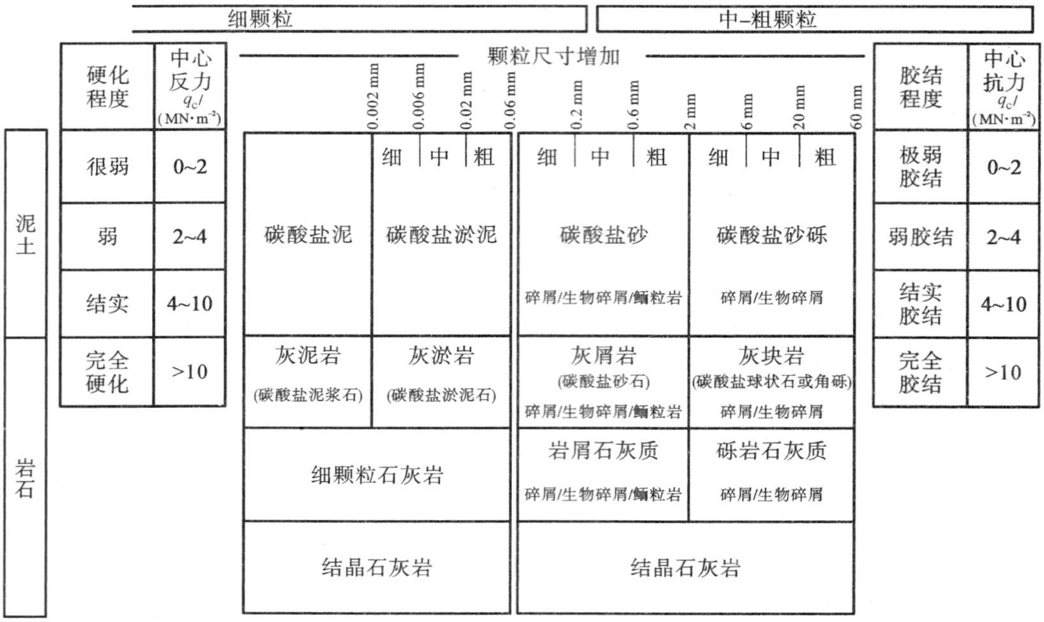

细颗粒 | 中–粗颗粒

颗粒尺寸增加：0.002 mm，0.006 mm，0.02 mm，0.06 mm，0.2 mm，0.6 mm，2 mm，6 mm，20 mm，60 mm

	硬化程度	中心反力 q_c/(MN·m^{-2})			胶结程度	中心抗力 q_c/(MN·m^{-2})
			细 | 中 | 粗	细 | 中 | 粗 ；细 | 中 | 粗		
泥土	很弱	0~2	碳酸盐泥；碳酸盐淤泥	碳酸盐砂（碎屑/生物碎屑/鲕粒岩）；碳酸盐砂砾（碎屑/生物碎屑）	极弱胶结	0~2
泥土	弱	2~4	碳酸盐泥；碳酸盐淤泥	碳酸盐砂；碳酸盐砂砾	弱胶结	2~4
泥土	结实	4~10	碳酸盐泥；碳酸盐淤泥	碳酸盐砂；碳酸盐砂砾	结实胶结	4~10
岩石	完全硬化	>10	灰泥岩（碳酸盐泥浆石）；灰淤岩（碳酸盐淤泥石）	灰屑岩（碳酸盐砂石）碎屑/生物碎屑/鲕粒岩；灰块岩（碳酸盐球状石或角砾）碎屑/生物碎屑	完全胶结	>10
岩石			细颗粒石灰岩	岩屑石灰质（碎屑/生物碎屑/鲕粒岩）；砾岩石灰质（碎屑/生物碎屑）		
岩石			结晶石灰岩	结晶石灰岩		

图 2-34 碳酸盐沉积物的分类(90%～100%碳酸盐)(King 等，1980)

在描述基床和迭片结构时，使用表 2-13 等级。

表 2-13 不同基床和积层的厚度

很厚基床	>2 m
厚基床	600 mm～2 m
中等基床	200～600 mm
薄基床	60～200 mm
很薄基床	20～60 mm
层积	6～20 mm
薄层积	<6 mm

碳酸盐物质的来源如下描述：

(a) 分解而来。由无机物分解而成的颗粒经运输、沉积而成的沉淀物。

(b) 生物分解而来。由有机物分解而得的颗粒、化石或化石碎片组成的沉积物。

(c) 鲕粒岩。由也许不含核子的内层颗粒组成的沉积物。内层颗粒直径普遍小于 2 mm，且形状很圆。外层由化学沉积碳酸盐组成。

(d) 暗礁岩。构成岩石的原始成分在有机运动产生的沉积中黏结在一起，正如生长中的骨骼物质所显示的特性，充分显示其活动性。

King 等的分类系统是目前为止最全面的、最广泛的分类系统。

2.5.3 剪切强度特性

表 2-14 给出了一些碳酸盐沉积物有效剪切强度特性的数据。有效摩擦角 φ' 普遍比许多硅石砂要大。各方面的特性将在下文中进行讨论。

表 2-14 石灰质泥土的有效压力强度参数

参考	泥土类型	碳酸盐含量/%	出处	测试类型	限压或垂直压力/kPa	c'/kPa	φ'/(°)	备注
Nacci 等(1974)	硅酸灰泥岩	20.65	拉布拉多盆地	CIU		2～7	31～37	胶结土样本；限压略大于有效过埋压力
Datta 等(1979a,b)	生物碎屑碳酸盐砂	>85	3 个来自于印度西海岸；1 个来自于阿拉伯海岛上	CID CID CID CID	100 15 000 100 6 400	0 3～9 0 0	49.5～51.0 29～30 42～44.5 40.5～42	4 种土样数值相似；c'，φ' 取决于限压与破碎；c'，φ' 为有效压力比峰值
Poulos 等(1982)	碳酸盐砂	88	巴斯地峡，澳大利亚	CID	138～897	0	46.3～40.4	φ' 随着限压增加而减小
Demars 等(1976)	混合	混合	多处	CIU	7～70	0～1	27.7～31.3	检验了碳酸盐含量作用

1. 平均有效压力作用

按照最高应力比率定义，φ' 随着平均有效应力 p' 增加而减小。Poulos 等(1982)发现，φ' 与 p' 之间的关系可用下列式子很好地表现：

$$\varphi' = a - b \lg p' \tag{2-11}$$

式中，p' 为平均有效压力，单位是 kN/m^2；φ' 以(°)计。测试了两种泥土，泥土 A 的 a，b 值分别为 54.2 和 4.3，泥土 B 的 a，b 值分别为 57.0 和 5.0。

Nauroy 和 Le Tirant(1981)也发现 p' 与 φ' 有很大关系，也依赖于初始密度和泥土组成部分。对于高密度的曼彻碳酸盐砂，a，b 值分别为 87.3 和 17.9，而这种砂的松散样本的 a，b 值分别为 71.7 和 13.6。

随着平均有效压力的增加，泥土表现也发生了变化，压力小的情况下只是在破坏时膨胀，压力大的情况下表现出更多的塑性特质，在剪切中体积变小。与陆地硅石砂形成鲜明对比的是，这种过渡出现在极限压强相对较低的情况下，当极限压强达到 200 kPa 的程度时，陆地硅石砂普遍要达到 2 MPa(Vexic 和 Clough，1986)。这种体积减小的特性对于基础设计中的低极限压力情况意义重大，因为它往往减小了承载能力(见 7.5 节)。

2. 粉碎作用

Datta 等(1979)将 φ' 随着平均有效压力增加而减小的现象归因于粒子破碎，并通过三轴测试得出如下粒子破碎度与摩擦角减少量之间的经验公式：

$$\frac{K}{K_1} = (cc)^{-0.6} \tag{2-12}$$

式中，K 为主轴有效压力比最大值；K_1 为在 100 kPa 极限压强下的 K 值；cc 是粉碎系数，cc 代表了原状土被施压了以后所含小于 D_{10} 的颗粒的比例与原状土本来所含小于 D_{10} 的颗粒比例之间的比率(D_{10} 指 10% 质量的颗粒小于此颗粒的颗粒尺寸)。式(2-12)中，cc 的分母被定义为 10。

上限为 7 的 cc 值是由 Datta 等施以高限压强并由排水三轴压缩试验破坏的泥土测量而得的。在后来一系列的不排水三轴试验中，Datta 等(1979)发现，φ' 若被定义为有效压力比峰值，仍然会随着平均有效压力增加而减小；但若被定义为最大偏差压应力，其值明显地趋于常数且独立于限压。然而，后者的值在任何情况下都小于前者。Datta 等得出结论：随着平均有效压力的增加,破碎概率增加,施加剪切压力则增加了粒子角率、粒子体积、粒子内空间和盘状壳类碎片,而矿物硬度却减小了。

在更进一步的研究中,Datta 等(1980)完成实验并证明了持久应变导致破碎,而跟加载方式无关(例如,静态的或循环的)。

3. 碳酸盐含量作用

Demars 等(1976)调查研究了碳酸盐含量对剪切强度的影响。他们所得到的 φ' 值往往要小于其他试验所得的 φ' 值,如 Poulos 等在 1982 年所得的数据。然而,他们发现,随着碳酸盐含量的增加,φ' 值增加,而破坏时的孔隙压强参数 A_f 减小了,见表 2-15。这一现象表明,当碳酸盐含量提高,泥土表现为一种具有摩擦力的材料,其弹性减小。图 2-35 是随着碳酸盐含量增加,液限与弹性指标同时减小的现象。

表 2-15　碳酸盐含量对于强度参数的影响(Demars 等, 1976)

碳酸盐含量/%	c'/kPa	φ'/(°)	A_f
0.25	0	27.7	0.7
25～40	0	29.4	0.55
40～60	0.7	31.0	0.40
>60	0.7	31.3	0.25

一般来说,破坏应变[测于毛细孔压力参数 $A(A_f)$ 达到最大值时]=3%～4%。

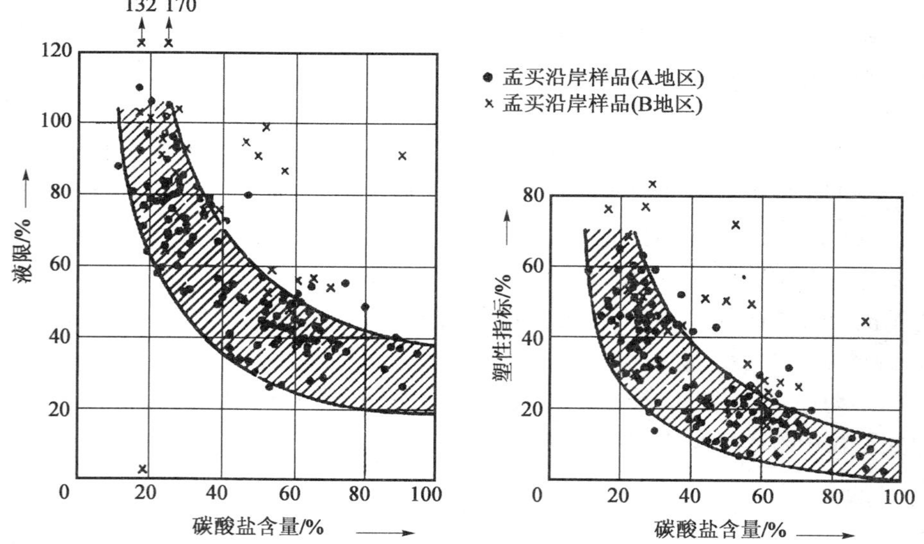

图 2-35　碳酸盐含量对比液限及弹性指标(Beringen 等, 1982)

4. 胶结作用

Nacci 等(1974)对胶结碳酸盐沉积物实施了固结不排水三轴试验。值得注意的是,当应变很小时(至多 5%),胶结样本没有孔隙压力;当应变变大时,粒子间的黏固开始瓦解并开始形成明显的孔隙水压力,孔隙压力参数 A 在 0.5%应变时达到 1.2。一些排水试验也能够成功,也显示压力-应变关系在 0.5%处变化,大概是由于黏结的破坏。一些用取自澳大利亚大陆架的灰屑岩样本做出来的未经出版的实验证实了"黏结物屈服轨迹"的存在。当压力状态保持在这个轨迹上时,材料表现出松软石料的性质,正如 Nacci 等(1974)在小应变情况下所发现的。然而，当压力状态超越这个轨迹时，黏结物破坏，灰屑岩表现得如未胶结的石灰质泥沙。在只有静水压力作用的情况下，黏结破坏发生在这些材料承受压强 1～5 MPa 的范围内，取决于黏结强度。

5. 不排水剪切强度

固结不排水试验的结果可被当作所有压力都贡献给了不排水剪切强度。在大多数的试验效果中，只有相对细颗粒的泥土才能在原位加载中出现良好不排水条件。表 2-16 总结了一些碳酸盐沉积物的不排水剪切强度的数据，s_u 被初始垂直有效压力 σ'_{v0} 标准化了。除了亚特兰大明显稠密的软泥，s_u/σ'_{v0} 及 A_f 值都与大陆土的情况类似。

表 2-16　　石灰质泥土的不排水强度参数

参考	泥土类型	碳酸盐含量/%	出处	s_u/σ'_{v0}	A_f	备注
Nacci 等(1974)	硅质灰泥岩	25～65	拉布拉多盆地	0.5～0.7	0.3～0.6	胶结土样本；限压略大于有效过埋压力
Herrmann 和 Houston (1978)	致密石灰质海泥(石灰质泥沙)	—	大西洋	1.46～1.87	−0.23～0.27	使用 K_0-固结样本试验；样本无弹性、致密且可能过固结
	松散的再沉积石灰质海泥(石灰质泥沙)	—	大西洋	0.34～0.37	0.19～0.40	使用 K_0-固结样本试验；样本无弹性
	石灰质海泥(石灰质泥沙)	—	太平洋	0.58	0.29	使用 K_0-固结样本试验；样本弹性较小
King 等(1980)	碳酸盐砂土(一些泥土)	>90	澳大利亚西北部	0.58(范围 0.35～0.87)		静水压力固结

Beringen 等(1982)已把不排水剪切强度 s_u 与锥形抗力 q_c 结合起来考虑，并发现比率 $N_k=q_c/s_u$ 通常在 15～20 的范围内，这与许多非碳酸盐黏土的情况是类似的。

2.5.4 固结特性

一维固结试验显示，孔隙比与有效压强的对数间的关系并不总是线性的，在高压强下，可压缩性明显下降。典型的固结曲线如图 2-36 所示，呈现出一些高敏黏土及硅质砂在更高压力情况下的形状；压缩指标 C_I 随着有效压强的变化而变化。对于黏土，C_I 与初始孔隙比有关，取自澳大利亚巴斯地峡的石灰质砂土的数据如图 2-37 所示。压缩仪试验与 K_0 固结试验都被运用于导出这些数据。已有书面资料(如 Nacci 等，1974；Bryant 等，1974；Nauroy 和 le Tirant，1981)报道了比图 2-37 所示高得多的 C_I 值，C_I 值为 0.9 的、初始孔隙比在 3 左右的松软普通固结沉积物也有记录记载；事实上，这些数值都与图 2-37 中数据的线性外延相一致。Bryant 等(1974)发现 C_I 值一般随着碳酸盐含量增加而减小，这种趋势与泥土随着碳酸盐含量增加而从黏性特征转化为粒性特征是一致的(Demars 等，1976)。

关于固结系数 c_v 值的资料就相对要少一些。Herrmann 和 Houston(1976)发布了一种石灰质软泥的 c_v 值为 3.2 mm^2/s，但是也发现来自于澳大利亚西北大陆架的更细的碳酸盐泥沙的 c_v 值更小(小于 1 mm^2/s)。c_v 值随着有效压强的增加而显著减小，反映了泥土颗粒破碎的作用以及随之发生的细颗粒含量的增加。

碳酸盐泥土与硅酸盐泥土比起来，呈现出明显的徐变特征，例如巴斯地峡的碳酸盐砂土，

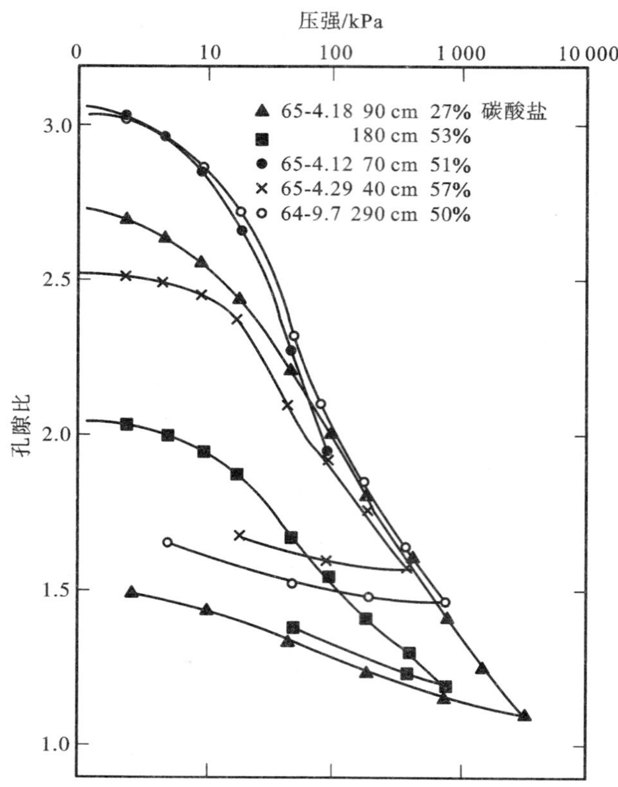

图 2-36 石灰质泥土的典型固结曲线(Bryant 等，1974)

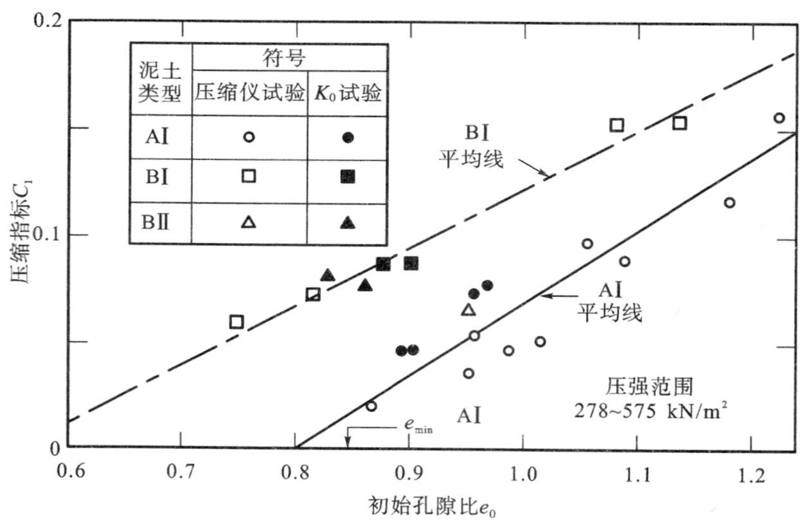

图 2-37 巴斯地峡碳酸盐砂土的一维压缩性数据总结

$\frac{C_{\alpha e}}{C_I}$ 值(其中，$C_{\alpha e}$ 为再压缩系数)在 0.01～0.03 的范围中，接近无机黏土的下限。这个比值随着初始孔隙率的增加而减小。当垂直有效压强 σ_v' 增大时，$C_{\alpha e}$ 值的提高量相当大，一种巴斯地峡的泥土(Poulos，1986)的 $C_{\alpha e}$ 值可近似通过下式推算而得：

$$C_{\alpha e} \approx 0.00077(\lg \sigma'_v - 1) \tag{2-13}$$

地球静压系数 K_0 值在一些实验中得出，Herrmann 和 Houston(1976)得出的有如下几个：太平洋石灰质海泥的 K_0 值为 0.55，松散的大西洋石灰质海泥的 K_0 值为 0.45，稠密大西洋灰质海泥的 K_0 值为 0.36。Poulos 等(1982)发布了较之稍微小一点的巴斯地峡石灰质砂土的 K_0 值(0.25～0.35)。随着超固结比的增加，石灰质沉积物的 K_0 值如黏土的 K_0 值呈现出类似的增加趋势。

2.5.5 变形参数

Poulos 等(1984)通过排水固结试验得出了切割排水杨氏模量 E_s 及泊松比 ν_s 的值。图 2-38 是 3 种应力水平下针对平均初始有效压强 p'_0 的 E_s 值分布范围。基本上，E_s 随着 p'_0 呈线性增加，随着所受应力水平的增加而减小。大多数数据都是在静水压力下进行初次固结的试验中得出的，但是一些 K_0-固结样本的试验得出了对于不同 p'_0 值都类似(或者稍微小点)的 E' 值。

图 2-39 是对于不同 p'_0 值的 ν_s 值。ν_s 值随着 p'_0 值增加而减小，但几乎与应力水平无关，至多达到 50%破坏压强。

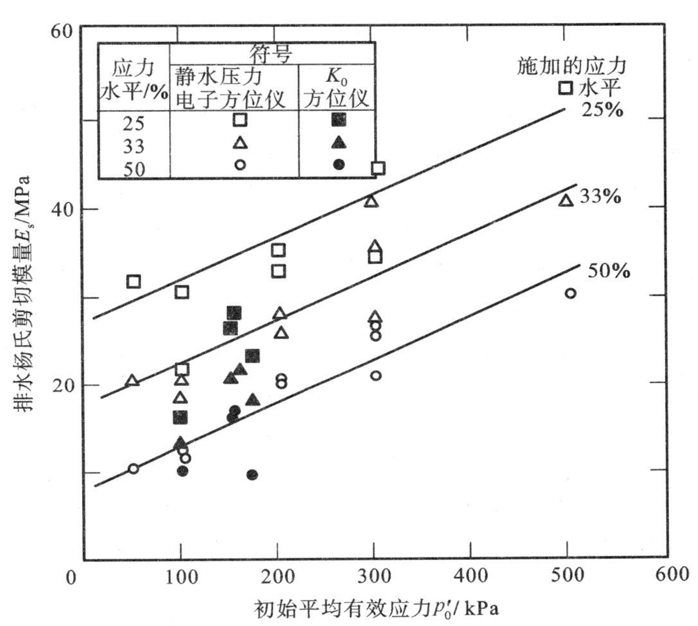

图 2-38 巴斯地峡碳酸盐砂土的排水杨氏模量(Poulos 等，1984)

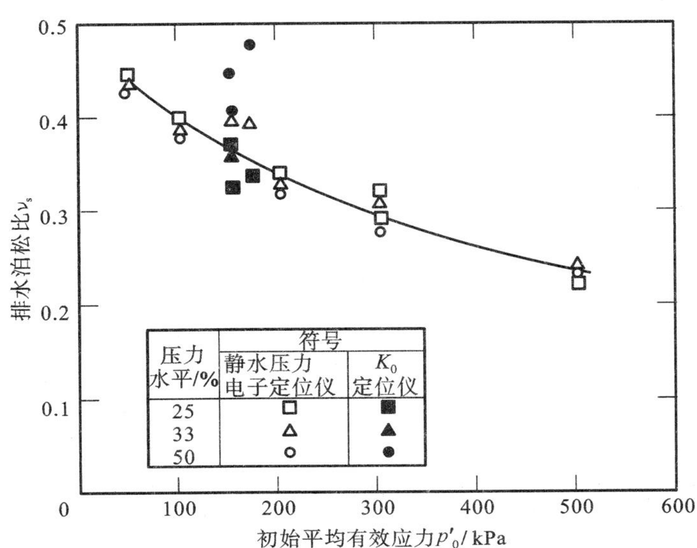

图 2-39 巴斯地峡碳酸盐砂土的排水泊松比(Poulos 等，1984)

2.6 硅质沉积物

跟黏土和石灰质沉积物比起来，关于硅质沉积物性质的数据十分有限。大多数硅质沉积物存在于远离大陆架的相对深海之中，因此也远离了石油和天然气生产地。

硅质海泥的平均比重大约为 2.45，虽然也有报道过存在低至 2.3 的硅质海泥——因为它们的基本构成物质为蛋白石硅土，其比重只有 2.10。

Horn 等(1974)发布了以下北太平洋放射虫海泥的平均数据：平均饱和单位重量为 11.5 kN/m^3，含水率 340%，孔隙率 88%。纯的放射虫海泥有所有海洋沉积物中最小的单位重量(平均 11.2 kN/m^3)，最高的孔隙率(平均 89%)以及最高的含水率(平均 389%)。显微镜检验显示，这种泥土不仅有很多的内部空隙，其颗粒也多孔渗水且中空。

Davie 等(1978)公布了来自白令海与日本海的硅质硅藻海泥的数据。再一次发现高含水率，在 89%～205%范围内，平均值为 135%。观察不到含水率随着渗透深度的提高而减小的现象。Hamilton(1976)发现，即使达到 500 m 的渗透深度，白令海硅质硅藻海泥的含水率依旧保持在 105%左右。

Davie 等(1978)发布了十分小的硅藻海泥强度，这也许是因为硅藻海泥中没有黏土中黏结力以及很小的水下单位重量(通常是石灰质海泥的一半)。有记录显示，达到 150 m 渗透深度时，强度低至 35 kPa(随着深度呈线性增加)。用伴随测试孔隙压力的固结不排水三轴试验测试两种硅藻海泥样本，得出有效应力摩擦角 φ' 分别为 36°和 41°。通过相同的试验可以得出 E_{50}(即在 50%应力水平下的不排水杨氏模量)，图 2-40 显示了其与平均有效压强 p'_0 之间的关系。比值 E_{50}/p'_0 大约为 35，尽管各种试验得出的结论稍有不同。

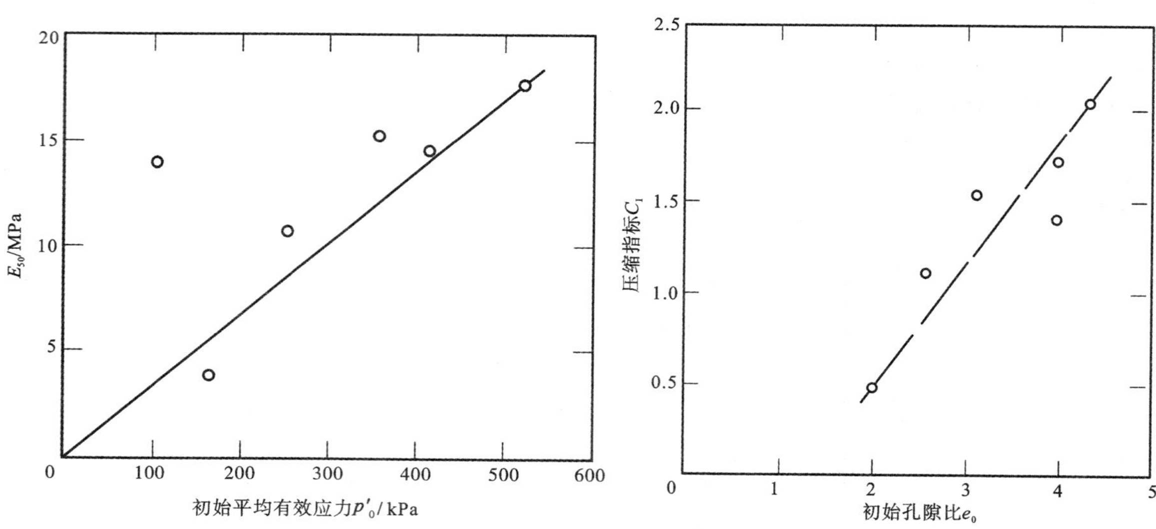

图 2-40 硅藻海泥的不排水模量(继 Davie 等，1978)

图 2-41 硅藻海泥的压缩性(继 Davie 等，1978)

Davie 等收集的数据表现出很高的压缩指标 C_I 值，如图 2-41 所示。与其他种类的泥土比较，C_I 值明显随着初始孔隙比的增加而增加。

3　周期荷载作用下土的特性

3.1　概述

大多数海洋地质问题都涉及重复荷载，特别是海床和重力式及桩支平台受到的波浪荷载。要设计重复荷载，就必须考虑土体在周期或重复应力荷载下表现的显著不同。对应土体周期荷载下反应的多数工作，都是针对沙在地震荷载下液化这一问题的(Seed，1979)。然而，对黏土重复荷载下反应的研究表明，在许多方面，它们的表现与沙类似，因此，对于土体周期反应问题可以用合适的统一方法解决。

通过观察在不排水周期荷载下的土体反应，人们发现其表现和单个加载时有极大的不同。在较低周期应力水平下，应变随周期数增加而加大，并接近一个极限值。在较高周期应力水平下，应变稳定增加的同时，大应变(或破坏)能引起一个峰值应力，其值小于静态破坏应力。这一现象可以通过有效应力来解释(Seed 和 Lee，1966；Sangrey 等，1969)。在高周期应力下，每个荷载周期都伴随着孔隙水压力增加，同时随着应力状态接近有效应力包络线，形变迅速增加[图 3-1(a)]。与此相反，在较低周期应力水平下，增大的孔隙水压力在每个周期内都下降，同时达到一个尚未破坏的平衡状态。

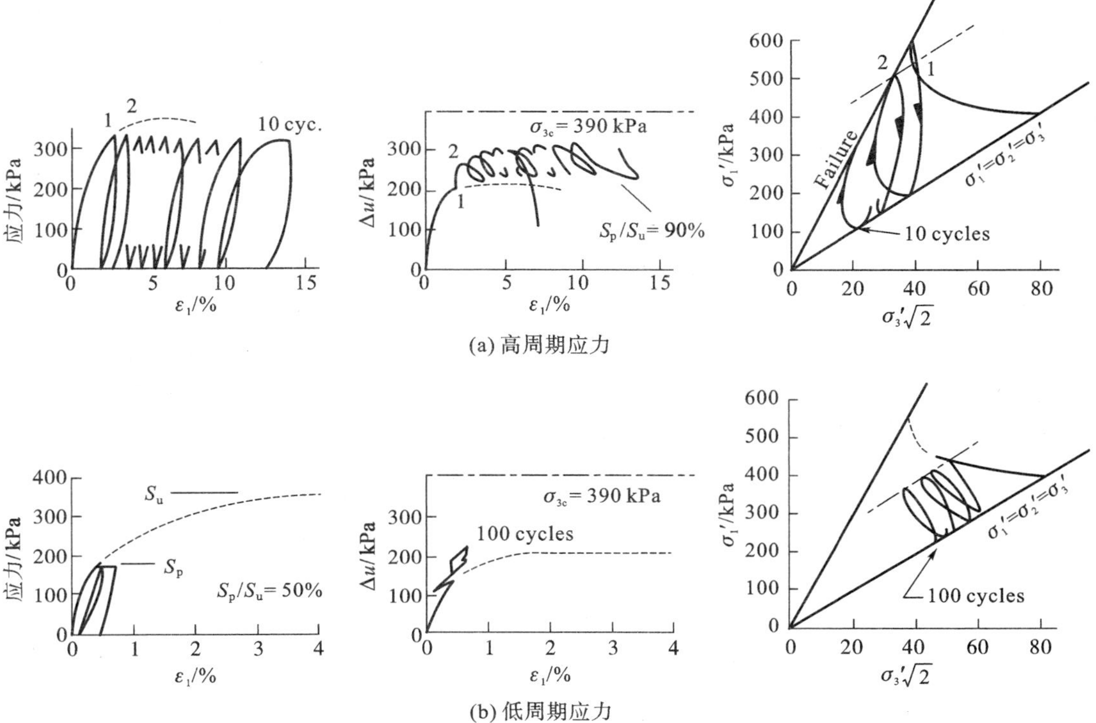

图 3-1　在周期荷载三轴试验中一个方向上的孔隙水压力和有效应力(继 Sangrey 等，1969)

在这一章中，首先讨论的是一个基于临界状态概念的概念模型，以便于理解土的反应表现。主要讨论的是一些土体的表现模型以及用于量化描述周期荷载下反应的方法。之后是对周期荷载下泥土实验室试验中遇到的困难的讨论。最后，阐述了一些适用于沙和黏土周期荷载作用的试验操作方法。

3.2 土体周期特性的概念

3.2.1 本构关系的临界状态模型

土力学临界状态概念(Schofield 和 Wroth，1968；Atkinson 和 Bransby，1978)被证明在描述土周期反应时十分有效。在这一方法中，任意时刻的土体状态均可以统一通过空间中的一个点并结合系数 e，p 和 q 来表示。其中，e 为孔隙率，p 为平均主有效应力 $(\sigma_1'+\sigma_2'+\sigma_3')/3$，$q$ 是偏差应力 $\sigma_1'-\sigma_3'$。泥土可能达到的状态是有极限的，见图 3-2。落在边界平面以内的状态是可以达到的，其他区域的则无法达到。临界状态指的是土体将在孔隙率或应力状态不变条件下继续变形的情况。土体对应力和/或容积改变的反应可以通过追踪在空间中状态路径来确定。由于使用三维空间过于复杂，在二维表示的状态空间中的状态路径更便于追踪。这可以通过三维空间在 q-p 和 e-p 平面上投影得到，见图 3-3。此图表示的是典型的不排水和排水状态路径。应力条件常以应力比 $\eta=\dfrac{q}{p}$ 的形式表示，而在破坏时，$\eta=M$，其中：

$$M=\frac{6\sin\varphi'}{3-\sin\varphi'} \tag{3-1}$$

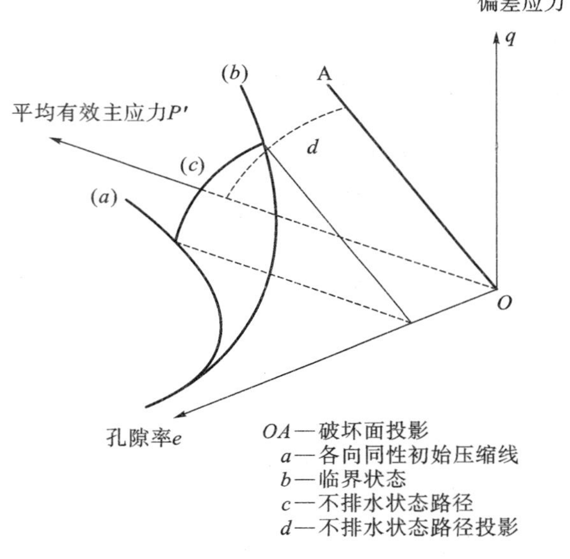

图 3-2 三维状态空间

在 q-p 空间中，M 是有效应力破坏包络线的斜率(图 3-3)。

在受剪应力作用时，多数土体都趋于改变体积。体积改变的特性由土体结构的压缩性决定，这一压缩性的特性是初始压缩和回弹关系，见图 3-4。图中曲线(a)表示弹性体积应变条件下的反弹和再压缩特性。忽略滞后作用，沿这条路径的体积应变是可恢复的，曲线(a)的表达式如下：

$$e=e_0-\chi\ln\left(\frac{p}{p_0}\right) \tag{3-2}$$

式中，χ 是以自然数为底的对数表示的回弹或再压缩指数($\chi=\dfrac{C_s}{2.3}$，其中 C_s 是回弹或再压缩指数)。

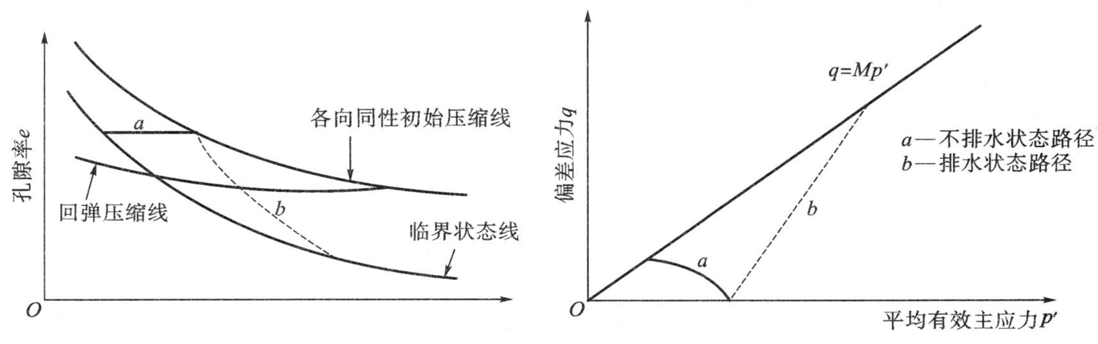

图 3-3　二维表示的状态空间

图 3-4 中曲线(b)表示初始压缩。这是个由弹性变形和塑性变形组成的在压缩量，包含随工作强度变大的部分。其中塑性形变是在土体受到一个大于之前所受的主方向有效应力时，土由于颗粒接触时滑动导致的塑性重分布。曲线(b)的表达式为

$$e = e_0 - \lambda \ln\left(\frac{p}{p_0}\right) \tag{3-3}$$

式中，λ 为以自然对数为底的压缩指数（$\lambda = \dfrac{C_\mathrm{I}}{2.3}$，其中 C_I 是泥土的压缩指数）。

压缩回弹曲线是一条基于作用于土体的特定应力历史和应变边界条件的特殊曲线。对于各向同性应力状态，曲线在 $q = 0$ 平面内，而对于一般应力条件，回弹压缩曲线横穿状态空间，所有可能的回弹压缩曲线的集合定义了一个投影在各向同性曲线之上的表面。Calladine (1963)提出了一个假设：在 $q = 0$ 时，所有再压缩曲线区间都是再回弹曲线上的竖直投影。由回弹曲线投影形成的表面称为弹性墙，如图 3-5 所示。任何包含在弹性墙以内的状态路径都会对应力或体积改变做出弹性反应。

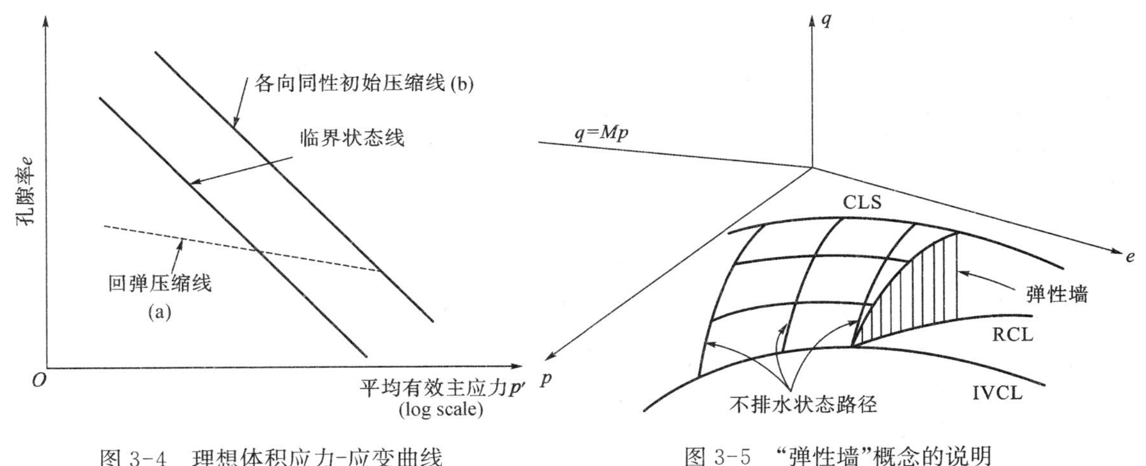

图 3-4　理想体积应力-应变曲线　　　图 3-5　“弹性墙”概念的说明

3.2.2　关于周期荷载临界状态概念的扩展

在经典临界状态理论中，有一条“临界状态线”，它界定了给定土的破坏状态。然而，土体

的破坏状态取决于应力历史的渐进破坏，因此一种土可能会有几个“临界状态”。在这些临界状态中，有两个特别的情况，他们并不依赖于应力历史。第一个状态是稳定状态(SS)，指的是在一定体积和一定有效应力下土体持续变形的破坏状态。它与 Casagrands 关于砂的临界孔隙率概念相关，之后由 S. J. Poulos (1981a)将其扩展到粉砂的单相荷载上。第二种是由周期性荷载引出的破坏状态，Sangrey 等(1978)将其定义为周期极限状态。周期极限状态(CLS)指的是同时有许多个不同周期的周期荷载作用下，并且变形未达到破坏上限的一种情况。

图 3-6 中画出了以上两种状态并定义了土体的收缩和膨胀状态。收缩状态土指的是从初始状态下受荷载导致破坏起，就表现出孔隙水压力的持续增加或孔隙率的持续降低。相对地，膨胀状态土指的是在破坏前一段时间表现出孔隙水压力或孔隙率上升的土体。稳定状态线可看作是膨胀和收缩状态的近似分界线。

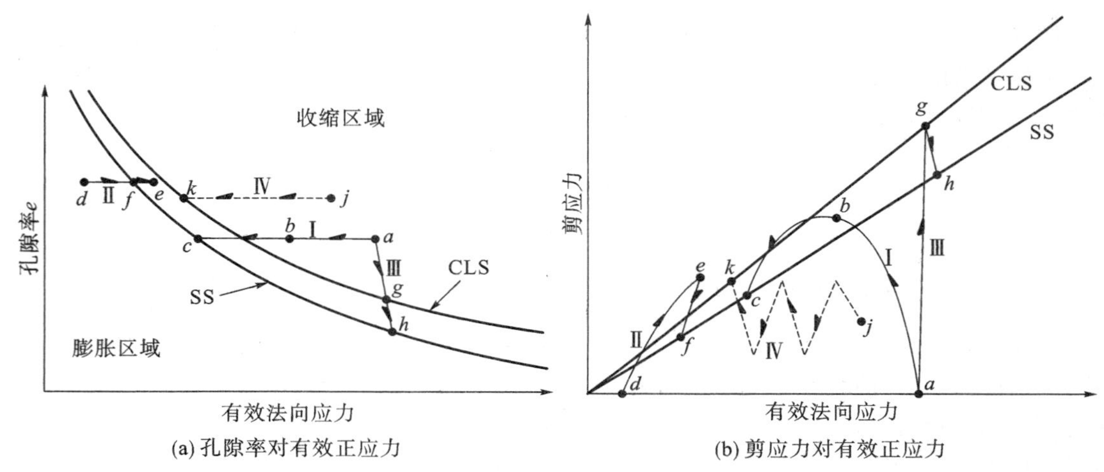

图 3-6 几个试验路径下状态空间的视图

在图 3-6 中，路径Ⅰ表示收缩土样本的不排水压力试验，其特点是孔隙水压力会持续增长，以及由此导致平均有效正应力降低直到破坏。路径Ⅱ表示对膨胀土样本的不排水压力试验。从初始点 d 到点 e，剪应力达到最大值，孔隙水压力持续下降；之后，孔隙水压力有可能回升直到稳定状态线上的点 f。路径Ⅲ是典型的收缩土排水压力试验，其特点是孔隙率及体积将持续降低。路径Ⅳ表示饱和土的不排水周期荷载试验，初始的应力状态在本例中呈各向异性(点 J)，同时每个完整的周期荷载会导致主动孔隙水压力的进一步增长。事实上，这一加速变化的主动孔隙水压力使有效应力状态减少，直到应力路径和破坏条件出现交点，即周期极限状态线上的点 K 处。从这一点开始，任何尝试使土体剪切应力水平超过周期极限状态，都会导致土持续变形。周期荷载作用下的土体特性取决于周期应力水平。对于低于正常水平的周期应力，主动孔隙水压力的增长幅度受到限制，同时在达到周期极限状态之前(即点 K 右侧)才达到平衡。以下将给出关于收缩和膨胀土周期反应的更详细的讨论。

3.2.3 不排水条件下收缩土的周期荷载

图 3-7 表示对砂和黏土样本不排水重复荷载试验的正应力-应变和孔隙水压力-应变曲线，荷载大小在固定范围内变化。饱和收缩土的不排水重复荷载导致超孔隙水压力和相关应力的加速形成。在这两种情况下，当超孔隙水压力触发土进入周期极限应力状态的应力条件

时，周期性荷载将造成土体破坏。Sangrey 等(1978)指出：试验数据表明，周期极限状态和黏土的强度状态与砂的稳定状态相吻合。

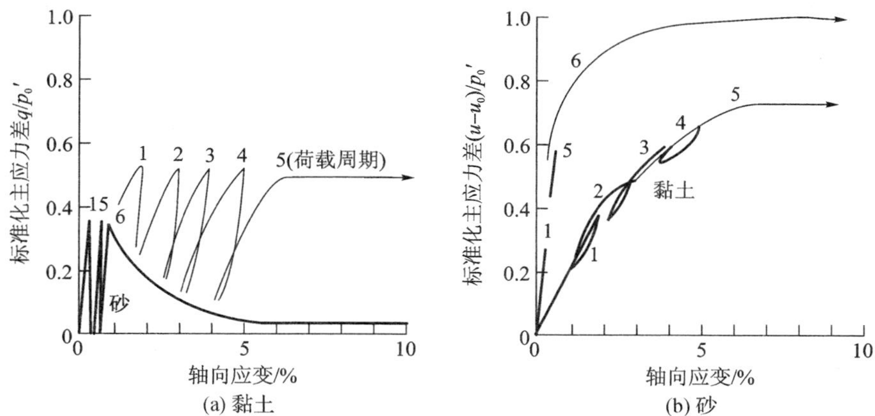

图 3-7 孔隙水压力足够大时，砂和黏土收缩性样本的周期荷载都将导致样本破坏(Castro, 1969; Sangrey 等, 1969)

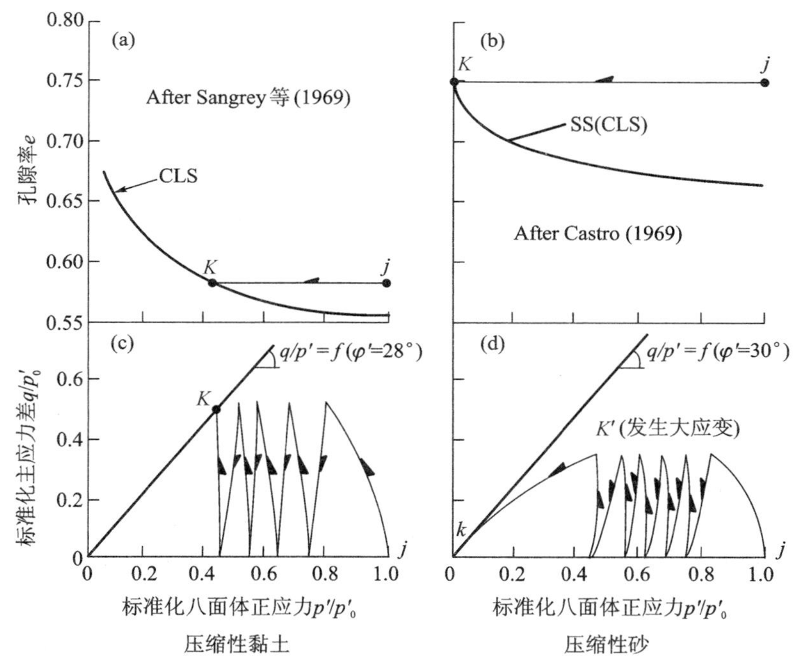

图 3-8 受到周期荷载时砂和黏土样本应力状态路径的对比

图 3-8 表示与图 3-7 中试验对应的状态路径，黏土和砂的反应总体上相似，即随着孔隙水压力的快速增加，直到到达周期极限状态点 K。对黏土，直到那一点之前应力水平都很低，但只要每个样本达到点 K，累计应变和任一周期内的应变都会很大。对于砂而言，只要到达临界应力率(由点 K 表示)，就会发生较大应变。其他一些砂和黏土特性上的差异也很明显，具体如下：

(a) 黏土的周期应力水平大于砂；

(b) 砂的周期极限状态线[图 3-8(b)]比黏土的[图 3-8(a)]平坦，这反映出砂的孔隙率变化量小得多。

(c) 由于砂的 CLS 线较平，初始状态(J)和破坏条件(K)之间的距离比黏土的大。比如，砂中产生的超孔隙水压力比黏土的大许多。

(d) 虽然黏土有更小的摩擦角 φ'，黏土的 CLS 主应力差别水平要比砂大许多，这是由于二者超孔隙水压力不同造成的。

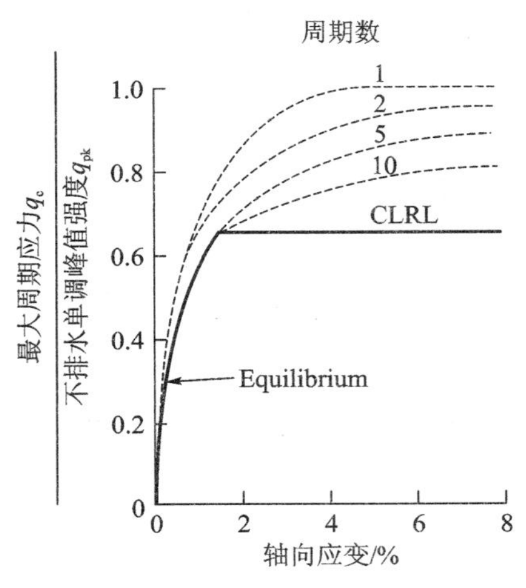

(a) 应变平衡在CLRL下循环时达到：在周期应力高于CLRL时则是持续的应变和破坏

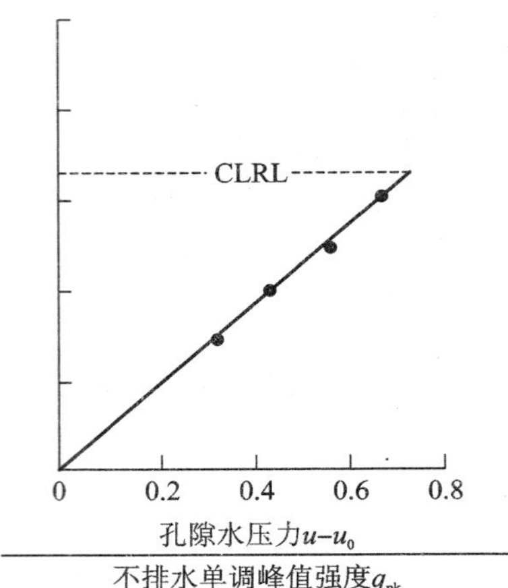

(b) 对于不破坏应力水平下，平衡孔隙水压力与应力相关(Sangrey等, 1969)

图 3-9　周期荷载下收缩土的一般特性

黏土周期应力水平的影响如图 3-9 所示。当被施加一个固定水平的不排水周期性应力时，黏土可能会破坏，或达到一个不破坏平衡状态。这就是说，在这一条件下，土在受到额外荷载时不会累计应变或超孔隙水压力，同时土体反应是典型的"弹性"，因为当每个荷载周期结束时，应变和孔隙水压力会恢复到同一值。在后面这一例子中，状态路径最终会停留在 J 和 K 之间的某个位置。在图 3-9 中，在周期应力的最低水平处，只有极少的孔隙水压力发展，土体很快就进入了未破坏平衡。随着周期应力进一步增大，平衡孔隙水压力变大，同时应力路径也越来越接近破坏。在某一周期应力水平时，强度包络线会交叉，应变将会迅速增大。任何更高级别的周期应力也将会导致破坏，在这一范围内，应力周期的周期数、形状和频率将会是重要的变量。区分破坏与平衡行为的关键应力水平称为重复荷载的临界水平(CLRL；Sangrey 等，1969)，这同时也是周期极限状态的主应力差(或剪应力)。

Sangrey 等(1978)指出收缩砂和粉土与收缩黏土的反应类似。然而砂的重复荷载临界水平(CLRL)比黏土的低，这是由于抗压能力不同造成的。图 3-10 展示了联系 CLRL 和再压缩斜率 χ 的数据。这些数据表明，$\chi/(1+e_0)$ (其中 e_0 是初始孔隙率)越大，CLRL 越大。由于砂的 χ 小，所以相对于 χ 大许多的黏土而言，砂所能承受的周期应力水平(与静态破坏有关)要小许多。

不排水周期性或单相荷载下强度下降的现象发生在所有收缩性土上，而当砂发展到大规模强度下降，并发生流动破坏时，这一现象称为"液化"。这一术语如今已广泛运用于土体受到地震荷载作用的情况下(见本书第 8 章)。但必须注意的是，液化是发生在收缩性土的强度下降这一更普遍情况中的一个特殊例子。相应的强度降低取决于土体类型、结构、初始状态和荷载的加载方式。

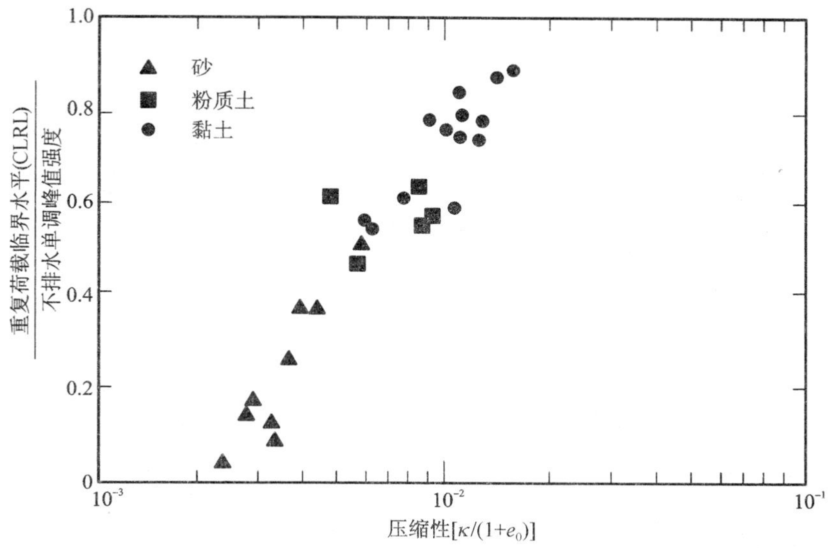

图 3-10 收缩土不排水试验的重复荷载临界水平(CLRL)(Sangrey 等，1978)

3.2.4 膨胀性土的不排水周期荷载

图 3-11 所示的是典型的膨胀黏土和膨胀性砂在周期荷载作用下的特性，二者是在单相荷载下，第 15 个加载周期时的行为反应。黏土在周期性加载期间会累计被动孔隙水压力，并也可能会累积应变。但累积应变的比率在最大周期应力水平作用下，比不排水的压缩强度值要小约 85%(Brown 等，1975)。事实上，Sangrey 等(1978)指出不排水 CLRL 和不排水抗剪切强度在周期加载后和单相剪切强度近似相等。

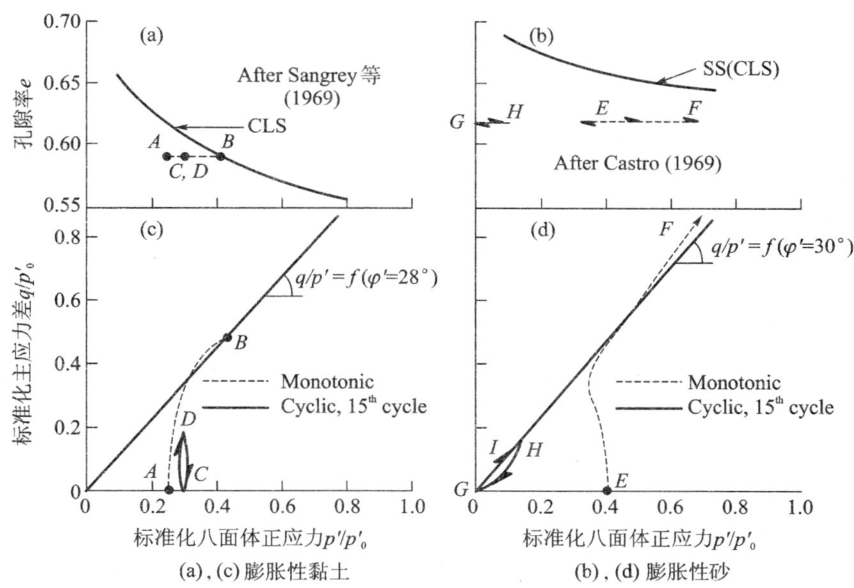

图 3-11 膨胀砂和黏土周期荷载反应的不同

与膨胀黏土不同，膨胀砂在周期性加载期间累积主动孔隙水压力，而这可能足够大，以至于使应力路径沿破坏线发展[图 3-11(d)]。一般说来，膨胀砂样本在 0.05～0.3 倍不排水压缩强度的周期应力作用下，会累积明显的变形。然而，与收缩土不同，膨胀土样本不会发生持续变形或显著的强度下降。图 3-12 对比了收缩砂和膨胀砂的行为。对应收缩砂，在第 4 个周期期间，主应力差达到峰值，但之后衰减，随着孔隙水压力持续上升并最终达到一个最大常量，此处样本持续变形或液化。与此相反，对于膨胀砂，在第 15 个周期中，孔隙水压力下降而主应力增大，样本“固结”。之后孔隙水压力增大，应力差减小。若样本之后处于单相荷载下，不排水压缩强度远高于周期应力差，并可能近似与周期加载前相等(Castro 和 Christian, 1976)。这种在膨胀砂受到荷载期间应变显著累积的现象被称为循环活动性(Castro, 1975)。虽然这类例子中周期加载并不导致有效应力破坏或显著的强度下降，应变累积可能会太大以至于超出允许值，并由此引起工程地质破坏。必须注意到：累积应变循环活动性的概率和强度下降(液化)的概率之间有本质的差别。有关周期荷载下降的特性方面的进一步讨论见 *The Committee on Earthquake Engineering*(1985)以及 Vaid 和 Chern(1985)。对饱和压缩土，对由周期荷载引起的超孔隙水压力进行预测是十分重要的，因为它们和周期荷载下强度下降的潜在可能性有直接的联系。这个问题将会在 3.6 节和 3.7 节中进一步考虑。对应膨胀土，累积变形和由排水引起的被动孔隙水压力消散可能会引起一些实际应用问题。

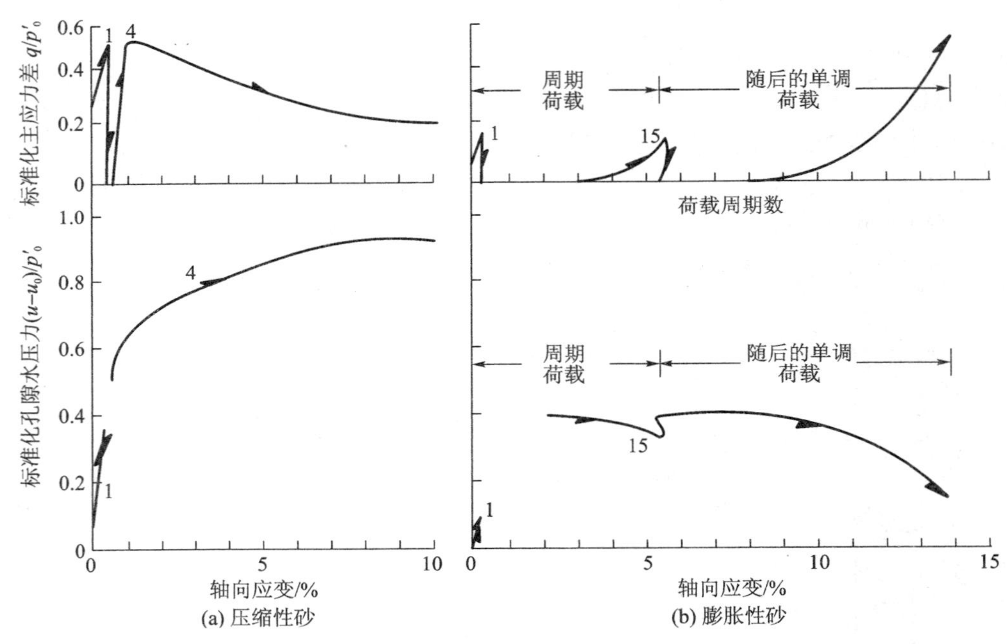

图 3-12 (a)周期荷载将使收缩性砂强度损失(液化)；(b)周期荷载将使膨胀性砂发生较大应变累积，但不会导致强度损失(Castro, 1969)

3.2.5 排水作用的影响

紧接着周期加载之后发生的排水作用(残余孔隙水压力消散)将改变土体在受到单相和周期性应力改变时的反应。残余孔隙水压力的表现将决定排水是提升还是阻碍土体反应。图 3-13所示的是压缩黏土在可排水条件下，受到重复的周期应力的反应特性。初始阶段，在每个周期的不排水加载后，残余的主动孔隙水压力仍存在。正如图 3-13(a)中所示含水率向下的走势所示，这些消散将导致含水率和孔隙率的减小。对于黏土，这种孔隙率的减小改变了周期极限状态，增大了 CLRL（France 和 Sangrey，1977）。同时，不排水抗剪强度增大，并将大于每个不排水周期荷载之后的值。这一最终的抗剪强度将会大于还是小于加载之前的不排水抗剪强度，取决于黏土的敏感性和孔隙率减小的幅度。然而，通常会发生的是主动孔隙水压力的消散增大了 CLRL，并提升了土体对周期荷载的特性。

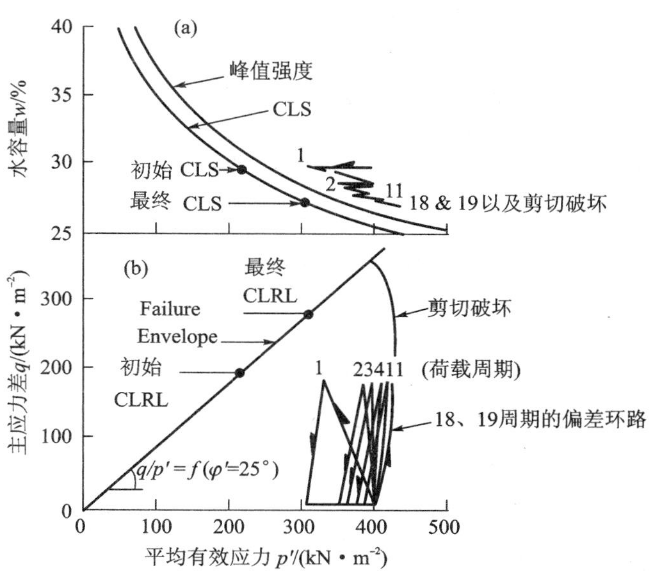

图 3-13 收缩性黏土周期荷载期间排水作用使周期极限状态（CLS）发生改变，导致重复荷载临界水平增大（CLRL）（France 和 Sangrey，1977）

图 3-14 给出的是膨胀黏土的例子。同样，黏土样本受到不排水周期荷载并在加载间隙时可排水。当样本受到相对较高水平周期应力时［图 3-14(a)］，被动残余孔隙水压力在第一个加载周期结束后仍然存在，并且伴随着孔隙率的增大，它们将逐渐消散。在第三个周期期间，样本已经破坏，这时由于孔隙率已经增大到足以使 CLRL 减小到循环偏差应力水平以下。与此相反，对应受到相对较低水平周期应力作用的样本，主动残余孔隙水压力在初期的大约两个周期之后才发展起来，在 10～20 个周期后，孔隙水压力和应变反应都接近于弹性，并且体积不再增大。在这个例子中，孔隙率的增大还不足以使 CLRL 减小到所施加的周期应力水平以下，并且土体表现出了不破坏滞后行为，类似于压缩土受到小于 CLRL 不排水周期应力时的情况。

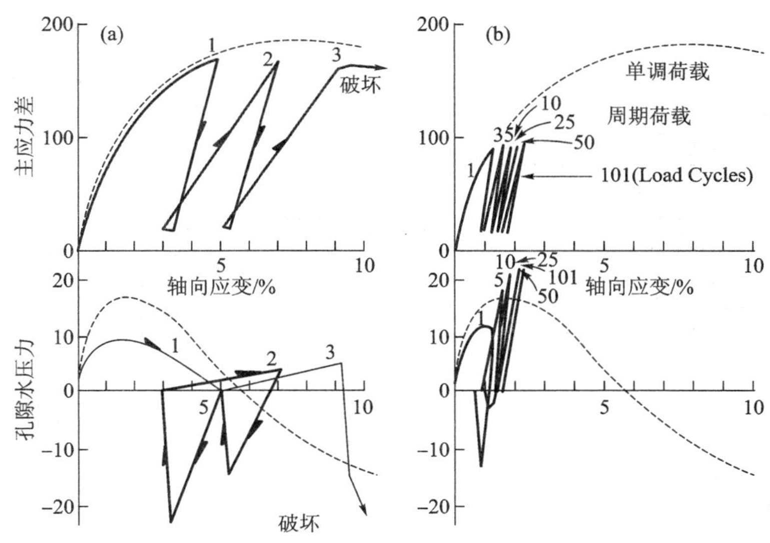

图 3-14 膨胀性黏土周期荷载期间排水作用使重复荷载临界水平降低并导致(a)高周期应力水平破坏和(b)较低水平的不破坏平衡（France 和 Sangrey，1977）

对于高密度的膨胀性砂，不排水周期荷载后的排水会导致孔隙率减小，同时伴随着主动孔隙水压力的消散。在一系列的周期荷载作用下，砂不断累积主动孔隙水压力，但比那些排水前的速率低。

总的来说，残余被动孔隙水压力对土体受到周期性荷载的反应有负面作用。残余被动孔隙水压力是否会发展取决于泥土的类型，泥土的初始密度、初始超固结率和所施加的周期应力的变化幅度。有关残余孔隙水压力预测的问题将在 3.6 节和 3.7 节中进一步考虑。

最后，值得一提的是：在一些现场情况下，可能会发生主动超孔隙水压力重分布，并由此对土体的稳定性产生瞬间的破坏作用。以下是可能发生这类情况的例子：

(a) 处于黏土层之间的砂质土层上；如果产生的超孔隙水压力随着土层深度变化，那么超孔隙水压力重分布可能在消散作用前发生，由此导致原来孔隙水压力较低区域的孔隙水压力增大。

(b) 在砂质土层上，若某一区域存在高剪切应变，这一区域产生的超孔隙水压力可能比周围低，由此导致水流向这一区域，使这一区域孔隙水压力暂时上升。

在这两种情况下，一旦完成了超孔隙水压力重分布，土体的整体稳定性将得到提高。

3.3 周期性荷载下土壤相应的分析方法

确定土体对周期性荷载的反应的方法至少有两个：

(1) 使用在单相和周期性荷载条件下土体反应的总体本构模型。这种模型的系数使任何应力路径的反应都可量化。

(2) 使用土体反应的简化模型。这里使用的系数只描述特定应力路径下的行为。不同的应力路径的模型系数值不同。

图 3-15 详细介绍了这两种方法，以及把它们运用于边界值问题的方式(Byrne, 1986)。

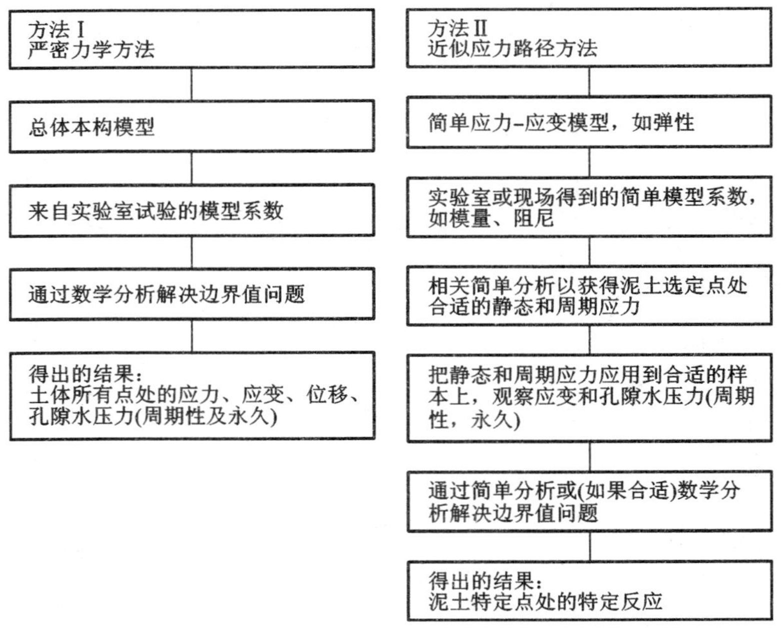

图 3-15 周期反应分析的可选方法(Byrne, 1986)

方法Ⅰ，涉及一个充分本构模型的使用，是最基本的方法，它使应用精确的力学分析解决手边的问题。之后再通过实验室和现场试验来确定这一模型的系数。

在实际应用中，这种基本方法几乎是不可行的，主要有以下几个原因：

(a) 至今所有的本构模型得到的数据都无法提供全面的土体特性的描述。

(b) 即使模型采用了相对较多的系数，这些系数也很难从实验室或现场试验决定。

(c) 这些模型的具体分析方法，例如有限元分析，即使只是用于解决相对平缓的边界值问题，通常也极复杂，耗时而且昂贵。

由此，为了适于实际运用，采用一种近似的工程方法(图 3-15 方法Ⅱ)是十分必要的。方法Ⅱ涉及一个简单土体模型与应力路径过程的使用，简单土体模型的系数主要来自于一些实验室实验数据，有时也参考一些现场实验数据。这种类型的方法使用范围已经被 Lambe(1964)以及 Lambe 和 Marr(1979)扩大了。然而，在考虑更实际的工程方法前先大体回顾一下可用的周期土体反应模型也是十分有趣的。

3.3.1 本构模型

有关描述土体在单相和周期荷载作用下的反应的本构模型中有许多都已被 Pande 和 Pietruszezak(1982)研究过。他们这样评价有关本构建模的两大指导思想的出现：

(1) 许多简单模型的发展。这些模型的系数相对较少，每个都有专门的应用范围和专门的土体类型。例如砂、软黏土、超固结黏土。

(2) 囊括一切的模型的发展，有相对较多的系数，而很少或没有物理特性。

现存的多数模型根据公式不同，可分为以下几个类别：(a)弹-塑性；(b)弹-黏塑性；(c)疲劳模型；(d)endochronic 模型。

表 3-1 归纳总结了一些可用模型。从中可看出，多数模型都是弹-塑性类的。即使在这一类中，也有许多不同种类，依据有关模型材料描述中相应的系数不同，以及提出假设所遵循的固结和流动定理，表 3-1 中一些模型的详细讨论见 Pande 和 Pietruszezak(1982)的书。Pande 和 Pietruszezak(1982)对许多模型的使用进行评估，反映了各种模型在预测以下几个周期性反应特性时的能力：

(1) 不排水荷载下孔隙水压力的产生；

(2) 至破坏或液化时所经历的周期数；

(3) 剪应力与剪应变关系；

(4) 阻尼比-剪应变；

(5) 液化的发生；

(6) 循环活动性的发生。

加载、卸载期间共有 4 种孔隙水压力产生特征：

J 类型——加载和卸载期间都有孔隙水压力产生；

K 类型——孔隙水压力在加载期产生，减载期减小；

L 类型——孔隙水压力在加载期产生，减载期不产生(无变化)；

M 类型——孔隙水压力加载时减少，减载时产生。

此外，共考虑了两种总的孔隙水压力反应：

A 类——孔隙水压力在有限数量周期之后保持稳定；

B 类——随着周期数增加，孔隙水压力不断增大，无视应力变化幅度，同时土体最终液化。

表 3-1　　一些周期泥土反应的本构模型

分类	模型类别	泥土类型	特性	参考资料
弹-塑性	边界表面	黏土	随动强化，相关流动准则	Dafalias 和 Herrmann(1982)
	修正临界状态	黏土	经验等向强化，相关流动准则	Carter 等(1982) Pender(1982)
	有限表面数(INS)	所有	随动强化，相关或不相关流动准则	Mroz 等(1979，1982) Prevost(1977) Nova(1982)
	顶盖模型	砂	等向强化，不相关流动准则	Baladi 和 Rohani(1979)
	双表面	砂	等向/随动强化，不相关流动准则	Ghaboussi 和 Momen(1982)
弹-黏塑性	缩微模型	所有	临界状态模型，考虑主应力旋转及周期软化	Pande 和 Sharma(1980)
	有限表面模型	所有	随动强化，不相关流动准则	Mroz 和 Norris(1982)
疲劳	临界状态	黏土	孔隙水压力是不排水荷载的疲劳系数	Van Eekelen 和 Potts(1978)
	Ramberg-Osgood	黏土	周期应变是疲劳系数	Idriss 等(1978)
	Ramberg-Osgood	砂	塑性体积缩小是疲劳系数	Martin 等(1975)
Endochronic	Endochronic 塑性	所有	综合剪胀，应变强化(或软化)，滞后性和 ratchetting	Valanis 和 Read(1982)

表 3-2 是 Pande 和 Pietruzczak 对模型的评价。令人满意的是，多数模型都能得出一些实际观察到的土体反应特性，但没有一种能全面综合地得出所有方面的土体反应特性。由此，为了便于实际运用，我们必须通过使用简单的方法以推断土体和建在其上的结构物的周期性反应。这类方法都不可避免地依赖实验室试验来获得必要的土样本参数。因此，制定一些适用于实验室试验的一般程序以及这些常规试验的难点和误差具有十分重要的意义。

表 3-2　　周期和过渡荷载的各种模型的评价

类别	模型						
	Dafalias 和 Herrmann	Carter 等	Ghaboussi 和 Momen	Mroz 和 Norris	Nova	Pender	Prevost
孔隙水压力渗透性	A，L	A，B，L	—，M	A，J	A，J	—	—
偏差反应	—	No	No	Yes	—	Yes	Yes
G/G_0	P	P	G	P	—	G	—
阻尼	—	P	—	P	—	G	—
液化	No	Yes	Yes	No	—	—	Yes
周期循环性	No	No	—	No	—	Yes	No

注：A，B，J，K，L，M ＝孔隙水压力产生特性(见文章)；
G=good，P=pool。

3.4 周期性荷载下土壤反应的实验室试验程序

传统的土体试验涉及以下的反应测量：土体样本能首先受到原位置应力，再受到加载现场的一系列应力变化，测量土体反应。Lambe(1964)以及 Lambe 和 Marr(1979)所描述的应力路径法是这一方法的典型。Lee 和 Focht (1976b) 描述了土体的周期荷载的类似程序。

第一步涉及泥土样本在假设静态应力条件下达到固结。而这种应力条件在现场平衡条件真实存在；多数情况下都是 K_0 应力条件。第二步是对样本施加一系列规则的应力周期。一般来说，这一步是在不排水条件下(特别是黏土泥层中)进行的，虽然对应渗透性较好的土体常考虑完全或部分排水的条件。产生的应变将是周期性的，但会逐渐趋于向一个方向，特别是当周期荷载关于零剪应力是不平衡时。该实验过程将提供诸多循环之后，针对循环和累积应变的处理信息。典型的结果见图 3-16。经过许多类似样本在不同周期性应力的试验，这些应变对周期性应力水平的依赖关系见图 3-17。类似的周期行和累积孔隙水压力曲线也可通过试验得出。这些关系与应力路径法结合，可以用来预计周期荷载下的基础周期性和永久的位移。要概括这些关系只要把周期应力 σ_c 与初始原位应力(例如初始竖直应力 σ'_w)，依照 SHANSEP 的想法，进行土体测试 Ladd 和 Focht(1974)。

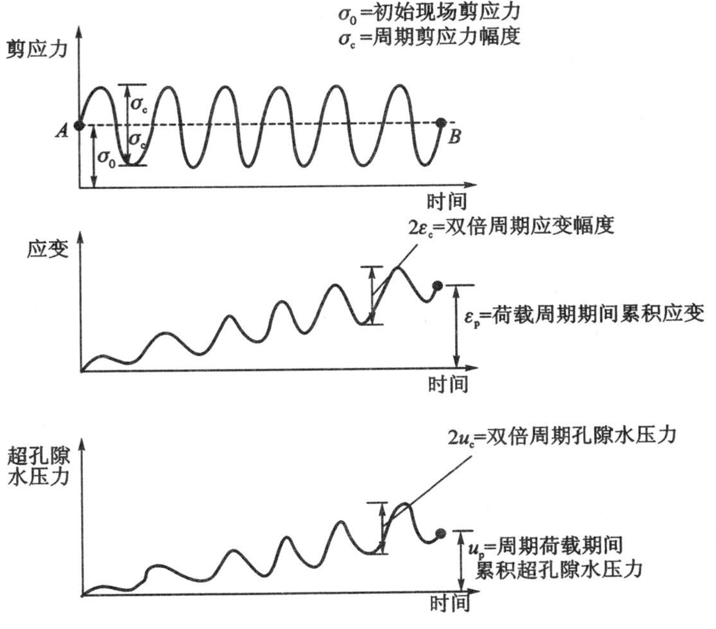

图 3-16 周期实验室试验的典型结果

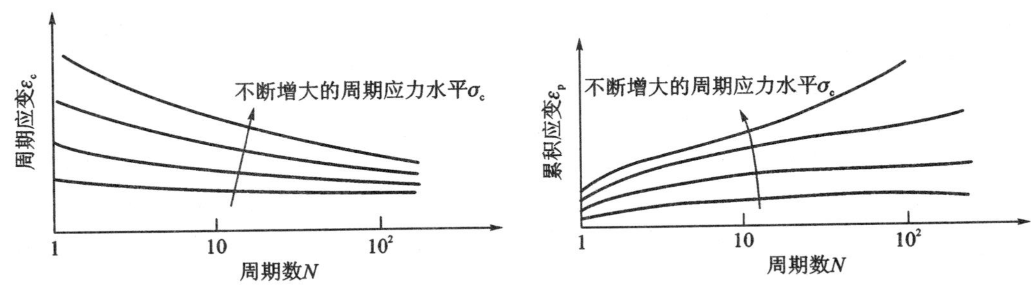

图 3-17 应变对周期应力水平和周期数的依赖

一些关于超孔隙水压力消散对应变影响的估计，可以通过对泥土施加特定数目周期之后允许其排水来获得。根据样本初始超固结率(OCR)的不同，排水作用的影响差别很大。

如果需要进一步的周期试验，还可以采用至少两个程序。一个是持续周期荷载直到产生大应变。其结果见图 3-18，这是一条典型的疲劳曲线($S'-N'$)，与金属疲劳研究类似。

另一个程序是在达到一个特定数目周期(或特定周期应变幅度)后停止周期试验，然后对样本进行静态加载试验直到破坏。这一程序能提供有关由于周期荷载导致抗剪强度减小的信息，见图 3-19。周期加载前强度和静态抗剪强度的比率 S_c/S_u，常作为抗剪强度的“衰减因子”考虑。Thiers 和 Seed(1969)的试验明确指出，对黏土，这一衰减因子取决于和静态破坏应

变 ε_{fs} 有关的周期应变的大小(见 3.7.1 节)。

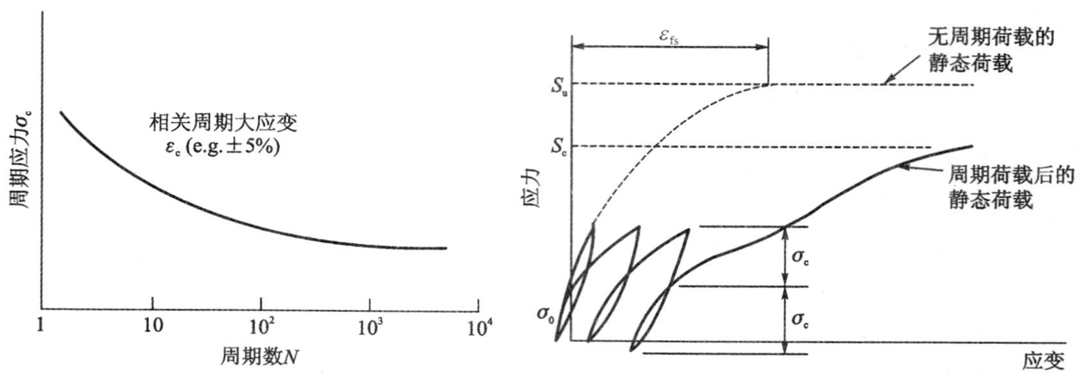

图 3-18 周期试验达到“破坏”的典型结果

图 3-19 周期荷载后的静态荷载试验

之前所说的试验程序的局限性,是指它使用的是均匀规律的荷载周期,而实际加载曲线是随机而无规律的。鉴于 Lee 和 Focht(1976a)讨论了一种使用 Miner's 原理等效损害的程序,用一个相等数目的均匀周期应力循环来近似模拟一系列不规则周期荷载是有可能的。考虑在任一周期应力水平 S_e,与不规则荷载相应的等效规则荷载数 N_{eq} 可用下式求出:

$$N_{eq} = \sum \left(\frac{N_i}{N_{if}}\right) N_e \tag{3-4}$$

式中,N_i 为周期应力 S_i 的个数;N_{if} 为规则周期应力 S_i 造成破坏所需的周期数。方程中的累和要考虑不规则荷载中的所有应力 S_i。

原则上,用实验室试验以确定土体周期反应是很直接的,但还必须考虑一些可能影响所测土体特性的因素及其导致的误差。下文将讨论这些因素。

3.5 影响实验室试验结果的因素

3.5.1 试验的类型

大多数静态和周期实验室试验都是用常规三轴试验仪或单剪仪进行。二者在考虑样本内不均匀应力时是有缺陷的。这一问题在 Saada 和 Townsend(1981)以及 Wood(1982)中有详细的讨论。在三轴试验中,误差可能来自于约束作用、薄膜渗透作用以及试验安全系数值的使用。初始应力状态也十分重要,即初始样本是否已经在静水(各向等压)或各向异性条件下固结。

单剪仪的种类将在本书 4.5.3 节中讨论,因此这里的讨论主要是关于单剪和三轴试验结果之间的联系。Pyke(1978)对硅砂的周期性三轴和单剪试验结果进行了对比,主要区别是在单剪试验中,试验样本直接加载剪应力,而在三轴试验中,样本是受到压缩或拉伸的。因此,在单剪试验中,主应力方向在一个较小角度内不断旋转(取决于 K_0 的值)。而在三轴试验中,主应力方向每半个周期就旋转 90°,这两个试验的区别见图 3-20 的 Mohr 圆。

图 3-21 和图 3-22 所示的是这两种试验典型的应力-应变关系。三轴试验结果缺乏对称性,其中应力-应变行为在受压时基本接近线性,但在拉伸时则表现出明显的非线性,特别是在较高的周期应力水平时。同样,从图中还可以观察到:周期三轴试验样本在刚度上是呈现各向异性的。

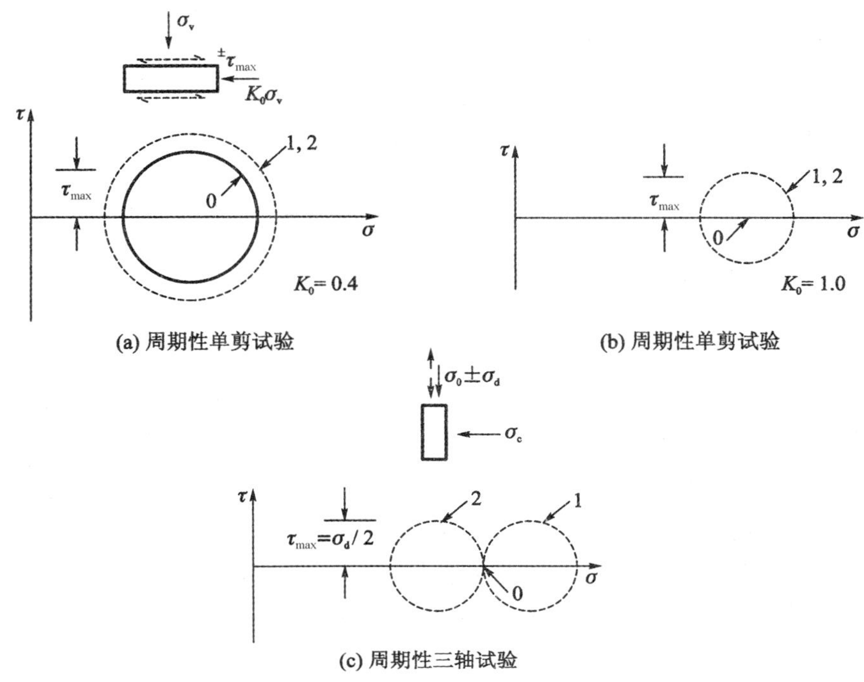

图 3-20 周期单剪试验和三轴试验的莫尔圆对比(Pyke, 1978)(τ 为剪应力, σ 为正应力)

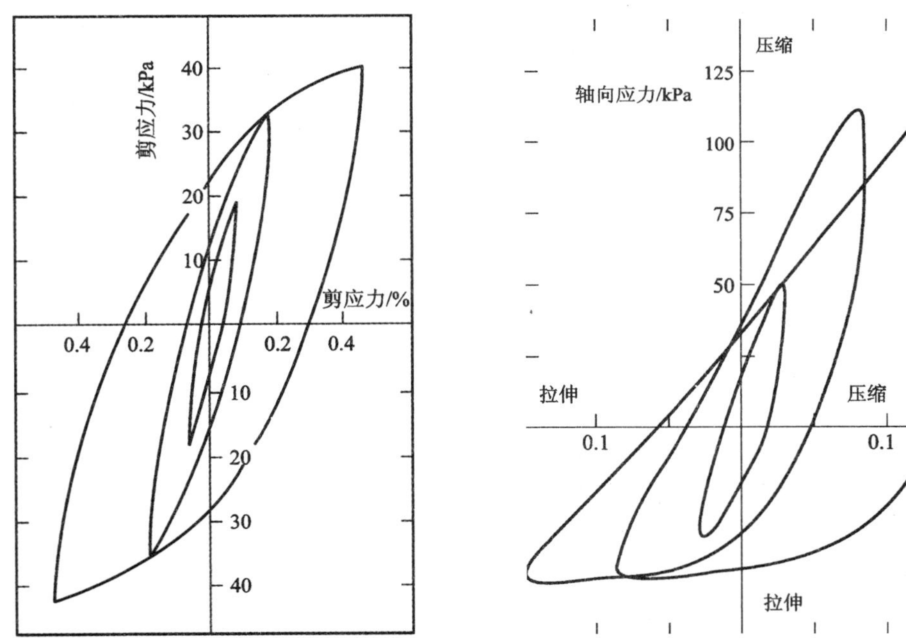

图 3-21 Monterey No. 0 砂在周期单剪试验中的典型应力-应变关系(Pyke, 1978)

图 3-22 Monterey No. 0 砂在周期三轴试验中的典型应力-应变关系(Pyke, 1978)

通过近似的方法考虑这种各向异性,并根据周期单剪试验横向应力做出合理假设,Pyke 发现两种类型得出的周期性剪切模量值十分接近,如图 3-23 所示。

Seed(1979)收集了许多使周期孔隙水压力率峰值达到 100%(例如初始液化)或特定周期应变的应力比,并发现从周期性三轴试验得出的值普遍高于来自周期性单剪试验的结果。这些应力比的关系如下:

$$\left(\frac{\tau_h}{\sigma'_{v0}}\right)_{\text{simple shear}} = C_r\left(\frac{\sigma_{dc}}{2\sigma_3}\right)_{\text{triaxial}} \tag{3-5}$$

式中,$\frac{\tau_h}{\sigma'_{v0}}$ 为水平剪切应力对初始竖直有效应力的比值;$\frac{\sigma_{dc}}{2\sigma_3}$ 为最大剪应力(等于一半的偏差应力)与约束应力的比值;C_r 的值见表 3-3。通常 C_r 的值在 0.55～1.0。

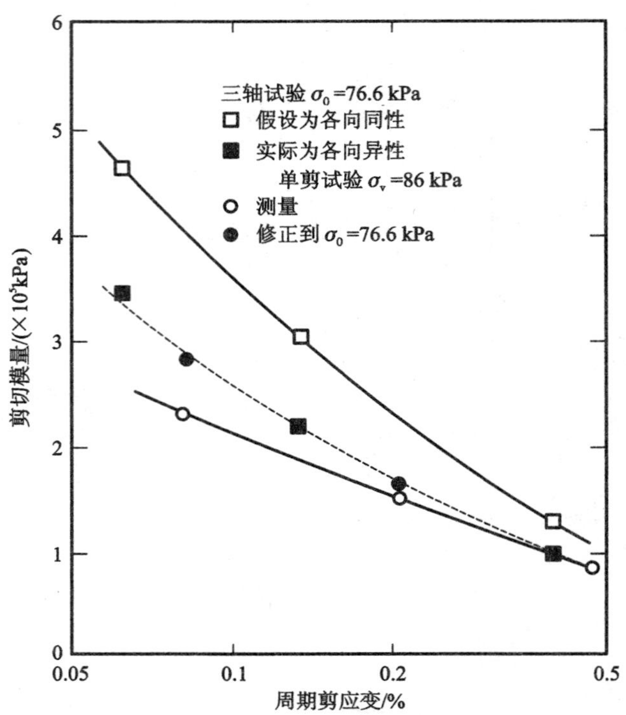

图 3-23 Monterey No. 0 砂以周期三轴和周期单剪试验测得的剪切模量对比

试验还用到其他一些设备,包括平面应变仪、真三轴试验仪及空心圆柱体试验。Polos(1981b)表述了它们的优缺点。如今,它们仍被认为是基础研究的实用手段而不仅仅只是例行试验。

表 3-3 C_r 的值

参考资料	方程式	对于 $K_0=0.4$ 的 C_r
Finn 等(1977)	$C_r=\frac{(1+K_0)}{2}$	0.7
Seed 和 Peacock(1971)	公式较多在此不列举	0.55～0.72
Castro(1975)	$C_r=\frac{2(1+2K_0)}{3\sqrt{3}}$	0.69

3.5.2 准备样本的方法

一些研究表明,在任何给定情况下产生液化的准备样本的方法,对强度或周期数是有显著影响的(Ladd, 1974, 1977; Mulilis 等, 1978; Silver 等, 1976)。Mulilis 等(1977)评估了11个不同准备程序的样本,发现最脆弱的样本是通过空气吹砂形成的(pluviating sand through air),而强度最高的是在湿润条件下振捣泥土形成的。图 3-24 所示的是各向同性的固结 Monertey 砂上的周期三轴试验。资料表明对不同砂土样本准备方法的不同,造成的影响也有显著不同。研究表明吹砂并加上适当振捣能产生非常均匀的样本,而其他方法产生的样本不均匀。

试验结果受样本准备方法的灵敏性反映出土体结构的重要性(例如微粒和孔隙的空间组成)。而不同的样本准备方式也会造成这种结构的多样性。

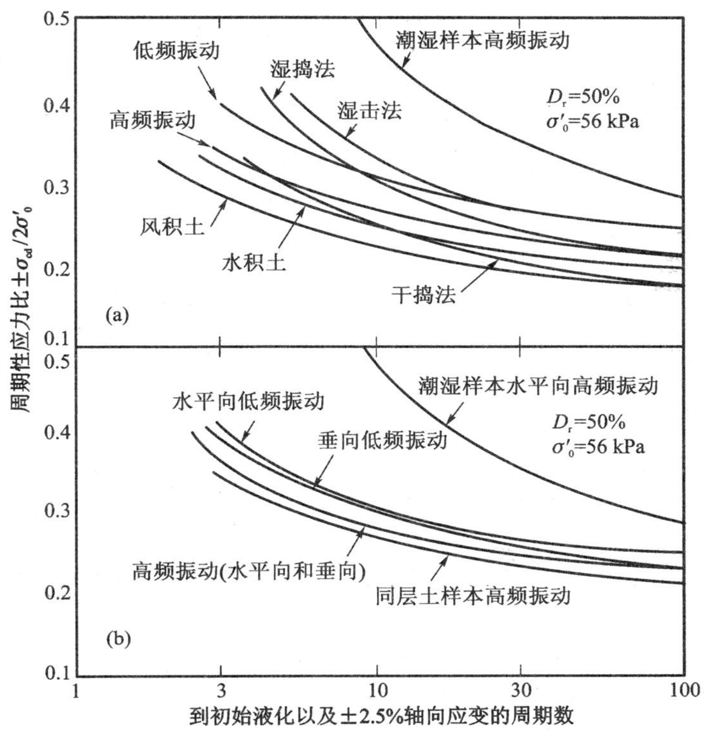

图 3-24 在(a)不同振动压缩过程以及(b)不同压缩过程的周期应力比与周期数关系图(Townsend，1978)

3.5.3 样本重组的影响

前人对完整的相对"未受干扰"与重组后的砂样本进行了对比(Marcuson 和 Townserd，1978；Mulilis 等，1977)，并发现未受干扰与重组后的砂样本强度的比率在 1.0～2.0，具体取决于重组方式和现场情况，这表明：重组降低的强度最高可以达到 50%。在多数情况下，未受扰动的强度要高于由加湿捣固重组过的样本。加湿捣固方法能得到试验室的最大强度；因此，可以得出结论，现行的样本重组程序无法复制现场强度。

想要获得未扰动的样本，一个有效的方法是冷冻。Townsend(1978)报告了一项试验，指出冷冻趋于保持粗糙颗粒土的结构，而对周期强度的影响并不大。然而，不确定的是冷冻对于含有较多细颗粒的砂是否仍然适用。

总的来说，取样干扰是砂样本的实验室试验的主要问题之一。Castro 等(1985)发现采自 San Fernando 大坝底部样本在取样时密度加大以至于它们的不排水强度因子提高了大约 20%。由于砂的不排水强度对孔隙率改变十分敏感，因此取样时这种改变不可避免。现今趋于更少地依赖周期性实验室试验，同时更多地考虑相关贯入阻力和砂的周期抗剪强度。这种相关性将在 3.6 节和 8.7 节中进一步讨论。

3.5.4 其他因素

表 3-4 列出了各种影响无黏性土周期性三轴强度的有效因素。除了准备方法和未扰动及重组样本的不同外，密度和预强化这些因素也有很大的影响。其他因素中需要注意但没有那

么显著影响的因素是约束应力、荷载波形状、材料颗粒大小和梯度、超固结率(OCR)和固结应力率。冷冻、加载频率、样本尺寸和无摩擦末端对周期性三轴强度的影响相对较小。同时,人们还发现不同试验设备和不同实验室,得出的结论通常是一样的。

对于黏土周期强度的影响因素的研究不如砂的那么全面。表 3-5 给出了一些正常固结黏土的相对早期资料。主应力旋转起了主要作用,同时周期性应力的频率和形状也有较大的影响。加载频率变大的影响是增大黏土的强度和刚度,而这和单次荷载条件下的比例作用有关。

表 3-4　影响无黏性土的周期三轴强度的因素(Townsend, 1978)

各种影响	试验条件和材料	作用(结果)
试验场地及设备	8 个不同实验室使用的“标准砂”通过专门测试程序和条件。Monterey No. 0 砂	严格遵循相同试验程序下,各个实验室提供的数据结果完美吻合
样本准备	样本通过空气或水,振捣,或在干燥或潮湿条件下捣实。Monterey No. 0 砂,50% D_r 和其他泥土	最弱的样本是通过空气吹成的,而强度最大的是通过潮湿条件下振捣形成。破坏时应力比相差可达 110%
重组与无扰动	无扰动(相对无扰动)样本试验,然后重组到相同密度在相同条件下重新试验。各种用来重组砂和样本的准备技术	无扰动样本强度大于重组样本。强度随材料重组方法不同,减少程度在 0～100%
无扰动冻结取样	无扰动样本以冻结或非冻结条件送到实验室,重组样本在实验室冷冻后与不冷冻样本对比	由于冷冻,各种试验都无作用
约束应力, σ_3	试验在多种约束应力下进行,使用了多种砂	在一个较小压力范围内,周期强度与约束应力成比例。周期压力比随约束压力增加而减小,同时 σ_3 增加 0.10～0.58 MN/m^2
荷载波形	试验使用直角、圆直角、三角和正弦波形荷载	强度增加顺序:直角、退化直角或三角、正弦。正弦波强度比直角大 30%
	不规则波形模拟地震应力历史估值等效周期概念	可用等效周期方法。周期三轴受拉伸影响大于压缩
频率	对各种砂,频率范围从 1～1 680 cpm①。对一种砂典型范围,1～20 cpm 或 5～60 cpm	较慢加载频率强度较大,对于 1～60 cpm 范围,效果是 10%
	水和空气作为约束介质估计频率作用	在频率为 5 Hz 时,水可能影响结果
样本尺寸	强度为 35.6 的 70 mm 样本和强度为 70 的 300 mm 样本对比	这一范围内无影响。300 mm 大约弱 10%
无摩擦顶帽和基础	样本在有摩擦和无摩擦顶帽和基础下进行试验,并且频率足够慢使有润滑作用	全摩擦和无摩擦顶帽和基础无差别
相对密度	试验采用多种无黏性土在多种应力范围和试验条件下进行	周期强度随密度增加急剧增大。周期应力比和相对密度之间的线性关系持续到大约 60% D_r,但是斜率取决于泥土类型、结构、约束压力以及破坏应变
实际尺寸和级配	不同泥土在可比试验条件下周期强度在平均粒径 D_{50} 的基础上进行比较	$D_{50}\approx$0.1 mm 的砂对周期荷载的阻力最小。随着 D_{50} 从 0.1 mm 到 30 mm 逐渐增大,可以观察到 60% 的强度提高。当 D_{50} 从 0.1 mm减小到粉质和黏土尺寸,可以观察到一个迅速的强度增大
	良好级配的材料和均匀的材料,都是一样的 D_{50} 时	良好级配的材料比均匀材料强度低

（续表）

各种影响	试验条件和材料	作用（结果）
预强化处理	样本在周期荷载下液化后在相同初始周期荷载下再固结并再液化。样本在 50%～80%孔隙水压力预强化固结并重复加载	尽管由于固结使密度加大，液化仍然会导致样本强度减小。 预加载极大增大了周期强度
超固结率（ORC）	样本在较高应力下固结并在较低试验应力下回弹，即样本超固结	1～4 和 1～8 的 OCR 周期增大周期单剪试验应力比 75%和 150%，另外，1～2 的 OCR 增加周期强度计 30%到 80%，增加幅度取决于细颗粒数。细颗粒数目对 OCR 有影响
固结比 K_c	样本在多种约束应力下各向异性固结，受到可逆和不可逆周期应力	破坏所需的最大应力在给定 σ_{3c} 下随 K_c 比而增大。 数据处理方法对结论有影响；要求各向同性。固结的 $\tau_{cf}-\sigma_{fc}$ 不一定就能得出保守结果

① cpm＝count per minute，即每分钟计数，1 cpm＝60 Hz。

表 3-5　影响一般固结黏土周期强度的因子（McClelland Engineers，1977）

因子	因子改变	不排水抗剪强度改变	结论	参考资料
周期应力	增大	减小	引起特定应变的周期应力随周期数的对数成线性下降	Seed 和 Chan（1966）
应力周期数	增大	减小		
初始剪应力	增大	减小		
主应力方向	旋转 90°	减小	对于 San Francisco Bay 泥土 20%～30%，对于压密，饱和 Vicksburg silty 黏土 120%～250%	
周期应力形状	方形到正弦	减小	San Francisco Bay 泥土 10%～20%	Thiers 和 Seed（1969）
周期应力频率	每秒 2 到 1 个周期	减小	San Francisco Bay 泥土 20%～25%	
泥土刚度	增加	增加		
应力状态	三轴到单剪	忽略不计	如果两种试验中破坏面平行于现场水平面，且如果对比是在相同剪应变下进行的	
剪切面			样本在竖直轴修整，在对水平 45°角处倾斜。对 San Francisco Bay 泥土强度差别 10%～20%	

多数周期三轴试验都是将约束应力设定为常量，而周期性地改变轴向应力来进行。使侧向应力发生周期性改变也是可能的，但是会对结果产生细微的影响。同时，周期性侧向应力的额外复杂性很难确定。

在一些现场情况下，土体可能受到多个方向的震动，而传统周期实验室试验只涉及单个方向荷载。Seed（1979）在报告中指出，对砂而言，多方向震动导致液化时的应力比要比单向荷载时的低 10%。

一个很大可能影响土体周期性反应的深层因素是三轴试验中的各向异性固结作用或在单剪试验中的长期剪应力（这些条件下使用静态偏差这个词）。当在静态偏差条件下受到周期荷载，孔隙水压力将趋于增长而有效应力趋于减小。一旦应力路径达到强度包络线处，土体趋于稳定平衡，孔隙水压力不再进一步增加。因此，虽然持续的应变累计仍会在应力路径达到强度包络线，并稳定平衡后继续发展，但不会发生零有效应力的情况（*Committee on Earthquake*

Engineering，1985)。超孔隙水压力随周期数累积的形式也因此与无静态偏差条件下不同。

Wood(1982)对实验室试验持悲观态度，认为液化试验很大程度上是对不完美敏感性的研究。然而，Seed(1979)持一种更乐观的态度，他认为正确操作的周期三轴试验能给出关于沙的周期荷载特性的数据，前提是不发生样本颈缩及发生适度的各向异性初始固结条件。

3.6 砂的实践方法

在评估砂对周期性荷载反应时，至少要说明以下 4 个问题：

(1) 砂发生液化的概率；

(2) 周期荷载引起的超孔隙水压力的幅度值；

(3) 泥土的周期性应变或位移量；

(4) 泥土的永久位移量。

原则上，这些问题要通过进行应力路径试验，即施加一个适当的初始应力和周期性应力并纪录孔隙水压力和变形反应来得到。然而也可以通过一些方法预估可能的土体周期反应。本节讨论了一些这类方法。

3.6.1 液化的发生概率

液化的发生概率指的是土体在形成和保持高孔隙水压力和由此引起的低有效应力条件下持续变形的情况。因此，液化的发生概率伴随着超孔隙水压力的产生而变化，如 3.6.2 节中讨论。液化发生概率的估值一般涉及周期性应力和周期数综合作用，二者将导致初始液化，即周期水压力率峰值达 100%。多数时候，这些量化通过实验室周期三轴或单剪试验的结果获得，并作适当调整以适应现场条件(见 3.5 节)。图 3-25 所示的是 Monterey No. 0 砂对于一系列

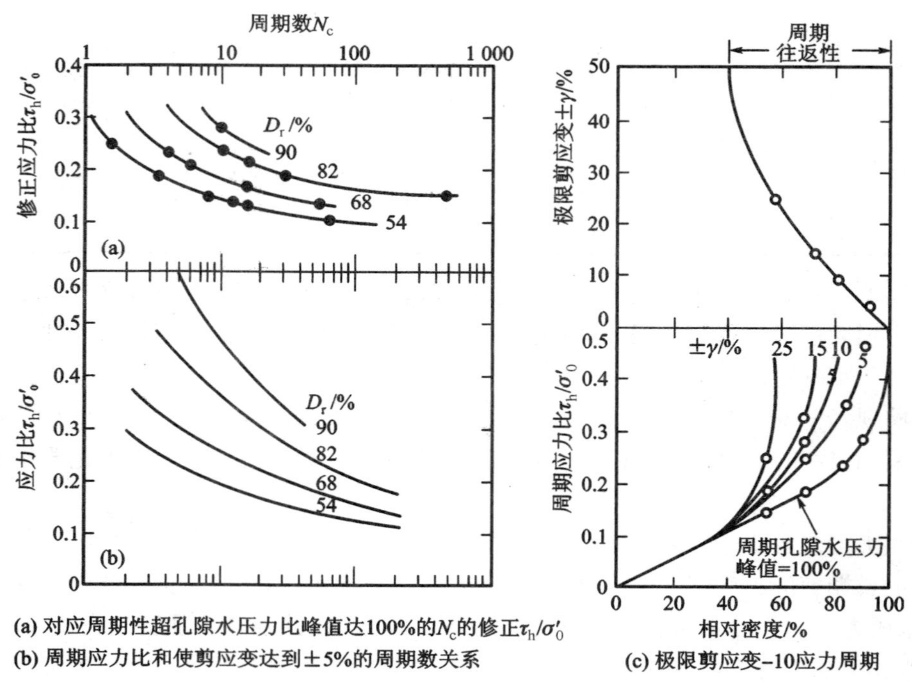

(a) 对应周期性超孔隙水压力比峰值达100%的N_c的修正τ_h/σ'_0

(b) 周期应力比和使剪应变达到±5%的周期数关系

(c) 极限剪应变-10应力周期

图 3-25 Monterey No. 0 砂的周期试验数据(Seed, 1979)

不同相对密度 D_r 的典型试验资料。对于相对密度小于 40%，施加的周期应力率高得足以使周期孔隙水压力率峰值达到 100%，也会使土体发生较大应变(可能无上限)，由此与液化的条件相对应。然而，对于相对密度大于 40%的土体，施加一个足以使孔隙水压力率达 100%的应力率和周期数却只能引起有限量的应变。例如：3.2 节中所讨论的循环活动性的条件。当把结果应用于现场条件，能引起 100%孔隙水压力率的应力比值必须比实验室单剪试验得出的降低 10%，以允许多方向周期荷载的作用(Seed，1979)。

引起液化或循环活动性的周期性应力值因颗粒大小和相对密度不同而不同。颗粒大小的作用见图 3-26 和图 3-27。(在液化发生在 10～30 个周期的周期性三轴试验中。Seed 和 Idriss，1971)。同样，要把这些结果用于现场条件时，需做一定调整(3.5 节)。

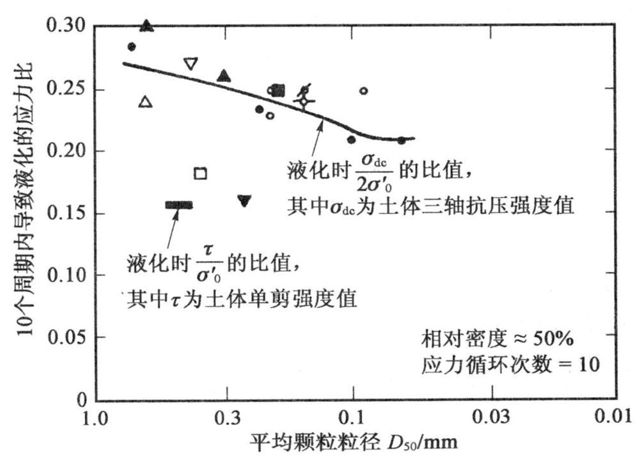

图 3-26 应力条件导致砂在 10 个周期内液化 (Seed 和 Idriss，1971)

Ishihara(1977)得出了一个非常简单的表达式来确定引起 100%孔隙水压力率的周期应力率公式。对于在 20 个周期内发生液化的条件，这个应力率是：

$$\frac{\tau_{max}}{\sigma'_{v0}}=\frac{1+2K_0}{3}aD_r \qquad (3-6)$$

式中，τ_{max} 为最大周期剪应力；σ'_{v0} 为初始有效竖直应力；K_0 为无荷载时的土压力聚合力；D_r 为相对密度(%)；当冲击荷载时 $a=0.007\,64$，当振动荷载时 $a=0.006\,0$。冲击荷载指的是只有一两个峰值超过最大应力 60%，而振动荷载指一系列荷载中多于 3 个峰值超过最大值的 60%。方程式(3-6)中 $\frac{\tau_{max}}{\sigma'_{v0}}$ 的值稍大于图 3-27 中的值，这两系列数据基本相符。

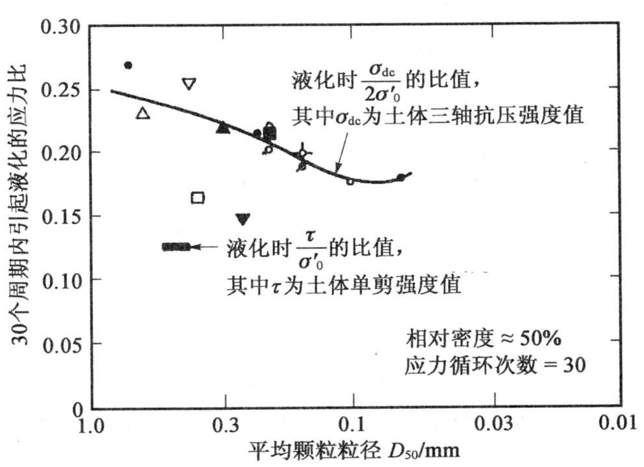

图 3-27 应力条件使砂在 30 个周期内液化 (Seed 和 Idriss，1971)

这种液化的方法被 Seed 及其同事所采用，考虑到液化和显著性应变所需的条件。Castro 和他的同事采取了另一种替代方法，他们用相对于土壤引起的剪切应力来确定和检验不排水残余强度。

另一个用来估计液化发生概率的有效方法是由 Seed(1979)提出的，并且利用了现场标贯试验(SPT)的结果。基于对不同强度的地震中液化的发生情况的观察，可发现导致液化的周期应力率与修正后标准贯穿数 N_1 之间有联系。由此，Seed 等(1985)修正了这二者的相互关系，并使用了一个 N_1 的标准值，即 $(N_1)_{60}$，其值通过在钻杆驱动能量为理论 free-field 能量

60%的条件下 SPT 试验得出。以上这些以及其他类似关于液化可能行的关系将在 8.6 节和 8.7 节中说明。

3.6.2 不排水超孔隙水压力

在评估液化的发生概率时，特别是在周期荷载过程中可能发生孔隙水压力消散的情况下，掌握有关周期荷载引起超孔隙水压力的知识是十分必要的(见 8.6 节和 8.7 节)。有效应力的稳定性分析同样需要对孔隙水压力进行估计。

有关周期荷载期间发展起来的不排水超孔隙水压力计算有许多公式，这里只讨论部分。在实验室三轴试验基础上，Sherif 等(1978)得出了一个可以用于均匀或不均匀应力周期的通用的增量方法。N 个周期后的残余超孔隙水压力 u_N 可以由下面表达式得出：

$$\frac{u_N}{\sigma'_0}=\frac{u_{N-1}}{\sigma'_0}+\frac{\Delta u_N}{\sigma'_0} \tag{3-7}$$

式中，u_{N-1} 为 $N-1$ 个周期后的残余超孔隙水压力；Δu_N 为第 N 个循环周期间残余超孔隙水压力的增量；σ'_0 为初始有效约束应力。

标准化孔隙水压力增量 $\frac{\Delta u_N}{\sigma'_0}$ 由下式得出：

$$\frac{\Delta u_N}{\sigma'_0}=\left(1-\frac{u_{N-1}}{\sigma'_0}\right)\left(\frac{C_1 N}{N^{C_2}-C_3}\right)\left(\frac{\tau_N}{\sigma'_{N-1}}\right)^{\alpha} \tag{3-8}$$

式中，τ_N 是第 N 个周期时的周期剪应力；σ'_{N-1} 为第 $N-1$ 个循环结束后的有效约束应力；C_1，C_2，C_3 和 α 均为材料系数。

给定初始值 u_0 和 σ'_0，方程式(3-8)就能计算出在一个给定周期剪应力 τ_N 下的残余超孔隙水压力 u_N。

对于不均匀应力周期，方程式(3-8)中的 N 值由一个等效周期数 N_{eq} 代替，其中：

$$N_{eq}=\sum_{i=1}^{N}\left(\frac{\tau_i}{\tau_N}\right)^{\alpha} \tag{3-9}$$

式中，τ_i 为在第 i 个周期($1\leqslant i\leqslant N$)时的周期剪应力；τ_N 为第 N 个周期时的周期剪应力。

由 Sherif 等导出的 Ottawa 砂的 C_1，C_2，C_3 和 α 系数值见表 3-6。在三轴条件下，他们显示了在不均匀周期荷载下，他们的方法可以准确预测孔隙水压力的产生。

表 3-6　　Ottawa 砂孔隙水压力产生系数(继 Sherif 等，1978)

密度	C_1	C_2	C_3	α
松散(平均 e=0.7)	6.13	1.77	0.46	2.40
中等密度(平均 e=0.644)	2.40	1.82	0.30	2.17
密实(e=0.595)	2.09	2.03	0.09	2.00

Tsatsanifos 和 Sarma(1982)，Yokel 等(1980)，Arulanandan 等(1982)，Chang(1982)，Matsui 和 Abe(1981)以及 Ishihara(1977)发表了其他方法。这些方法大多通过各种试验方法来确定孔隙水压力产生系数，而且多数都能适用于不规则周期荷载条件。

Seed 和 Idriss(1971)采用了一种不同的方法。人们观察发现在不排水周期单剪试验中，孔隙水压力发展的速率趋于下降。对于固定应力的 N 个周期，残余超孔隙水压力 u_N 由下式求得：

$$\frac{u_N}{\sigma'_{v0}} = \frac{2}{\pi}\arcsin\left(\frac{N}{N_l}\right)^{1/(2\theta)} \tag{3-10}$$

式中，N_l 为产生 100%的孔隙水压力的应力周期数；σ'_{v0} 为初始竖直有效应力；θ 为泥土系数，一般取 0.7。有关 N_l 的讨论见 3.6.1 节，N_l 的值取决于土体类型、密度和周期应力水平。上面的方法可以用来分析不规则周期加载的情况，然而须注意到等式(3-10)是在应力状态没有静态偏差的情况下由试验推导出的，因此当 N 接近 N_l 时，它可能会高估孔隙水压力。

对于中等密度的砂，周期数 N 的增加以及残余超孔隙水压力的产生发展速率可由上面两种方法计算，详见图 3-28。对于周期应力水平 $\frac{\tau_c}{\sigma'_0}=0.2$，Seed 和 Idriss 方法中 N_l 分别取 20 和 40。所预测的残余孔隙水压力的发展趋势相似，但在细节上有很大不同。这个例子提醒我们，使用方法和采用的相关系数不同会导致估计残余孔隙水压力时有很大的不同。

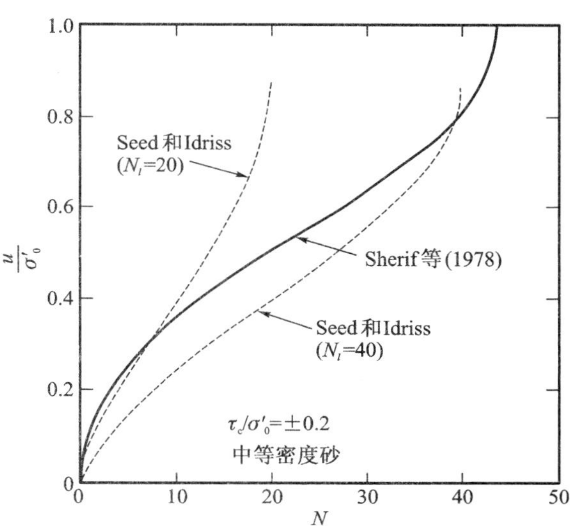

图 3-28 孔隙水压力产生特性对比

基于临界状态的概念，Egan 和 Sangrey (1978)导出了周期荷载引起的极限最大值和残余超孔隙水压力的表达式。其中回弹压缩性 χ 是决定那些极限值的关键因素。图 3-20 所示的是回弹压缩性和最大超孔隙水压力极值的关联。右边的图可以看出随着土体压缩增大，极值减小。因此，砂由于压缩量低，产生最大孔隙水压力的概率可能达 100%，因此，能够发生液化；而另一方面，黏土的 χ 值高，可能产生最大孔隙水压力率只有 60%～70%。

3.6.3 周期性刚度和阻尼

在实际估计动态反应或周期性位移时，人们常引用线弹性理论，并给土体一个适当的杨氏模量或剪切模量。在进行应力路径分析的最初步骤同样需要这些值以确定在实验室试验中需要施加的应力。由于土体反应的非线性，这一模量要基于应力或应变的变化。大量的研究表明，在周期荷载条件下，周期剪切模量和周期剪切应变表现出很明显的关系。对日本标准砂，图 3-30 绘出了剪切模量 G 在对应 10^{-6} 的应变时的标准化初始模量 G_0 与剪应变幅度 γ_a 的关系。当应变增大，G/G_0 迅速减小，并且当应变只有 10^{-3} 时就已减小到初始的 1/3。对许多种土进行试验都得出了类似的数据。于是，Hardin 和 Drnecivh(1972)提出了一个这类数据的简化表达式：

$$\frac{G}{G_0}=\frac{1}{\left(\frac{1+\gamma_a}{\gamma_r}\right)} \qquad (3\text{-}11)$$

式中，γ_r 为参照应变并等于 $\frac{\tau_f}{G_0}$；τ_f 为破坏时的剪应力。

Hardin-Drnevich 模型需要的系数是 G_0 和 γ_r，一个由 Iwasaki 和 Tatsuoka(1977)进行的综合研究表明 G_0 (kPa)可以近似用下面表达式：

$$G_0=AB\frac{(2.17-e)^2}{1+e}(\sigma_0')^m \qquad (3\text{-}12)$$

式中，A，m 为材料系数；B 为考虑砂颗粒特性影响而加的系数；e 为孔隙率；σ_0'(kPa)为有效约束应力。

Ishiara(1982)汇总了上面系数的资料数据，表 3-7 列出了不同类型泥土的 A，m 值，其中重组纯净砂的 A 值最大。

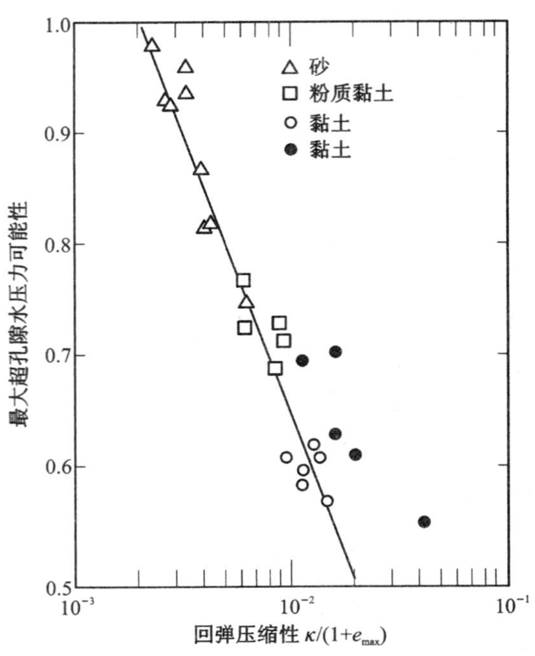

图 3-29 可能的最大孔隙水(Egan 和 Sangrey，1978)

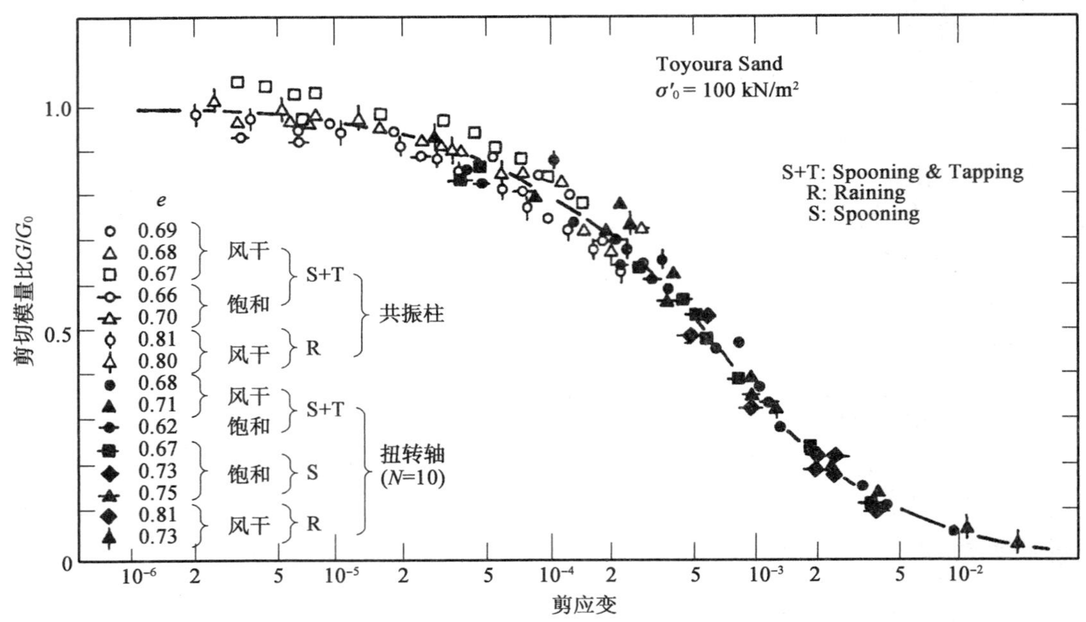

图 3-30 日本标准砂剪切模量-应变关系(Iwasaki 等，1978)

表 3-7 剪切模量系数 A 和 m(继 Ishihara, 1982)

泥土类型	A	m
纯净土(重组)	16 600	0.4
未扰动砂,未扰动海底砂	7 900～14 300	0.4
未扰动粉砂	2 360～3 090	0.6
碎石	13 000	0.55
灌浆材料	7 230	0.38
圆形砾石	8 400	0.6

图 3-31 B 因子通过作用包含在纯净砂细颗粒减少初始剪切模量(Iwasaki 和 Tatsuoka, 1977)

对于纯净砂,因子 B 的值是不变的,但随着细颗粒的增加,B 的值降低。如图 3-31 所示(Iwasaki 和 Tatsuoka, 1977)。因此,级配良好的砂的剪切模量比级配差的一般要小。

对于无黏性土,参考应变 γ_r 一般在 $1.5\times10^{-4}\sim 9\times10^{-4}$,一般碎石的值较小。而值在 2.4×10^{-3} 左右的一般是砂质土。

Hardin 和 Drnerich(1972)找到了 γ_r 和 ϕ' 孔隙率和超固结率之间的联系,在初始应力条件为自重时的联系见图 3-32。

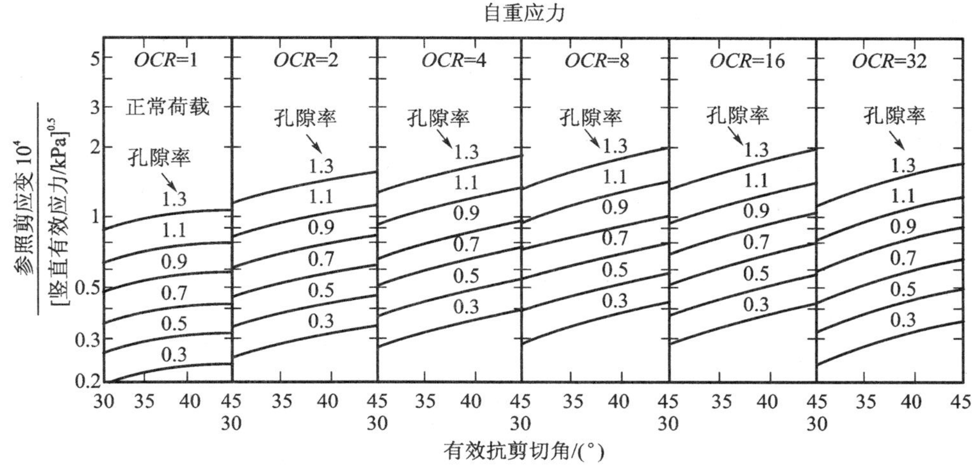

图 3-32 砂的参考剪应变(Hardin 和 Drnevich, 1972)

方程式(3-11)在剪应变 γ_a 较高时,往往低估了 $\frac{G}{G_0}$ 的值。Hara 提出了一个 Hardin-Drnevich 方程的改进形式:

$$\frac{G}{G_0}=\left(1+\alpha\left|\frac{G}{G_0}\frac{\gamma_a}{\gamma_r}\right|^{r-1}\right)^{-1} \tag{3-13}$$

上述公式引入了两个额外的系数 α 和 r,并且通过迭代的方式计算方程式(3-13)。由 Kokusho 等(1982)进行的对洪积砂的试验数据可以得出如下的取值范围:$\alpha=20\sim30$, $r=2.82$, $\gamma_r=(1\sim2)\times10^{-3}$。Ishihara(1982)指出如果所选的 r 值合适,式(3-13)可以适用于任何剪应变水平的土体建模。

对于动态荷载的问题，还需要得到阻尼率 D 的值。Ishihara（1982）依据 Hardin-Drnerich 模型得出了如下表达式：

$$D=\frac{4}{\pi}\left[1+\frac{1}{(\gamma_a/\gamma_r)}\right]\left[1-\frac{1}{(\gamma_a/\gamma_r)}\ln\left(1+\frac{\gamma_a}{\gamma_r}\right)\right]-\frac{2}{\pi} \tag{3-14}$$

这也可以用规范化剪切模量比 G/G_0 表示如下：

$$D=\frac{4}{\pi}\frac{1}{1-G/G_0}\left[1-\frac{G/G_0}{1-G/G_0}\ln\left(\frac{1}{G/G_0}\right)\right]-\frac{2}{\pi} \tag{3-15}$$

对于 Hara 模型（Ishihara，1982），则可采用一种更简单的表达式 D：

$$D=\frac{2}{\pi}\frac{r-1}{r+1}\left(1-\frac{G}{G_0}\right) \tag{3-16}$$

Ishihara（1982）发现 Hardin-Drnevich 模型在小到中等剪应变（直到 G/G_0 降至大约 1/4 时）都能比较精确地表现纯净砂的特性。对于大应变，其给出的 D 值太大。方程式（3-16）则在各种水平的应变条件下都能给出合理的 D 值。

3.6.4 永久变形

许多用于预测土体永久应变的方法都发展并应用于受到重复交通荷载的筑路材料中，并且有一些还被离岸工程采用。影响无黏性土的永久应变累积的主要系数有：(a)荷载的重复次数；(b)周期荷载的应力水平；(c)应力路径；(d)约束压力；(e)土体密度（或相对密度）。

一种最简单的方法是由 Lentz 和 Baladi（1980）找到的。他们只考虑荷载的重复次数，得出了累积永久应变 ε_p 的表达式如下：

$$\varepsilon_p=a+b\lg N \tag{3-17}$$

式中，N 为荷载重复次数；a 为第一次周期加载时发生的永久变形；b 为永久变形随周期数增加而改变的速率，a 和 b 可以通过实验室周期三轴试验求得。

Dialjee 和 Raymond（1982）得出了一种包括周期数和周期压力水平的方法。永久应变 ε_p 由下式得出：

$$\varepsilon_p=\bar{B}e^{nX}N^m \tag{3-18}$$

式中，$\bar{B}$ 为第一个循环 $X=0$ 时的应变；X 为应力水平（静态荷载下，重复偏差应力与破坏偏差应力的比）；n，m 为经验系数。对于不同泥土类型的 B，n，m 值见表 3-8。这 3 个系数都取决于土体类型、级配和密度，以及约束压力。方程式（3-18）一般应用于 X 的值在 0.1～0.8 的情况下。这一方程为估计相对简单应力条件下永久变形提供了便捷的方法。

Marr 等（1982）和 Bouckovalas 等（1984）描述了 3 种可选的方程（初始应变、黏弹性和增量）以用于永久轴向和体积应变。

表 3-8 永久应变预测系数(Diyaljee 和 Raymond, 1982)

土体类型	约束应力/kPa	$\bar{B}$	m	N
Coteau Domite 灌浆材料(级配 A),ρ=1.75 t/m^3	35	0.009	0.144	6.25
Coteau Domite 灌浆材料(级配 B),ρ=1.50 t/m^3	51	0.64	0.061	2.14
	207	0.59	0.057	2.68
Sydenham 砂 ρ=1.61 t/m^3	35	0.053	0.085	4.35
Ottawa 砂 ρ=1.75 t/m^3	8.6	0.072	0.049	3.89
	71.3	0.054	0.048	4.24
	25.9	0.47	0.033	3.62
	35.4	0.006	0.037	6.48
地下砂	35	0.004	0.12	4.07

如前所述,可选用一种应力路径方法来确定永久应变。此时,由于基础造成的应力改变仍可用弹性理论估计,并采用实验室应力路径试验以确定土体中某一定点的永久应变。更高级的可选方案是有限元分析,例如由 Marr 等(1982)得出的。然而这一方法常常并不合理。

3.7 黏土的实施方法

当黏土受到周期荷载,以下几个方面的特性常引起岩土工程师的注意:

(a) 不排水抗剪强度的可能损失;

(b) 超孔隙水压力的产生以及之后的消散;

(c) 黏土的周期性刚度和阻尼特性;

(d) 永久位移的累积。

关于实际操作中用到的检验以上各方面的方法讨论如下。

3.7.1 不排水抗剪强度

在分析建于黏土上基础的稳定性时,很重要的一点是考虑周期荷载对黏土不排水抗剪应力的作用。如今已经确定的是周期荷载对有效应力强度系数 c' 和 ϕ' 并不产生显著影响,但可能通过产生残余超孔隙水压力而影响抗剪强度(见 3.2 节)。在周期荷载期间,超孔隙水压力会随着一系列周期应变的增加而发展起来。事实上,周期应变可能大到足以产生破坏。在这种情况下,导致破坏的周期应力水平与周期数有关系。对砂同样如此(见 3.6.2 节)。图 3-33 绘出了由 Lee 和 Focht(1976a)收集到的数据,从图中可以看出“疲劳”型行为的一般特性。一个初始应力或静态倾斜会显著增大黏土的周期抗剪强度(Ishihara 和 Yasuda, 1980; Honston 和 Herrmann, 1980)。

同样需要注意的是不排水抗剪强度,它可能在周期荷载完成之后发展。由 Thiers 和 Seed (1969)进行的早期试验工作表明:周期荷载常引起不排水抗剪强度下降,下降的幅度与周期剪应变 γ_c 的幅度有关。人们发现,如果周期应变控制在静态破坏不排水应变时的一半以下,不排水强度的损失是极小的。这一结论的资料依据见图 3-34。同时这些资料已由之后 Lee 和 Focht(1976a), Kontsoftas(1978)以及 Sherif 等(1977)得出的数据所验证。

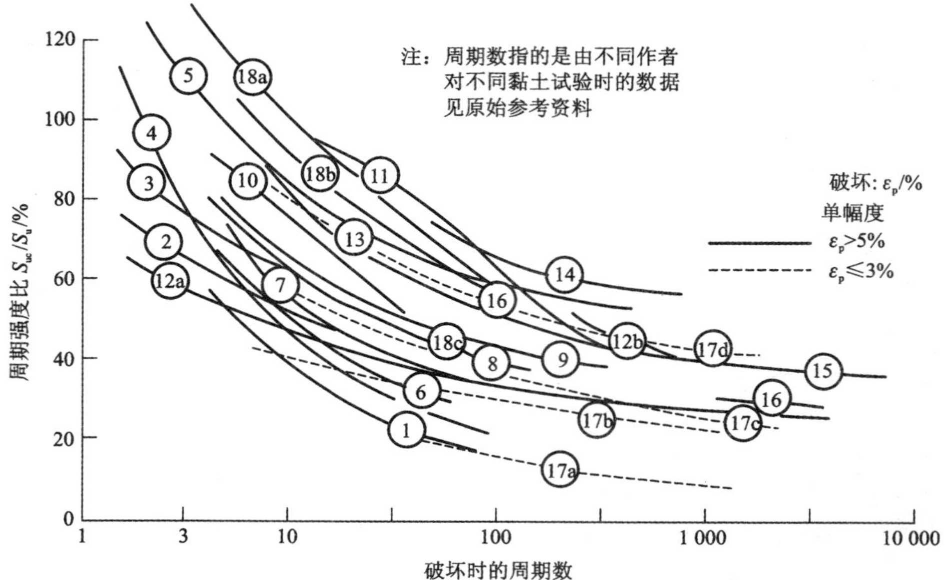

图 3-33 对饱和黏土双向周期试验周期强度数据汇总(Lee 和 Focht，1976a)

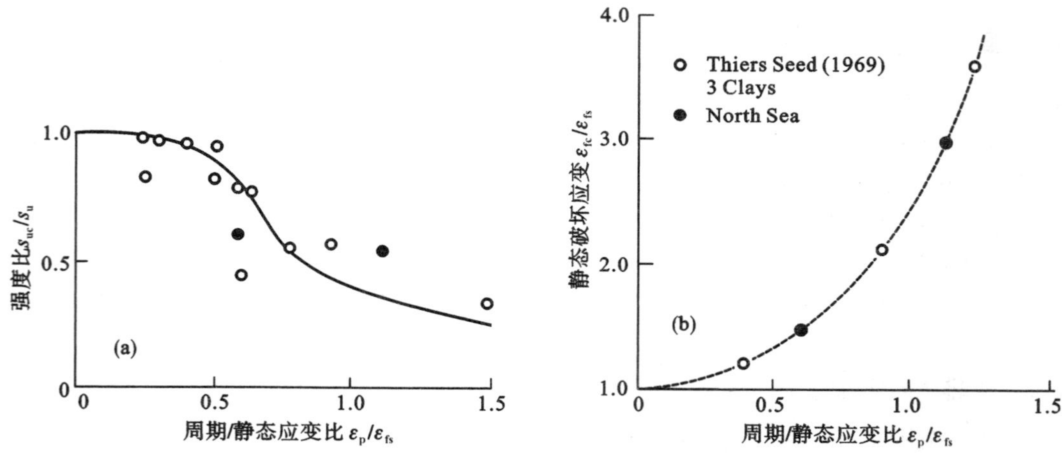

图 3-34 周期荷载后的强度(Lee 和 Focht，1976a)

周期荷载后不排水抗剪强度的理论公式由 Sangrey 和 France(1980)提出，引入了临界状态的概念。他们指出：他们的分析能再现由 Thiers 和 Seed(1969)通过经验法得出的周期应变对加载后不排水强度的依赖性(图 3-34)。然而，这一关系在不同土体之间有很大差别，必须根据不同土体类型来决定。进一步来说，有排水作用的土体不能采用 Thiers 和 Seed 的数据。

Van Eekelen 和 Potts(1978)也导出了一个周期荷载后的初始静态不排水强度比率与周期荷载过程中产生的残余超孔隙水压力的关系的简化理论表达式：

$$\frac{s_{uc}}{s_u} = \left(1 - \frac{u^+}{\sigma_c'}\right)^{\frac{\chi}{\lambda}} \tag{3-19}$$

式中，s_{uc} 为周期荷载后不排水抗剪强度；s_u 为静态不排水抗剪强度；χ 和 λ 是临界状态膨胀和压缩系数公式(3-2)和(3-3)；u^+ 为周期荷载引起的超孔隙水压力(见 3.7.2 节)；σ_c' 为初始有效约束压力。

方程式(3-19)表明：在周期荷载后，固结压力为 σ_c' 的样本的强度与固结压力为 $\sigma_c' - u^+$ 的样本的初始静态强度相等(在同一膨胀线上)。

作为可选方案，Singh 等(1978)认为不排水强度的下降可能与超孔隙水压力的产生有关。这里使用了 SHANSEP 概念(Ladd 和 Foott，1974；见第 2 章)，并考虑以下两个因素：

(1) 超孔隙水压力的产生所引起的有效应力的降低，这将导致不排水强度降低；

(2) 由于有效应力降低导致的超固结率增长，这将趋于增大不排水强度。

总的来说，周期荷载前强度“级配”的相关量受荷载频率的影响并不大。然而初始静态实际幅度和周期荷载前不排水强度有一定的比例关系，荷载速度越快，强度越大。其关系近似如下：

$$\frac{s_u}{s_{ur}} = 1 + F_R \lg\left(\frac{r}{r_r}\right) \tag{3-20}$$

式中，s_u 为不排水强度；s_{ur} 为 s_u 对参考加载速度 r_r 的参考值；r 为实际加载速度；F_R 为速度因子(一般在 0.05～0.2)。

3.7.2 不排水孔隙水压力

对于黏土在周期荷载作用下的不排水超孔隙水压力，已经分别有理论公式和经验公式。下面这个简单经验关系是由 Van Eekelen 和 Potts(1978)求出的，关于超孔隙水压力产生速率：

$$\frac{du^+}{dN} = A\exp\left\{\frac{W}{B}\right\} \qquad (W \geqslant C) \tag{3-21a}$$

$$\frac{du^+}{dN} = 0 \qquad (W < C) \tag{3-21b}$$

式中，u^+ 为周期荷载(不包括由单项荷载引起的“静态”孔隙水压力)引起的那部分孔隙水压力；A，B 为经验系数；W 为周期应力水平(与破坏应力有关)；C 为临界周期应力水平(由经验决定)；N 为应力周期数。

对于简单实验室试验条件，周期应力水平定义如下：

单向三轴试验： $W = \dfrac{q_c}{q_f}$

双向三轴试验： $W = \dfrac{1.17q_c}{q_f}$

单剪试验： $W = \dfrac{\tau_c}{\tau_f}$

式中，q_c 为周期偏差应力；q_f 为在静态三轴压缩试验中的偏破坏应力；τ_c 为周期剪切应力；τ_f 为在静态单剪试验中破坏时的水平剪应力。

对于 Drammen 黏土，以下数据来自室内试验：$A = 4.54 \times 10^{-5}\ \text{t/m}^2$，$B = 0.073$，$C = 0.20$。

Van Eekelen 和 Potls 的方法中，有两个方面需要注意：

(1) 当周期应力水平值 W 小于 C 时，泥土表现为“弹性”，不产生永久孔隙水压力；

(2) u^+ 与当前 u^+ 值无关，因此，应力路径的作用并不重要，同时 Miner's 规定（Miner，1945），在特定位置作用了不规则周期荷载，可以被采用。

Matsui 等(1980)依据以往经验，把残余超孔隙水压力与最大周期剪应变和 OCR 联系起来，关系如下：

$$\frac{u_r}{\sigma'_c}=\beta\left[\lg\frac{r_{cmax}}{A_1(ORC-1)+B_1}\right] \tag{3-22}$$

式中，u_r 为残余孔隙水压力；σ'_c 为有效约束压力；r_{cmax} 为单个振幅最大周期剪应变；β，A_1，B_1 为经验系数；OCR 为超固结率。对于大多数黏土，β 为 0.45。系数 A_1，B_1 则随着塑性指数 I_P 的增大而增大：当 $I_P=20$，$A_1=0.4\times10^{-3}$，$B_1=0.6\times10^{-3}$；$I_P=40$，$A_1=1.1\times10^{-3}$，$B_1=1.2\times10^{-3}$；$I_P=55$，$A_1=2.5\times10^{-3}$，$B_1=1.2\times10^{-3}$。方程式(4-25)估计的是超固结土受到小周期剪应变时的被动残余超孔隙水压力，而这是根据经验观察得来的。在使用这一方程时，周期剪应变 r_c 的最大值可以通过周期应力-应变关系估计，如 3.7.3 节中讨论的。

其他公式包括由 Matsui 和 Abe(1981)提出的超孔隙水压力增长对周期剪应力和当前有效应力状态的经验关系，以及由 Sangrey 和 Egan 提出的有关最大可能孔隙水压力理论表达式（见 3.6.2 节）。

3.7.3 周期刚度和阻尼

估计黏土上基础的动态反应需要确定合适的土体模量和阻尼值。拟静态周期荷载下的反应同样需要确定土体在周期荷载下的模量。和砂一样，黏土的杨氏模量或剪切模量随周期应变增大而减小。Drammen 黏土周期剪应变、周期剪应力水平及周期数的关系由 Andersen (1976b)的不排水单剪试验获得，并在图 3-35 中表示。对于一个特定的周期应力水平和周期数，相应的剪切模量由此图确定。Andersen 还提出了一个方法，通过这一方法可以确定不均匀周期荷载(风暴荷载)期间的周期应变发展。参照图 3-36，剪应变 $\gamma_{c,N+\Delta N}$ 在 $N+\Delta N$ 个周期后可以表示如下：

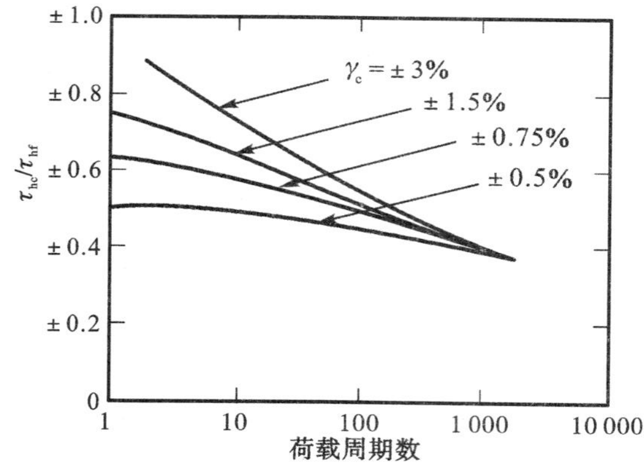

图 3-35 单剪试验中周期剪应变随稳定周期剪应力而发展；Drammen 黏土(Andersen，1976)

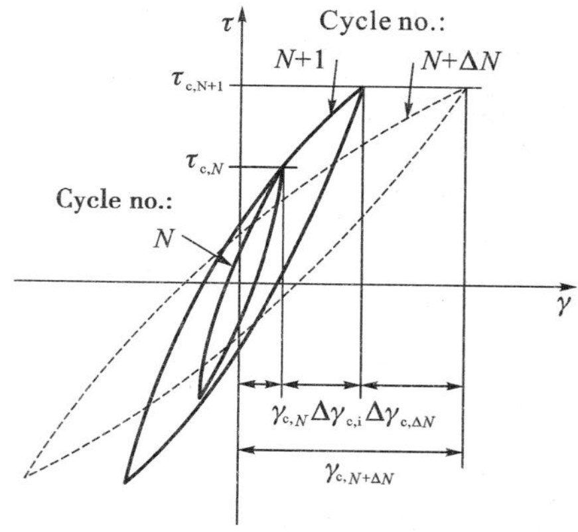

图 3-36 土体单元受到各种周期剪应力时的应力-应变特性(Adnersen 等，1978)

$$\gamma_{c,N+\Delta N}=\gamma_{c,N}+\Delta\gamma_{c,i}+\Delta\gamma_{c,\Delta N} \tag{3-23}$$

式中，$\gamma_{c,N}$ 为第 N 个周期，周期剪应力为 $\tau_{c,N}$ 时的周期应变；$\Delta\gamma_{c,i}$ 为周期剪应变的瞬时改变量，这个改变是由周期剪应力从 $\tau_{c,N}$ 到 $\tau_{c,N+1}$ 时改变引起的；$\Delta\gamma_{c,\Delta N}$ 为 ΔN 周期期间，在 $\tau_{c,N+1}$ 的周期剪应力水平下周期剪应变的增加量。Andersen 在描述一个数学公式时，描述了使用这一等式的图解过程。

Hardin 和 Drnevich(1972)描述了一个不同的过程，他们得出了相对剪切模量 $\dfrac{G}{G_{max}}$ 与"双曲应变" r_h 的关系如下：

$$\frac{G}{G_{max}} = \frac{1}{1+\gamma_h} \tag{3-24}$$

式中，G 为割线剪切模量；G_{max} 为 G(对于很小应变)的最大值，则

$$\gamma_h = \frac{\gamma}{\gamma_h}\left[1+a\exp\left(-\frac{b\gamma}{\gamma_r}\right)\right] \tag{3-25}$$

式中，γ 为周期剪应变幅度；γ_r 为参考剪应变；a，b 为常量。

表 3-9 列出了由 Hardin 和 Dmevich(1972)提出的 a 和 b 的值，参考剪应变 r_r 取决于塑性指数、孔隙率、初始有效应力和超固结率。对于初始自重应力条件，r_r 可以通过图 3-7 估计。G_{max} 可以用以下经验公式确定：

$$G_{max} = 1\ 230\,\frac{(2.973-e)^2}{1+e}(OCR)^K(\sigma_0')^{0.5} \tag{3-26}$$

式中，e 为孔隙率；OCR 为超固结率；σ_0' 为平均有效应力；G_{max} 为最大剪切模量；K 的值取决于塑性指数 I_P，如表 3-10 所示。

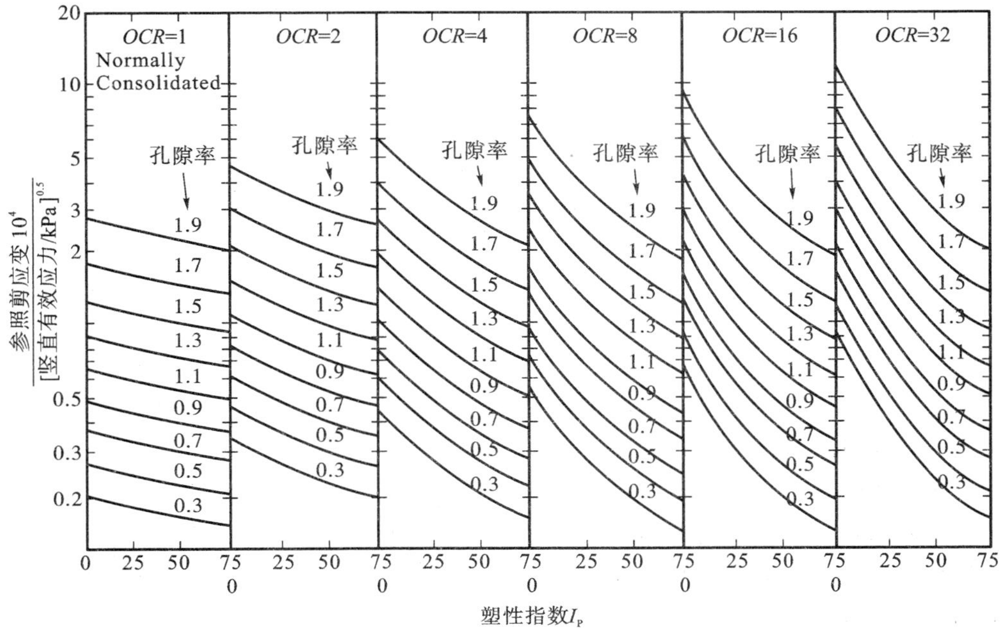

图 3-37 黏土的参考应变(Hardin 和 Drnevich，1972)

表 3-9 饱和黏性土的 a 和 b 值

应用	a	b
模量	$1+0.25\lg N$	1.3
阻尼	$1+0.2f^{\frac{1}{2}}$	$0.2f\exp(-\sigma_0')+2.25\sigma_0'+0.3\lg N$

注：频率 f 的单位为周期/s；平均有效应力 σ_0' 单位为 cm^2/kN；N 为周期数。

表 3-10 K 值(Hardin 和 Drnevich，1972)

塑性指数，I_P	K
0	0
20	0.18
40	0.30
60	0.41
80	0.48
≥100	0.50

方程式(3-24)考虑了荷载周期数 N 的影响，因为系数 a（以及与此相关的 γ_h）与 N 有关，Idriss 等(1978)提出了另一个关于模量周期衰减的方法。他把相关模量衰减与周期数及剪应变幅度联系了起来。这一相关衰减是从一个级配因子(或指数) D_E 的角度表达的：

$$D_E=\frac{E_N}{E_1}=\frac{G_N}{G_1} \tag{3-27}$$

式中，E_1 为第一个荷载周期的割线杨氏模量，其值与初始应力状态有关；E_N 为 N 个周期后的割线杨氏模量；G_1 和 G_N 为相应的剪切模量的值。

对于均匀周期荷载，Idriss 等(1978)发现：

$$D_E=N^{-t} \tag{3-28}$$

式中，N 为周期数；t 为衰减系数，其值取决于周期应变幅度和泥土类型。

方程式(3-28)也可以用增量的形式来表达，从而反映从周期 n 到周期 m 衰减因子的改变值 $\Delta(D_E)$：

$$\Delta(D_E)=n^{-t}-m^{-t} \tag{3-29}$$

因此

$$(D_E)_m=(D_E)_n[1+(m-n)(D_E)_n^{1/t}]^{-t} \tag{3-30}$$

式中，$(D_E)_m$ 和 $(D_E)_n$ 分别是周期 m 和周期 n 的衰减因子。方程式(3-29)和方程式(3-30)在估算不均匀荷载引起的衰减时十分有效。

对应各周期应变幅度的不同衰减系数 t 的值见图 3-38(Gulf of Alaska Clay)和图 3-39(San Fransisco Bay Mud)。t 值随剪应变增大而增大，且与约束压力和超固结率无关。

模量衰减因子 D_E 与周期荷载中产生的超孔隙水压力也有一定关系：Singh 等(1978)给出了如下表达式：

$$D_E=\left(1-\frac{\Delta u}{\sigma_c'}\right)^{\alpha} \tag{3-31}$$

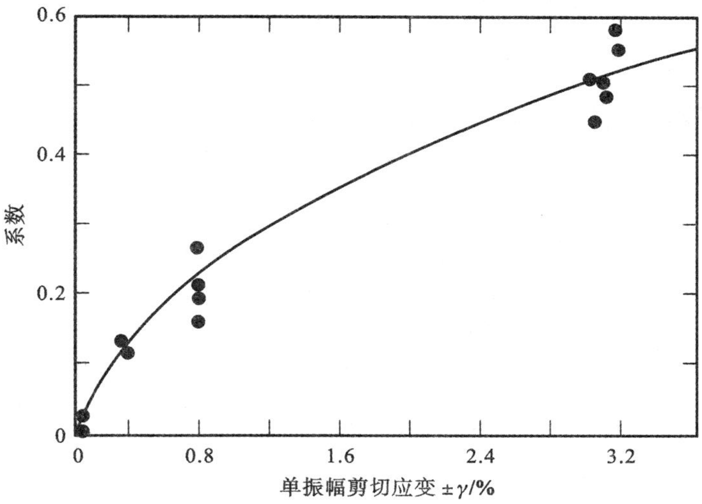

图 3-38　三轴实验的衰减系数 t

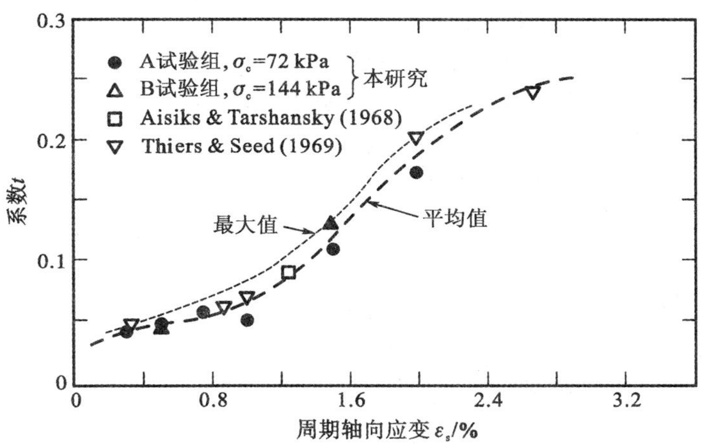

图 3-39　周期应变的各种衰减系数 t；San Francisco Bay 土

式中，Δu 为周期中产生的超孔隙水压力；σ'_c 为初始有效约束压力；α 为初始 OCR 函数(预循环)。在对 Gulf of Alaska clay 的试验中，Singh 等(1978)发现当 $OCR=1$ 时，$\alpha=0.58$；当 $OCR=4$ 时，$\alpha=1.00$。

黏土的阻尼率 D 主要取决于周期应变水平，其次是周期数。Hardin 和 Drnevich(1972)指出 D 可以用下式表示：

$$\frac{D}{D_{\max}}=\frac{\gamma_h}{1+\gamma_h} \tag{3-32}$$

式中，γ_h 为方程式(4-28)中定义的双曲应变；$D_{\max}$ 为阻尼率的最大值。

γ_h 的值可由方程式(3-25)确定，系数 a，b 由表 3-9 给出。$D_{\max}$(%)可近似如下：

$$D_{\max}=31-(3+0.03f)(\sigma'_0)^{0.5}+1.5f^{0.5}-1.5\lg N \tag{3-33}$$

式中，f 为频率(周期/s)；σ_0' 为平均有效应力(kg/cm^2)；N 为周期数。

3.7.4 永久应变

应变不仅取决于周期数还取决于固结时间，这使预测黏土和粉土的永久应变成为一个难题。文献中提及的主要方法都是来自经验总结，同时一般不区分周期剪应力或者超孔隙水压力产生消散引起的永久应变(例如 Edris 和 Lytton，1977)。然而，Hyde 和 Brown(1976)以及 Yamanouchi 和 Yasuhara(1977)发现黏土在重复荷载和徐变荷载下的行为十分相似，各种类型试验下塑性应变以及平均孔隙水压力随时间变化都十分相似。当应力低于破坏应力时，Hyde 和 Brown 发现应变速率的对数可以通过时间对数的线性方程来表示，例如：

$$\log \dot{\varepsilon} = \alpha - \lambda \lg t \tag{3-34}$$

式中，$\dot{\varepsilon}$ 为应变速率(每秒应变)；t 为时间(s)；α，λ 为由实验室试验决定的系数。α 不是常数，是由材料类型、应力路径和施加应力水平来确定的，可以近似表示如下：

$$\alpha = B + Cq \tag{3-35}$$

式中，B，C 为经验系数；q 为持续偏差应力(对徐变而言)，或最大偏差应力(对单向周期荷载而言，例如 $0 \sim q$ 应力范围)。

对于 Hyde 和 Brown 进行的粉质黏土试验，对应的不同 OCR 的 B 和 C 的值见表 3-11。对应徐变荷载和重复荷载，其值有些不同，但是 Hyde 和 Brown 认为徐变荷载结果可以用来确定重复荷载情况下的颗粒比。系数 λ 的值在两种荷载条件下相似，与应力水平和 OCR 有较紧的关系。其值范围为 0.87($OCR=4$)～1($OCR=20$)。持续荷载期间的停顿对累积塑性应变无影响。

在 Hyde 和 Brown 工作的基础上，可以发现随着单向周期荷载而累积的永久应变可以通过静态徐变荷载试验数据取得。这一方法是否可以用在非纯单向周期荷载情况时还未获得证实。

由于给出简单计算永久位移的方法很难，在室内试验中采用应力路径的方法在应对周期荷载下黏土行为方面具有实施的价值。

表 3-11　　B 和 C 的值(继 Hyde 和 Brown，1976)

OCR	徐变		重复荷载	
	C	B	C	B
4	0.045	−9.2	0.036	−9.5
10	0.034 5	−8.5	0.029	−9.2
20	0.045	−9.0	0.038 5	−9.5

4　海洋岩土工程勘察

4.1　勘察的各个阶段

系统的岩土工程勘察是使沿岸结构建筑物能够安全承受作用于其上的重力和周围环境荷载的基本先决条件。20 世纪 70 年代和 80 年代分别在北海和墨西哥湾较深水的区域的烃资源开发激发了海洋岩土工程勘察的进步，同时数据表明，离岸地质数据收集的质量等同或者已经超过了陆上研究的这些地质数据。但是，离岸研究的费用却是陆上的许多倍。所以，由于资金预算有限，离岸研究目前研究得较少。

一套完整的海洋岩土研究分为很多阶段，人们必须仔细地规划和调查整理。各个主要阶段如下(Campbell 等，1982)：

(a) 已有数据的回顾和计划的编制：编辑和评估对内对外的可用数据，详细地计划并编制研究的各个阶段。

(b) 地球物理的测量：获取高清晰度的地球物理数据和进行海底取样，尽可能得到一个可视化的清晰海底勘查。

(c) 海洋学资料的收集：获取风、波、流和与此类似的海洋学以及环境资料。这些数据收集的过程一般需建立在长期或者持续的基础上，并延伸到最终的设计完成之后。

(d) 地质物理资料的解释阐明：通过基础地图来阐明资料。包括水深测量、土壤和地质特征图及其横截面图，土壤钻井的位置图。

(e) 土壤的取样和原位试验：野外的地质勘探。

(f) 实验室的试验：陆上的岩土分析和地质试验。

(g) 数据的分析：以上试验数据的岩土和工程地质分析。

(h) 报告和总结：所有工程和地质分析结果的汇总以及最后报告的准备。

以上各个阶段必须依次进行，来确保所取地点条件的评估完整和有效性：图 4-1 表明了 Campbell 等(1982)提出的执行顺序。Tjelta 等(1983)也提出了类似的完成顺序和一个研究费用的近似细目分类，如图 4-2所示。

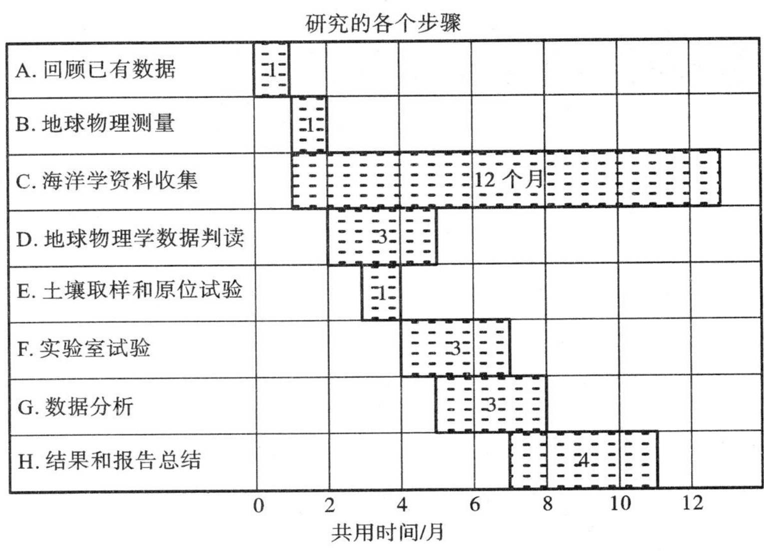

图 4-1　对深水区进行综合性研究的一个典型安排表

项目的精确细节取决于这个研究是选址确定型还是结构确定型(De Ruiter 和 Richards，1983)。前者的选址是确定的，土壤的条件可能会影响地基的设计，甚至基础结构的类型。后者的结构类型是确定的，可以进行选址的范围比较大，所以要寻找具有最有利土壤条件的地点。

接下来的部分将详细地介绍此研究过程中地球物理和岩土勘探部分的过程。后者包括钻探和取样过程，原位试验技术和实验室试验。在 Le Tirant(1979)中已给出了海洋岩土研究所有阶段的详细说明。

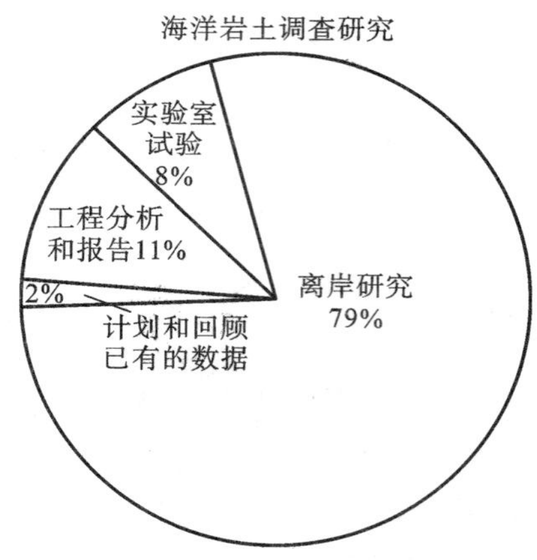

图 4-2　工程费用的明细分类

4.2　地球物理勘测

4.2.1　概述

高清晰度的地球物理勘测能使人们对取址附近大致条件有所了解，能协助判定潜在的危险地质特征。它提供了地层学上的有效数据和区域内土壤的均匀度。Ploessel 等(1980)列出了地球物理数据带来的好处，如下：

(a) 经济上的好处，限制了所需钻孔的数量；

(b) 关联起土壤钻孔的数据；

(c) 扩大了对三维数据的探测；

(d) 更好地了解无法轻易通过钻孔来探测的地质框架。

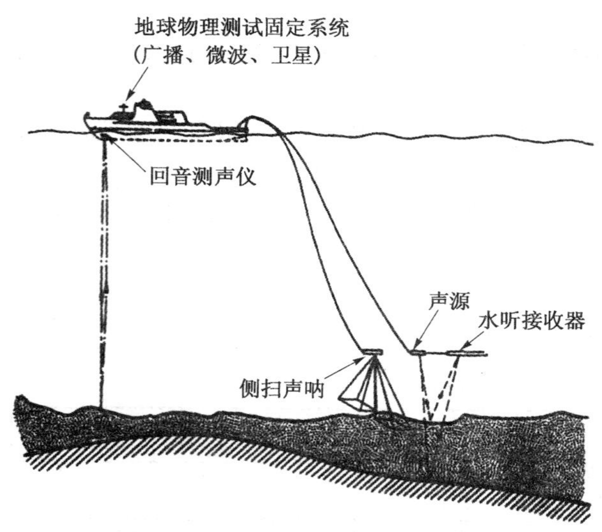

图 4-3　用于地球物理测试的施曳设备(继 Sullivan，1980)

一个地球物理勘测主要包括水深测量、海底地形和纵断面测量。水深测量和浅水地震剖面测量需尽早进行，因为人们要对它的结果进行研究并合理规划接下来的岩土研究。一般用多种仪器来进行测量，可能包括回音测深器、测扫声呐和地震反射工具。图4-3阐明了一种用来进行地球物理测量的典型拖曳式设备(Sullivan，1980)。Mc Quillin 等(1984) 给出了地震数据阐述的详细讨论。接下来是水深测量、海底地形和纵断面测量技术的详细介绍。

4.2.2　水深测量

水深一般是用一种高精度的回音测深器来测量的，它发出大约 40 kHz 的高频率听觉信号并且以回音形式反射回传感器。回音测深器一般安置在地震勘测船上来绘制出区域的海底等高线图，或者安置在锚固钻孔船上来测量水深和波浪变化。达到 200 kHz 高频率的回音测深器可用来探测海底的石油渗出。De Ruiter 和 Richards(1983)提出了两种现已被使用的新型回音测深器：

(1) 双频率回音测深器，同时满足海面和非常高精度的海底剖面测量。

(2) “海束”系统能在几乎任何水深下，通过计算机自动计算并绘制出船下一系列地形的水深图。在大陆斜坡和海洋盆地的勘测中，它都有很广泛的应用潜力。

4.2.3 海底地形

通过侧扫声呐可获取地表的地形特征图。Henderson(1975)已经讨论过侧扫声呐在离岸石油发展中的应用。侧扫声呐“鱼”从一个安置于垂直平面的细小扇形仪器中向它的线路发射 50～50 kHz 的高频率脉冲，并接受海底的回波。声束可扫描到结合板各边的距离 500 m 处。但为了能得到更好的精确度，当结合板被拖至海底上方 20～40 m 处时，就能限制在 150 m内。

表 4-1 所示的是已被普遍使用的 3 种典型的侧扫声呐。在光谱(GLORIA)的一端，可观察到整个大陆的边缘，但在另一端，可以获得很详细的校正小范围图。Clifford 等(1979)形容了一种海底图系统，它把侧扫声呐技术和微处理器技术结合在一起，这样能够获取海底的高精度平面图。Klein(1984)和 Kosalos(1984)也曾描绘过类似的系统。

表 4-1　　侧扫声呐(De Ruiter 和 Richards, 1983)

范围	范例	估计最大水深/km	大约倾斜范围/km
长	Gloria	7.5	70
中	Sea Marc	6	6
短	digitally acquired scale-corrected type	1～6	0.5

图 4-4 是一个泥流区域的侧扫声谱仪马赛克(Prior 和 Coleman, 1981)。它不仅呈现了一张连续的二维视觉图，而且对于音调变化意义的正确评估也能够对海底特征进行三维阐释。

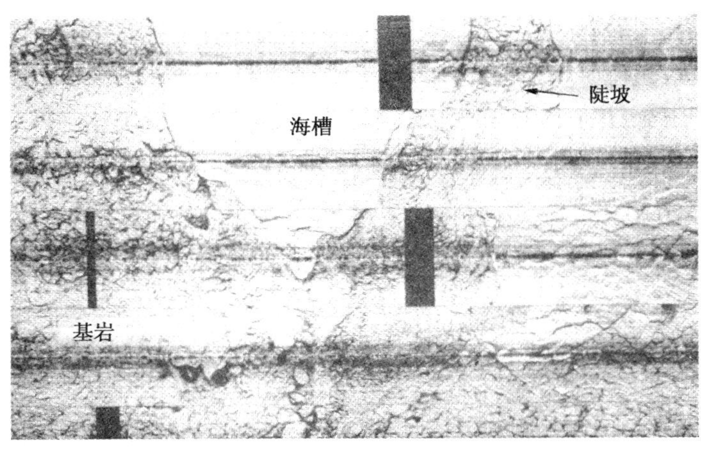

图 4-4　泥流区域的侧扫声谱仪马赛克

4.2.4 垂直剖面测量

一个适当的地震垂直剖面测量系统依赖于必要的渗透深度、所需的精度、浅水层的不透音性。表 4-2 所列的是在北海被普遍使用的地震垂直剖面测量，以及典型的使用特征，比如能量、频率、精度和渗透度。应用于工程勘测的高能量电火花系统，一般的频率为 100～400 Hz，它能在精度达到约为 6 m 的条件下，渗透 200～300 m。在改良后，精度可达到 3 m，多电极电火花的频率越高，渗透就越小（只能到 150 m）。Boomers 在约 2 kHz 频率下工作时，能渗透 50～75 m，精度为 1～1.5 m。但低能量微剖面测量和声波发射器（发出频率为 5 kHz 的声波脉冲）的精度约为 0.5 m 时，却只能在软质黏土下穿透 25 m 深，而在密集的泥沙和砂砾层下渗透仅有几米。

表 4-2　在北海使用的压型系统(Sullivan, 1980)

声源	能量/J	频率/Hz	清晰度/m	渗透/m
叠卡电火花	4 000～10 000	80～200	10	350～900
电火花	20～200	500～1 200	3～4	15～100
深拉电火花	200～800	1 000～3 000	0.5～1.5	15～60
多极电火花	200～1 000	300～3 000	1.5～3	15～120
探测器	500～1 000	300～3 000	2～4	30～120
深拉探测器	400～600	800～1 000	0.5～1.5	15～60
精确探测器	100～500	400～15 000	0.5～1	15～75
微型靠模机	1～100	2 000～12 000	0.5	max. 30

为了能提供较宽范围的频率，地震勘测船一般携带两三种类型的声源。并且大部分主要设备的选取应由有经验的地球物理学者来决定。在风大浪急的海面，为了最大限度地减小声源和接受声呐的变动，高精度的地震剖面测量的牵引结合板上需要有深度牵引支架。否则，地震剖面测量只适用于风平浪静的海域。深度牵引支架装置同时减小了来自船的噪音，减小了声波能量在深水区的吸收和发散，提高了土壤各层的精度。

Justice 和 Hinds(1984)描述了在波弗特海的野外实验，它表明垂直地震剖面测量将来可用来定量判断海底沉积物的弹性模量。

图 4-5 表明的是在图 4-4 区域的垂直剖面图(Prior 和 Coleman, 1981)。总的来说，由于这些图中水面特性与泥水分界线下的扰动具有相关性，才能做出对特征几何的真实三维化评估。

暴跌

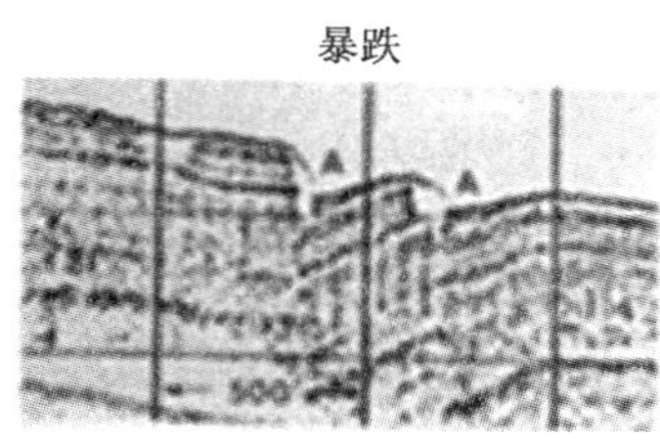

斜坡

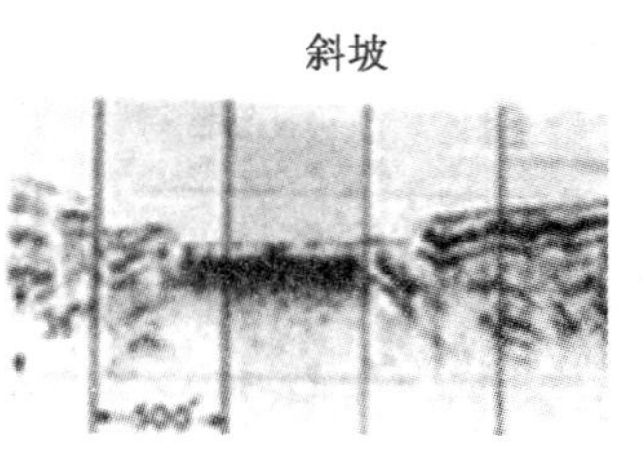

图 4-5　在图 4-4 中泥石流地区地震剖面(Prior 和 Coleman, 1981)

4.3 钻孔和取样过程

4.3.1 调查船只和钻探系统

用于调查研究的船只和钻探设备的选取需要考虑一定的事项，包括：

(a) 海水环境，包括水深、预计波浪和海底锚固环境；

(b) 所计划的调查项目；

(c) 计划的可行性和资金预算。

为了能够方便地向海底放下重型仪器，大多数用于深水区研究的船只都有约 4 m^2 的大中心发射池。在北海，一般船只使用 4～6 个伸展的锚来固定方位，这一般适用至水深 300 m。图 4-6 上就是一种典型的此类船只，Andreson 等(1979)总结了它的各个细节和其他的各类船只。

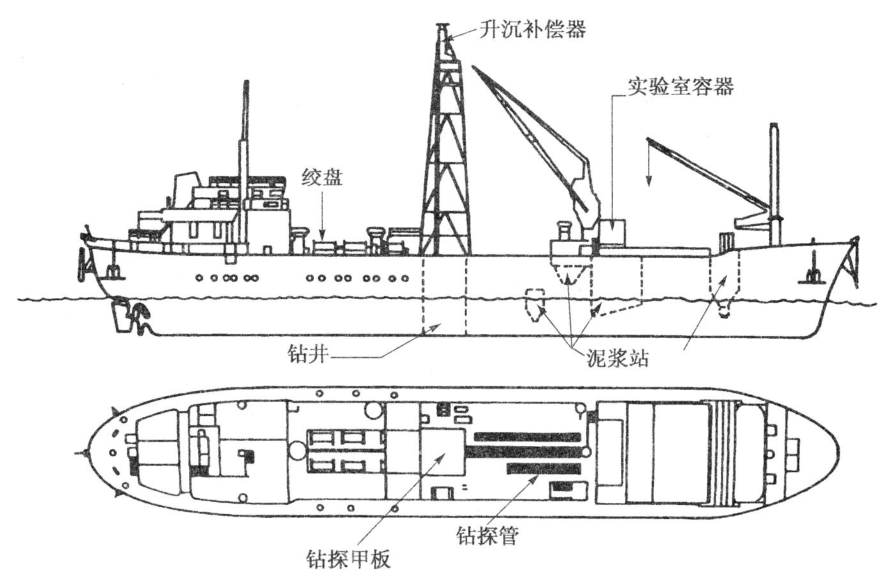

图 4-6 M. S Ferder(Andreson 等，1979)

对于地震(分析)船只和现场试验，这类船只必须有精确的航行和定位。地球物理(分析)船只的航行，一般将一条或者几条中频率的链条联系起来(Decca Hi-Fix, Spot, Argo of Syledis)，它们的精度一般在 5～50 m，或当有可见的固定参考点时(Sullivan, 1980)，则由更精确的微波系统控制(mini Ranger)。在离岸只使用卫星技术来定位限制了 TRANSIT 卫星系统的应用，因此无法得到连续的测量信息。到 1990 年，当 NAVSTAR 全球定位系统(GPS)广泛使用时，这个大劣势会被改善(Wooden, 1985)。但取芯船只的定位一般由以上一个或者几个系统结合铺设在海底的异频雷达收发机来控制。利用这个方法能取得的精度一般为 1～3 m(Anderson, 1985)。

一些新型的船只配有动态定位，不会受到水深的实际限制。它们另外一个优势就是能够靠近建筑物、管道和海底安置物等而不受影响地继续工作。由于比锚固型船只大，动态定位船只更加稳定，有更高的岩土生产率。

钻探是由一个“外泥”系统来完成的。借此系统，泥土在钻杆中循环并通过钻杆和钻孔之间的环形区域来回。这个过程稳定了钻孔，运输钻头，并从海底吸出泥沙，因此在此过程中没有再流通的发生(De Ruiter 和 Richards, 1983)。在整个钻探和试验过程中，钻杆始终在孔内。为了进行取样和原位试验，当工具通过钻杆下降时，钻探的过程将被中断。为了克服船身抬高带来的相关问题，钻探系统一般包括液压制动调整器。钻探部件作为重返框架也被广泛采用，就像 Fugro 的“Seaclam”和 McClelland 的“Stingray”(De Ruiter 和 Richards, 1983)。这些部件和钻杆同时或先于钻杆，通过发射池被置入海床下。在取样和原位试验过程中，它们有钳位设备来控制钻孔线。

4.3.2 浅层惯入取样

浅层惯入取样一般适用于分类试验，而不适用于决定可靠的定量数据。样本可通过活塞或置于海床下有线线路上的开桶式重力岩心提取器来获得。由于样本一般有一个触发重量，所以，在惯入海底前，取样管会自由下落到预先设定的距离(Noorrany, 1972; Eide, 1974)。从软质黏土到坚固黏土，贯入深度都很少能超过 5 m。从取样管中提取的未受扰动的土壤样本长度一般不超过取样器内直径的 20 倍，而在砂中这个比例仅为 10 倍。

de Groff(1980)描述了 3 种基本的重力岩心提取器：

(a) 自由下落，自成平面，并释放沙囊(压载装置)；

(b) 配置电缆取回数据，保留阀和捕芯器；

(c) 配置电缆取回数据，保留活塞和捕芯器；

取回的最大样本分别为 1 m，6 m 和 40 m。

另一种浅层惯入取样的技术是震动提取。仪器中的钢管通过偏心重锤或者活塞锤，在顶部产生震动，来打入海床内。这种技术能获取重力岩心提取器无法获得的粒状物质核心。

Sullivan(1980)描述过一种用来推进样本约到 9 m 处的遥控海床取样器。

4.3.3 深层取样

在深层惯入岩土勘探中，必须用到钻机，同时泥土取样设备需安置于低于钻柱的位置。在取样过程中，一些仪器可以和无补偿运动的钻柱仪器一起使用，而不管工具是否和钻柱隔离。与其隔离的工具可在较恶劣的天气环境下被使用，但在好的工作环境下，不隔离的工具在获取优质样本上具有更大的潜能。下文是一些取样设备。

1. 有线线路冲击取样

这是最经常使用的取样设备方法，是在墨西哥湾用于勘测锚固的补给船而发展起来的。图 4-7 给出了操作的过程。薄壁管取样器在 130 kg 锤子的重击下下降约 1.5 m，被置入钻孔底部下的土层。可滑动的锤子系缚在取样器上并在有线线路上工作。无论是颗粒状泥土还是黏性泥土的样本都可以获取，但由冲击取样带来的扰动是相当大的。

2. 闭塞推进取样器(de Groff, 1985)

这是一种较新的方法。它包含了一个闭塞装置，能超过钻头向下延伸(图 4-8)。取样通过降低钻杆相当于预计取样深度的位置来获得，而钻杆能提供所需的反作用力。然后钻杆上升，取样管从泥土中脱离。接着，释放闭塞装置，在有线线路上取样器就被取回。这种类型的取样器无论是和补偿运动钻柱或者固定钻柱使用，都能获得成功。比较强度试样表明推动样本优于由绳索撞击试样得到的驱动样本。

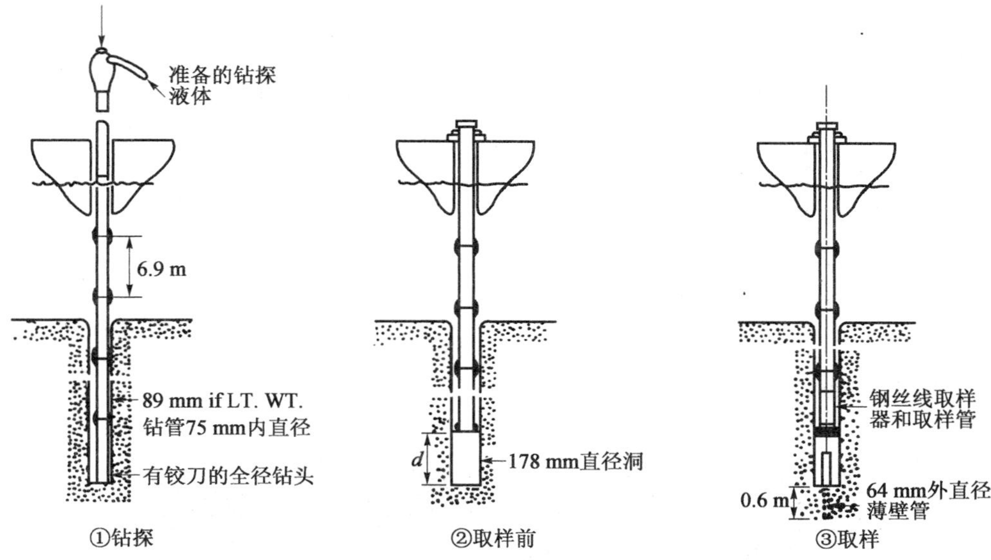

图 4-7 有线线路冲击取样操作过程

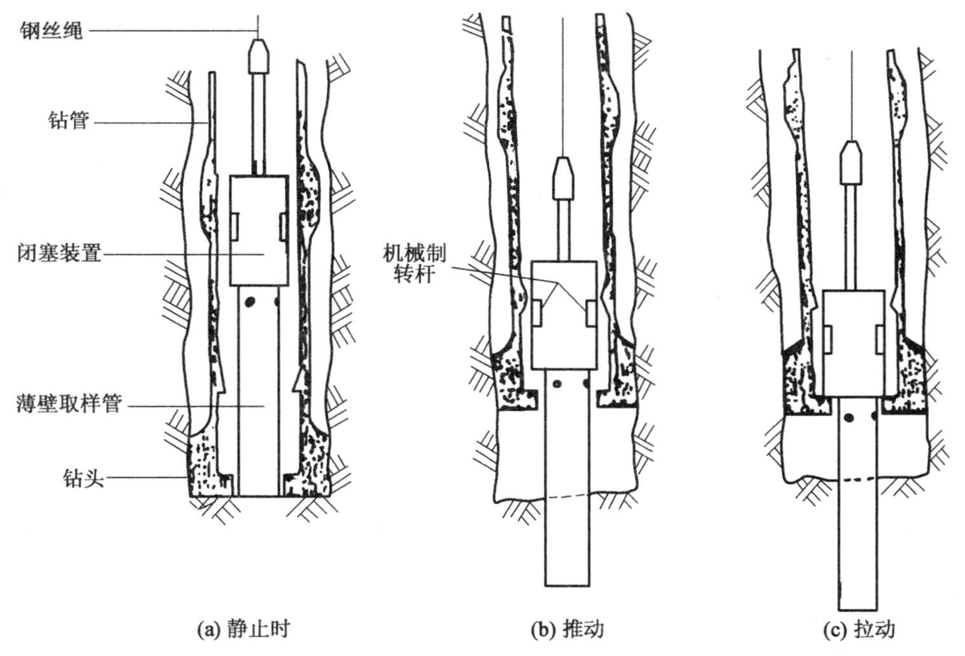

图 4-8 McClelland 闭塞取样器的运转

3. *液压活塞去心器*

它的工作原理和以地面为基础的 Osterberg 活塞取样器相类似，可用于水深超过 2 000 m 的情况下。如图 4-9 所示，它由一个内部固定活塞装备和一个外部取样管组成。在取样前，外部管和捕芯器与活塞锁在一起，低于固定的活塞顶。取样时，它下降至钻柱下，钻探液压就顶着固定的密封盖和去心管上的移动活塞不断增加。外部管就迅速地插入泥土内，随后样本就被取回。

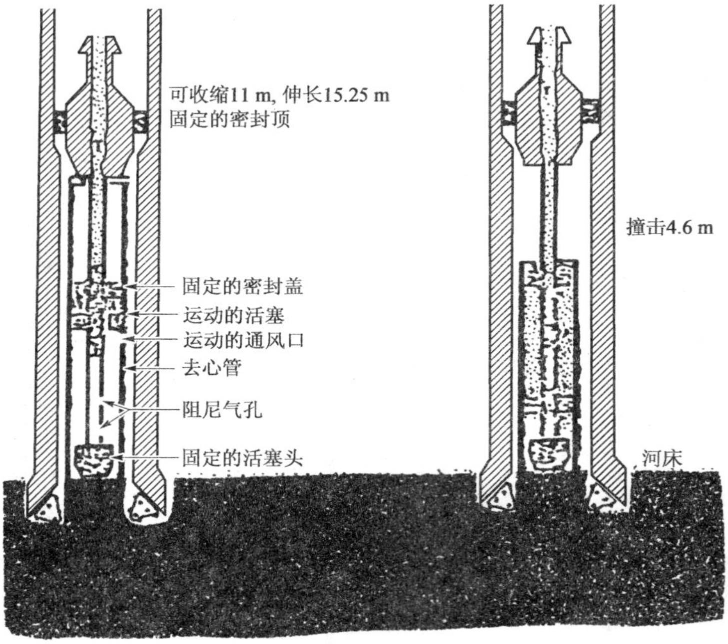

图 4-9　液压活塞去心器(Larson, 1981)

4. 加压取心钻具

Denk 等(1981)描述了这种设备,它由两部分组成。较低的部分主要储存了核心和推动样本,较高的部分包括了水力和控制系统。在取样的时候,取样管在液压下穿过设备的较低部分来获取泥土样本,然后取回置入外部管。管的底部是由一个弹子阀密封的,随后就由有线线路送至表面。

加压钻管是用来获取会充满气体的沉积物而后将它们保存在井底压强下,从而防止了所采集泥土样本中气体的扩散。

5. 固定钻柱上的取样

通过使用和固定钻柱一起工作的取样工具,可以获得高质量的样本,但它的花费比使用补偿运动钻柱要多得多。不过,固定钻柱可被用来进行原位试验(详见 4.4 节)。被很多组织开发使用的系统有"旗鱼 Swodfish"(McCelland 工程)、"黄貂鱼 Stingray"(McCelland 工程)、"海豚 Dolphin"(McCelland 工程)、"Wipsampler"(Fugro)、"Seaclam"(Fugro)、"Seasprite"(Fugro)和"Seacalf"(Fugro)。

其中的典型是"黄貂鱼 Stingray"系统,它可以与闭塞取样器一起使用来获取高质量的推送泥土样本。它也可被用于锥形透度试验(详见 4.4 节)。22 t 的海底千斤顶可以打击钻柱在 0.9 m 的范围内上上下下。在取样过程中,系在闭塞装置上的取样管通过钻柱不断降低,直到它锁住钻头。然后钻柱被系统部件抓住并向下击打,推动取样管至钻孔底部以下。接着,千斤顶提升钻柱,钻柱把取样管从泥土中拉出,样本就通过有线线路被取回。

4.4 原位测试技术

从井眼样本的实验室测试得来的地质技术数据一般是对原位测定的补充,这种测定是由钻杆远程控制工具完成的。Briaud 和 Meyer(1983)表示“原位测定技术将越趋于对工程师有用,这是因为水深增加了,而且客户更为开明”。原位测定技术支持对土壤的剖面和性质进行定性和定量的分析,而且一般情况下可以避免在实验样本中出现的与样本扰动和气体产生的问题。

应用最广泛的原位测定技术是十字板剪切试验、圆锥贯入试验以及旁压试验。这些试验,以及其他一些较少使用到的试验,将会在以下部分进行回顾。

放置原位测定工具的系统主要有两种:通过钻杆,或者通过系留海底平台(Briaud 和 Meyer, 1983),如图 4-10 所示。

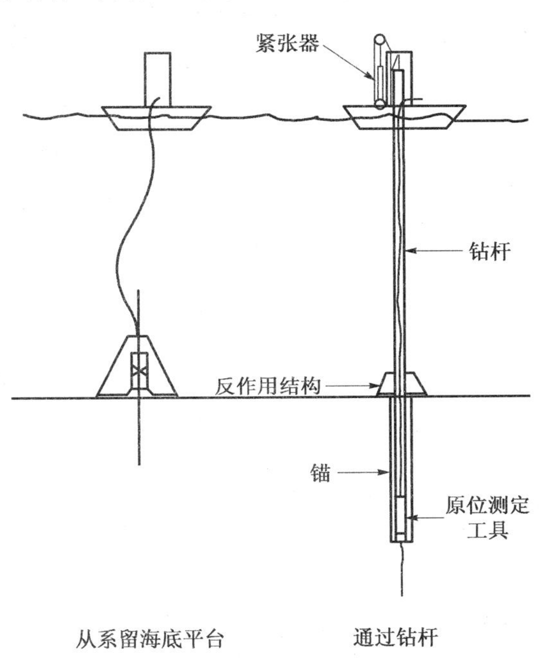

图 4-10 原位测定系统(Briayd 和 Meyer, 1983)

这里要使用到一个无运动补偿钻杆或者是一个稳定钻杆。前者简单些,但钻杆会和船只一起运动,因此钻头会在洞内上下运动,其幅度和船只的垂直运动相当。这种系统只有在不需要控制垂直推动的原位测定工具中才可以使用,并且船只起伏不得超过 3 m。而稳定钻杆则用来进行圆锥贯入试验。稳定性包括由井底提供的对钻杆垂直运动的抑制压力,以及一个防止测试仪器被垂直刺穿的反力。

钻杆由 4 个部分组成:钻杆拉紧器、钻铤、钻锚以及海底反作用结构。钻杆拉紧器放置在船上,用来在钻杆顶部产生一个张力以减少钻头和井底的应力。钻铤的重力可以用来增加钻头的荷载,但用处有限。钻锚则是一个捆扎器,用来稳定钻杆以及提供额外的向下穿刺。当原位测定工具在钻杆的底部时,钻杆被封住,引导捆扎器离开钻杆的浮式码头被打开,钻泥受压,因此使捆扎器浮起并进入井眼的内壁。钻杆捆扎器可以提供最高达 50 kN 的额外垂直反作用力。海底反作用结构在更大程度上稳定钻杆,一般包括两种类型。第一种在泥水分界线夹住钻管,但其不进行垂直向下的穿刺,而这穿刺必须由原位测定工具本身提供;Fugro Seaclam 是其中一个例子。第二种夹住钻管,并且具有最高达 100 kN 和 1 m 深的向下插入能力;McClelland Stingray 是这种类型的例子。

系留海底平台是放置在海床的系统,通过柔软的电缆与船只相连。这个系统不提供钻探能力,但能够进行最高达 200 kN 的穿刺。这两种平台的例子分别为 McClelland Stingray(系留模式)以及 Fugro Seacalf。

4.4.1 十字板剪切试验

十字板剪切试验主要用来获取黏土的不排水抗剪强度值,已广泛应用于墨西哥湾。Briaud 和 Meyer(1983)总结了某些使用仪器的能力。十字板剪切试验是最简单的离岸原位测定,因为工具本身简单,而且可以与无运动补偿钻杆或者稳定钻杆使用。后者的其中一个例子是 McClelland 远程十字板(Ehlers 和 Babb, 1980),如图 4-11 所示。一根金属丝由甲板绞盘操控,在机械方面上操作钻管中的工具,在电子方面控制十字板插入和测试。十字板探针在钻管中运动，电力控制的制转杆延伸到钻头下方。钻杆和海底反作用结构的重力用来把十字板和其反作用系统推进到钻孔底部的原状土内。远程操控的直径为 65 mm 的十字板由电力驱动，能测量大约 125 kN/m² 的不排水强度。

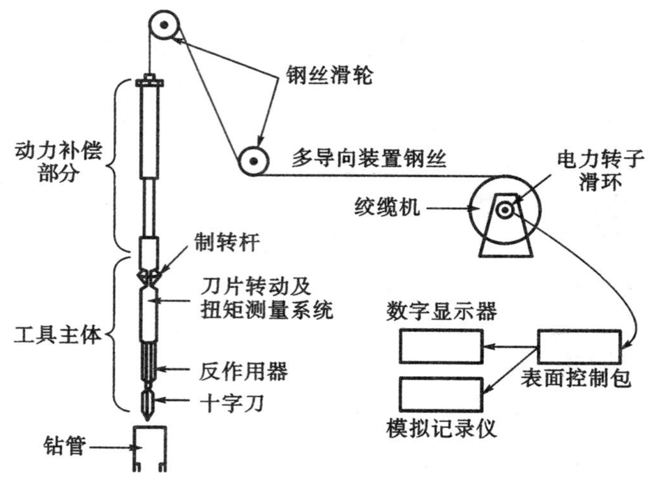

图 4-11　遥控十字板装置示意图(Ehlers 和 Babb，1980)

这种测试的表达方式比较简单，不排水抗剪强度 s_u 可按下式计算：

$$s_u = \frac{2T}{\pi D^3 \left(\frac{H}{D} + \frac{1}{3}\right)} \tag{4-1}$$

式中，T 为测量扭矩；D 为十字板的直径；H 为十字板高度。

不排水强度的峰值和剩余值都必须测定。测量扭矩也非常取决于十字板的转速，转速越大则测得的数值也越大。这个例子说明在金属线例子中由十字板试验决定的不排水抗剪强度被高估了，并因此而需要采用一个由十字板决定的换算系数 s_u（比如 0.75）。无论如何，Briaud 和 Meyer(1983)建议十字板的完全数值 s_u 可以在设计当中得到更广泛的应用。他们也指出，在气体沉积物中，由十字板决定的换算系数 s_u 的数值可以更大，而且比实验室测试得到的数值 s_u 更可靠。必须指出的是，一个纯粹的不排水黏土的假设在进行十字板试验数据分析并不是完全可靠的。

4.4.2　圆锥贯入试验

圆锥贯入试验广泛应用于北海和其他离岸区域，包括北冰洋。这种试验可以用来获取锥尖抗力深度的连续资料、套筒摩擦，以及用一些最新的设备可以获得孔压等这些资料。对这些数据的准确分析可以得到其他的一些数据：土壤剖面、相对密度(沉积砂中的)、土壤强度、土壤硬度、土壤渗水率或者固化系数、桩表面摩擦以及桩底端承力。

圆锥贯入试验只能运用于稳定钻杆或者系留海底平台。其中可用的装置已用于钻杆或者系留模式的 McClelland Stingray(Ferguson 等，1977)、Fugro Seasprite 以及 Fugro Wison(De Ruiter，1975)中。大多数这些数据以及其他仪器的数据，已经由 Briaud 和 Meyer(1983)总结得出。

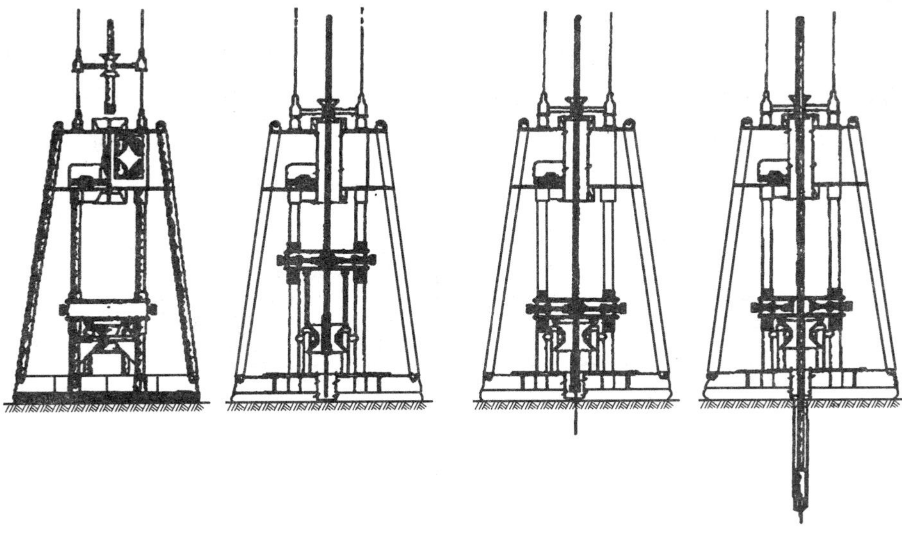

图 4-12 Stingray 锥形贯入器系统的运用(McClelland Engineers)

图 4-12 举例说明了在圆锥贯入试验中 Stingray 系统的操作(Sullivan，1980)。立式水力夯锤以 20 mm/s 的速度穿透土体，穿透深度为 1 m 以内，底横截面为 10 cm^2 的锥体，直到 5 m 长的杆件被充分利用或者已经无法继续穿入。圆锥和杆件通过线路返回，然后钻杆通过传统的旋挖钻推进到先前圆锥穿达处稍微靠后一点的位置。接着，圆锥和旋挖钻重复推进，直到达到需要的深度。

图 4-13 显示了 Fugro 研制的 Wison 装置是通过底部的钻杆操控的。这个装置和钻头紧接在一起，而早期的装置主要是依靠钻杆来提供反作用力(极少超过 30 kN)。因此穿透速度并不是严密监控的，而硬黏土最多只能钻入大约 1 m。这个装置的更新版本已经解决了这个问题，靠的是让钻杆锚夹紧井眼的边沿(图 4-13)。这要求在圆锥贯入测试可以开始之前，钻杆必须钻达一定深度。

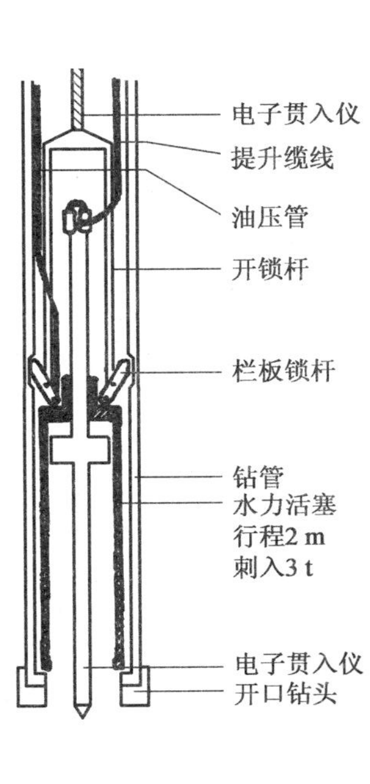

(a) Wison (De Ruiter 1975)

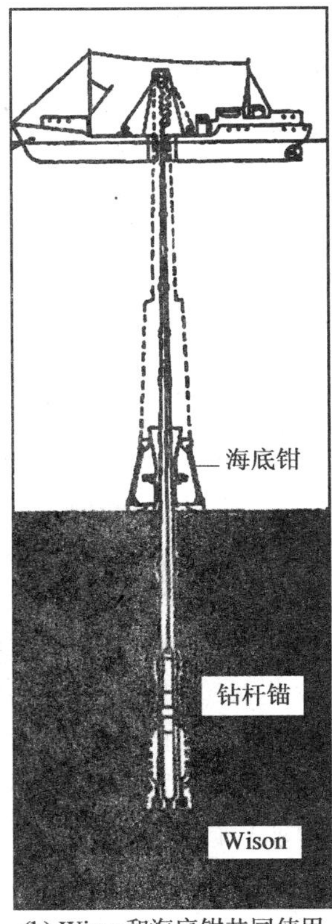

(b) Wison和海底钳共同使用

图 4-13 Wison 测试装置(Fugro B. V. Ltd)

圆锥的数据由传感器获得，并且数据传送到表面的数据记录系统。Jefferies 和

Funegard(1983)提出一种改进装置,包括由传感器对信号进行数字编码,然后数据以超音速信号沿着圆锥杆传输到表面的接收单元。这个仪器的另一个特点是润滑液体迅速注入土壤并紧紧覆盖着圆柱杆以减少杆件表面的土壤摩擦。

近年来,压电锥已应用于离岸地区(De Ruiter 和 Richards, 1983)。它的典型装置如图 4-14所示。标准孔压取决于孔隙元素的准确位置,也会受到沉积物当中孔隙气体的影响。然而,压电锥能够得到地层学方面非常有用的信息,对土壤分类也很有价值。De Ruiter (1982)描述了组成透度计的传感器,包括 1 个温度锥、1 个声学透度计、1 个原子密度探针和 1 个膨胀计。

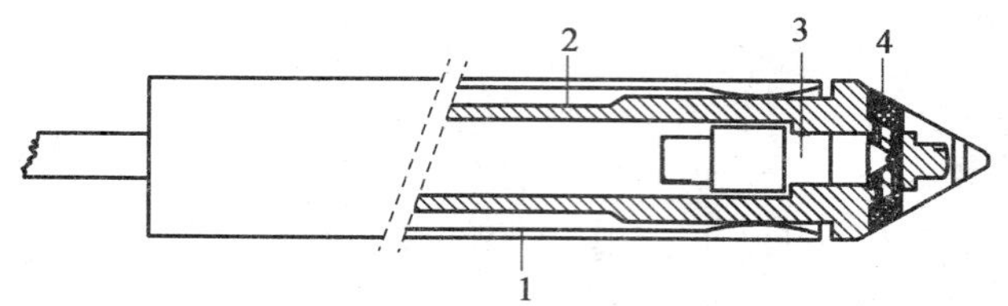

图 4-14 压电锥(De Ruiter 和 Richards, 1983)

圆锥贯入数据的解释:

圆锥透度计的广泛应用引起了对数据定性解释的广泛研究以获得地质技术设计的参数。有一些对于圆锥测试数据解释程序有价值的综述如下:Schmertmann (1978), De Ruiter (1981), Lunne 和 Christoffersen (1983), Briaud 和 Meyer (1983), Wroth (1984)以及 Jamiolkowski 等(1985)。

1) 土壤剖面

图 4-15 显示了圆锥阻力 q_c 相对于深度的系列数据以及合适的解释(Schmertmann, 1978)。一般情况下,如图 4-15(a)和(b),黏土的 q_c 比砂土要小得多,虽然有一些特殊的情况比如在松散的砂土和超固结黏土之间出现一些重叠的数值。图 4-15(c)显示了正常固结砂的数据(q_c 随着深度增加),以及超固结砂的数据。后者的 q_c 随着深度较一致。较高的密度或者较高的压力导致了较高的 q_c 数值。无论如何,在密度随

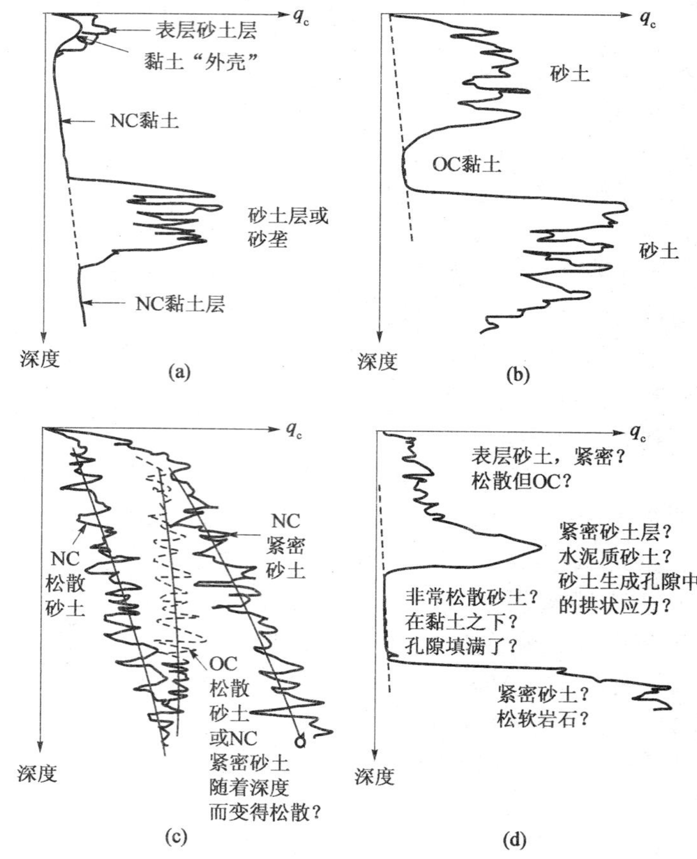

图 4-15 典型圆锥抗力剖面,显示了对有可能出现的类型和情况的解释(Schmertmann, 1978)

着深度减小的情况下，超固结情形很容易与正常固结情形混淆。图 4-15(d)提出了具有非常高 q_c 的土层相对于 q_c 小得多的土层的几种可能的不同解释。

Schmertmann(1978)介绍了一种粗略的指导，可通过摩擦率估计土壤类型。这个数据已从 Begemann 机械圆锥尖得出。Robertson 和 Campanella(1984)介绍了一种电气圆锥的简化分类表，如图 4-16 所示。Jamiolkowski 等(1985)提出这种图表并不可靠，因为圆锥数据会受到土壤灵敏性和应力历程的影响。然而，他们提供了一些划分特定土壤类型的指导；比如，通过任何一种 4%～7%中的圆锥尖，可以证明对于有相当高的摩擦率的土是不敏感的黏土。

来自压电锥的数据在土壤定型和区分土壤类型也是非常有用的。这个试验和其解释存在着一些困难(Jamiolkowsiki 等，1985)，但它仍然作为一种非常有价值的手段来分辨不同土壤的薄片和层。对于陆上应用，Sennesset 等(1982)提出一个有用的指标：

$$B_q = \frac{u_{max} - u_0}{q_t - \sigma_{v0}} \tag{4-2}$$

式中，B_q 为孔压系数；u_{max} 为穿透孔压；u_0 为静水孔压力；q_t 为总圆锥阻力(考虑到不平衡末端区域影响)以及 σ_{v0} 总上覆岩层压力。

Sennesset 和 Janbu(1984)提出了一个基于 B_q 的试探性土壤分类表，如图 4-17 所示。它只基于多孔石在圆锥后方的情况。

对于海上运用，巨大的静水孔压力 u_0 会出现在泥水分界线上，有一些系数可供选择；比如，$\frac{u_{max} - u_0}{\sigma'_{v0}}$ (Azzouz 等，1982；Wroth，1984)。

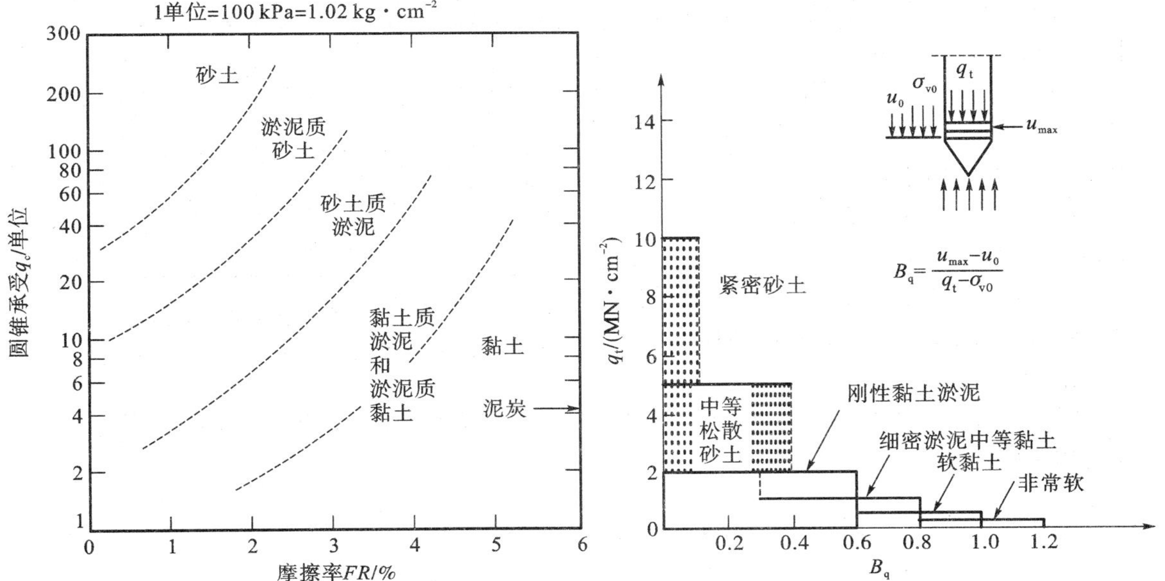

图 4-16　对标准电子摩擦圆锥的简单化分类图表(Robertson 和 Campanella，1984)

图 4-17　对于标准电子摩擦圆锥，基于 q_c 和 B_q 的试探性分类图表(Sennesset 和 Janbu，1984)

2) 相对密度

砂土的相对密度受到若干因素影响，包括应力历程、结构、砂土构成、颗粒尺寸和形状，以及黏固和限制应力。困难同样出现在确定土壤密度的最大值和最小值，特别是对于容易出现微粒破裂的石灰土壤。然而，许多工程参数和相对密度相关，因此它的作用仍不可忽视。

Schmertmann(1978)把相对密度 D_r 和圆锥抗力 q_c 和垂直有效应力 σ_v' 联系起来。这个相关性已经由 Lunne 和 Christoffersen(1983)研究并修改过，如图 4-18 所示。据他们介绍，对于正常固结均质，精细到中等的含有耐压石英的砂土，图 4-18 可以用来估算 D_r。对于超固结的相似砂土，类似的标准固结圆锥抗力 q_{ce} 可由下式决定：

$$q_{ce} = q_{coc}\left[1+0.75\left(\frac{K_{ooc}}{K_{onc}}-1\right)\right]^{-1} \tag{4-3}$$

式中，q_{coc} 为超固结土壤的圆锥抗力；K_{ooc} 和 K_{onc} 分别为超固结和正常固结砂在静止时的侧面土压力系数。

$$\frac{K_{ooc}}{K_{onc}} = (OCR)^{\beta} \tag{4-4}$$

近似地，OCR 为超固结比率；β 为指数，Lunne 和 Christoffersen(1983)建议一般取 0.45。q_{ce} 可由公式(4-3)决定，而相对密度 D_r 可由图 4-18 决定。

考虑到变化的砂土特性，Lunne 和 Christoffersen(1983)提出接下来的基于可用文献和经验的修改：

(a) 对于中等和粗糙的砂土，图 4-18 中 D_r 的数值应该减少 10%～15%；

(b) 对于淤泥，相对密度并不是对表现的良好指示——图 4-18 并不适合，因为所得的 D_r 数值太大；

(c) 对于级配良好土，图 4-18 可用来得到保守的 D_r 数值；

(d) 对于含有有角云母和长石颗粒的可压碎砂土，图 4-18 可用来得到保守的 D_r 数值。

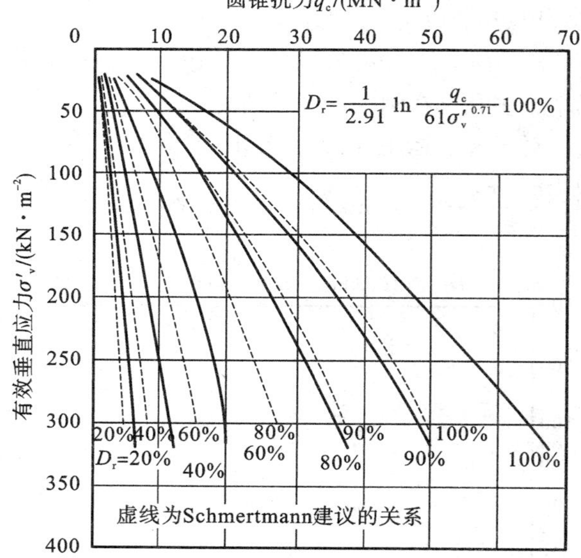

图 4-18 对于正常固结中等精细石英砂，建议的 σ_v，q_c 和 D_r 的关系(Lunne 和 Christoffersen，1983)

对于 5 种正常固结的石英砂，在未胶结也未老化的情况下，Jamiolkowski 等(1985)得到下面的相关性：

$$D_r = -98+66\lg\left(\frac{q_c}{\sigma_{v0}'}\right) \tag{4-5}$$

式中，D_r 为相对密度(用%表示)；q_c 为圆锥阻力；σ_{v0}' 为原位垂直有效应力。

3) 排水下砂的摩擦角

Lunne 和 Christoffersen(1983)回顾了一些程序，并以此关联砂的排水摩擦角 φ' 和圆锥抗力 q_c。他们建议用最保守的 φ' 数值，可由以下 3 个步骤获得：

(a) Janbu 和 Sennesset(1975)的改进方法，q_c 可这样得到

$$q_c \approx N_q \sigma'_v \tag{4-6}$$

式中，σ'_v 是垂直有效应力。当 N_q 从该式计算得到后，φ' 可以用下式得到：

$$N_q = \tan^2\left(45 + \frac{\varphi'}{2}\right)\exp\left[\left(\frac{\pi}{3 + 0.07\varphi'}\right)\tan\varphi'\right] \tag{4-7}$$

(b) Durgunoglu 和 Mitchell(1975)的方法，其中

$$q_c = \gamma' B N'_{\gamma q} \tag{4-8}$$

式中，γ' 为土壤的单位有效重度；B 为圆锥直径；$N'_{\gamma q}$ 为取决于粗糙度 φ' 的触探锥系数、相对深度 D/B、侧面土压力系数 K_0 以及圆锥顶点角。$N'_{\gamma q}$ 可由式(4-8)计算得出，φ' 可由 Durgunoglu 和 Mitchell 的方程推得；K_0 值建议取 0.4。

(c) 基于 Schmertmann(1978)的改进方法：相对密度 D_r 首先是由 q_c 决定的。三轴试验应该用 2 种或 3 种相对密度不同的砂土样本，然后添补 φ'。如果 3 种试验结果并不可用，图 4-19 可作为指导来估算 φ'。φ' 由此得出，且逐渐符合在原位应力条件下的固结砂的排水三轴试验的峰值。

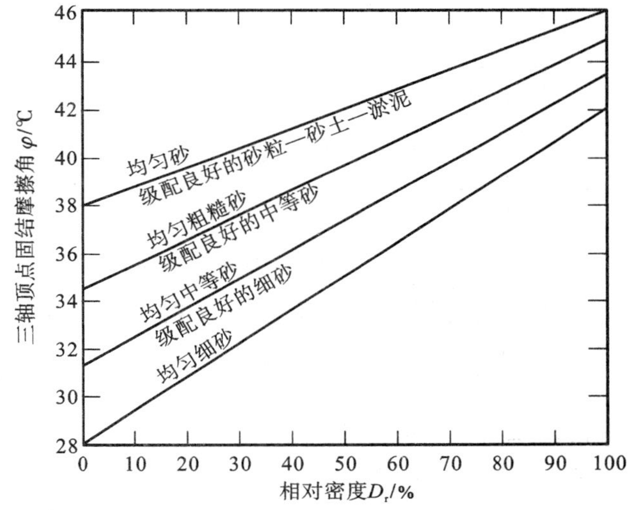

图 4-19 Φ' 和 D_r 的关系(Schmertmann，1978)

4) 黏土的不排水抗剪强度

黏土的不排水抗剪强度 s_u 通常和圆锥贯入阻力 q_c 相关，如下：

$$s_u = \frac{q_c - p_0}{N_k} \tag{4-9}$$

式中，p_0 为总上覆岩层压力；N_k 为圆锥要素。

Baligh(1975)的理论工作表明 N_k 变动范围在 14～18，这个范围由北海的数据基本证实(Andresen 等，1979；Lunne 和 Kleven，1981)。对于正常固结黏土，Lunne 和 Kleven 得出了 N_k 的平均数值 15(范围在 11～19)。对于超固结黏土，通过 10 处的 147 个样本，得出 N_k 的平均值为 17.3，范围在 5～28，变化系数为 30%。N_k 有随着塑性降低而增加的趋势(Lunne 和 Kleven，1981)，并且对于硬裂隙黏土，数值高达 25～30(Marsland，1977)。稍微低些的 N_k 的平均数值(大约 15)出现在更深的深度。Andresen 等(1979)警告除了在北海，在正常情况下，对于离岸区不能用单一的 N_k 值，N_k 值应该因地制宜。应该需要牢记的是也取决于选用的 s_u；比如，s_u 来自于实验室三轴压力试验、简单剪切试验或者现场十字板剪切试验。

在选择 N_k 数值时，应该考虑到问题的类型，包括要求的强度和已选的保守数值。例如，对于稳定性计算，较低的数值 s_u 是保守的，并且因此应该选择更高的 N_k 值(比如 20)。对于裙座穿透计算，较高的 s_u 值是保守的，并因此应该选择较低的 N_k 值(比如 12～15)。

5) 变形系数

各种表述已把圆锥阻力和土壤的一些弹性模量联系起来。最常见的是这种线性关系：

$$E_s = \alpha q_c \tag{4-10}$$

式中，E_s 为杨氏模量；q_c 为圆锥阻力；α 为模量相关要素，它取决于土壤类型、上覆岩层压力、水容量和基础类型(以及许多其他可能的因素)。

表 4-3 总结了典型的 α 类型。一般可以观察到：

(a) α 随着土壤中黏土比例的增加而增加；

(b) 对于砂土，α 随着相对密度的增加而增加；

(c) 桩基础的 α 值比浅基础的高(尽管这一点较缺乏证据)。

表 4-3　　系数修正因素 α 的典型数值

土壤类型	α	标注	参考
砂土	$2(1+D_r^2)$	D_r =相对密度	Vesic(1975)
砂土	2.5	方形地基	Schmertmann(1978)
	3.5	条形地基	
N/C 砂土	1.8～2.6	$OCR \geqslant 2$ 时对于 D_r 的一点影响	
O/C 砂土	6～19		
N/C 和轻微 O/C	7	当 D_r 增大时 α 减小	
黏土		苏联的建筑代码	Trofimenkov(1974)

注：① 以上数据是对于浅基础来说的。对于桩基础，α 值更高。对于倾向于保守设计的工程，相关参数可以取 2 倍表中相应数值。

② 对于超固结砂土，将运用到更高的数值 α(Mitchell 和 Gardner，1975；Lunne 和 Christoffersen，1983)

因此，在运用式(4-10)和选择 α 时必须谨慎。实际上 De Ruiter(1982)指出，圆锥贯入试验并不能可靠地估计黏土的可压缩性。

Lunne 和 Christoffersen(1983)提出了修改的公式(4-10)以用于砂土，其中初始的切线压缩模量 M_0 与 q_c 相关，具体如下：

(a) 对于正常固结砂土：

(i) $M_0 = 4q_c$，当 $q_c < 10\ \text{MN/m}^2$ (4-11a)

(ii) $M_0 = (2q_c + 10)\ \text{MN/m}^2$，当 $10\ \text{MN/m}^2 < q_c < 50\ \text{MN/m}^2$ (4-11b)

(iii) $M_0 = 120\ \text{MN/m}^2$，当 $q_c > 50\ \text{MN/m}^2$ (4-11c)

(b) 对于超固结砂土 ($OCR > 2$)：

(i) $M_0 = 5q_c$，当 $q_c < 50\ \text{MN/m}^2$ (4-12a)

(ii) $M_0 = 250\ \text{MN/m}^2$，当 $q_c > 50\ \text{MN/m}^2$ (4-12b)

对于处在 σ'_{v0} 和 σ'_{vf} 之间的应力，压缩模量可以用下式估算：

$$M = M_0 \left(\frac{\sigma'_{vf}}{\sigma'_{v0}}\right)^{0.5} \tag{4-13}$$

式中，σ'_{vf} 为最后的垂直有效应力；σ'_{v0} 为最初的垂直有效应力。

压缩模量 M 和杨氏模量 E_s 可由下式关联：

$$E_s = \frac{(1+\nu')(1-2\nu')M}{1-\nu'} \tag{4-14}$$

式中，ν' 为砂土的排水泊松比，ν' 的代表范围在 0.2～0.4，因此

$$E_s \approx (0.5 - 0.9)M \tag{4-15}$$

6）固结系数

固结系数 c_v 可由压电锥消散记录估算出，当中运用到 Baligh 和 Levadoux(1980)对该问题的分析，他们考虑到该过程中的二维轴对称属性。Jamiolkowski 等(1985)把该工作总结成以下几点：

(a) 消散速率主要由固结水平系数 c_h 控制，并且对垂直系数非常不敏感；因此该测试只能用来计算 c_h 数值。

(b) 从较早消散过程中得到的数值 c_h（少于消散的 50%）与重新加载条件有关，因为在安置过程当中圆锥附近的有效应力会减少。

(c) 消散速率受到圆锥角度和过滤器位置的影响。对于圆锥角度较小的情况，过滤器的位置显得很重要，过滤器放在圆锥的顶部要比放在中间而言，消散速率更快。对于更大的圆锥角度(比如 60°)，消散速率很大程度上不受到过滤器位置的影响。

下面是由 Baligh 和 Levadoux(1980)建议的通过压电锥消散记录估测 c_h 的程序：

(a) 把正常的多余孔隙压力比 $\Delta u/\Delta u_0$ 关于时间 t 分成小份，其中 Δu 是对于时间 t 的多余孔隙压力，而 Δu_0 是初始多余孔隙压力。

(b) 假设曲线的形状和理论曲线相似，那么 t_{50} 就是超孔隙水压比达到 0.5 的时刻。

(c) 理论时间因素 T_{50} 如表格 4-4 所示。因此，c_h 可由此确定：

$$c_h = \frac{T_{50}R^2}{t_{50}} \tag{4-16}$$

式中，R 为圆锥杆的半径。

表 4-4　50%压电锥消散的理论时间因素(Baligh 和 Levadoux，1980)

圆锥角	18°		60°
过滤器位置	顶端	圆锥中部	顶端或圆锥中部
T_{50}	3.0	4.7	3.65

注：$T_{50} = \frac{c_h t_{50}}{R^2}$。

(d) 由式(4-16)得出的 c_h 的数值对应于超固结条件。正常固结条件的数值可以由此估算：

$$c_h(NC) = \frac{RR}{CR}c_h(OC) \tag{4-17}$$

式中，RR 为再压缩率；CR 为首次压缩率。

对于典型的黏土，$\frac{RR}{CR}$的比率一般来说在 0.12～0.16 的范围之内。

7）桩表面摩擦

现在已有许多关于圆锥刺穿数据和最终桩表面摩擦之间的相互关系。一些依靠圆锥抗力的测量，而另一些则应用标准的圆锥表面摩擦。表 4-5 总结了一些这样的相互关系用以决定轴向的桩承载能力。图 4-20 和图 4-21 以及表 4-6 给出了更多关于这些相互关系的细节。这

些对于砂土的相互关系只能用于石英砂而不能用于石灰质的砂。第 7.5 节将进行更多关于桩表面摩擦的讨论。

表 4-5　　估测桩表面摩擦的程序

参考	估测的最终表面摩擦 f_s	
	砂土	黏土
De Ruiter 和 Beringen(1979)	最小值 (a) $f_s = 120\ \mathrm{kN/m^2}$ (b) $f_s = q_s$ (c) $f_s = \frac{q_c}{300}$ (压力) 或 $f_s = \frac{q_c}{400}$ (张力)	$f_s = \frac{\alpha q_c}{N_k}$ 其中 $N_k \approx 20$ 在 N/C 黏土中 $\alpha = 1$ 并且在 O/C 黏土中 $\alpha = 0.5$
Schmertmann (1975，1978)	$f_s = K_s q_s$ K_s 在图 4-20(a)中提过 f_s 在上面的 8 个桩直径中随着因素$\frac{z}{8d}$线性递减	$f_s = K_c q_c$ K_c 在图 4-20(b)中提过在砂土中，f_s 在上面的 8 个桩直径中递减
Belcotec(1985)	$f_s = \frac{q_c}{N_1}$ $N_1 = 150(q_c \leqslant 10\ \mathrm{MN/m^2})$ 以及 $200(q_c \leqslant 20\ \mathrm{MN/m^2})$ 在 10～20 $\mathrm{MN/m^2}$之间线性插值	$f_s = \frac{\alpha q_c}{N_2}$ 见图 4-21 的 N_2 α_s 取决于桩的材料和建筑方法见表 4-6

注意：q_c =标准圆锥抗力；q_s =标准表面摩擦抗力。
De Ruiter 和 Beringen 以及 Schmertmann 方法只适用于打入桩。

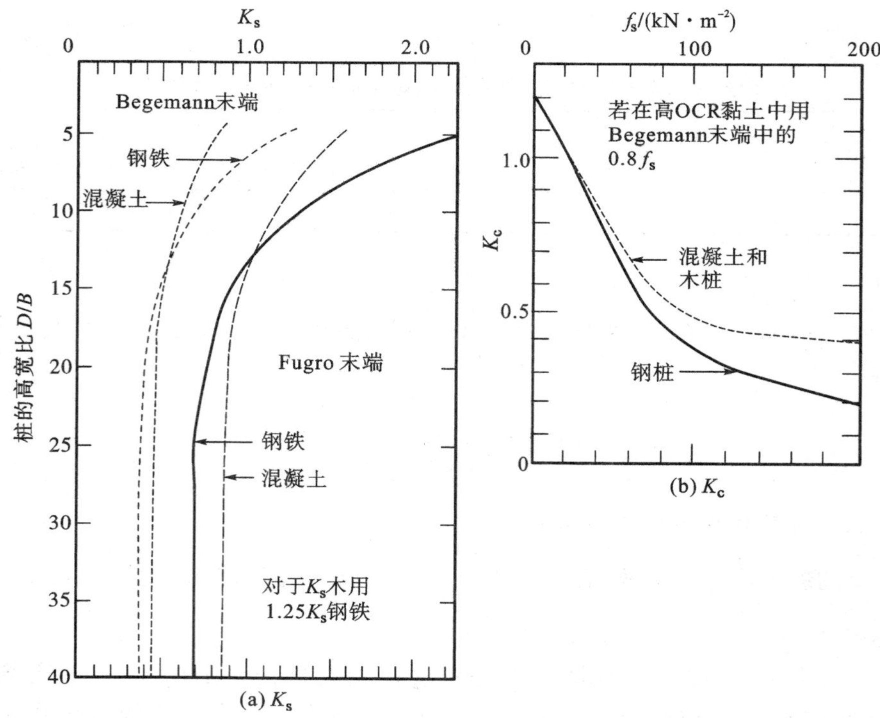

图 4-20　对于 Nottingham 办法的表面摩擦因素(Schmertmann，1975)

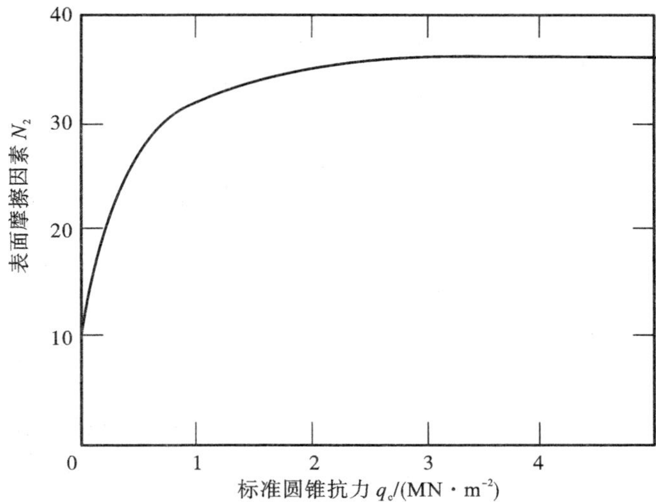

图 4-21 在黏土中桩的表面摩擦因素 N_2(继 Belcotec, 1985)

表 4-6 表面摩擦系数 α_s (Belcotec, 1985)

桩的类型	建议 α_s 值
打入混凝土杆	0.85
带钢套的打入混凝土杆	0.65
振实混凝土的钻孔杆(湿混凝土)	0.65
夯实混凝土的钻孔杆(干混凝土)	1.15

人们同样尝试用圆锥刺穿数据来估算轴向的荷载转换特性("$t-z$"曲线)(Briaud 和 Meyer, 1983)。通过这些特性可以预测最终能力和承载表现(见第 7.6 节)。

对于裙带或者销钉刺穿抗力的估算,需要估算的是表面摩擦的保守大数值。在第 5 章将讨论这种情况的相互关系。

8) 桩端承载能力

表 4-7 和图 4-22、图 4-23 总结了两种用圆锥刺穿数据来估算桩端承载能力的方法。Briaud 和 Meyer(1983)建议把这两种方法扩展以获得端承载转换曲线,并以此预测完整的桩承载行为。第 7.5.3 节将进行更多关于桩承载能力预测的讨论。

表 4-7 估测桩端承载能力的步骤

参考	估测的最终表面摩擦 f_b	
	砂土	黏土
De Ruiter 和 Beringen(1979)	较小的: (a) f_b = 在桩端影响范围内的平均 q_c,见图 4-22; (b) 如图 4-23 中的控制值	$f_b = \frac{N_c q_c}{N_k}$ $N_c = 9$ $N_k = 20$
Schmertmann(1978)	f_b =在桩端影响范围内的平均 q_c	

4.4.3 旁压仪试验

旁压仪试验在离岸区已经使用多年,并逐渐成为海上运用中具有价值的原位测试装置。

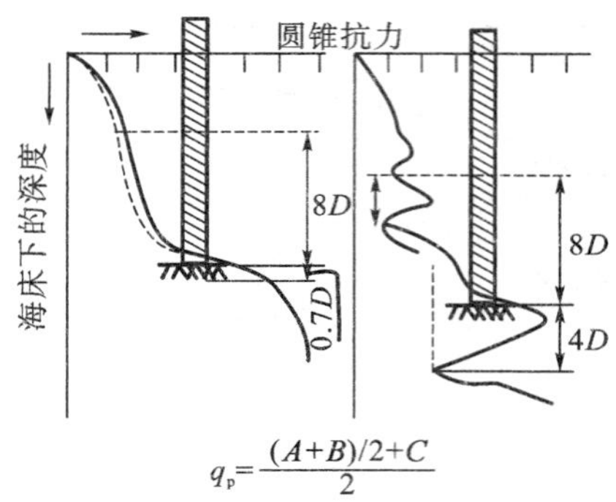

关键：
D：桩的直径
A：深度在$0.7D\sim4D$时，在桩端下方的平均圆锥抗力
B：在达到$0.7D\sim4D$的相同深度时，在桩端下方读取到的最小圆锥抗力
C：高度在$6D\sim8D$时，在桩端上方读取到的套筒的平均最小圆锥抗力。
在测量这个套筒时，数值若高于所选择的低于B的最小值，将不予考虑
q_p：桩的最终单元点抗力

图 4-22 对于桩端承载能力的 CPT 运用(De Ruiter 和 Beringen，1979)

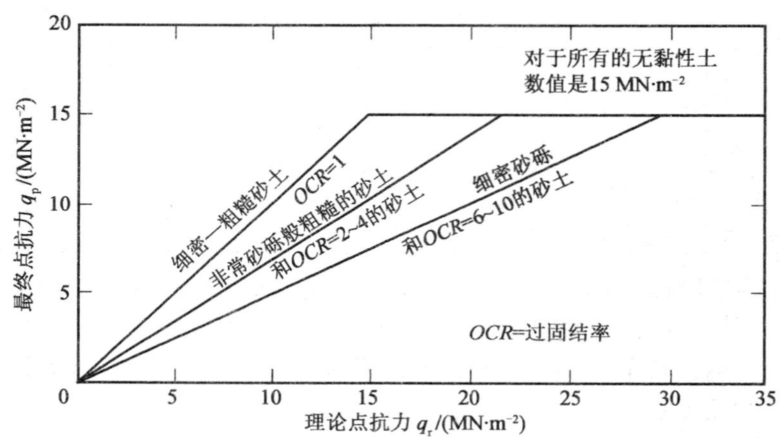

图 4-23 在超固结砂土中，由 CPT 决定的桩端允许抗力的修正(De Ruiter，1981)

这个试验包括一个圆柱探针刺进周围的土壤，以及压力的测量，用以刺入探针和转变探针的体积及半径；根据这些数据，将有可能推得土壤的应力-应变特性(Palmer，1972；Ladanyi，1972；Baguelin 等，1972；Wroth，1984)。传统的旁压仪试验是在过大的钻孔中进行的(Menard，1957)，探针被喷射刺入，振动进入或者推进软黏土和砂土。这些装置设备有可能导致土壤周边巨大的扰动和应力变化，从而得出不精确和不合适的参数。这些问题激发了针对离岸问题的自钻式旁压仪的发展(Le Tirant，1979；Le Tirant 等，1981；Le Tirant 和 Baguelin，1982；Brucy 等，1982)。

Briaud 和 Meyer(1983)总结了目前使用的 3 种类型旁压仪的一些数据。目前可用的工具必须与一个平稳的钻杆或者系留平台共同使用。探针里的压力包括钻孔内的静水压力以及土壤抗力。因此，当进行深海测试时，探针将作为一个土壤抗力准确测量压力的补充。

Le Tirant 等(1981)描述的装置包括 3 个主要部分：1 个自钻式模块、1 个推进模块和 1 个测量模块。它由放置于海床上的结构支持，可以在水深达 300 m 处使用，也可以穿透到泥水分界线以下 60 m 深。图 4-24 表述了一个典型的测试程序，包括 7 个阶段：

(1) 探针刺入泥土；

(2) 达到所需深度后捆扎器扩散开；

(3) 自钻式模块和测量模块通过千斤顶钻入 0.5 m，反作用力由钻孔壁上的捆扎器提供；

(4) 捆扎器缩小；

(5) 捆扎器通过双动千斤顶继续前行；

(6) 现行的旁压仪试验，旁压仪以一定的膨胀速率扩张，并得到压力-体积特性记录；

(7) 旁压仪缩小，并回到步骤(1)。

旁压仪数据的应用包括以下步骤：

(a) 决定土壤中原位测试的水平应力。

(b) 决定黏土的不透水剪力强度。通常可以发现由旁压仪得出的数值大于相应的十字板剪切试验、圆锥贯入试验和板钻式测试的数值。

(c) 通过应力-体积曲线当中的卸载-再加载的一部分，来决定黏土的剪切模量或者杨氏模量。

(d) 决定砂土的摩擦角(Hughes 等，1977)。

(e) 获得侧面的"$p-y$"曲线(见第 7.6 节)以预测桩的侧面加载-偏转反应。Briaud 和 Meyer(1983)描述了两种运用自钻式旁压仪的方法。

(f) 获得数据以设计轴向受压桩。Briaud 和 Meyer(1983)总结了一些经验式和半经验式的方法，其中运用了 Menard 型旁压仪和自钻式旁压仪。

无论如何，必须注意在轴向桩设计中运用旁压仪数据时，旁压仪周边土壤的应力轨迹将明显不同于轴向受压桩周边的土壤。

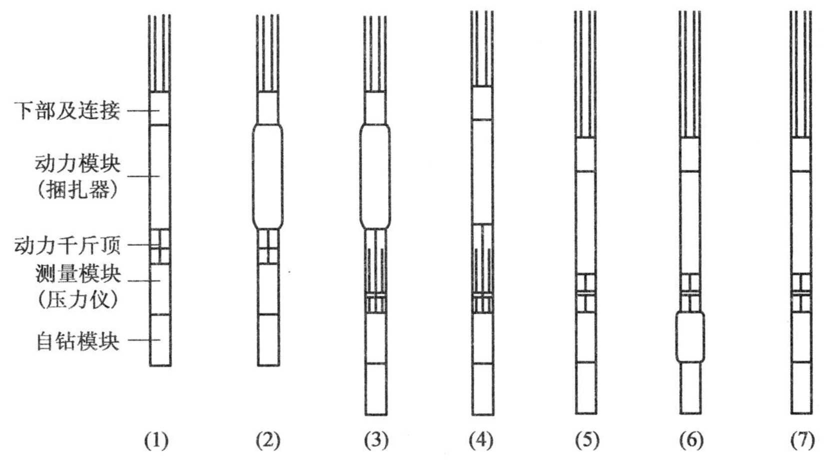

图 4-24 对于 LPC/IFP 自钻式探针的典型的压电仪测试步骤，包括千斤顶捆扎器(Le Tirant 等，1981)

4.4.4 其他试验

除了以上讨论的 3 种方法，其他各种方法也用来获得水中土壤的定性和定量信息。这些测试包括地球物理学和力学测试，其中一些测试将在以下内容中简要提及。

1. 能谱测井

自然伽马测井包括土壤中自然放射能水平的测量，对土壤分类非常有用。钻孔一旦完成，探针深入到钻孔的底部，当探针以恒定速度提升时测量开始进行。相同钻孔中两个井口测井需时大约 2 h(Briaud 和 Meyer，1983)。

其他方法包括用来决定土壤孔隙率的中子测量和土壤的体积密度的伽马反散射。这些方法要求放射性资源，因此花费巨大，并且需要额外谨慎。此外，在钻杆外缘的不明环状空间降低了确定孔隙率和密度的精度(Andersen 等，1979)。

2. 震声技术

土壤中震声传播现象和地质技术特性之间的关系由 Biot(1956)理论获得(Hampton，1974；Taylor Smith，1983)。通过对地震波速度、电子构成因素和声学阻抗的测量，地球物理学技术可以对沉积物边界和他们的侧面分布进行定义。从这些数据中可以判断出一些气体，而薄薄的黏土层通常也可以在反射信号的相位关系中辨认出来。此外，相似的数据可以从井下、井间和井内的井眼探测获得。剪切波速度是特别重要的，它主要取决于土壤骨架的硬度和它相对于深度的变化。各向异性也可以通过剪切波速度在不同极性方向的测量得出(Taylor Smith，1983)。

剪切模量、一维可压缩性和渗透性这些主要的工程特性可从震声测量得到。在决定剪切模量数值用来进行地质技术设计时，必须意识到从震声测量得到的数据是和极小应变相关的。剪切模量非常依赖于剪切应变振幅(见第 3.7 节)，因此，对于基础承压情况，相应的剪切模量只能是由地震决定的数据的一小部分。

3. 板载荷测试

Andersen 等(1979)报告了在北海 3 个不同地点得出的这种测试，运用 Seacalf 系统来加载模板。在最近，澳大利亚西北大陆架以外的水泥石灰质沉积物中，这种测试也得到了运用。板载荷试验的主要目的一般是决定土壤硬度和承载能力，方法是把标准的荷载-变形行为加以修改以作为其他沉降和承载力的理论方法。板载荷试验的主要局限是它只能测试板下土壤 1～2个半径的深度。因此，要获得一个垂直剖面，板载荷试验必须有相对于深度的变化。

4. Marchetti 扁铲侧胀试验

扁铲侧胀试验由意大利人 Marchetti(1980)开发，试验需要 1 个薄刀片，并且在其中一面有一层可延展的钢铁薄膜。刀片以恒定速度垂直推入土壤，并且每穿透 10～20 cm 就停止，然后由可延展薄膜进行测试。通过分析这些数据可以推断土壤强度、硬度和应力历史的数据。它多运用于在美国和加拿大的浅水区。

5. 桩截面试验

决定桩设计参数时，轴向荷载试验运用于放置在井眼底部的桩截面，需要使用一个经改良的圆锥刺穿试验运送工具(King 等，1980)。截面由海床千斤顶系统加载，并在过程中测量荷载和沉降。表面摩擦的峰值和残留的数值可由相关的标准荷载得到。并且通过一个合适的理论解决方案(Frank 和 Orsi，1979)计算得出土壤模量的数值。这些测试有一些已经在灌浆截面测试得到运用，比如在澳大利亚的西北大陆架上的水泥石灰质沉积物，以及在澳大利亚 Bass Strait 的本质为非水泥石灰质的沉积物。

4.5 实验室试验

实验室试验是为了研究海洋问题而进行的岩土研究的基本组成部分，而且岩土分析的大部分数据也是由它提供的。原位试验的数据一般是实验室试验数据的补充。对于主要的研究来说，实验室试验一般包括两个阶段：船上试验和详尽的陆上实验室试验。

在这两个阶段中，最需要关心的是对土壤取样可能带来的扰动，因此，在考虑实验室试验之前，对于取样扰动和它可能对土壤行为带来的影响需做一个详细的讨论。

4.5.1 取样扰动

有 3 个因素可能对海底取样产生扰动，导致无法取得真实的原始样本。

(a) 机械扰动，由于在取样管内样本表面严重的重整而产生；

(b) 应力扰动，由于在取样时的原位应力释放，以及随后的土样取出时的应力释放；

(c) 样本内气体的膨胀，由于应力释放作用而产生。

前两个因素无论在陆上或者离岸都会产生。在各类文献(如 Hvorslev, 1949)中，机械扰动受到了很大的关注。在很多离岸情况下，机械扰动可能是最显著的因素，特别是在利用有线线路冲击取样时。

Lacasse 等(1984)描述了 X 光线照射技术，它能用来鉴别管中样本中的裂缝、砂粒、土层和气孔等受到的扰动。Sullivan(1978)将北海超固结硬黏土在约 500 kN/m^2 不排水剪切强度下的推动样本和冲击样本进行了数据比较。取样技术没有对剪切强度产生显著的影响，但冲击样本中土壤的刚度下降了 25%～50%。Emrich(1971)发现，对于剪切强度更小的黏土(40～100 kN/m^2)，冲击取样比推动取样低了 20%～50%的强度。

应力扰动效应早已被认知(Skempton 和 Sowa, 1963; Ladd 和 Lambe, 1963)。Davis 和 Poulos(1967)发现，应力扰动带来的影响与机械扰动带来的影响相比处于同一量级。而且，形变参数(特别是不排水弹性模量)受这些形式扰动的影响要比不排水剪切强度更敏感。有人建议，把样本重新固结至原位应力条件下能显著地减小扰动带来的影响，Bjerrum(1973a)也是这样提议。但 Ladd 和 Foott(1974)却认为虽然改进的程序可以重固结样本超过原位压值，但仍会保留同样的超固结度和有效应力值。在保持土壤正常状态的情况下，他们的“SHANSEP”方法可以用来判定所需参数。

离岸情况下气体释放并溶解的问题要比陆上更普遍。当海洋土壤样本的气体释放时，物理和工程特性都会发生显著的改变。个体质量和饱和度将降低，强度和可压缩性将发生不可逆的改变。

Esrig 和 Kirby(1977)测验了原位饱和度和样本在大气压下饱和度的关系，如图 4-25 所示。并得出以下结论：

(a) 气体溶解系数的影响相对较小；

(b) 在室外船上饱和度超过 80%时，当水深超过 15 m 时，含有甲烷和空气的沉积物的原位饱和度会超过 90%；当水深超过 60 m 时，会超过 95%。

通过一系列有代表性的事例，Esrig 和 Kirby 用方程式来确定原位饱和度和室外饱和度为 60%和 80%的土壤孔压力。图 4-26 是在

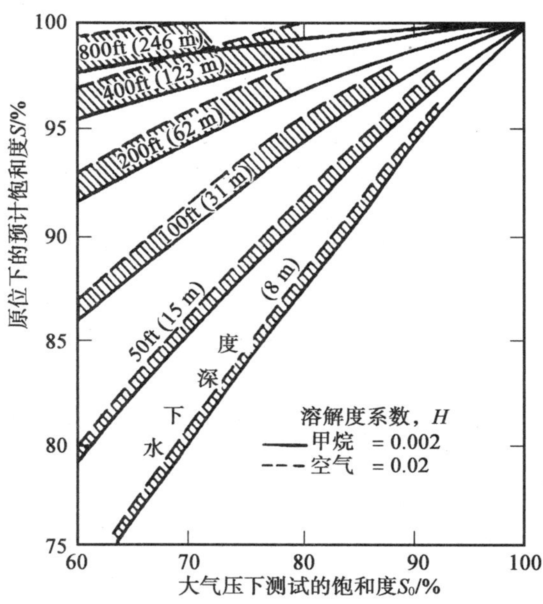

图 4-25 船上测试的饱和度与原位估计的饱和度的比较(Esrig 和 Kirby, 1977)

92 m 水深下的计算结果。在所有考虑到的情况下，原位饱和度都超过了 85%，这表明气体在原位状态下以气泡形式存在。那么可以考虑将饱和土壤的有效应力公式直接应用于原位饱和度大于 85%～90%的载满气体的土壤。换句话说，不必知道气相中的压力，就能用原位有效应力来判定总应力和孔隙水压力之差。

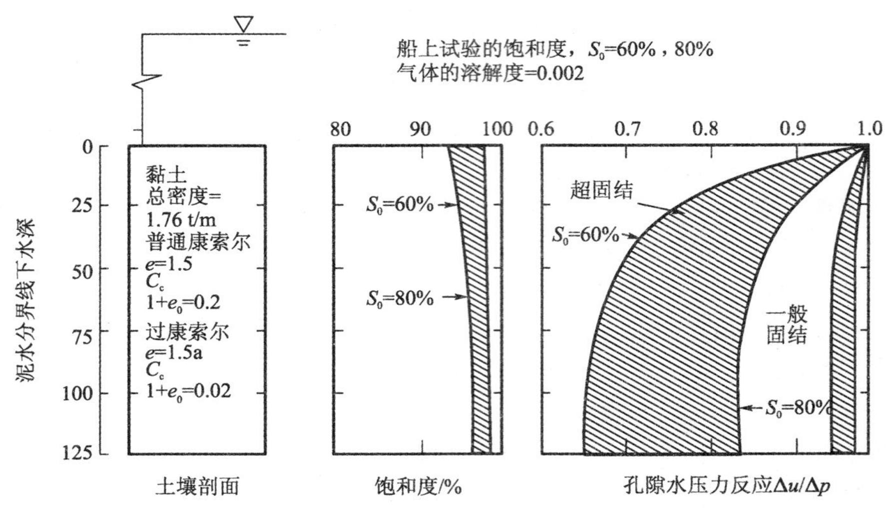

图 4-26 水下 92 m 泥水分界线下饱和度和孔隙水压力的变化

Esrig 和 Kirby 同时定性地考虑了载满气体土壤的取样和试验带来的影响。他们总结，由于约束应力的释放引起的气体膨胀，会导致测量的不排水强度值低于原位值。以下的 3 个建议是为了将这种影响降到最小：

(a) 取样后应尽快进行样本的强度试验；

(b) 在样本由于气体膨胀而排水前，应对管内的样本进行小型十字板试验；

(c) 样本需用 Ladd 和 Foott(1974)的“SHANSEP”程序来进行再固结。需要对原始垂向有效应力和原状土的超固结比进行初始估计。

总之，在确定海洋土壤的强度和形变值时，通过再固结程序，都能很好地降低取样受到的扰动带来的影响。无论是固结到预计的原位应力状态，还是到预计的原位应力比和超固结比，但后者不能应用于结构性土或黏合土，因为它们不呈现标准化的特性(Ladd 和 Foott，1974)。而且，这样的程序还有自身的难点，我们希望这种方法要比那些不能解释原位应力状态和之后土样预计应力路径的传统方法提供更加可靠的结果。

Andreson 等(1979)列出了一些能在良好的船上实验室中进行样本的取样、分类、测试、密封的前提。

(a) 由于取样过程和钻孔项目过程中的变化，为了能得到正确的决定，土壤条件应持续更新；

(b) 由于采用的是十分原始的土壤取样方法，所以应不断检测样本的质量，否则，部分土壤剖面的信息将严重丢失；

(c) 由于可能的天气恶劣和船只昂贵的日常费用，因实验室工作导致的钻孔和取样延迟是不允许的；

(d) 船上实验室的工作质量取决于对样本的正确描述和对船上样本的处理。

船上的土壤试验常常限制于常规的分类试验以及黏土不排水剪切强度的测定。25%的回收样本是用于船上试验，剩下的充足样本用于陆地实验室的各项试验。

从取样管中取出样本，记录对它的可见描述，如颜色、塑性、颗粒大小、构造和结构，以及样本的恢复度和取样时有线路捶的击打次数。大多数黏土样本需做天然水分含量和密度测定，对于选定的砂样本还需进行筛选试验来确定粒度分布。对于黏性土壤，通过无侧限抗压试验和不固结不排水三轴试验来确定不排水剪切强度。从实验室的十字板剪切试验，落锥试验手提式土壤贯入仪都能获得大致的评估。

Andresen 等(1979)提出一般应在船上取出样本，而不是把它们密封，然后到陆上再打开。但有一些在取出过程中需要特别照顾的土壤类型，比如无黏性土或软黏土，则最好把它们保存在取样管内。他们推荐把用于陆上的试验样本用塑料薄片和铝薄片描述并包装起来，管内填满不收缩的蜡。

4.5.2 陆上实验室试验

海洋土样可以做很多种类的实验室试验。大致被分为以下几种情况：

(1) 分类和地质试验。

(2) 渗透性试验。

(3) 一维抗压(压缩仪)试验。

(4) 三轴试验来确定：

  (a) 静态强度特性；

  (b) 静态应力-应变行为；

  (c) 循环荷载下的反应。

(5) 单剪试验来确定和三轴试验相同的特性。

(6) 共振柱状试验来确定动力特性。

在特殊的环境下，其他更精细的试验也会被使用，比如“真三轴”试验(Saada 和 Townsend, 1981)，扭转剪切试验(Lade, 1981)，空心圆柱试验(Saada 和 Townsend, 1981)和内部剪切试验(Johnston 和 Lam, 1984)。但这些试验是不常规的，所以这里不作详细介绍。

Andreson 等(1979)讨论过一些更适合于离岸土壤的试验仪器的应用，下面的大多数信息就是从这里引用的。

1. 分类和地质试验

常规的分类试验，包括确定分级和塑性，都是任何形式的实验室试验基本的先决条件。把未被扰动的样本切开并使它们变干也是非常有用的，因为这样可以详细地检测它的结构和成分(Rowe, 1972; Marsland, 1977)。

除了一般的分类试验外，地质试验也被用来判定物质的组成和结构。可能包括以下这些试验：

(a) 有机物含量；

(b) 碳酸盐含量；

(c) 薄片检测；

(d) X-射线衍射试验来判定矿物成分；

(e) 电子显微镜；

(f) 阳离子交换能力；

(g) 孔隙水分析；

(h) 生物地层学和古生物学；

(i) 利用放射性碳确定年代。

2. 渗透试验

必须要对渗透性试验的实验室方法与土层之间的相关性进行保存，因为在测试一些小型样本同时在原位试验时，如残留部分和薄的沙透镜体会对物体渗透性产生显著的影响。然而，在压密仪、三轴或简单剪切试验设备中进行固结试验的过程中，还是可以推导出渗透性指标的。

Andreson 等(1979)表示，当使用三轴仪器进行渗透性试验时，可以向孔隙水中应用背压来溶解所有气体。对于淤泥和黏土的固结无扰动样本，用背压测量的渗透值可能大于不用背压测量的渗透值的 25%。对于重塑弱饱和淤泥样本，由于包藏气所导致的水流延迟，不用背压测量的渗透值可能比用背压测量的小很多倍。对于相对高渗透度的样本，在使用比如不会在管和过滤石连接处提供过度水阻力的系统时要特别注意。

3. 压缩仪固结试验

Andresen 等(1979)表示，除了在使用高压进入过滤石外，黏土样本应该在干燥过滤石下重塑，在低荷载下，固结单元内没有自由水。这能防止黏土膨胀，同时也能避免从高超固结黏土下获得错误值的可能性。如图 4-27 所示，使用饱和水大幅度地增加了可压缩性，使固结前压强不明显。在样本所有开口的周围放置水饱和的棉絮条带和使用一个橡胶密封条，可以防止样本水分的蒸发。

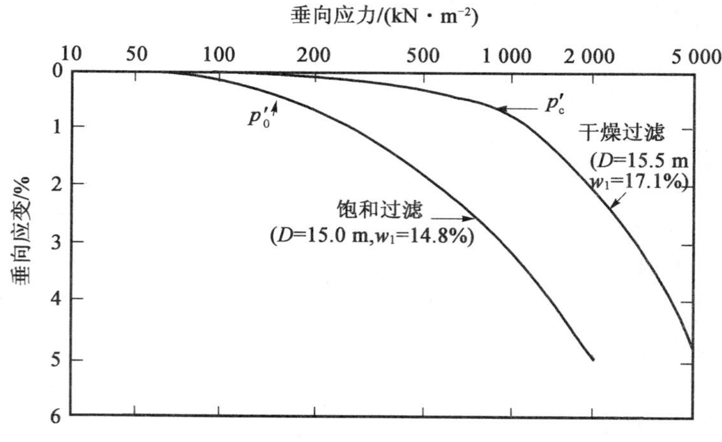

图 4-27 有和没有饱和水过滤石下的固结试验的比较

通过常规的 Casagrande 构造来确定固结前压强可能比较困难，因为取样扰动可能模糊一般固结和超固结行为之间的过渡。Andreson 等(1979)建议使用 Janbu 法，在同一标尺下绘制相对垂向有效应力的切线约束模量。他们同时建议，利用标准化剪切强度数据，来确定强超固结黏土的固结前应力。样本应被加载到预计的固结前应力，卸载到原位有效上覆应力，然后再加载到更高的应力。在无载前，过滤石呈水饱和，它的氯化钠浓度和黏土孔隙水里的氯化钠浓度大致相等。第二次再加载的参数与第一次加载的参数相比，可压缩性变低，固结系数变高，这与强超固结的沉降计算有关。

他们同时指出，每次加载增量的持续时间不能显著超过发生主固结所需的时间。对于北海的黏土，增量的持续时间一般在 1～2.5 h，因此一个完整的试验可能只有 2～3 d 来完成。

4. 三轴试验

Andreson 等(1979)介绍了安置黏土和砂石未扰动样本的过程。对于软性黏土样本(不排水剪切强度低于 50 kN/m^2)，两头都有过滤石，每个过滤石都有两个排水出口。如果使用粗糙的过滤石，为了避免样本从石头中吸收水分而膨胀，必须保持它们干燥。当使用高压进入值的石头时，石头的间隔处会填满空气；进入石头的大气压力必须高于样本内负压条件下的孔隙水压力。在作用了与样本初始阴极孔隙压力相等的细胞压力后，这些石头被水充斥。北海黏土的未扰动样本，这个值在接近零和大约 5 倍的有效上覆岩层应力间，取决于过饱和度、塑性指标和取样的受扰动程度。当无侧限排水时，样本经常受氯丁橡胶膜的限制，每个细胞都充满了液态蜡。压缩试验时，利用蜡和孔隙水之间的界面张力来阻止蜡进入黏土孔隙以及大气进入过滤石，这样避免在样本周围使用橡胶膜。端阻被认为是对软黏土影响很小的因素，因此不必考虑采取特殊的措施来减小阻力，除了循环荷载试验。

但是对于较硬的黏土，需要用磨光无锈的钢端板来减小阻力。然后把槽形过滤纸放在样本的各边并下至环形过滤器。在延伸试验时，过滤纸螺旋形地放置在样本周围用以防止纸张的张力。过滤纸在盐水中浸泡过，但在放置于样本上之前要把纸张表面的自由水都去除干净。为了避免样本的蒸发，强超固结黏土的放置需在一个高湿度的小橱柜内进行。为了有助于固结，需要在这些试验中使用辐射形排水系统，这也有可能导致样本的不均匀性。

对于不会在自重下倒塌的砂石样本，可以用与硬黏土类似的安置方式。排水通过底座中心的小直径过滤石进行，而不用过滤纸。砂石的重塑样本经常分层构建，每一层都是手筑的。雨水填充也经常使用，但可能不能产生十分高的密度。有时候也使用二氧化碳来提高饱和度。在取样前，作为基本准则，三轴试验样本固结时的有效应力应和它们在土壤中的应力相等。但是，Ladd 和 Foott(1974)提议了另一种“SHANSEP”程序，这种方法所得的固结应力远远超过原位固结应力，但保留了与原位试验一样的超固结值；如之前提到的那样，这个过程不能用于硬质黏土和敏感黏土。Andreson 等(1979)描述了使样本处于原位应力状态的固结程序。利用可用的实际数据，它包括了对预固结应力的估计和以此得到的静止状态下的超固结度和土压力系数 K_0。固结后最终的垂向和水平有效应力值是 σ'_{v0} 和 $K_0\sigma'_{v0}$，其中 σ'_{v0} 是原位垂向应力。这应该在理想化的正确应力途径下获得，首先在 K_0 条件下固结样本至与前固结应力相等的垂向应力下，然后允许其伸展(再次在 K_0 条件下)至原位垂向应力。Andreson 等(1979)建议在试验中应使用一个足够大的背压来使空隙压强参数 B 在静止试验时至少为 0.95，循环试验时至少为 0.97。对于软黏土，200 kN/m^2 的背压可能已经足够了，但对于硬质的黏土和密集砂石，背压值应该上升到 1 500 kN/m^2。

在进行三轴试验的剪切过程时，通过保持水平应力不变、垂向应力增加的情况下来进行压缩试验。经常用延展试验来维持径向应力，在不排水条件下，这个过程能得出和在维持垂向应力不变时的相同的径向应力鉴定值。图 4-28 所示为强超固结黏土的三轴试验和简单剪切试验的典型结果。三轴拉伸试验下的不排水剪切强度大约是三轴压缩试验下的 60%，平面应变和简单剪切试验的值是中间值。对于软性黏土，不排水压缩强度和拉伸强度的差异可能更大。第 5 章将讨论三轴压缩和伸展试验，以及平面应变(简单剪切)试验的有关应用。

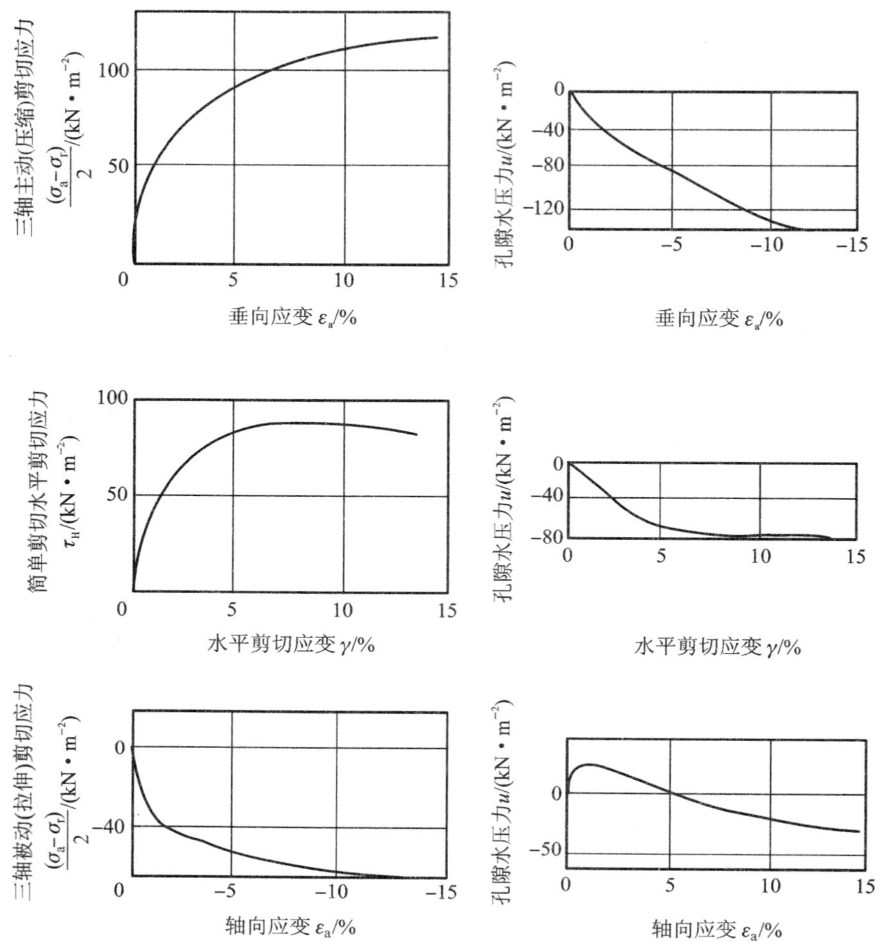

图 4-28　北海强超固结黏土样本的不排水试验结果；水深 5.2 m，初始含量为 24%～27%(Andreson 等，1979)

5. 实验室试验

正常情况下软黏土的应变率为每小时 0.75%，而超固结黏土通常为每小时 2%。孔隙水压力的测试经常在不排水试验时进行。

可以在静水初始有效应力状态下进行样本固结的多级试验。一般首先作用一个与原位平均有效应力 p_0' 相等的各向同性固结应力，样本在不排水条件下剪切趋向于破坏的情况。随后移走剪切应力，作用一个等于 $2p_0'$ 的固结应力。其后，样本再次被剪切，这个过程在固结应力等于 $4p_0'$ 下再重复一次。这个试验的主要目的是确定一个单独样本在大范围应力测试下的摩尔-库仑破坏包线。

6. 单剪试验

两种类型的单剪设备经常被使用，一种是 Roscoe(剑桥大学)型，一个四边形样本被铰链或者链接起来的刚性边界所包围，这样简单的剪切变形可以自由发生[图 4-29(a)]；另一种是挪威岩土研究所(NGI)设备，一个圆柱形样本被一条螺旋线连接在橡胶膜间闭合[图 4-29(b)]。单剪仪的主要缺点是来自样本的不均匀应力分布和侧面补充剪切应力的不足。确实，Saada 和 Townsend(1981)认为，单剪仪器不能保证给出可靠的应力-应变关系或者绝对破坏值，因此，至多用这种方法来进行描述性程度上土的对比。这个观点也被 La Rochelle(1981)接纳，尽管 Ladd(1981)以及 Lacasse 和 Vucetic(1981)都反对用单剪仪器作为有用的工具来测量土壤的强度和应力-应变属性。尽管有这些批评，单剪仪仍然被广泛地用来进行砂石和黏土的静态和循环试验，也提供了相当数量的关于土壤循环行为的可用实验室数据。

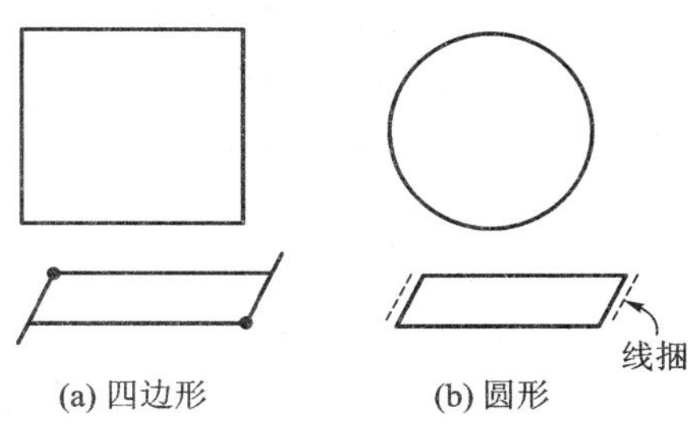

图 4-29 单剪设备的形式

大多数北海土壤的单剪试验是用 NGI 设备来进行的。样本首先在合适的垂向荷载下固结，然后被剪切，此时水平地移走顶部的过滤石，而保持底部的石头固定不变。

与三轴试验和压缩仪试验所给出的理由相同，样本应连同干燥的过滤石一起安置。当垂向应力足够大至可以避免样本膨胀时，用水冲刷石头。通常用相当于原位有效上覆岩层压力 σ'_{v0} 来固结样本。超固结样本首先固结至预计的前固结压力下，然后卸载到 σ'_{v0}。

然后进行排水或不排水试验。后者经常利用保持样本等高来进行，这可以通过水流控制和数据获取系统来自动进行。对于一个完全饱和的样本，定容试验时应施以与真实无扰动试验相同的强度。应变率一般在每小时 3%的切应变(对于软黏土)至 10%的切应变(对于高超固结黏土)(Andresion 等，1979)。水平切应变是通过顶部过滤石的水平移动来计算的，即相对于开始剪切时样本高度的百分值；水平切应力是通过被样本整体区域划分的作用于顶部过滤石的水平力来计算的。图 4-28 是排水单剪试验的一般结果与相关三轴试验的比较。

无论静止或者循环都应进行水平加载。在循环加载试验时，利用现代的工艺，频率、高度和脉冲调制都能在大界限内变化。应力控制和应变控制荷载都能应用。如果样本的数量十分有限，可以在同一样本上进行两种或者更多切应力(或位移)的多极循环。但是，在较高切应力水平下，多级循环的数据应慎用。第 3 章给出了关于土壤循环荷载行为的更多讨论。

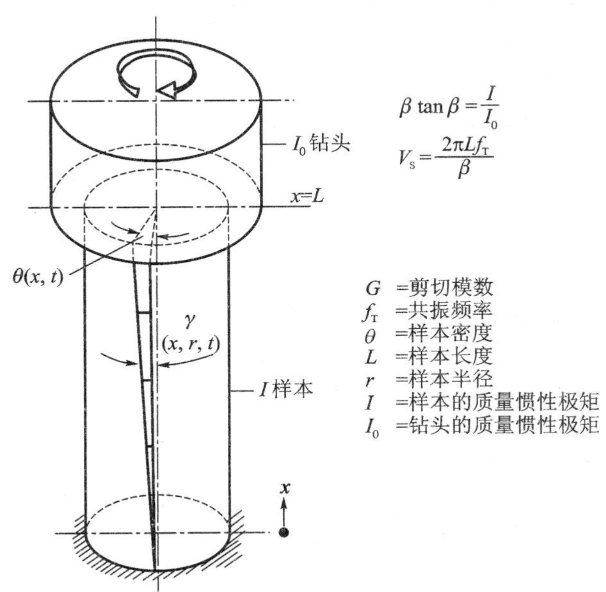

图 4-30 共振柱状试验原理

7. 共振柱状试验

共振柱状试验建立在棱杆中波传播理论上(Richart 等，1970)，并且提供了一种在大范围的实验室条件下确定海洋物质的动态属性(刚度、阻尼)的理想化方法。图 4-30解释了这个试验的原则。样本被固定在底部，并且在纵向和扭转振动下顶部能自由振荡。通过系在样本顶部的纵向和水平加速计来监测继而发生的运动，通过位移功能变换器来测量垂向高度变化。不断调整激发频率直到样本共振，样本的模数通过共振频率、样本的几何属性和加载设备计算。通过试验过程中的测试或者共振时切断驱动力后的自由振荡衰减曲线来确定阻尼。根据材料的类型和有效应力状态的不同,应变振幅可在很小值(如 0.000 1%)至很大值(如 1%)间变化。无论是实心或者空心圆柱体样本都可以使用。实心样本更易架起,而空心样本也有优点,比如在整个样本中应变发展几乎是一致的。

Woods(1978)以及 Davis 和 Bennell(1985)给出了这个试验更详细的细节。后者文献中对于海洋砂石的典型结果如图 4-31 所示。当阻尼比增大时,剪切模量显著降低,而动态剪切排水振幅却在增大。这些参数更详细的数据在 3.7 节作了介绍。

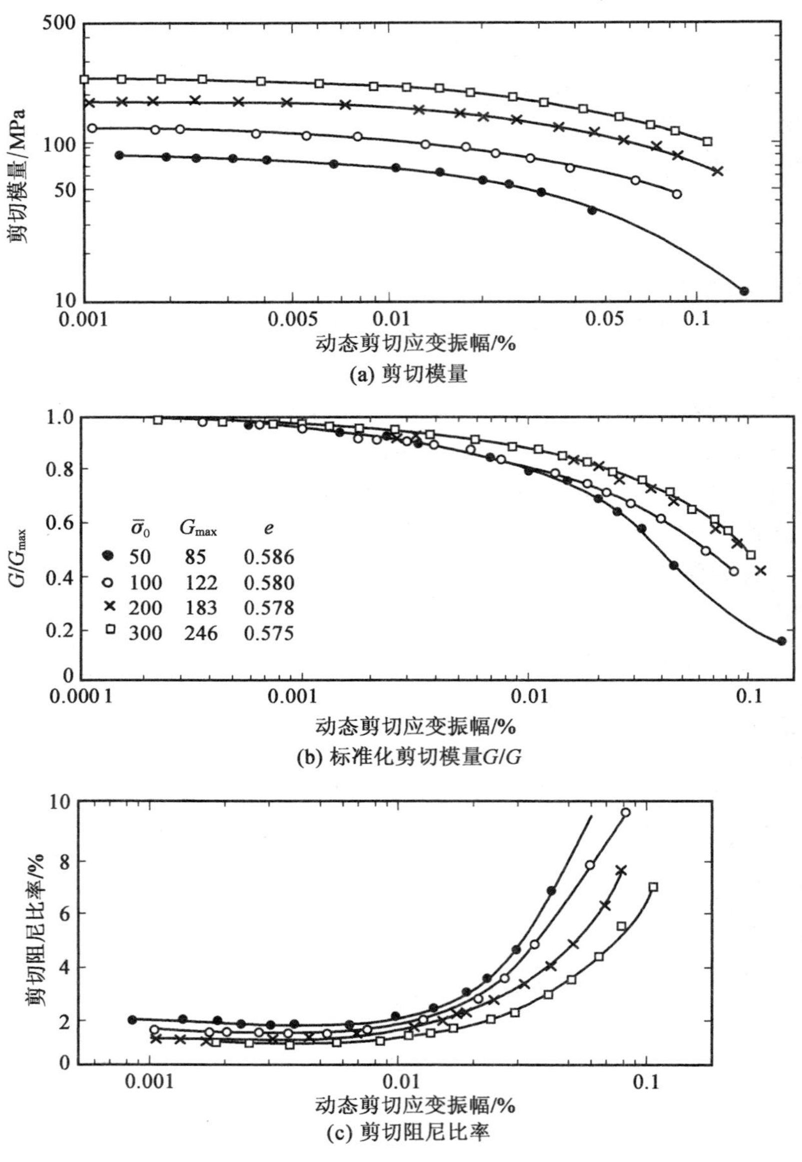

图 4-31 对于海洋砂石,剪切模量与动态剪切应变、有效应力下阻尼的关系(Davis 和 Bennell, 1985)

5 离岸重力式结构的地基

5.1 概述

重力式平台是与近海工业相关的新兴建造方案。1973 年 6 月，在北海上建成了第一座重力式石油平台——Ekofisk 钻油井(Ekofisk Ⅰ)，在此之后，又在北海和巴西水域上建成了多座海上平台。人们意欲开发利用北海的石油资源极大地刺激了离岸重力式平台的发展，包括其分析、设计、建造和使用等各个方面。因此，北海平台的技术发展与实践经验都在世界范围内产生了最权威的影响，这点并不让人感到惊讶。挪威岩土工程协会(NGI)在许多离岸重力式平台技术的发展中发挥着领导者的作用。迄今为止，尽管已经建成了一些重力式钢架结构的海上平台，但主要还是运用单基础混凝土结构来建造重力式平台。此外，有些例如在混凝土垫层上建造钢架模板的混合设计方案也已经发展起来了。

良好的地基环境对重力式结构来说是十分重要的。那些已经建好的海上工程，除了在某些情况下使用拖网移除巨石外，其他都不用对海床进行处理而直接建在高密度砂土或坚硬黏土之上。选择满足适当要求的基础，是设计重力式建筑结构时一个重要的组成部分。离岸式建筑地基板的尺寸与荷载分布条件和同类陆上建筑结构有显著差异，并且还必须解决一些额外的基础设计问题，尤其是结构受到周期性风暴潮荷载的作用后，其自身稳定和变形的问题。

本章将简单地介绍重力式平台的施工，并将论述海上平台必须进行的安全性分析，使其满足稳定和形变标准，包括：

(a) 基础稳定性；

(b) 沉降位移和永久位移；

(c) 周期性位移和动力效应；

(d) 管涌和侵蚀。

最后，将回顾一下现今已有与即将建设的重力式平台的特性。本章的许多材料载自 Eide 和 Andersen(1984)这篇优秀的文献综述。

5.2 重力式平台的施工、安装及仪器

5.2.1 施工

图 5-1 是混凝土重力式结构的施工顺序。欲建造重力式平台，需要一个有足够水深的施工现场，这点在进行甲板装配时尤为重要。并且，将建筑材料拖运至施工现场的路径也必须有足够的水深。根据天气情况的不同，在北海上施工过程中，运送建材的时间可达到一星期之多，而安装构建通常都在夏季进行。在施工过程中要考虑的因素有很多，其中最重要的是浮体稳定性、拖运时甲板的承载能力以及波浪荷载。在 Vos(1980)中也讨论了一些施工和安装阶段的相关问题。如图 5-2 所示，已有许多种基础断面形式被运用到工程中，其中球形拱顶结构的优点是能承受更大的接触应力，并能在压力作用下挤入泥土中；悬壁板结构在抗波浪荷载和冲刷方面有较大优势。

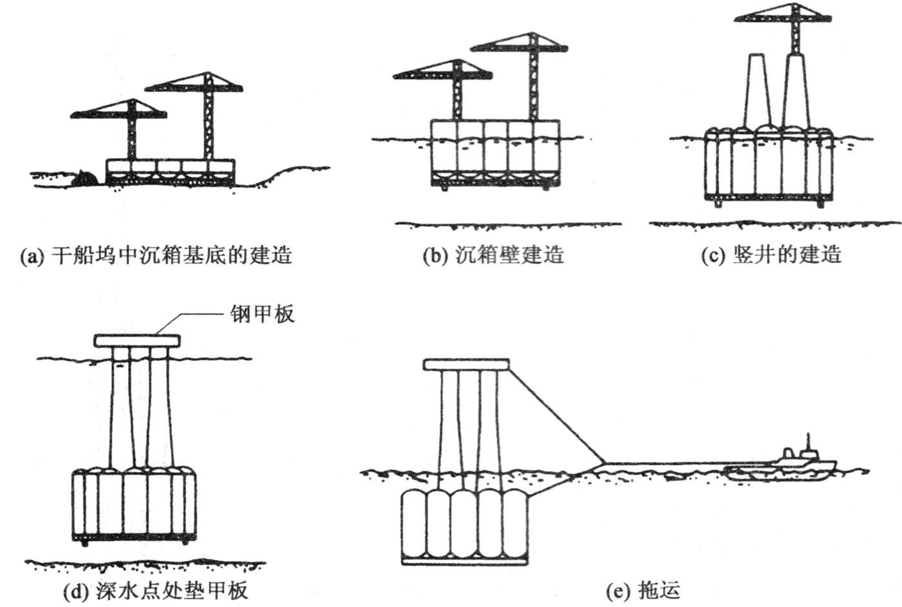

图 5-1　混凝土重力式结构的建造顺序(Mo，1976)

围裙系统的设计是十分重要的，它能调节重力式平台以适应现场和泥土条件。围裙系统的作用如下：

(a) 它能限制表层的软土，并把荷载传到更坚固的土层上；

(b) 它能改善施工边界的水力条件，减少冲刷的危害；

(c) 它能使基础区域的灌浆更容易。

销钉常被用来在裙板结构入土过程中保持平台位置，防止触底时损坏钢质裙板，防止滑动。图 5-3 是一些典型的北海平台裙板及合缝钉的样式。

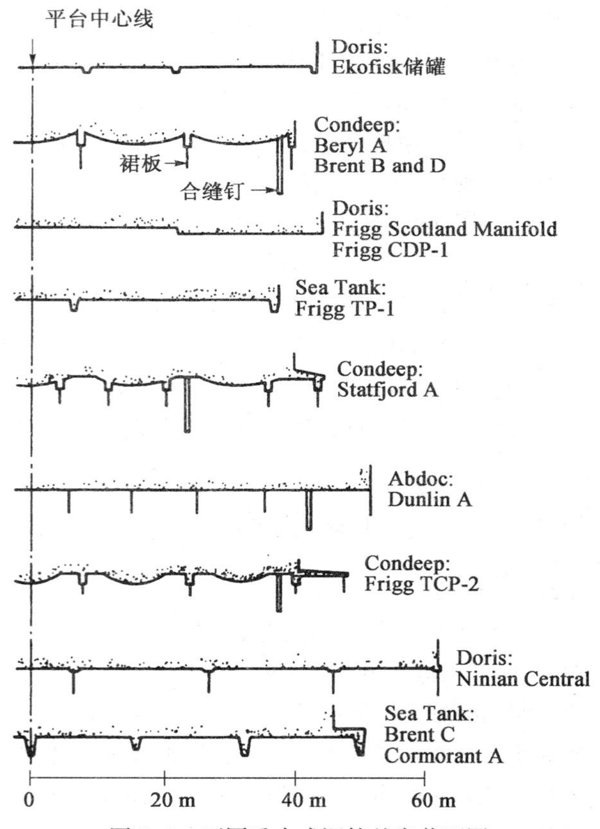

图 5-2　不同重力式沉箱基底截面图
(Eide 和 Andersen，1984)

5.2.2　安装

海上平台的安装过程是从浮动状态经过灌浆(如把水注入不同孔室内)直至最终位置来实现的。由以下 5 步骤组成：

(1) 定位。对于无支撑的平台，通常要求其中心在目标位置 50 m 的范围内，并且方向角偏差在±5°以内。

(2) 触底。平台的最低点碰到海底，同时合缝钉及裙板开始插入土中。触底过程由安装在合缝钉上的仪器或类似系统纪录。

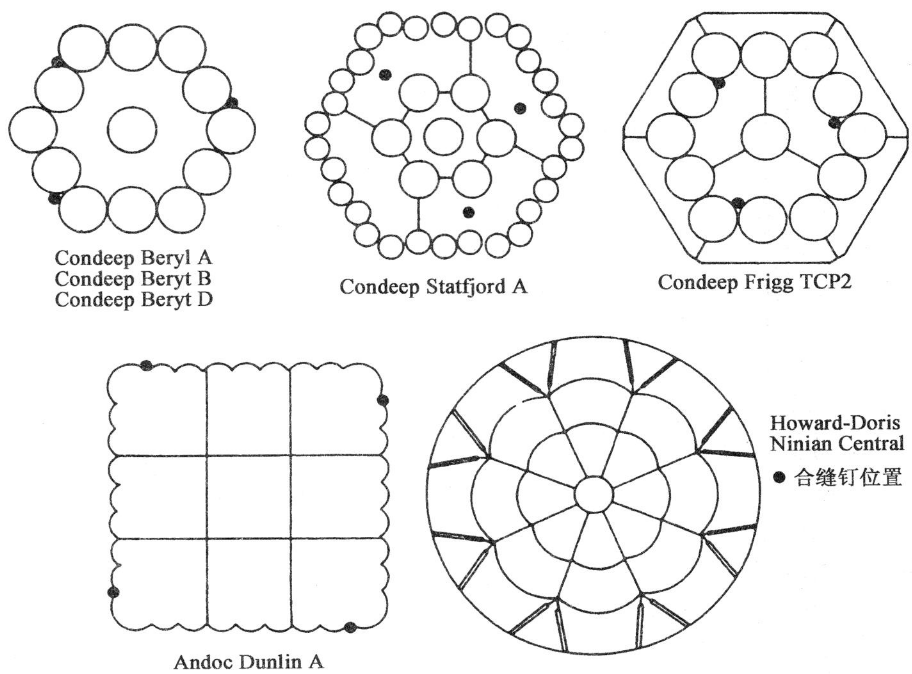

图 5-3 一些混凝土重力平台钢质裙板的几何图形(Eide 和 Andersen, 1984)

(3) 裙板穿透。要达到垂直的穿透,必须计算裙板抗穿透性,并估计偏心压载的需要。在这些计算中常运用的是圆锥体模型穿透试验(Eide 和 Andersen, 1984)。裙板穿透时要注意防止裙板下的管涌并保持平台竖直。要防止管涌,就必须用排水系统把裙板各隔间内的水排走。要达到这一目的,可以用大管道直接把水排入海中,或在裙板不同高度上凿孔,或者把水直接从隔间排入孔室内(这一技术在最近的工程如 Condeep 平台中得到运用)。一些海上平台的每个裙板划分区域的水压可以独立控制,这就允许当灌浆引起的穿透率为 0 时仍能加压或抽水。这一过程也能把倾斜的平台扶正。

(4) 基础固定。对于 Condeep 平台来说,这一阶段尤为重要。因为它有球形穹底,需要采用专门仪器来检测基底的接触应力以确保不超过允许值。压载停止后,就开始灌浆。

(5) 基底灌浆。海床和基底之间空隙的灌浆。目的是:

(a) 防止基础进一步插入海床,并保持平台水平。

(b) 保持底板土压力一致,在持续压载或环境荷载下防止结构部分过载。

(c) 避免由于环境荷载造成从基础底管涌。对于不规则或倾斜的海床,灌浆尤为重要。发生位移的裙板排水及多余的灌浆能直接入海或通过一个用来监测灌浆质量的阀门(Boon 等, 1997)。这一阶段通常需要一个星期来完成。

5.2.3 设备测试

对重力式平台进行设备测试通常是出于以下两个原因:

(a) 确保正确安全的安装;

(b) 检查日常运行的性能。

DiBiagio 等(1976),DiBiagio 和 Hoeg(1983)对设备测试的步骤和测试装备给出了详细的讨论。

在安装过程中，有以下几个控制指标：

(a) 位置。由声学传感器或电子测距仪测定。

(b) 吃水。从基底附近的海水压力测量。

(c) 基底净空。用回声传感器和专用机械设备测量。

(d) 合缝钉的轴向压力和弯矩图。由变形测试仪表测量。

(e) 不同房间中的水位。由压力传感器测量。

(f) 倾斜度。由双轴测倾仪测量。

(g) 裙板隔间的水压。有各种压力传感器测定。

(h) 圆形穹底的接触应力。由土压计测量。

(i) 穹底上的总荷载。通过对预应力钢筋的张力测量。

(j) 短期沉降。通过一个具有平台接收器和海底传感发射器的封闭水利系统测量。

另外，在裙板贯入时，通过水下装置沿着基底边缘进行检查。以获得视频资料，为平台上的实时检查提供数据。

在操作阶段执行检测工作，需要记录以下几点：

(a) 裙板水压。用来研究排水系统的效果。

(b) 土压力。用来研究固定、活动荷载的分布。

(c) 长期倾斜。通过倾斜仪及甲板上的光学水准仪测量。

(d) 沉降。通过与 50～60 m 深处的参考点相关联记录。

(e) 平台基础下土中不同水位的空隙水压力。

(f) 在沉箱及甲板处的加速度。

(g) 长期水平位移。

(h) 平台附近海底可能的冲刷。通过潜水艇观测。同时可以安装参照杆帮助观测。

表 5-1 和表 5-2 归纳了 Statfjord B Condeep 平台上安装的仪器。

一些测量结果和与预测的对比将在 5.6 节中讨论。

表 5-1　监测安装所需仪器；Statfjord B Condeep 移动平台(Eide 和 Andersen，1984)

项目	仪表数	种类
波高	1	Waverider 测波仪
风向和风速	1	风速仪
确切的拖运路径	3	侧扫声呐
富余水深	4	测深仪
吃水	2	压力感应器
触底	4+[4]	压力感应器
穿透深度	5	专门仪器
基底下水压力	10+[10]	压力感应器
倾斜度	2	伺服倾斜仪
压载水位	43	压力感应器
短期沉降	1+[1]	压力感应器
总计	76+[15]	

注：括号内数字表示冗余仪器。

表 5-2 监测运行所需仪器;Statfjord B Condeep 移动平台(Eide 和 Andersen, 1984)

项目	仪表数	种类
风速和风向	1	风速仪
倾斜度	2	伺服倾斜仪
长期沉降	2	信号灯杆
基底水压力	10+[10]	压力感应器
孔隙水压力	10+[10]	压力感应器
潮汐变化	1+[1]	压力感应器
塔顶塔底应变	16+[16]	应变片
斜桁架应变	14+[14]	应变片
线性加速度	4	伺服加速度仪
角加速度	5	伺服加速度
总计	65+[51]	

注:括号内数据表示冗余仪器。波浪数据从附近平台处取得。

5.3 稳定性分析

5.3.1 简介

一个重力式结构的稳定性完全取决于基础抵抗在使用中及最大风暴条件下荷载的能力。和管架型结构相反,重力式的基础设计是不可能改变的,因为重力式结构基础垫层是最早完成的结构部分。因此其稳定性分析十分重要,这能确保基底土有足够能力瞬时支撑结构的全部重量以及由环境荷载引起的周期性力。

稳定性分析可归纳为两种不同的方法来推求:第一种是用相对简单的方法简化可行性研究;第二种则更精确,用来支持最终设计方案。但二者都必须考虑以下因素:

(a) 水平力和力矩很大,比大部分陆地上的结构大。

(b) 波浪荷载周期一般为 10～20 s,这可能会引起动力(迟钝)效应。不排水抗剪强度,也可能会被相对较快速率的荷载影响。

(c) 泥土在结构重力的作用下会固结。不排水抗剪强度会受影响,这取决于在设计风暴来临前的固结量。

(d) 在设计风暴影响下,固结和排水效应会影响泥土的强度。同样,较小的设计风暴会使得孔隙水压随后消散。由此引起预剪力,影响泥土强度。

(e) 波浪引起的周期性荷载可能会引起周期后静力强度的减弱,也可能造成周期荷载中泥土强度小于原先原始稳定强度。

因此,很明显,对于稳定性分析中抗剪强度值必须根据相关周期荷载的作用而确定。

通常至少有 3 种通用设计思路来进行稳定性分析:

(a) 总体安全性因素方法。其中计算极限荷载必须以一定比例大于设计荷载(一般在离岸条件下乘以系数 1.5～2)。

(b) 部分安全性因素方法。其中泥土强度要根据材料系数减小(一般是 1.3)。以考虑非确定因素对土性能的影响。考虑到与荷载效应相关的不确定性,环境荷载要根据荷载因素放大(一般是 1.3)。计算最大荷载能力(用减小的强度比例)必须等于或大于乘以系数后的荷载。

(c) 概率方法。其中泥土强度及应用荷载的未知因素被量化并被用来确定一个失败的概率,其值必须小于一个预先确定的值。

现今欧洲实践中遵循第二种方法。一般的实际工程中还没有全部使用概率方法的先例。

这部分将考虑基础稳定性的决定性分析,这通常与总体或部分安全因素分析一起使用。首先是考虑设计风暴的组成,接着通过较简单方法描述预估的稳定值。之后进行更精确的分析,这适用于细节设计。其中将对泥土参数的确定进行讨论,然后再对离心机测试作一个简单的评价。

5.3.2 设计风暴荷载

海上平台必须在经受风暴中的周期荷载后仍能满足设计应力的要求。在北海,通常假定设计风暴持续时间为 6 h,设计波浪在风暴结束时到达,而这时周期荷载对泥土强度的影响是最大的。对于不同的持续时间,风暴的组成各不相同。这些数据来源于 Hanteen(1981)以及 Eide 和 Andersen 的报告,正如表 5-3 所示。

表 5-3　不同风暴周期的风暴组成(Hansteen, 1981)

持续 3 h		持续 6 h		持续 24 h	
周期编号	最大力百分比	周期编号	最大力百分比	周期编号	最大力百分比
1	100	1	100	1	100
2	95	2	96	2	96
4	88	4	89	4	91
8	81	8	82	8	86
15	74	15	77	15	81
30	67	30	70	30	76
50	59	50	64	50	71
90	51	90	58	90	66
200	41	200	49	200	60
500	23	500	37	500	52
		900	20	900	44
				1 800	34
				3 600	19

Smits(1980)提出了一种稍微不同的设计风暴的组成。这一方法选择了极限风暴 8 h 的峰值期,其中包括了大约 2 000 个平均频率为 0.07 Hz 的周期。不同应力比率对应的周期数量可以根据波高的 Rayleigh 概率分布获得(假定波浪荷载与波高成比例),若把风暴荷载按大小分为 10 个区间,其相应的周期数也就决定了,如表 5-4 所示。最大的周期性应力水平 $\tau_{c\max}$,对应于可能的最大波浪力,这在一个设计风暴中只出现一次。

表 5-4　设计风暴组成(Smits, 1980)

α	0.1	0.2	0.3	0.4	0.5	0.6	0.7	0.8	0.9	1.0
N	325	450	475	350	225	110	45	15	5	1

注:N=水平处的周期数;$\tau_c = \alpha\tau_{c\max}$。

对于一般的重力式平台，由波浪引起的倾覆力矩的峰值、竖直荷载及水平荷载相位相差为90°。即当力矩和水平荷载为零时，竖直荷载为最大值；而竖直荷载为零时，力矩最大，水平荷载最小。然而，值得一提的是，如果重力式基础被用来系泊张力腿式平台，那么相位关系就不同了(Prindle, 1985)。关于离岸建筑物波浪荷载确定的详细分析超出了本书的范围。但是，这一问题由 Hogben 等(1977)，Tickell 和 Holmes(1978)，Garriso(1978)，Zienkiewicz 等(1978)做了详尽的讨论。

5.3.3 简化分析

在设计的初期，需要一个可用的简单程序用来评估重力式结构位置的合适程度，并且比较拟用结构的性能。稳定性必须体现以下两个方面(Eide, 1974)：(a)基底的垂直承载能力；(b)基底的抗滑能力。另外，还要考虑基底倾覆的可能性。

1. 承载能力分析

承载能力的一般方程(Vesic, 1975a)给出了一个用来确定基底垂直承载能力的通用方法，假定垫层土断面可定性为均质材料。这个公式考虑的影响因素有基底形状、入土深度、荷载的偏斜、荷载偏心距及土的压缩性，表示如下：

$$q_u = (s_c d_c i_c \bar{c}_c) N_c c + (s_q d_q i_q \bar{c}_q) N_q \sigma_{vb} + (s_\gamma d_\gamma i_\gamma \bar{c}_\gamma) N_\gamma \frac{\gamma B'}{2} \tag{5-1}$$

式中，s_c，s_q，s_γ 为形状因子；d_c，d_q，d_γ 为深度因子；i_c，i_q，i_γ 为荷载偏斜因子；c_c，c_q，c_γ 为土壤压缩因子；N_c，N_q，N_γ 为承载能力因子；c 为泥土的黏性(内聚力)；σ_{vb} 为基底处垂直超载压力；γ 为土的容重；B' 为基础有效宽度；q_u 为一个假定作用于有效区域的允许荷载倾角和弯矩荷载，根据 Meyerthof(1963)，减小面积的形心与在基底上的合力作用的点一致。

但我们必须认识到，当承载能力的一般方程运用在非均质土上受倾斜偏心荷载作用的基础上时，就不那么可靠了。Giroud 等(1973)提供了一种解决均质土层问题的备选方案。然而，即使最初是均质的土壤，在周期性基础荷载作用下也会发生空间上的强度改变，因此导致土不再均质，所以在运用公式(5-1)时必须谨慎。

图 5-4 表示了承载能力因子 N_c，N_q，N_γ，而表 5-5 给出了形状、深度和荷载倾斜的修正因子。泥土压缩因子 $\bar{c}_c$(对于 $\varphi = 0$)，$\bar{c}_q$ 和 $\bar{c}_\gamma$ 如图 5-5 所示。并且根据一个缩减刚性指数 I_{rr}(Vesic, 1975a)，定义如下：

$$I_{rr} = \zeta_v I_r \tag{5-2a}$$

其中

$$I_r = rigidity\ index = \frac{G}{c + q \tan\varphi} \tag{5-2b}$$

式中，*rigidity index* 意为刚性指数；G 为抗剪模量；q 为破坏区域的平均一般应力。

$$\zeta_v = \frac{1}{1 + I_r \Delta}$$

Δ 为在塑性区域的平均体积应变；I_{rr} 随应力强度和荷载属性变化而变，其值大于 250 是相对不可压缩土，小于 20 时为典型可压缩土。土压缩性的影响在高压下的砂土及可压缩或坍塌土(如石灰质砂和粉砂)中最大。

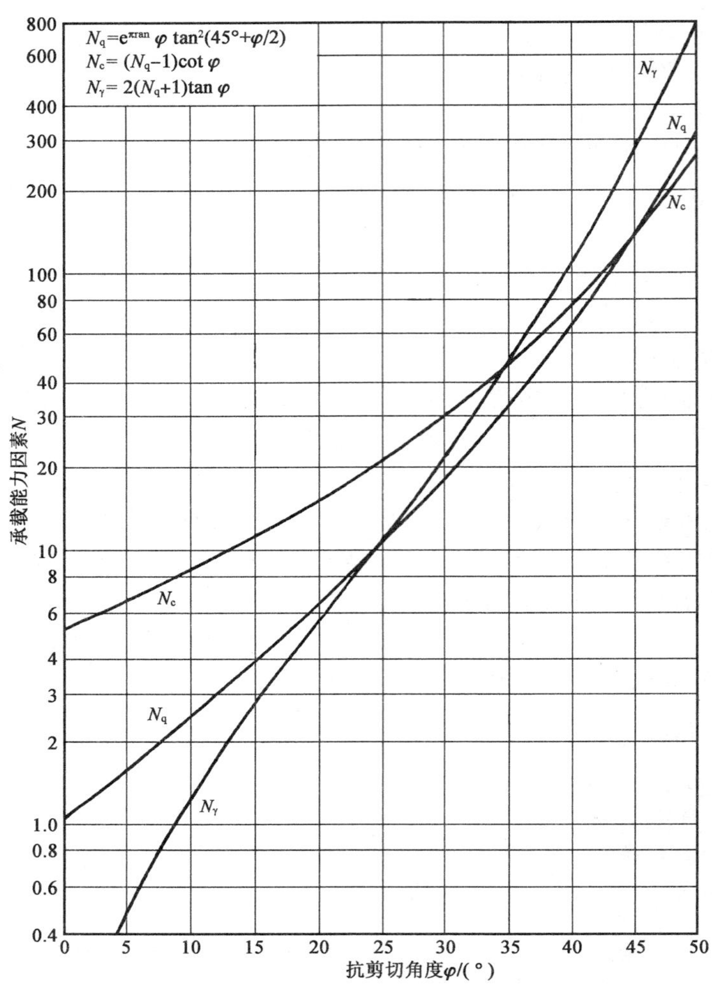

图 5-4 潜基础的承载能力因子

表 5-5 **承载能力修正系数(根据 Brinch Hansen 1970)**

(i) 形状因素			
基底形状	s_c	s_q	s_γ
长条形	1.0	1.0	1.0
矩形 ($B\times L$)	$1+(B/L)N_q/N_c$	$1+(B/L)\tan\varphi$	$1-0.4B/L$
圆形和正方形	$1+N_q/N_c$	$1+\tan\varphi$	0.6
(ii) 镶嵌因素			
D/B	d_c	d_q	d_γ
≤1	$d_q-\dfrac{2-d_q}{N_c\tan\varphi}\quad(\varphi>0)$	$1+2\tan\varphi(1-\sin\varphi)^2D/B$	1.0
	$1+0.4D/B\quad(\varphi=0)$		
>1	$d_q-\dfrac{1-d_q}{N_c\tan\varphi}\quad(\varphi>0)$	$1+2\tan\varphi$	1.0
	$1+0.4\arctan D/B\quad(\varphi=0)$	$(1-\sin\varphi)^2\arctan(D/B)$	

（续表）

（iii）倾斜度因素		
i_c	i_q	i_γ
$1-\dfrac{mH}{B'L'cN_c}$ $(\varphi=0)$	$\left(1-\dfrac{H}{v+B'L'c\cot\varphi}\right)^m$	$[i_q]^{(m+1)/m}$
$i_q-\dfrac{1-i_q}{N_c\tan\varphi}$ $(\varphi>0)$		

注：D 为镶嵌深度；V 为竖直荷载；H 为水平荷载；

$m=\dfrac{2+B/L}{1+B/L}$，如果荷载朝短边方向倾斜 B；

$m=\dfrac{2+L/B}{1+L/B}$，如果荷载朝长边方向倾斜 L；

B'，L' 分别为基础的有效宽度和长度，允许任何偏心荷载。

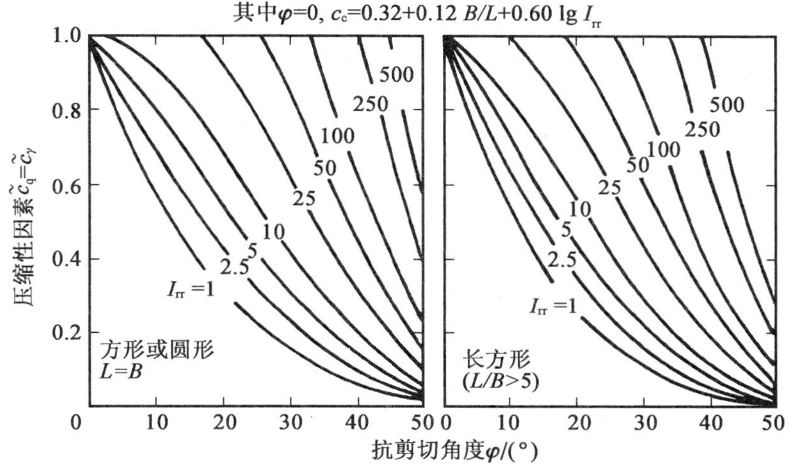

图 5-5　理论压缩性因子（继 Vesic，1975）

通用公式（5-1）给出的结果可以用来反应对层状泥土断面（Vesic，1975a）和黏土的承载能力的影响因素，它们的不排水强度随着深度增加而增大。对于后一种情况还可以用 Davis 和 Booker（1983），Salencon 和 Matar（1983）提出的方法。

在不排水条件下，若进行总应力分析将十分方便。其中泥土强度参数 c 和 φ 是不排水（或有效）值，γ 是全部容重，等式（5-1）中的 σ_{vb} 是全部超荷载应力。在排水条件下，必须进行一个有效的应力分析，其中 c 和 φ 是排水（或有效）值，σ_{vb} 是在基底处的有效超荷载应力。对于分析中用到的强度参数的进一步讨论将在 5.3.4 中给出。

2. 抗滑能力的确定

Young 等（1975）定义了许多种滑动破坏的可能形式，如图 5-6 所示，包括：

（a）独立裙板构件的被动楔形破坏（图 5-6a）；

（b）独立裙板构件的深被动破坏（图 5-6b）；

（c）基础经过各裙板末端平面的滑动（图 5-6c）。

每一种模型都应用传统的力学理论考虑，取各种模型得出的最小值为抗滑能力。临界模型主要取决于裙板高度、裙板构件的间隔和方向、竖向基础净荷载、泥土断面强度特性和泥土表层下可能存在的薄弱层。

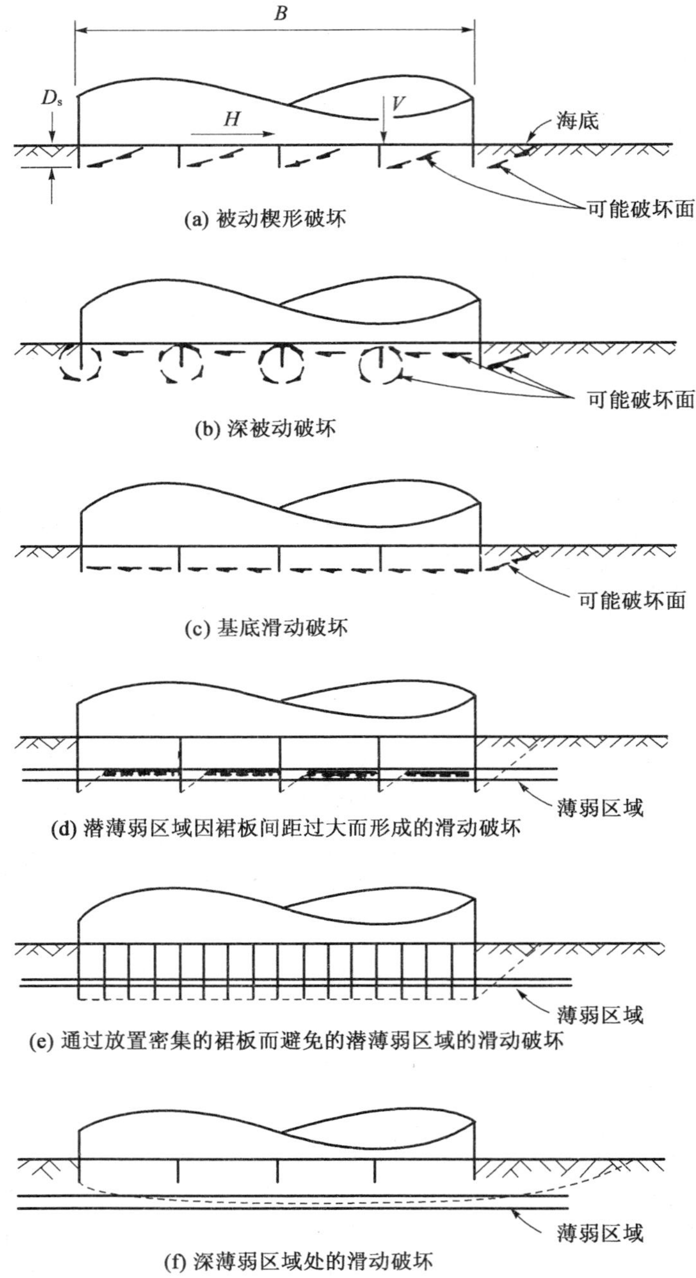

图 5-6 抗滑能力的几种破坏模型(Young 等，1975)

3. 总体稳定性的评估

从前面对承载能力和抗滑能力的分析，可以导出每种模型破坏时水平、竖向荷载的关系。对于更深程度的模型，倾覆破坏也可考虑。在这一情况下，结果导出的竖向反作用力必须作用在基础有效面内。每种模型的临界荷载组合都描绘在一个坐标图上，如图 5-7 所示。为保持稳定，作用荷载在图上的坐标点必须在破坏曲线内。同时，我们需要注意如果常规安全因子方法被采用，总体安全因子将发生变化，这取决于潜在破坏荷载路径。通常认为一个纯粹的垂直荷载路径的安全因子要大于一个纯粹的水平荷载路径的安全因子。

5.3.4 极限平衡分析

极限平衡分析法是一个更加全面(但仍然是近似的)的用来分析重力式平台稳定性的方法。采用非圆弧滑面这一方法是针对重力式平台发展起来的,如图 5-8 所示,Lauritzsen 和 Shjetne(1976)作了描述。基底被简化为等同面积的矩形,垂直荷载被施加在有效区域上,基础允许力矩如 Meyehof(1953)描述的那样(见 5.3.2 节)。水平力分布在整个基础区域上,同时也考虑到滑动面在裙板间上升的可能性。一个半静态分析法被用于分析设计波浪引起的力。同时,如果把静态波动力与动态放大因子相乘,动力(惯性)作用是允许的。而这一因子取决于平台-泥土系统的动态特性。动态放大量对于当前北海平台来说相对较小(大约10%),但在更深水域或其他土质条件下可能会更大。

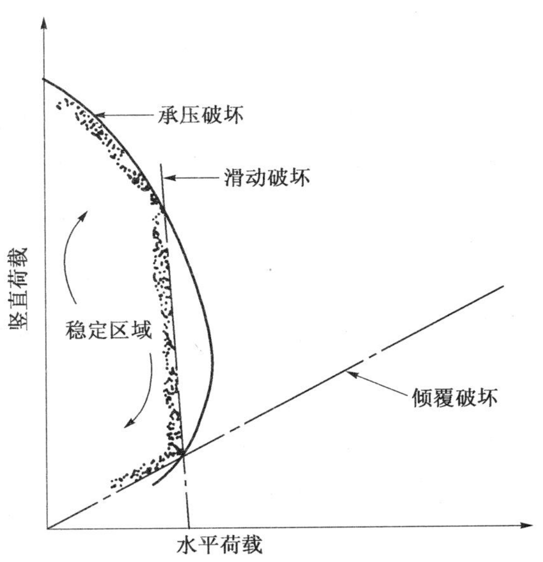

图 5-7 稳定系数的相互影响(Young et al., 1975)

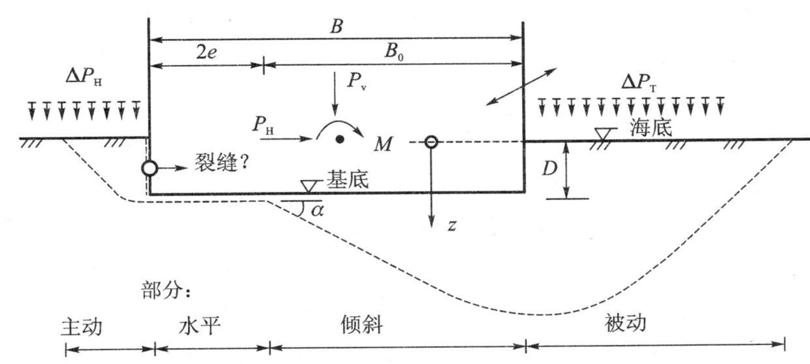

图 5-8 滑动面法的原理(Lauritzsen 和 Schjetne, 1976)

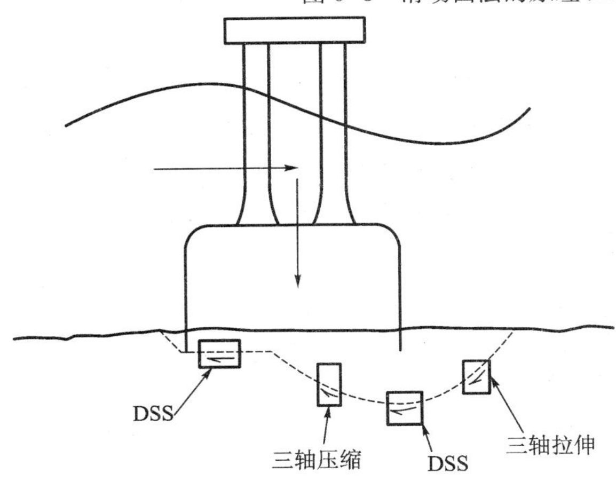

图 5-9 重力式平台下沿可能破坏面的典型部分(Eide 和 Andersen, 1984)

由于设计波浪持续时间短,对于在黏土上的平台适合采用不排水条件,同时进行一个全面应力分析。泥土强度应该从与原位状态有着类似应力及荷载条件的样本中测得。图5-9所示的是对应于平台下方不同位置处合适的试验室条件。对砂质土,如果依靠高不排水抗剪强度是不明智的,因为高抗剪强度依赖于很大的负孔隙水压力,可能会有局部消散。在这种情况下,使用与在 in-situ 条件下相关的孔隙水压力的有效应力分析更合适。下面给出关于剪切强度参数更详细的介绍。

5.3.5 稳定分析中的剪切强度

在进行稳定性分析时，应容许一定的周期性荷载对泥土剪切强度的影响。第3章详细介绍了对黏土和砂的影响，并且表明了在周期变化下超静水压力的产生会导致在不排水条件下泥土的强度有一个总体的降低。这一降低又产生两个后果：

(a) 在持续的周期作用下，泥土结构会遭到破坏，除非周期性剪应力相对较小。在特定周期次数下破坏发生时的周期性剪应力称为泥土的周期强度。很明显这不是一个材料常数，而是和周期循环次数、泥土种类、超固结比率和初始应力状态有关。周期强度的表示如图3-25和图3-33中曲线所示。

(b) 如果周期循环在泥土结构破坏发生前停止，周期性荷载将会影响静态强度，其值会随着单独静荷载而改变。如图3-34(a)所示，静态荷载值会减小。这个减小比有效应力的减小率小，这是因为静态应力破坏路径的形状，改变倾角，并且减少值取决于周期循环时的平均剪应力、周期性剪应力的振幅和周期次数。对于黏土，缩减量取决于早先的周期性应变[图3-34(a)]。

相应地，两种稳定性分析的方法由此产生，一种基于周期性剪切强度(Foss等，1978)，另一种基于在周期性荷载作用下缩减的静态强度。后一种方法被广泛运用于早期北海平台的设计中，在假定波浪力在风暴停止后到达的条件下，还包括依靠单个特征波浪力的安全因子的计算。对于黏土，现在开始用静态强度来表示泥土强度了，静态强度用来说明在风暴中其他波浪的周期性荷载作用。局部安全因素方面通常应用以下几个指标(Eide和Andersen，1984)：

(a) 对风暴波浪的荷载因素(不是设计波浪)＝1.0；

(b) 对单特征(设计)风暴波浪的荷载因素＝1.3；

(c) 对不排水条件下剪切强度的材料因素＝1.3。

因此，不排水剪切强度和设计应力中的不确定性是需要考虑的，但是没有一个因素能用来表示出风暴中波浪引起的应力中的不确定性。其中风暴中的波浪决定了泥土的周期性应力，并由此引起不排水剪切强度的减小。Andersen等(1982)已经调查研究了由一场风暴引起的所有应力(不仅是设计应力)中不确定性的结果并得出以下结论：当在进行基于静态强度在周期性荷载作用下衰减的稳定性分析时，安全系数绝大多数取决于黏土的超固结比率。对于高度超固结黏土，安全系数低，波浪力的小幅增加也会引起抗剪强度的大幅降低。而且，荷载比率对强度的影响对于高值的 *OCR* 的土来说并不关键。因此，在这类泥土中几乎没有因荷载率作用而引发的安全问题。

由于泥土强度减小对波浪力的改变十分敏感，也就是破坏前的循环剪应力。现在认为基于周期性剪切强度的稳定性分析能更好地解决波浪中的不确定性。这种分析已经越来越多地运用于(包括使用这些折算静态剪切强度的情况)北海最近的平台设计中。这一方法中，材料因子(同样，取1.3)被运用在周期性剪切强度，同时在来自风暴中所有的波浪力中运用一个适当的荷载因子，而不仅是运用于单一设计波浪中的力。因此，例如在图3-55中纵坐标是周期应力，并且它的一般值应除以1.3，而风暴应力应乘以选中的荷载因子。

Eide和Andersen(1984)指出，这一周期性强度分析将会提高到一个更符合实际的安全水平，独立于超固结率，同时他们也建议，当波浪力是主要驱动力时不仅要使用折算静态强度分析，还应使用周期强度分析。而且，周期强度方法更接近现实，既可以用于黏土也可以用于砂土。

5.3.6 固结作用的影响

在确定固结作用对稳定性影响时，需要考虑以下3个方面：

(a) 平台自重作用下的固结；

(b) 由先前的风暴、随后的固结和超孔隙水压力的消失引起的周期荷载；

(c) 在风暴过程中可能形成的固结。

对于砂质沉积层上的平台，在安装之后，由平台自重作用下产生的固结将相对较快发生。因此，可以给出合理的假设即在设计风暴来临前固结就完成了。对于黏土，固结慢得多，通常假定在黏土中，设计风暴到达时，很可能还未发生任何程度的固结作用。但是，一些在北海夏季较早时安装的海上平台是按照在风暴到来前有 3 个月为固结期的假定条件下设计的。固结的量及相应的有效应力的增加可以通过传统固结理论计算。同时把三维空间排水影响和各向异性渗透的可能性也考虑了。以上两种情况都会在实质上增加固结率(Davi 和 Poulos，1972)。

以前的风暴引起周期应力和排水，将影响泥土在之后不排水风暴荷载下的性状(见 3.2.5 节)。对于砂质土，重复循环的荷载加上排水很可能会减小形成之后周期性应力引起的超孔隙水压力。对于有较高渗透性的砂，主要排水可能发生在风暴开始时，因此在风暴的开始阶段，可能会发生有益的周期荷载和排水。对于黏土，周期荷载和排水在形成正常固结黏土时是有益的。Eide 和 Andersen (1984)认为，对于超固结黏土，平台自重引起固结的正面作用大于二者的负面作用。他们认为这些影响对黏土上的平台比对砂上的平台更不重要。

在设计风暴期间，如果平台建立在黏土上，不排水固结的情况可能普遍存在。然而对于建立在砂土的平台，假定不排水条件就是不必要的保守了，因为其在风暴期中很可能会发生一些固结。这一问题已由 Rahman Seed 和 Booker(1977)经理论检验。对于 Ekofisk 储罐，对储罐中心点 A 和边缘 B 下的点的分析结果见图 5-10。分析结果是在不排水条件下的孔隙水压力和考虑消散的情况下给出的。基底中心附近，当不考虑消散时，最大计算孔隙压力比是 33%。若考虑消散作用则只有 6%。就在容器边缘外侧(点

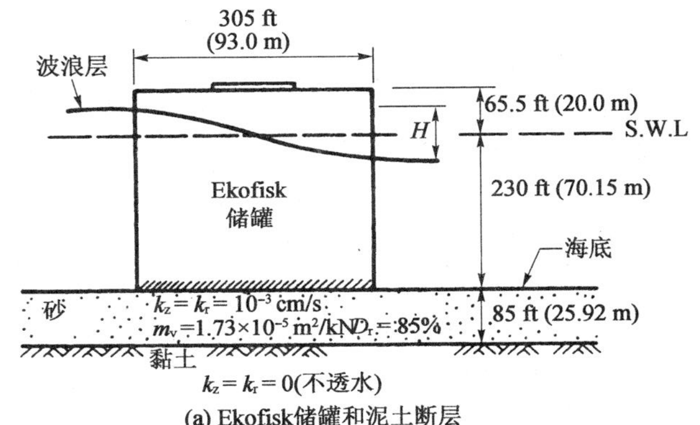

(a) Ekofisk储罐和泥土断层

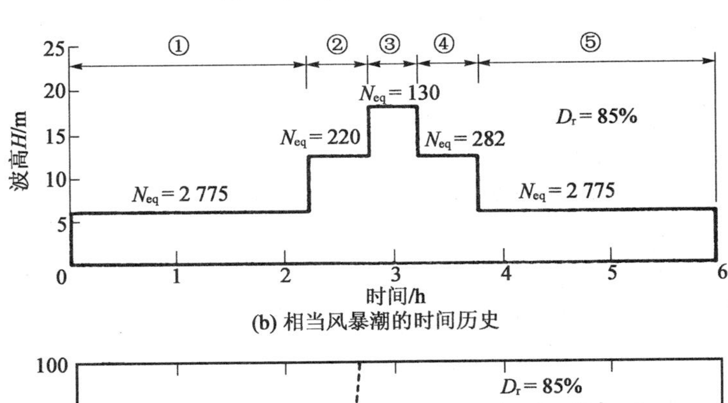

(b) 相当风暴潮的时间历史

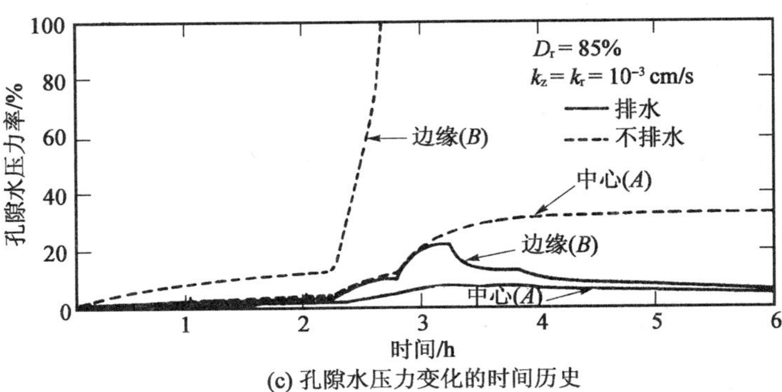

(c) 孔隙水压力变化的时间历史

图 5-10 在相对密度为 88%的砂上 Ekofisk 储罐的计算孔隙水压力

B)，计算孔隙压力比在不考虑消散作用时，在持续 6 h 的风暴中只要 2 h 就达到了 100%；而当考虑消散作用时，仅为 28%。

Rowe(1983)发现，在离心试验的基础上，孔隙水压力在持续波浪作用下的产生和消散的净值能通过一个周期的时间因子 T_c 表示出来。

$$T_c = \frac{c_v t}{D^2} \tag{5-3}$$

式中，c_v 为固结系数；t 为周期时间；D 为平台系数。他建立了相关模型，并进行了试验后表明当 $T_c = 3 \times 10^{-6}$ 时，净孔隙水压力开始消散；当 $T_c \geqslant 10^{-4}$ 时发生完全的排水。

对于 Ekofisk 储罐，Rone 估计 $T_c = 10^{-5}$。这表明每个周期都会发生部分的孔隙水压力消散。这一结论正好和 Rahman 等(1977)的理论分析相一致。

5.3.7 离心试验

Schofield(1976)阐述了离心试验的原则：

(a) 在小规模模型相应的点上产生和完全尺寸结构上存在的一样的应力，模型的重量必须通过离心力以相同比率(n)增加。同时，模型尺寸依据全尺寸原型结构缩小。

(b) 因为所有应力都在模型上重新生成(其大小是原型的 $1/n$)。超孔隙水压力的梯度是原型的 n 倍。同时过滤的路径变短了 $1/n$ 倍。因此，在模型上发生的固结过程的相应速度是原型的 n^2 倍。

有关离心试验的原则和操作的全面讨论见 Scholfild(1980)。

离心试验被运用于许多近海工程问题中，被用来解决半稳定性周期荷载条件(Rowe 等，1976；Rowe 和 Craig，1977；Rowe，1983)的问题。这一方法可以运用于测试尺寸达100 m的平台的模型、达 2 m 的单个或成组的桩的模型、原型为 12 m 的沉箱。Rowe(1983)中强调，离心建模是作为分析建模的附加物，并提供了检验复杂分析的一个有效方法。它也可以用在影响基础性能的有关未知力的分析，同时，在一些条件下，能提供直接的设计参数和性能预测。然而，在关于动力问题的离心建模中有一些由于平衡法则不一致而导致的难题(Smith，1987)。

一个有关运用离心建模来获得对力学性状的深入观测的例子是 Craig 和 Al-Saoudi(1981)的一个工程。他们在一个重力结构模型上进行试验以确定裙板在稳定性和之后的位移。这些试验表明裙板在周期性荷载作用下的效率低于在静荷载作用下的，这是因为基础附近黏土的性能在周期性荷载的作用下被减弱了。在这些观测的基础上，作者研究出了一个简单有效的应力分析方法，使其可以给出一个结构的稳定性的保守估计。

Rome(1983)描述了有关重力式平台的离心试验的研究是如何确定波浪荷载，这地震荷载作用是完全不同的。地震在一个非常短的时间内，摇晃整个土断面；波浪荷载是周期性的而不是动态的，并且只能影响到结构的一个有限的区域内的泥土。这些研究同时也为重力式结构下孔隙水压力消散率提供了有用的信息(见 5.3.6 节)。

5.4 变形分析

5.4.1 简介

在静态和周期荷载下的垂直、水平和旋转位移的预测，需要始终贯穿着重力式结构的使用期。垂直运动一般分为瞬时或不排水运动、固结运动和由周期性荷载引起的累计永久运动。Eide 和 Andersen(1984)进一步细分了这些部分，如表 5-6 所示，并强调在陆地上由周期荷载引起的那一部分是很少出现和近海处相同程度的运动。由于重力式结构的尺寸以及相应大的承载应力，1～3 m 的垂直运动很可能会发生。关于潜在瞬时沉降及长期沉降的知识在规划和设计管道的连接和到平台的导线时是必需的。虽然一些由于固结引起的部分会在透水性好的泥土中发生，同时永久水平运动会因特定方向的风、水流和波浪而加剧，但是水平和旋转运动一般只涉及瞬时部分。

表 5-6　　离岸重力平台竖直位移组成(Eide 和 Andersen, 1984)

荷载	位移组成	
静态	(1a) 初始位移(施加静态荷载时不排水条件下的剪应变)	
	(1b) 不排水徐变(平台自重持续荷载在不排水条件下的剪应变) [(a)部分的继续]	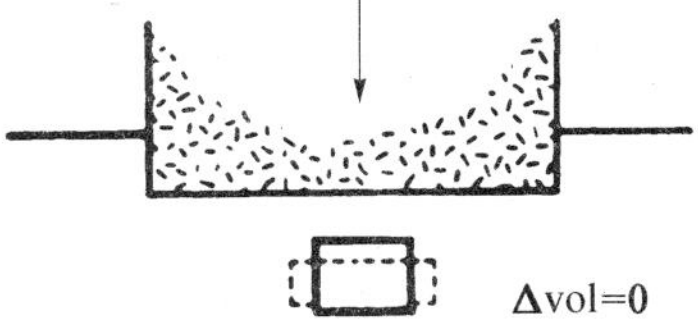 Δvol=0
	(2) 固结变形(平台自重下孔隙水压力消散引起的容积应变)	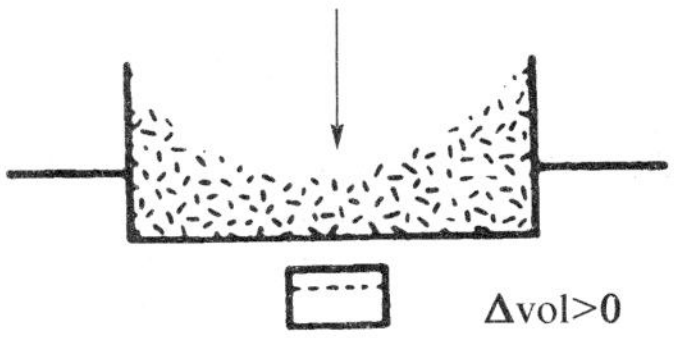 Δvol>0
	(3) 二次变形(排水条件下固定有效应力引起的容积应变和剪应变)	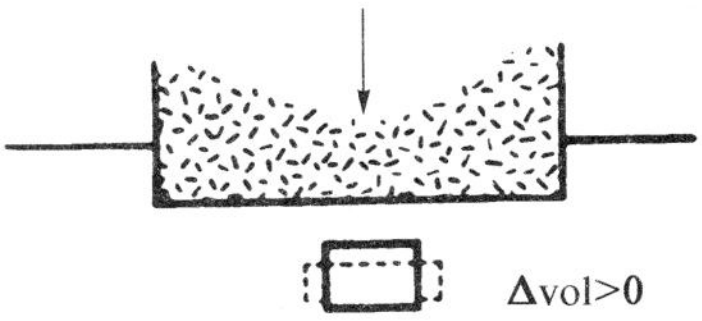 Δvol>0
周期荷载	(4a) 周期荷载下的塑性屈服和应力重分布(不排水)	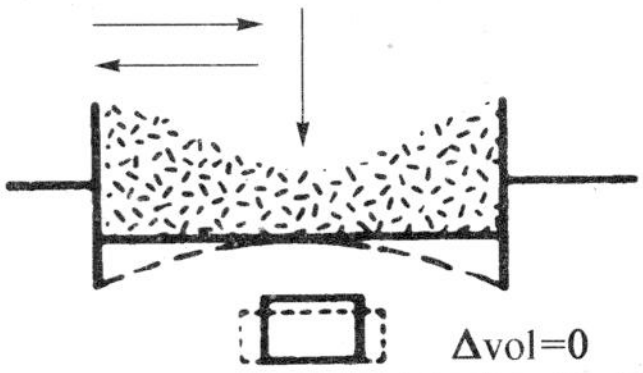 Δvol=0
	(4b) 周期性超孔隙水压力及相应有效应力和土体刚度引起的剪应变(不排水)	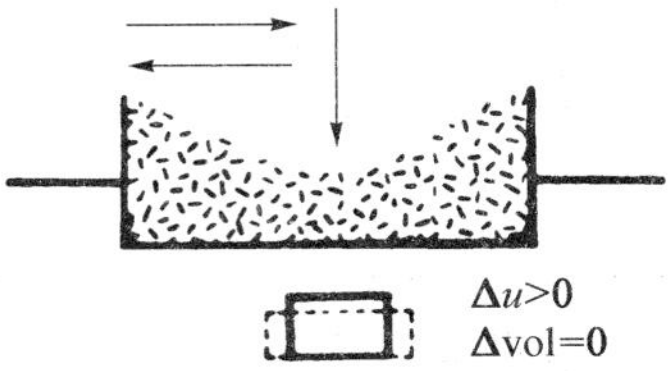 Δu>0 Δvol=0
	(5) 周期性超孔隙水压力消散引起的体积应变	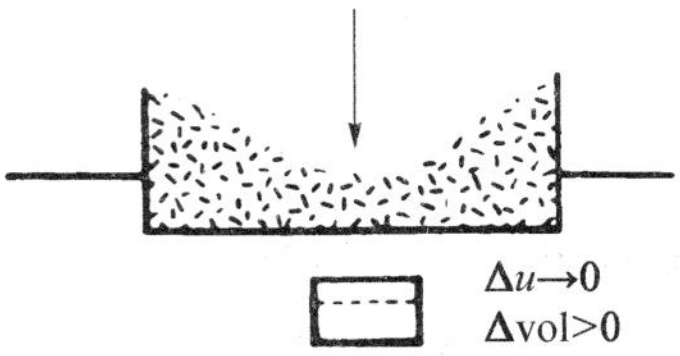 Δu→0 Δvol>0

以下两种方法常被用来预测变形：

(a) 用弹性理论的简单手算方法。这一方法在可行性研究阶段粗略估计运动十分有用。

(b) 有限元分析法。这一方法能够给出结构配置、泥土断面和泥土在静态和周期性荷载条件下的行为进行更精确的建模。

这些将在下文中与基于平台周期性位移的平台-泥土系统动力效应的判定一起讨论。

5.4.2 基于弹性理论的分析

刚性圆拱形基础变形的弹性解法为重力式平台基础运动的初步评估提供了一个有效的方法。Poulos 和 Davis (1974)对这一方法进行了总结。对于均质塑性泥层，由垂直荷载 V 引起的刚性圆拱形基础垂直位移 ρ_v 的计算公式如下：

$$\rho_v = \frac{VI_Q}{Ea} \tag{5-4}$$

式中，a 为圆拱半径；E 为泥土的杨式模量；I_Q 为位移影响因子。对应不同 h/a (其中 h=泥层深)和泥土泊松比 ν 的 I_Q 值如图 5-11 所示。弯矩 M 引起的旋度 θ 的近似计算公式如下：

$$\theta = \frac{\alpha(1-\nu^2)M}{a^3E} \tag{5-5}$$

式中，α 为一个关于 h/a 的函数，在表 5-7中已经给出；E 为泥土的杨氏模量；ν 是泥土泊松比。

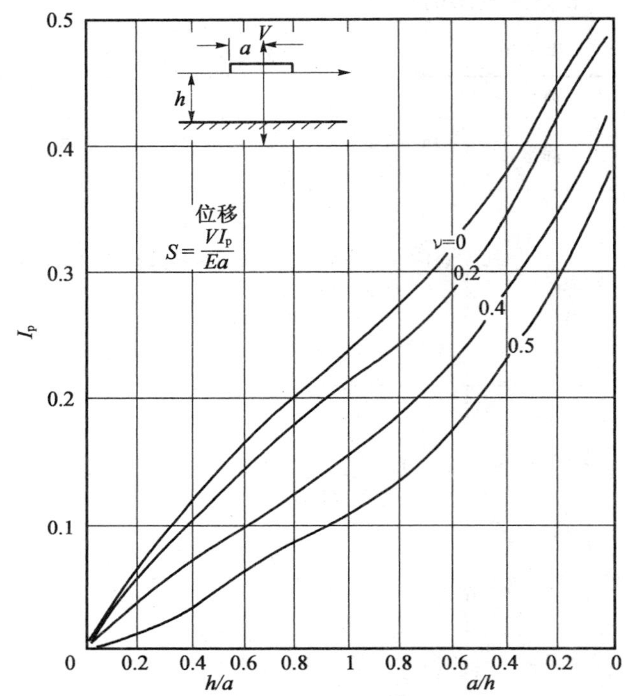

图 5-11　土层上刚性圆的沉降因子

表 5-7　受到弯矩荷载作用的刚性圆旋度的影响因子

h/a	α	h/a	α
0.25	0.27	2.0	0.72
0.5	0.44	3.0	0.74
1.0	0.63	≥5.0	0.75
1.5	0.69		

对于由水平荷载 H 引起的水平位移 ρ_h，当垫层无穷深 ($h=\infty$) 时的计算公式如下：

$$\rho_h = \frac{(7-8\nu)(1+\nu)H}{16(1-\nu)Ea} \tag{5-6}$$

泥土垫层的深度对 ρ_h 的影响远小于对 ρ_v 的影响。

对于模量随深度增加而加大的泥土，垂直位移和半空间圆形区域的旋度的计算方法已由

Booker 等(1982)提出，并在图 5-12 和图 5-13 中给出。这些方法允许考虑泥土模量随深度变化的一般情况。在 $\alpha=1$（随深度线性增加）的情况下，挠度和旋度变为无限。但是当 $\nu=0.5$（不可压缩土）时，可用以下公式计算：

$$\rho_z=\frac{3q}{2m_E} \tag{5-7}$$

$$\theta=\frac{6M}{\pi m_E a^4} \tag{5-8}$$

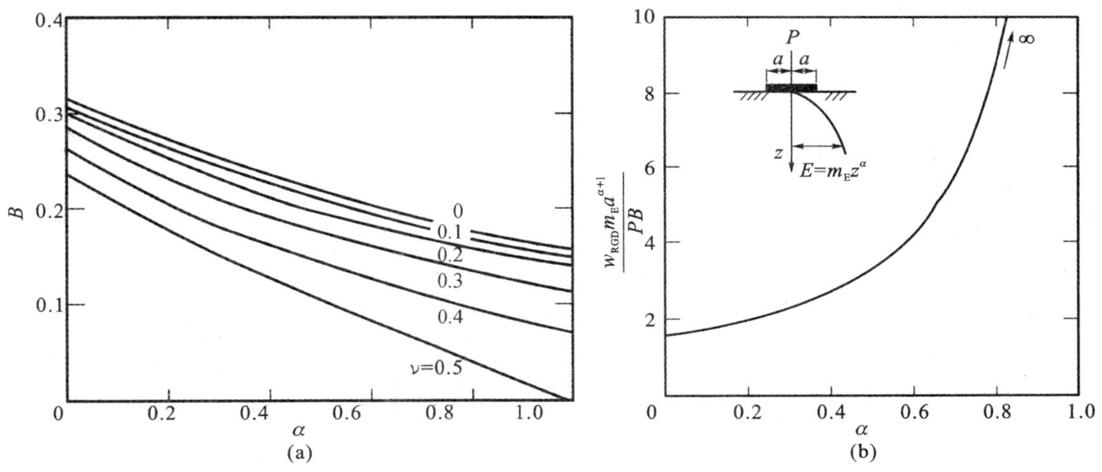

图 5-12 均质土上的刚性圆基脚的竖直位移(Booker 等，1985)

式中，m_E 为模量随深度增加的比率；q 为施加的平均垂直应力。对于水平荷载引起的水平位移没有相应的计算公式。

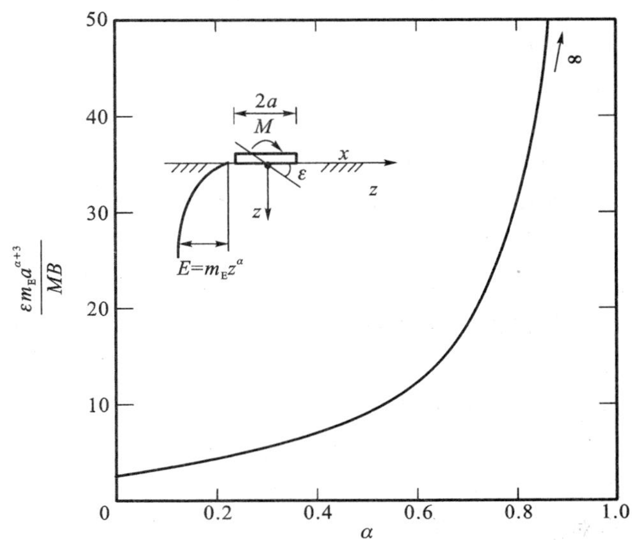

图 5-13 非均质土上钢性圆角的旋转(Booker 等，1985)

在运用上面给出的弹性计算公式时，计算瞬时变形时用不排水杨式模量和泥土泊松比，计算排水变形（瞬时加固结）时，用排水杨式模量和泊松比。弹性理论估计位移的可靠性取决于所选系数是否合适，相应的非线性泥土性能影响、应力路径、应力历史的作用及周期荷载的影响也必须考虑。很明显，对于周期性位移的估计，所用的杨式模量的值与计算结构自重引起位移的杨式模量值不同但相关。最好的程序是在实验室试验时尽可能接近现场应力状态和应力路径（包括周期荷载）（见 3.4 节）。

Smits(1980)给出了对周期性位移的粗略估计计算中的近似取值公式：

$$\text{对黏土} \quad E = 400c_{\mathrm{v}} \tag{5-9a}$$

$$\text{对砂土} \quad E = 500\sqrt{\sigma_{\mathrm{v}}' p_{\mathrm{a}}} \tag{5-9b}$$

式中，c_{v} 为不排水抗剪强度；σ_{v}' 为有效超荷载应力；p_{a} 是大气压力。相关性必须结合适当的工程判定来应用。

5.4.3 有限元分析

有限元分析法的基础很好理解(Zienkiewicz，1977)，而且它几乎能处理所有复杂边界条件及泥土特性问题。当把这一方法运用于重力式结构分析时，需要额外考虑以下几个问题：

(a) 要用到哪种几何模型？例如问题是通过一个完整三维模型还是一个平面应变模型来表示？

(b) 如何定性泥土特性？例如线性-弹性，非线性-弹性或者弹性-塑性？

(c) 如何衡量周期性荷载对泥土特性的影响？例如通过一个制定的数学模型(见第 3 章)，或通过静态特性实例改进？

(d) 泥土是单相材料还是存在超孔隙水压力产生和消散的双相材料？并由此建立瞬时作用模型。

理论上，可以对双相土进行三维空间的分析，这种双相土具有包含对周期荷载的反应的本质特性，但是这种分析现在并不经济，而且输入的泥土数据的精度也不允许进行这样的分析。普遍的看法是平面应变分析已经足够了。同时，二维和三维分析(Hobbs 等，1978)表明平面应变分析偏保守但是多数情况下已经足够精确了。

最综合的分析是由 Prevost 和 Hugher(1978)给出的。这一分析法考虑的是各向异性、与应力路径有关的弹塑性的单相材料。他们的有限元理想模型及假设的荷载条件如图 5-14 所示。对应于 5 个周期的竖直、水平及弯矩荷载的计算结果如图5-15所示。从这些图可以清楚看出非线性特性及对周期荷载的反应。这种分析的一个明显优势是没有对破坏和位移分析进行人工的分离，而是把相应的两个方面都一起计算了。同时，对周期及永久扰度分开进行分析是没有必要的。然而，这种分析的复杂性及投入使其难以用于设计中。

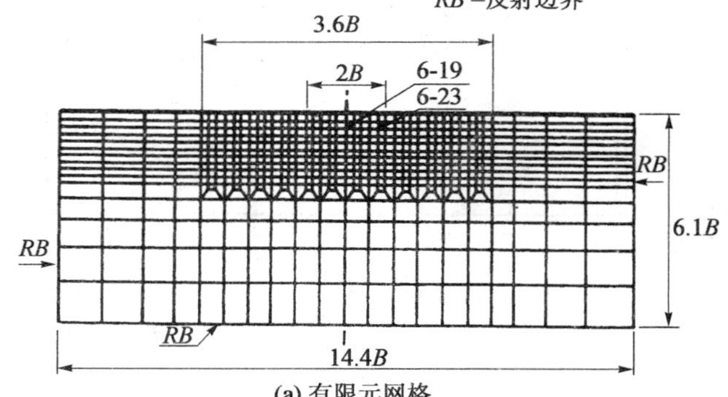

(a) 有限元网格

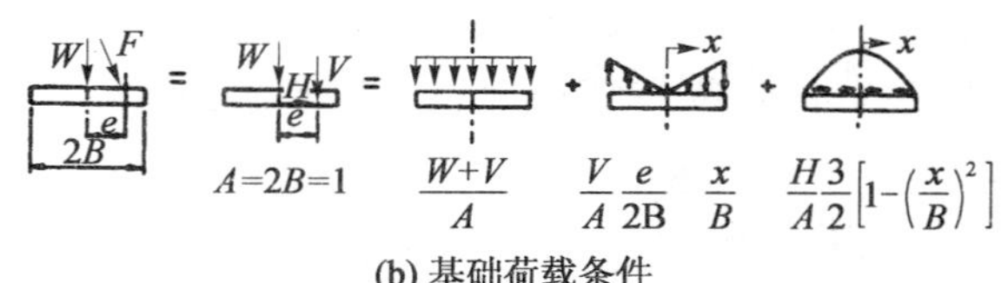

(b) 基础荷载条件

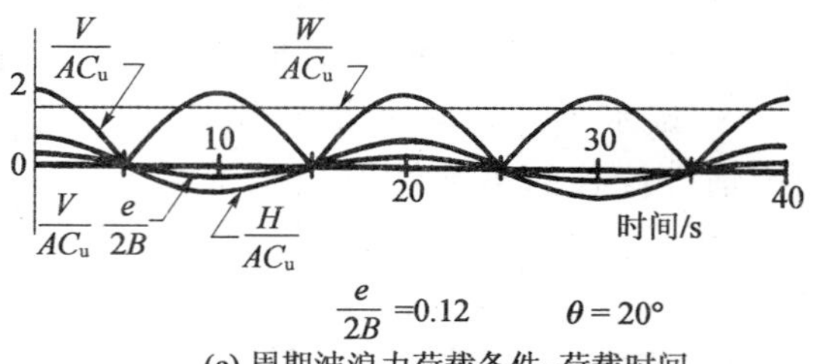

(c) 周期波浪力荷载条件-荷载时间

图 5-14 有限元分析(Prevost 和 Hughes，1978)

在实际设计计算中，多采用一种更简单的方法。同样，只采用平面应变分析。瞬时及固结位移可以通过常规分析非线性静态土特性，有时再加上相应固结特性来估计。在确定周期移动时一般假定周期割线剪切刚度只由周期应力的振幅和周期数决定,并且与应力路径和平均剪应力无关。这样,泥土建模就被简化了。同时整个基础的剪切模量(杨氏模量)通过简单的剪切试验,用如图5-35中的数据得出。图 5-16 表示 Drammen 黏土的一般剪切模量值与一般周期剪切应力、周期数和 *ORC* 的函数关系(Eide 和 Andersen, 1984)。用于 Dunlin 黏土的类似数据由 Smits (1980)给出。

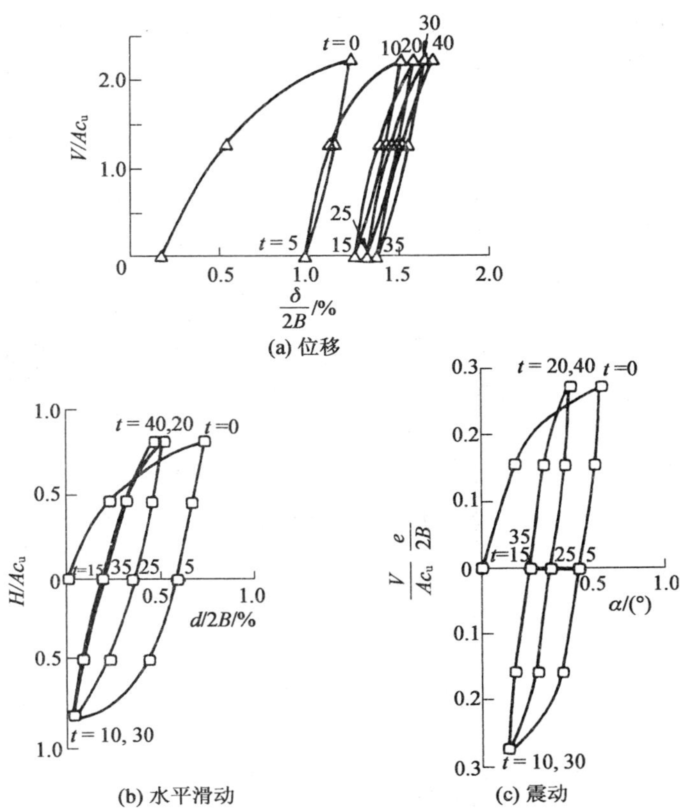

图 5-15 计算荷载-位移曲线(Privost 和 Hughes, 1978)

Smith(1976b)运用图 5-17 所示的模型描述了一个黏土层上重力式平台弹塑性分析结果。他发现一般情况下倾斜力是主要的破坏力,而当平台足够短(高度小于直径的1/3)时,滑动是造成破坏的主要原因。他描述了各种荷载组合作用下的屈服形式,并发现在结构下,除非整个表土层很脆弱,否则不屈服黏土是黏附在基底中心处的。为了给周期性强度衰减预留允许量,Smith 在假定表土层已经均匀软化的条件下进行了分析。离心试验结果对比表明,在允许表土层软化时,有限元分析是可取的。当考虑边界软化时,则有较

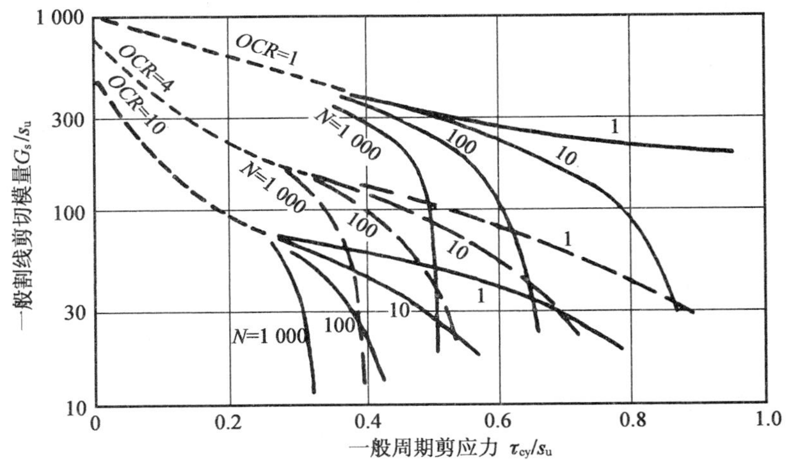

图 5-16 周期荷载一般剪切模量的试验数据。Drammen 黏土上周期荷载的割线剪切模量 G,基于应力控制的简单剪切试验和共振试验。s_u 是 2 h 后破坏时的不排水简单静态剪切强度(Eide 和 Andersen, 1984)

大不一致。Smith 认为平台中心处的软化是由超孔隙水压力的产生和周期性孔隙水压力相位差造成的。

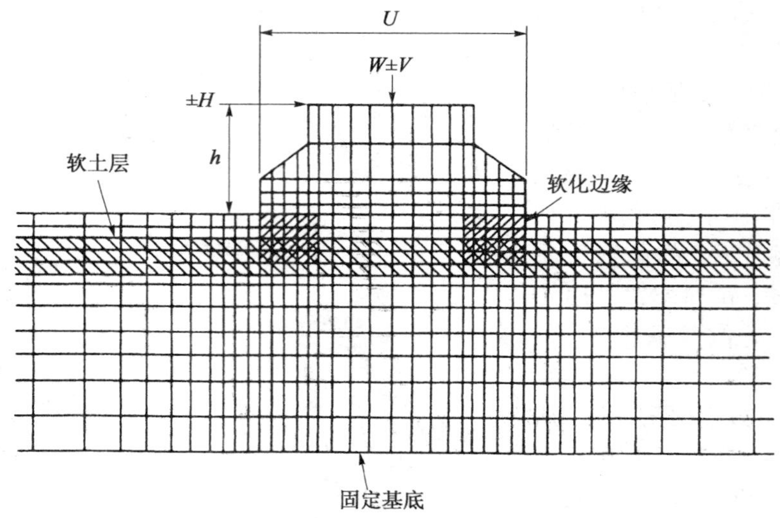

图 5-17　有限元分析模型 Smith(1976b)。非软化黏土 $c_u=200\ \mathrm{kN/m^2}$，软化黏土 $c_u=100\ \mathrm{kN/m^2}$，软化表面指顶上 4 层钢筋元

5.4.4　动力效应的评估

考虑重力式平台的动力效应的必要性是出于以下两个原因：

(a) 为了计算持续时间很长的设计波浪力的振幅；

(b) 为了计算持续时间短但可能导致结构疲劳问题的波浪力振幅。

确定性和随机性模型分析被用来考虑波浪和地震荷载的反应(Hoeg 和 Tang，1978)。Clough 和 Penzien(1975)给出了这些动态分析基础的细节。这里只考虑确定性模型。一个受到波浪荷载的重力式平台至少可以用以下 3 种动力效应分析方法评估：

(a) 集中参数模型分析。这里假定结构是一个刚性体并且由一系列竖直、水平和转动的弹簧阻尼器支撑(图 5-18)。

(b) 动态分析。这里结构刚度模量由例如结构梁单元系统决定。同时，基础由弹簧和支点系统表示。图 5-19 画出了 Bell 等(1976)所用的一个模型。

(c) 有限元分析。这里允许能量在网格边界传播(如 Valliappan 等，1976)。有关这一方法中各种可选有限元分析程序的优点和缺点的讨论已由 Smith

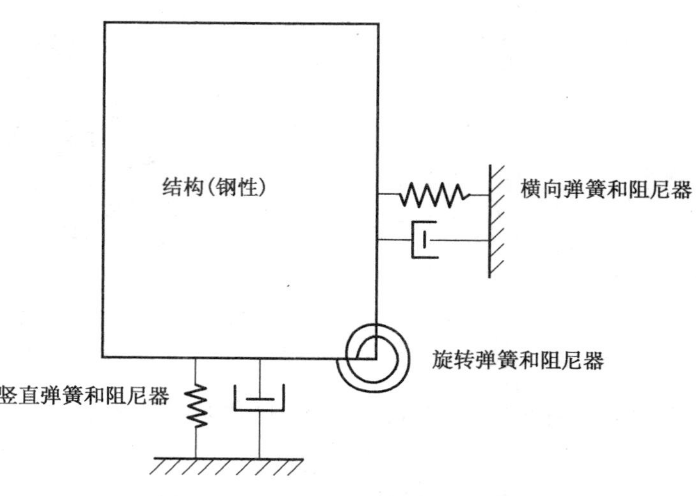

图 5-18　动态分析的集中参数模型

(1976a)给出。Smith 和 Molenkamp(1980)描述了一种适用二次应力-应变模型的分析方法。结果表明这一方法与试验室模型试验结果性质上是一致的。

对于初步估算,集中参数已经足以使用于浅埋深的塔式重力结构。Richart 等(1970)给出了半空间均质弹性的刚度-阻尼综合作用的解决方案,并且 Gazetas(1983)综合评价了众多的解决方案。

在一个简单的单自由度分析中使用这些值能够确定系统在任何具体形式的动态荷载下的反应。特别的,由此可以得到系统的固有频率(或固有周期)和动态荷载下的最大反应,由此得出动态振幅。对于水平岩体振动和竖直岩体振动,还应考虑耦合运动。

Janbu(1979)从刚性圆的弹性半空间解决方案中得出了下面的在各种振动下结构固有周期的简单近似计算公式:

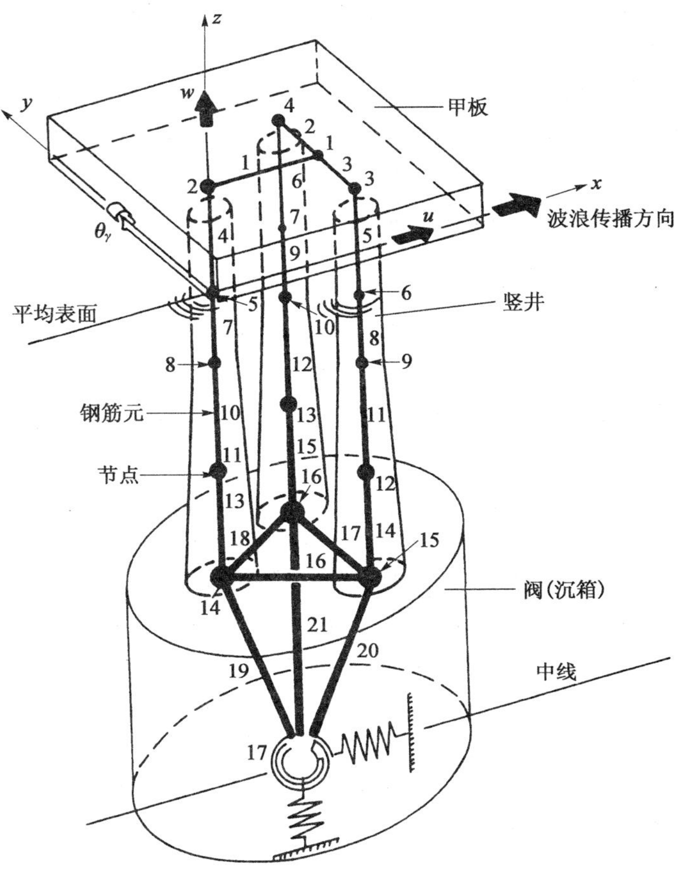

图 5-19 重力结构动态分析模型(Bell 等,1976)

竖直

$$T_{nv}=2\pi\left(\frac{Q_v}{6gGR}\right)^{0.5} \tag{5-10}$$

水平

$$T_{nx}=2\pi\left(\frac{Q_v}{5gGR}\right)^{0.5} \tag{5-11}$$

振动

$$T_{n\theta}=\frac{\pi h}{R}\left(\frac{Q_v}{gGR}\right)^{0.5} \tag{5-12}$$

式中,Q_v 为平台自重;g 为重力加速度;R 为平台等效半径;h 为中线上集中质量的有效中心高度;G 为泥土的剪切模量。

用以上公式估计刚度和固有周期时,必须有泥土的剪切模量 G 或杨氏模量 E 的值。和在用于确定静态或准静态变形预测时的模量值一样,动态分析中的模量值须由一系列适于问题的应力决定。这些模量值如 5.4.3 节所述可以通过试验数据得出。正如 Eide 和 Andersen(1984)所强调的,用于风暴荷载动态分析的泥土模量可能和用于分析地震反应的值不同(见第 8 章)。这是由于荷载种类不同造成的。周期性应力的级别由土体量、荷载持续时间和周期数，以及荷载出现的概率决定。对于风暴荷载，一般在平台分析中不用小模量。一个由Hansteen(1981)给出的例子表明，对于一个典型北海平台，风暴荷载中泥土模量比相应地震荷载的低水平值更小。

系统阻尼的确定需要考虑几何阻尼、辐射阻尼及泥土造成的内阻尼。对于振动的平动模式，几何阻尼占主导，但内部泥土阻尼对旋转模式有很大影响。本书3.6节和3.7节提供了一些泥土阻尼数据，这些数据表明：阻尼很大程度上取决于泥土周期应变水平。

5.5 管涌和侵蚀

波浪和水流会造成重力平台周围和底部泥土的侵蚀和管涌，这极大影响了平台的使用。侵蚀发生与否取决于水流质点速度、泥土坡度和周期波浪运动造成的土中的瞬时水力梯度(如Bijker和Leeuwestein, 1984; Rocker, 1985)。这些梯度导致土内及土和平台接触面的水流具有一个流动趋势。如果梯度很长，它将导致裙板上边的管涌和侵蚀，因为那里有通向自由水流的通路。因此，平台在受到最大波浪作用时，裙板上边不能脱离泥土，这点十分重要。否则，水的"吸入"及之后的"涌出"会导致侵蚀。因此，对于没有裙板的平台，必须时刻确保有效接触应力。对于有裙板的平台，有些水的吸收可以被允许，这取决于裙板深度和泥土条件。

在平台受压面，如果平台下没有自由水，则不会发生沿裙板的管涌。然而，由于平台前孔隙水压力的增加，可能会造成有效应力的降低。

由表面侵蚀可能造成的问题可以用冲刷保护来解决，或在设计时就确保平台在所有受到侵蚀作用的泥土都被冲走时仍然安全。大多数平台周围都有裙板，他们的作用是保护泥土不受侵蚀。平台周围的泥土可以通过放置砾石层来保护。

对北海平台的观察表明目前还没有明显的侵蚀发生。只有一个建在砂上的方形基础平台在两角处发生冲刷。另一个在砂上的没有裙板保护的角经受了一些抽水作用，并在主要的风暴方向上沿边缘形成了许多小洞(Eide和Andersen, 1984)。黏土上的平台都安装了裙板但没有防冲刷保护。这些平台至今还没有观测到侵蚀。

5.6 预测工作和观测工作

北海上大多数重力式平台都安装了各种测量仪器。Eide(1974), Clausenet等(1975), Eide等(1979), Andersen和Aas(1981), Smits(1980), Lunne等(1981), Hansteen等(1981)以及Eide和Andersen(1984)都描述了其观测的结果。对这些数据的简要总结和对比以及理论计算值(可取得的)在下面给出。

5.6.1 安装阶段

图5-20给出了对Frigg TCP-2 Condeep平台穹隆土压力的测量值。图中数据表明压力随入土深度增加而增加，并和理论理论计算值相符。这里理论计算值得到的条件是Brinch Hansen's承载能力公式中取泥土摩擦角为42°并假设最大压力是平均值的1.7倍。

Brent D Condeep平台的测量压力见图5-21。其中11号穹隆位于砂质土层上，并受到最大的接触应力，这决定了压载的结束及灌浆的开始时间。这一比较大的接触应力由于砂土层上部造成冲切破坏而降低，但降低后的压力仍比其他穹隆大很多，比预期值600～900 kN/m²

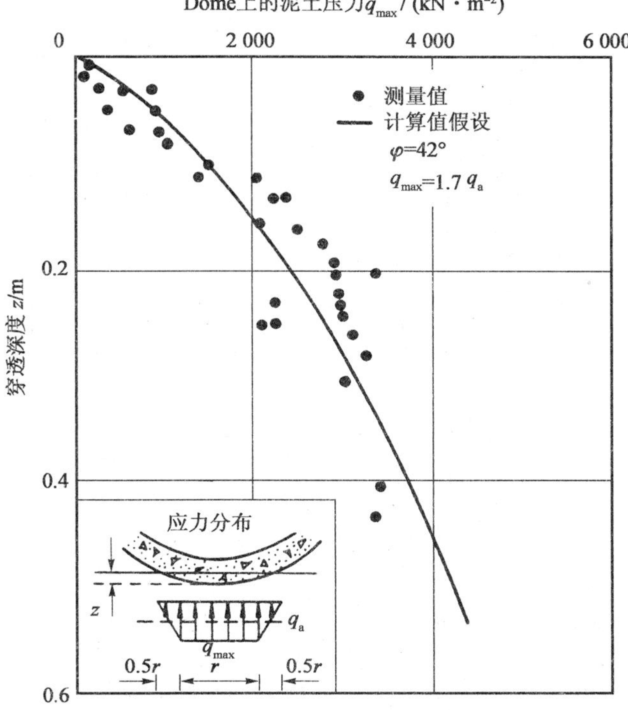

图 5-20　Dome 上的土压力与穿透深度；Frigg TCP-2 Condeep 平台测量和计算值对比(Kjekstad 和 Stub，1978)

的力大 2 倍。其他穹隆上的压力一般小于预期压力的最大值。

类似的在 Statfjord A Condeep 结构上的土压力测量表明接触应力明显较小，在 100～600 kN/m^{2}之间。但在不同穹隆之间压力大小差别很大且极不规则，尤其是相邻的穹隆(Eide 等，1979)。反演分析表明，所观测的接触应力可以用土层上边较软处的挤压破坏来解释。

图 5-22 表示了一些土阻力的测量值与不同平台上钢质和混凝土裙板穿透深度的关系。对于混凝土裙板，测量值比用承载能力理论计算得到的值小。Eide 等(1979)从测量结果中得出了如下锥形阻力之间的近似关系，裙板顶端阻力 q 和壁摩擦力 f 的表达式如下：

$$q = k_t q_c \tag{5-13}$$

$$f = k_f q_c \tag{5-14}$$

式中，q_c 为锥形穿透阻力；k_t 和 k_f 为泥土类型决定的因子(见表 5-8)。

表 5-8　　裙板阻力因子 k_t 和 k_f (Eide 等，1979)

泥土种类	k_t	k_f
密细砂	0.3～0.6	0.001～0.003
刚性粉质黏土	0.4～0.6	0.030～0.045
混合砂/土	0.5	0.006～0.014
土层		

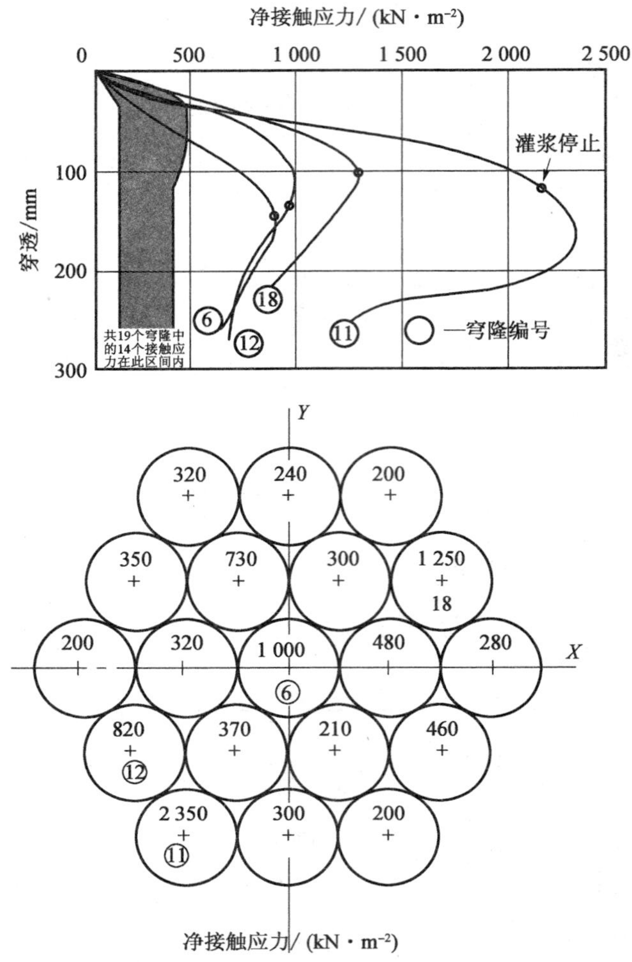

图 5-21 Brent D Condeep 平台安装中 Dome 接触应力(Eide 和 Andersen, 1984)

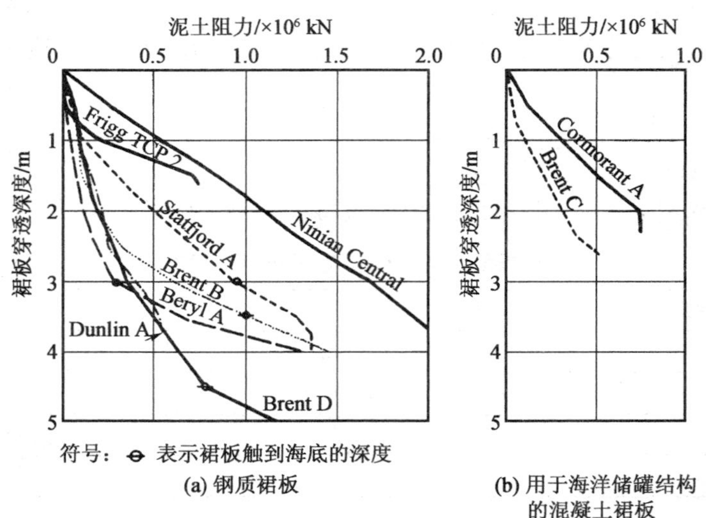

图 5-22 泥土阻力与裙板穿透度(Eide 等, 1979)

5.6.2 正常使用中的沉降

图 5-23 综合表示了 5 个北海平台测量沉降量(Lunne 和 Kvalstad, 1982)。对于大多数平台,一般在平台安装好几个月后才进行沉降测量,并且初始固结量是通过一维固结理论用外推法确定的,不包括瞬时沉降。对于这些平台,固结一般在安装后 3～4 年内基本完成,固结沉降量一般在 80～260 mm 之间。任何情况下,完成固结的时间比结构安装前预测的要短,那是因为预测时采用一维固结理论,由此忽视了侧面孔隙水压力的消散及其可能造成的对固结时间的过长估计。

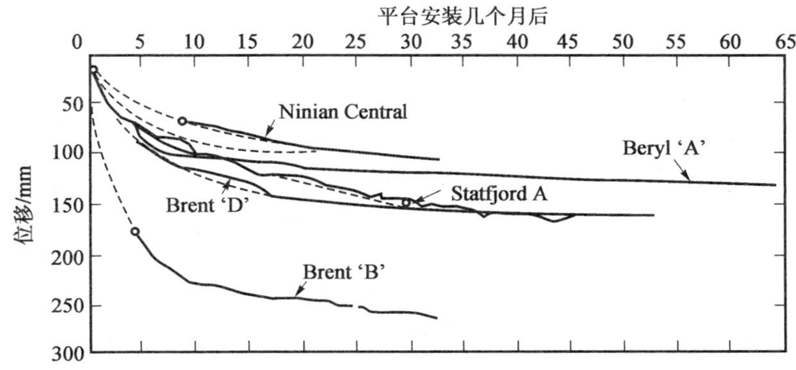

图 5-23　5 个北海重力式平台的测量沉降,不包括原始的沉降(Lunne 和 Kvalstad, 1982)

固结沉降的反演分析有多种方法。最令人满意的方法是通过假设一个压缩模量 $M = Ks_u$(s_u 是不排水剪切强度),及一个随深度分布的弹性应力。对于 5 个部位,K 的取值从 190～280 不等,平均取 250。

在某个平台上,人们测到了一个大约 200 mm 的瞬时沉降。这同时表明了一个不排水杨氏模量 E_u 值为 $240s_u$。

长期沉降(可能是二次固结或蠕变造成的)平均一年为 3～13 mm,这和通过设计假设计算得到的每年 10 ～15 mm 相符。

3 个平台沉降与深度分布的关系如图 5-24所示。图 5-24 表明,近 70%的沉降发生在泥土断面的上 14 m。然而,在其他情况下,土层的分层会明显影响沉降与深度的分布关系。

人们通过对 4 个平台不同沉降的测量,发现在直径为 100 m 的基础上高达 90 mm 的不均匀沉降造成了 0.01°～0.05°的倾斜。正如 Eide 和 Andersen(1984)指出的,由于不对称的周期基底荷载,若是采用三脚架结构平台就会产生比这更大的不均匀沉降。

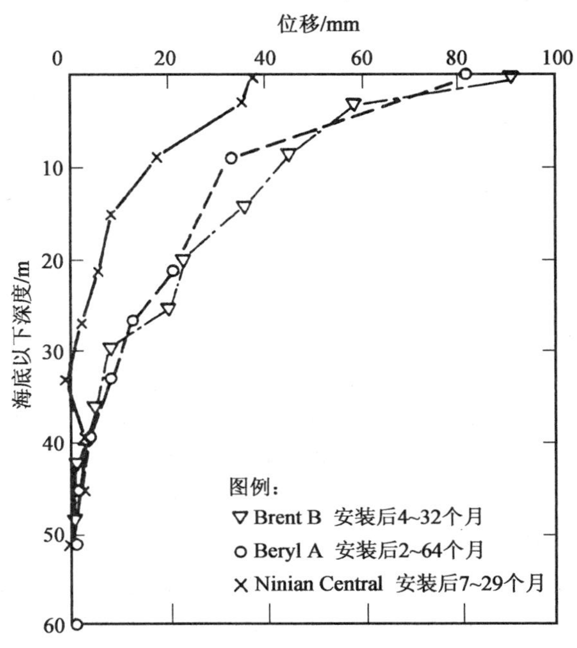

图 5-24　3 个平台垂直沉降随深度变化图(Lunne 和 Kvalstad, 1982)

人们在对3个平台进行永久侧向位移测量后发现，其值很小，小于28 mm。这个结果与测量方法的精度是相符合的。

人们测量了Brent B平台的周期、侧向位移和旋转(Andersen 和 Aas, 1981)。当波浪达到10 m时，在海底高程处的位移小于5 mm。测量结果与用实验得出的非线性泥土特性进行的有限元分析得出的预期值相符(图5-23)。在所选风暴周期期间，对于水平位移，计算值平均是测量值的70%，对于旋度，计算值平均是测量值的106%。

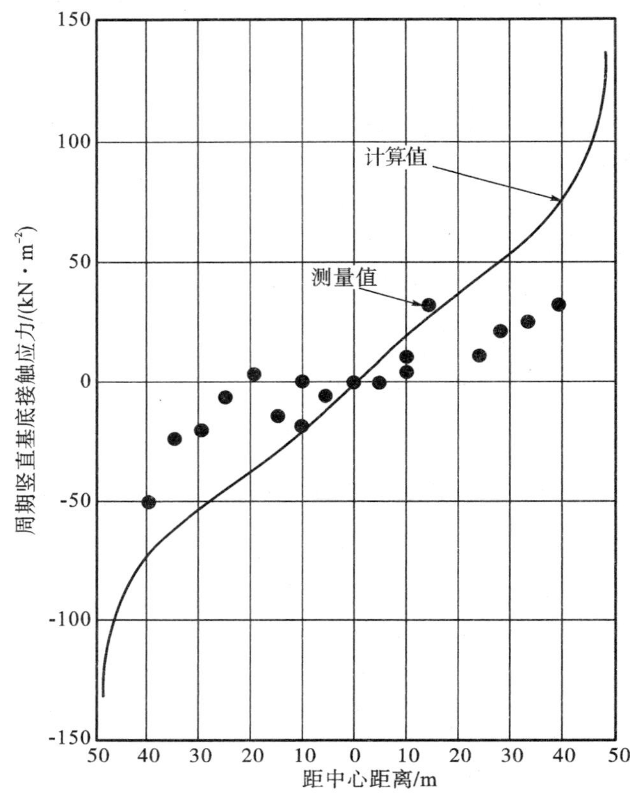

图5-25 在特征波高为10.3 m的风暴中Condeep Brent B平台基底接触应力变化的测量值和计算值比较

5.6.3 孔隙水压力

Eide等(1979)在报告中表示已经在3个平台上获得了可靠的孔隙水压力测量值，其中2个在黏土上，1个在砂土上。对于黏土上的平台，安装后超孔隙水压力的消散速率和沉降记录一致，这是因为二者完成固结的时间相似。

对于砂土上的平台(Ekofisk储罐；Clausen等，1975)，没有明显的超孔隙水压力。这是由于压载时对平台重量的观测。这表明这一透水土的快速固结。这一平台在安装4～5个月后受到了几次风暴作用，其间有效波高达11 m。图5-26表明孔隙水压力一般增加到20 kN/m^2。对于两个黏土上的平台，也观测到了类似的作用。在受到最大波浪力为设计波浪力的45%不到的波浪力作用时，超孔隙水压力再次增加到20 kN/m^2。

Smits(1980)报告了对位于含砂刚性黏土层上的Dunlin平台的孔隙水压力测量结果。在

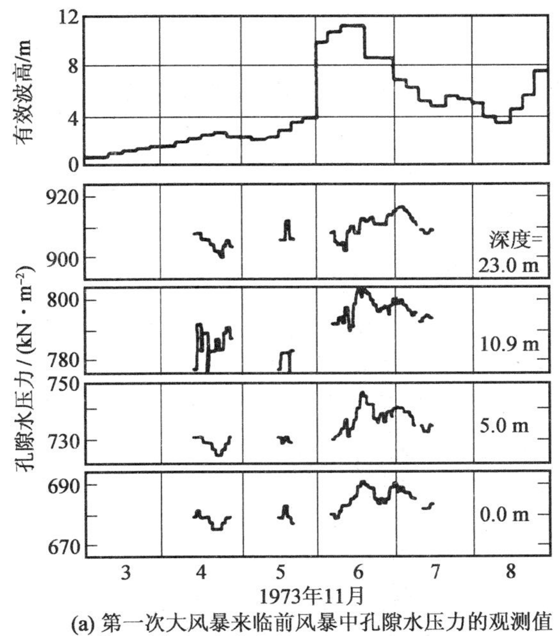

(a) 第一次大风暴来临前风暴中孔隙水压力的观测值

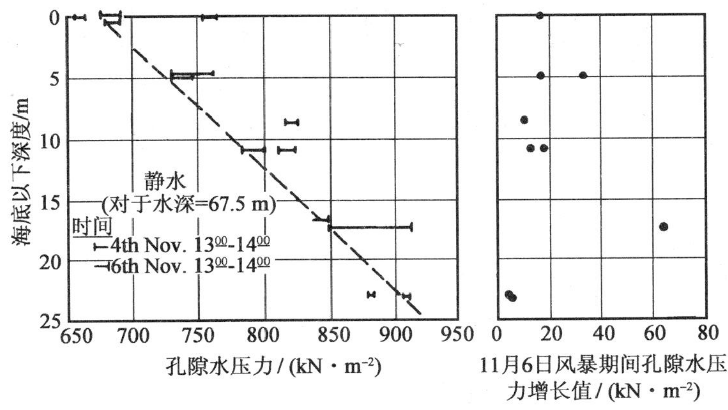

图 5-26　Ekofisk 储罐下的孔隙水压力测量值(Clausen 等, 1975)

海水平静期间,记录到孔隙水压力随潮汐变化而变化的幅度达到了 15 kN/m²,在暴雨期间,记录到由波浪力造成的孔隙水压力变化幅度达到了 50 kN/m²。持续 1~2 d 的小风暴一般不会影响平均孔隙水压力,但持续时间更久的大风暴则会使平均孔隙水压力增加 10~20 kN/m²,这和 Eide 等(1982)所报告的结果类似。这些测量表明,周期荷载在黏土和砂土都会产生超孔隙水压力。同时,也强调了需要考虑这些孔隙水压力对泥土性能的影响。

6　自升式钻台的基础

6.1　绪论

机动自升式钻台被广泛地应用于近海处水深 100 m 以内的石油及天然气钻井中。机动自升式钻台是一个可航行的钻探平台，既是自推式的也可以靠拖船牵引，而且装有可以上下移动的脚支承。图 6-1 是自升式钻台的操作方式图(McClelland 等，1982)。它通过提升脚支承，然后移动到工作地点。当到达工作地点时，脚支承就会被放下降至海底。这种漂浮船体靠脚支承的升降变成了一个提升式的工作站。它的运作高度在海平面以上 10～15 m。

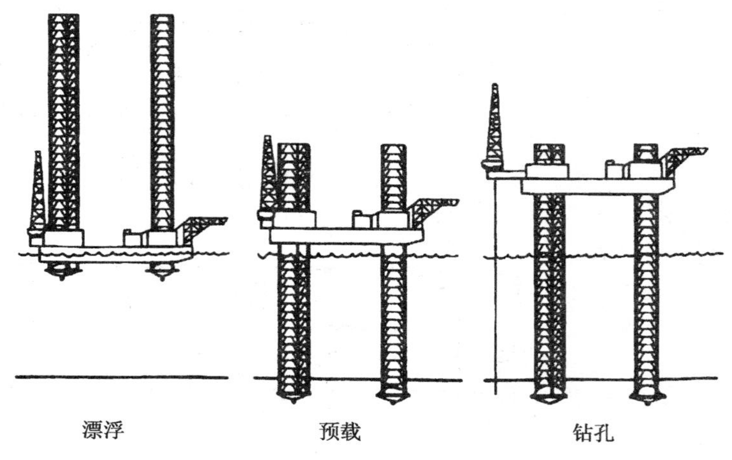

图 6-1　自升式钻台工作模式

所有类型的机动式平台的一个特征就是它们面临的风险比大多数结构工程都要大。自升式钻台的事故发生率在所有机动类型中是最高的，1955—1980 年(McClelland 等，1982)，平均每年有 2.6%的事故发生率，绝大部分的事故都是由于脚支承问题，包括地基软弱以及结构问题，1%以上的钻台(比如 3～4 个钻台)每年都会发生脚支承事故。

自升式钻台操作中最危险的状态之一发生在钻机处于开或者关的位置。McClelland 等(1982)发表文章说大约 1/3 的事故主要发生在钻机从一个漂移的船体转换为一个固定的底部有支承的结构，这样的事故大致上都是在对地基土的类型、分层及土质缺乏详细资料时发生的。

机动自升式钻台区别于常规的固定平台或重力结构的一个特征就是它的基础并不是按照一个特定的地区设计的，因此不管地基情况如何，我们设计时必须使其保持稳定，因为全世界近海处土壤性质各不相同。

本章将介绍自升式钻台的基础类型、基础设计荷载以及基础性能的预测方法。更多的资料可以从 Young 等(1981)、McClelland 等(1982)以及 Young 等(1984)的综合性论文得到。

6.2　基础类型和设计荷载

机动自升式钻台根据基础可以分为两种主要类型：独立基础的钻台和底板支承的钻台。两种类型的典型钻机在图 6-2 中有举例说明。

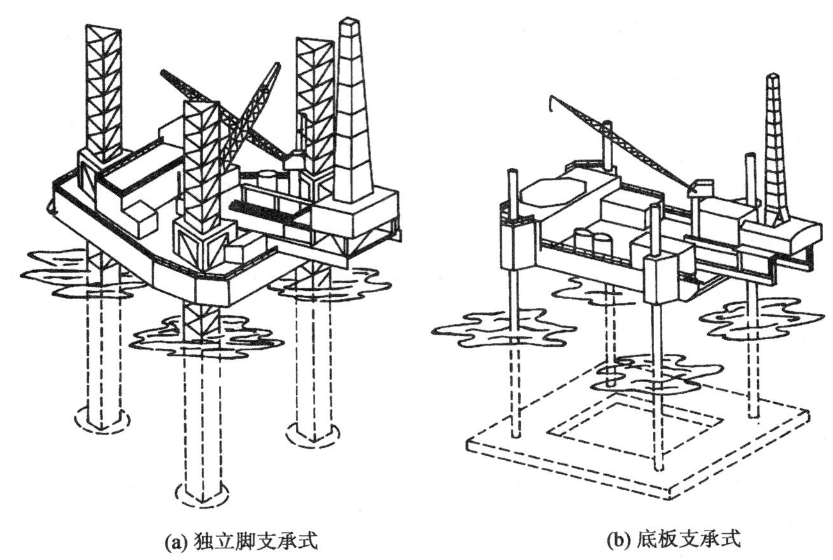

图 6-2 自升式钻台类型

6.2.1 单基础

图 6-3 是独立基础的演变过程，通常称之为“定位桩罐”(McClelland 等，1982)。早期的钻机是由 8～12 个独立的脚支承支撑的，现在大多数只设计使用了 3 个脚支承，20 世纪 80 年代早期有 60%的港湾都是 3 个脚支承的钻台。用的脚支承越少，定位桩罐就需要更粗壮，大多数钻机承载面积为 90～165 m^2。

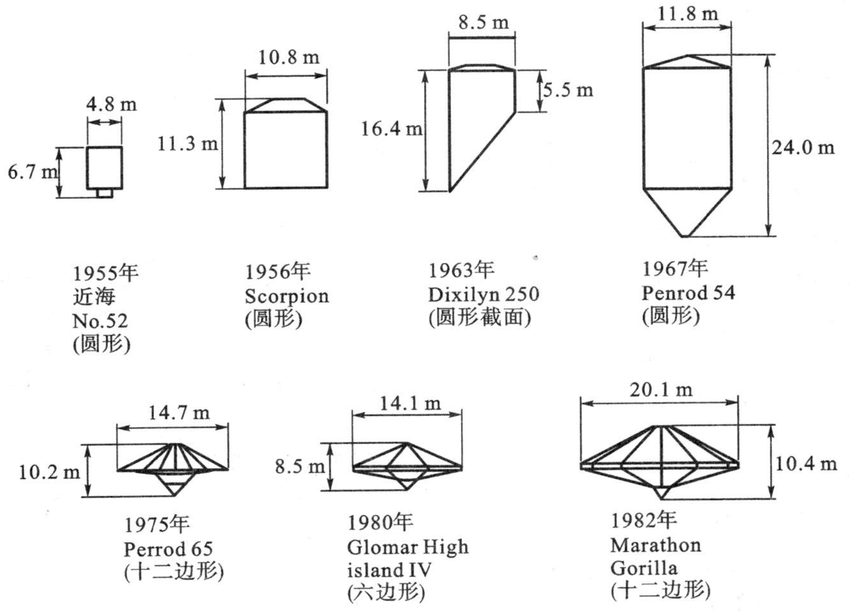

图 6-3 支撑脚(钻井罐头)发展结构图(McClelland 等，1982)

典型的独立基础的最大荷载为 18～49 MN，承载力为 190～340 kN/m^2。一些钻机(比如 ODECO 的“海洋潮汐”)有相当大的基底压力，范围在 575～960 kN/m^2，导致基底渗透性增加，降低由于冲刷颗粒土而引起的基础失稳的可能性，Le Tirant(1979)给出了一些早期的自升式钻台的主要荷载和尺寸。

6.2.2 基础底板

各种形状的底板都被运用到自升式钻台中，其中最经常用到的就是A形底板。底板支承的钻台比独立基础的钻台具有更大的承台面积和更小的承载压力。小的承载压力能够让底板支承的钻台在覆盖着非常松软的泥土的区域作业，而且穿透小于3 m。底板的一般高度是3 m，普通高度2～4.5 m，承载面积1 250～2 750 m^2，在固定工作荷载作用下平均承受压强19～34 kN/m^2。最大压强可能发生在底板边缘处，尤其在风暴荷载作用时。

6.2.3 设计荷载

当自升式钻台升出水面后，它的基础承担两种类型的设计荷载：重力荷载和环境荷载。

重力荷载通常比环境荷载的确定性更高，而且可以使计算精度在±2%之内。重力荷载有以下两个组成部分：

(a) 操作船重量，包括钻台和所有永久安装机械和设备的重量，这些通常占重力荷载的80%左右。

(b) 可变荷载，包括蓄水池流体重量、钻孔泥浆添加剂、钻孔导管和日常补给。

环境荷载精确度较低，通常根据具体的地理位置资料的统计数据及概率加以估计。由于不同地区的区域性差异，钻机通常是为具体的地理区域设计的，在确定转移到其他区域工作前必须加以改进。环境荷载的3个组成部分如下：

(a) 波浪荷载，可产生全部横向荷载的55%～65%。

(b) 风荷载，通常占总横向荷载的25%～35%。大多数认证机构要求无限制地近海钻台在正常的钻孔和运输操作时必须能够抵挡35 m/s(70 n mile/h)的风速。

(c) 水流压力，在某些地域很重要。一个典型的设计水流大约为1 n mile/h，产生10%左右的横向荷载。

6.2.4 预荷载

基础预荷载作为一种测试自升式钻台基础性能的方法被广泛地使用，而且被当作是脚支承钻台的标准操作程序。自升式基础预压的目的是使脚支承的附加穿透达到超越总承载力的水平，在面对设计风暴最大的预期荷载时有一个可接受的安全余量。图6-4是对两种情况下预

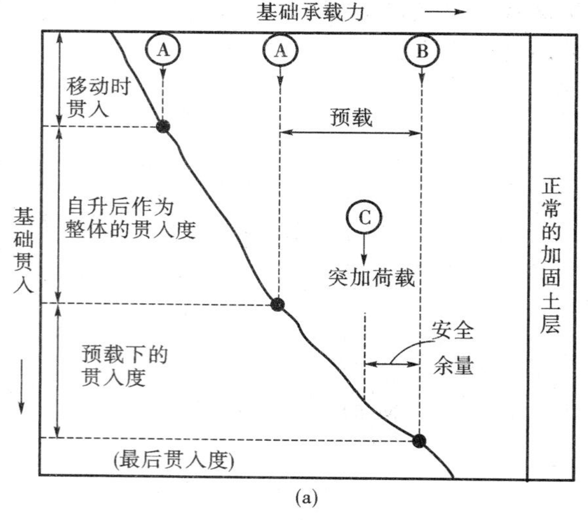

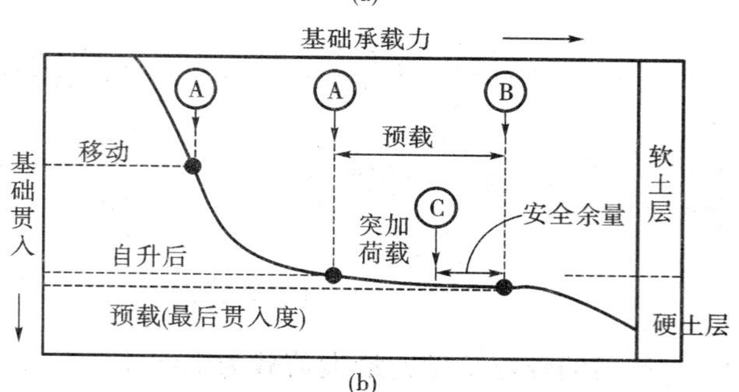

图6-4 基础预载主要过程(McClelland等，1982)

压原理的说明，一种情况是正常固结软土层，一个相当大的附加穿透可能发生在预荷载施加期间；另一种是软土层之下的硬土层，这种情况的附加穿透较小。

6.3 独立基础的性能预测

6.3.1 基础破坏的模式

从自升式钻台发生的事故来看，Young 等(1984)分析并确定了引起基础破坏的原因如下：

(1) 由于地基土存在软弱下卧层，导致地基被穿透。

(2) 由于最大的桩基预加载小于最大风暴荷载，导致风暴期间渗透过度。

(3) 由于冲刷破坏了桩基，导致承载面积减少，引起桩基失稳。

(4) 由于海床沉积物引起了海床失稳，从而在钻台处产生了侧向的破坏力。

(5) 由于作用在桩基上的拔出阻力大于可提供的提升里，造成桩基无法拔出。

图 6-5 所示是上述原因(1)和(2)引起的故障，在这些情况中，突加荷载超过了预压荷载，穿透故破坏的发生是由于软土层上有相关的薄土层。

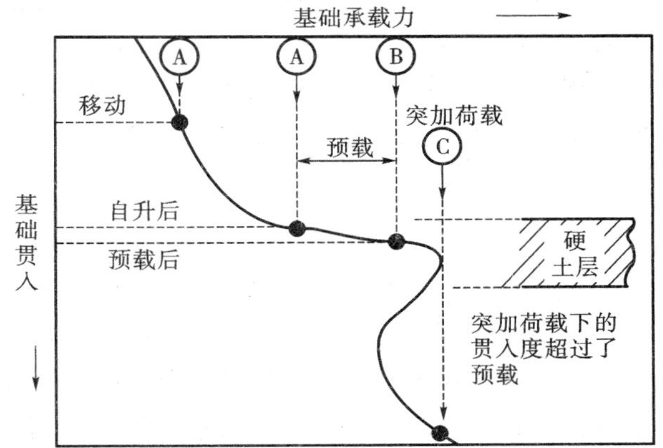

图 6-5 过大的突加荷载引起的穿透破坏(McClelland 等，1982)

McClelland 等(1982)指出除了原因(5)以外的基础模式，当具体钻孔地点的土质资料详尽时都是可以预测的。因而，基础性能的预测包括两个重要方面：

(a) 地下岩土情况的调查研究；

(b) 桩基承载能力与桩基穿透性的函数关系的预测。

6.3.2 岩土调查研究

海洋岩土性质的调查研究方法在第 4 章中已经介绍过。对于自升式钻台，McClelland 等(1982)建议土壤钻孔需在具体地点有相关岩土资料的情况下进行。岩土情况调查能够鉴别出潜伏危险的地质特征，帮助了解周围地区的土质情况。声呐扫描记录能提供详细的海底不规则情况的资料，像暴露的岩石或珊瑚、管道、低气压，也能探测到由海底不稳定性引起的泥石流。很多技术都可以用来量测海底垂直剖面并找出可能对钻机有潜在危险的地质特征。

基础性能的预测要求了解地层学、土层分类及土的工程性质，这些资料可以从钻孔采样中获得。钻孔有两种方式，一种是在自升式钻台到达前用岩土钻孔管钻孔，另一种是用自升式钻台自身的设备进行钻孔。对于后一种方法，Young 等(1984)介绍得更详细一点。

6.3.3 承载能力分析

独立基础的承载能力的分析至少有两个用途(Young 等 1984)：

(a) 为了预测海底地面以下的基础穿透，并确认组合裂缝、水深，基础穿透是否小于等于支承的最大有效长度；这些可以用事先准备的容许承载力图作为基础穿透的函数依据(图 6-4)。

(b) 为了评估由于穿透而引起的基础破坏的风险(图 6-5)。

正常使用情况大致上是按经典承载力原理分析的，现在用非线性的大应变有限元分析法也能分析基础的穿透(Nystrom，1984)。现将讨论以下 3 种情况：均匀的沉积土，黏聚力随着深度的增大而增大的黏土，分层的土。

1. 均匀的沉积黏土

对于具有黏聚力和摩擦力的土而言，5.3.3 节给出的承载力公式可以适用。当基础在砂土上时，由于脚支承的直径很大，基础贯入通常很小(小于 3 m)。不过，当基础作用在黏土层上时，贯入可能达到数米，通常要用最精确的分析方法来计算。

根据黏土层上观测和预测的基础贯入度的许多对照，Young 等(1984)推荐使用 Skempton(1951)的计算最终承载力 q_u 的公式：

$$q_u = 6s_u\left(1+\frac{0.2D}{B}\right)+\frac{\gamma' V}{A} \tag{6-1}$$

式中，γ' 为土的有效重度；V 为海底面以下基础和支承的总体积；A 为基础的最大横断面面积；B 为基础的最大尺寸；D 为嵌入深度；s_u 为最大横截面以下 $B/2$ 处的不排水平均剪切强度。图 6-6 对两种基础类型分别就上式中的物理量做出定义。基础的体积越大，贯入度就越小，这是因为式(6-1)的第二项占 q_u的组成比例非常大。

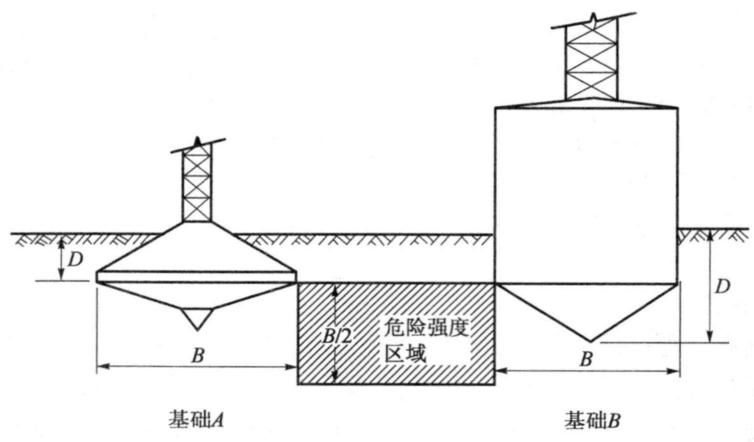

图 6-6 承载力原理对于脚支撑的应用(McClelland 等，1982)

当基础同时存在水平荷载和弯矩时，承载力要比式(6-1)计算得到的小。对于不排水情况下的均匀饱和黏土层上的条形基础 ($\varphi = 0$)，Giroud 等(1973)给出的下式可以采用：

$$q_u = \left(1-\frac{2}{|e_{xB}|}\right)\left(s_u N_\delta + \gamma' \frac{V}{A}\right) \tag{6-2}$$

式中，e_x 为实际荷载在基础最宽的宽边 B 方向上的偏心距；N_δ 为承载力因子(见下文)；δ 为应用荷载的倾斜角；N_δ 为以下两者中的较小者：① cot δ；②下式的计算结果：

$$N_\delta + \arcsin(N_\delta \tan\delta) - (1 - N_\delta^2 \tan^2\delta)^{0.5} = \frac{\gamma D}{s_u} + \pi + 1 \tag{6-3}$$

式中，γ'，V，A，D 定义同式(6-1)。

Giroud 等(1973)也论述了黏土更加普遍的情况。

对于砂土，相应的力学参数值将有所减小，适用于完全排水的情况。对于黏土，通常假设为不排水情况，用总压力进行分析，如式(6-1)。对于淤泥质沉积土，基础贯入时通常为部分排水，贯入深度通常跟荷载等级、基础外形、脚支承荷载和土质情况有关。McNeilan 和 Bugno (1985)提出：由于部分流失的影响，淤泥质地区计算完全不排水或完全排水情况必须小心谨慎。

另一种需要谨慎对待的情况是当钻台位于石灰质土层上时。由于石灰质土巨大的体积压缩率，所以它的承载力比陆地上的硅土要小(Poulos 和 Chua，1985)。Dutt 和 Ingram(1984)提出对于石灰质土，采用一个折减的摩擦角才能允许用于这种情况。

2. 黏聚力随深度增加而增加的黏土

Davis 和 Booker(1973)提出了黏聚力随深度增加而增加的黏土层上条形基础的解决方案，分两种情况考虑：第一种，黏聚力随深度呈线性增长；第二种，地面处黏聚力为常数，地面以下随深度呈线性增长。Matar 和 Salencon(1983)对这个问题进行了深入研究，其中黏土具有黏聚力和摩擦力，土层深度是有限的，和条形基础一样也是循环的。

为了使解答适应当前问题，对于很深的无摩擦力的土层，只考虑竖向荷载，极限承载力 q_u 可按下式计算：

$$q_u = F\left(N_{c0} s_{u0} + \frac{\rho B}{\zeta}\right) + \gamma' \frac{V}{A} \tag{6-4}$$

式中，s_{u0} 为泥水分界线处不排水剪切强度；ρ 为随深度增加而增加的剪切强度的增长率；B 为基础宽度；N_{c0} 为承载力系数(条形基础为 5.14，圆形基础为 6)；F 为根据强度分布和基础糙率得到的系数，其值为 $\rho B/s_{u0}$；对于条形基础，$\zeta = 4$，对于圆形基础，$\zeta = 6$；γ'，V，A 定义同式(6-1)。粗糙基础的 F 值见图 6-7。式(6-4)所得结果与式(6-1)非常接近。

3. 分层土

由于有贯入破坏的危险，基础位于分层土上时承载力分析尤其重要。可能导致基础贯入事故的地质情况包括：

(a) 有限厚度的砂土层或岩石层覆盖在软弱的黏土层上；

(b) 良好土层下存在软弱下卧层。

许多关于以上情况的理论解决方案都已逐渐完善了(Giroud 等，1973；Vesic，1975；Hanna 和 Meyerhof，1980；Brown 和 Meyerhmmmmof，1969)。

对于基础位于具有黏土层下卧层的砂土层上时，Young 等(1984)认为 Hanna 和 Meyerhof(1980)的方法最为合适。圆形基础的极限承载力为 q_u 为

$$q_u = 6s_u + \frac{2\gamma_1' H^2}{B}\left(1 + \frac{2D}{H}\right) K_s \tan\varphi + \gamma' \frac{V}{A} \tag{6-5}$$

式中，s_u 为下面黏土层的不排水剪切强度；γ_1' 为砂土的有效重度；H 为基础位于第二层土以上的高度；B 为基础宽度；D 为最宽横断面区域的深度；φ 为砂土排水摩擦角；K_s 为冲剪应力系；γ' 为基础上泥土的有效重度；V 为基础嵌入体积；A 为基础嵌入的横断面面积。

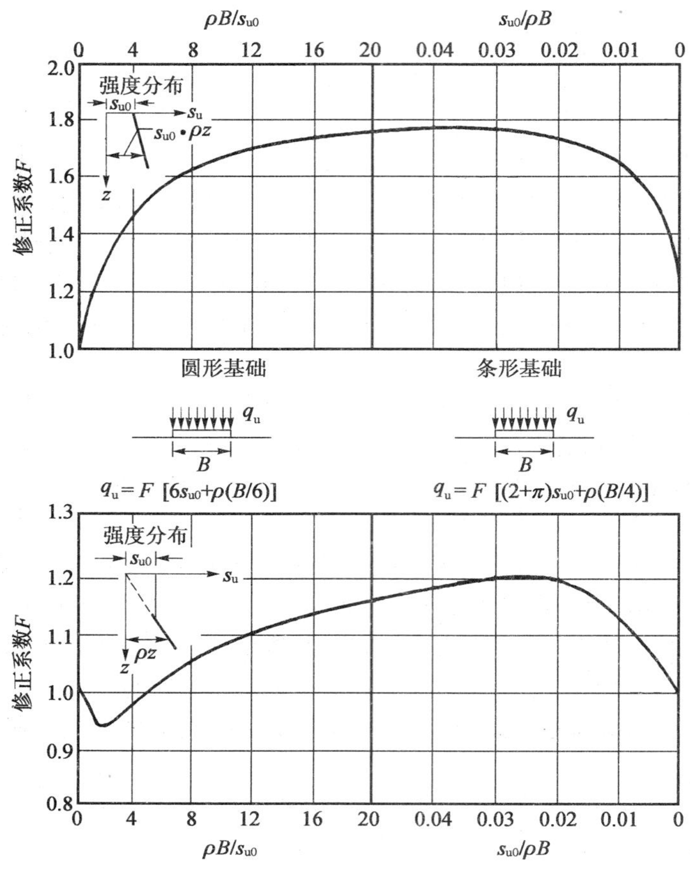

图 6-7 浅基础的修正系数(Davis 和 Booker，1973)

图 6-8 和图 6-9 是确定冲剪应力系数的图表。从图 6-8 来看，只要确定了 φ_1 和 q_2/q_1 就可以确定冲剪应力系数 δ/φ_1，其中 $q_1 = 0.5\gamma_1' BN_\gamma$(对于上层均匀砂土)，$q_2 = s_u N_c$(对于下层均匀黏土)。从图 6-9 也可以确定 K_s 值，然后代入式(6-5)计算出承载力。

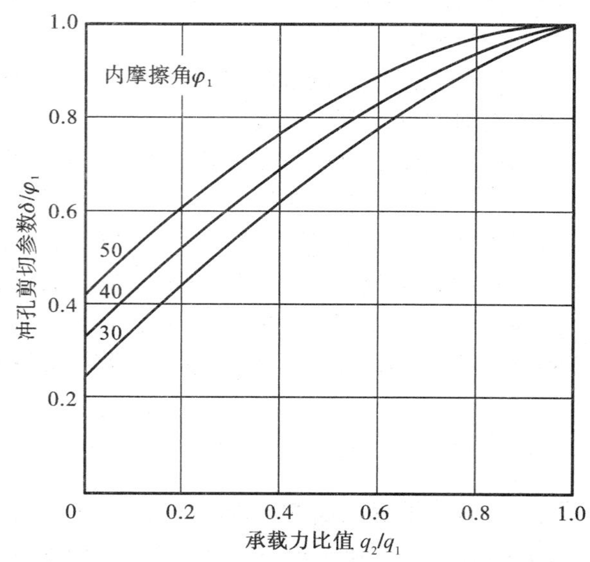

图 6-8 冲击剪切参数 δ/φ_1(Hanna 和 Meyerhof，1980)

对于有软弱下卧层的土层，Young 等(1984)推荐采用 Brown 和 Meyerhof(1969)给出的方法。极限承载力为 q_u 为

$$q_u = 3s_{uT}\frac{H}{B} + 6s_{uB} + \gamma'\frac{V}{A} \quad (6-6)$$

式中，s_{uT} 为上覆黏土层不排水剪切强度；s_{uB} 为下卧软土层的不排水剪切强度；H，B，γ'，V，A 定义同式(6-5)。

为了检测钻台在具有软弱下卧层土的区域工作的适用性，McClelland 等(1982)提出应该满足以下两种判断依据之一：

(a) 较硬土层的承载力必须足够小使

得基础能够完全穿过那层土；

(b) 硬土层的承载力必须足够高，能够支撑住基础，使之在安全范围内。

当较硬土层的承载力估算上限小于自升式钻台由于重力引起的基础压力时，通常符合判据(a)；在几乎没有预载的情况下基础会穿透硬土层，当硬土层的承载力超过基础最大荷载(包括预载)的 50%以上，符合判据(b)。

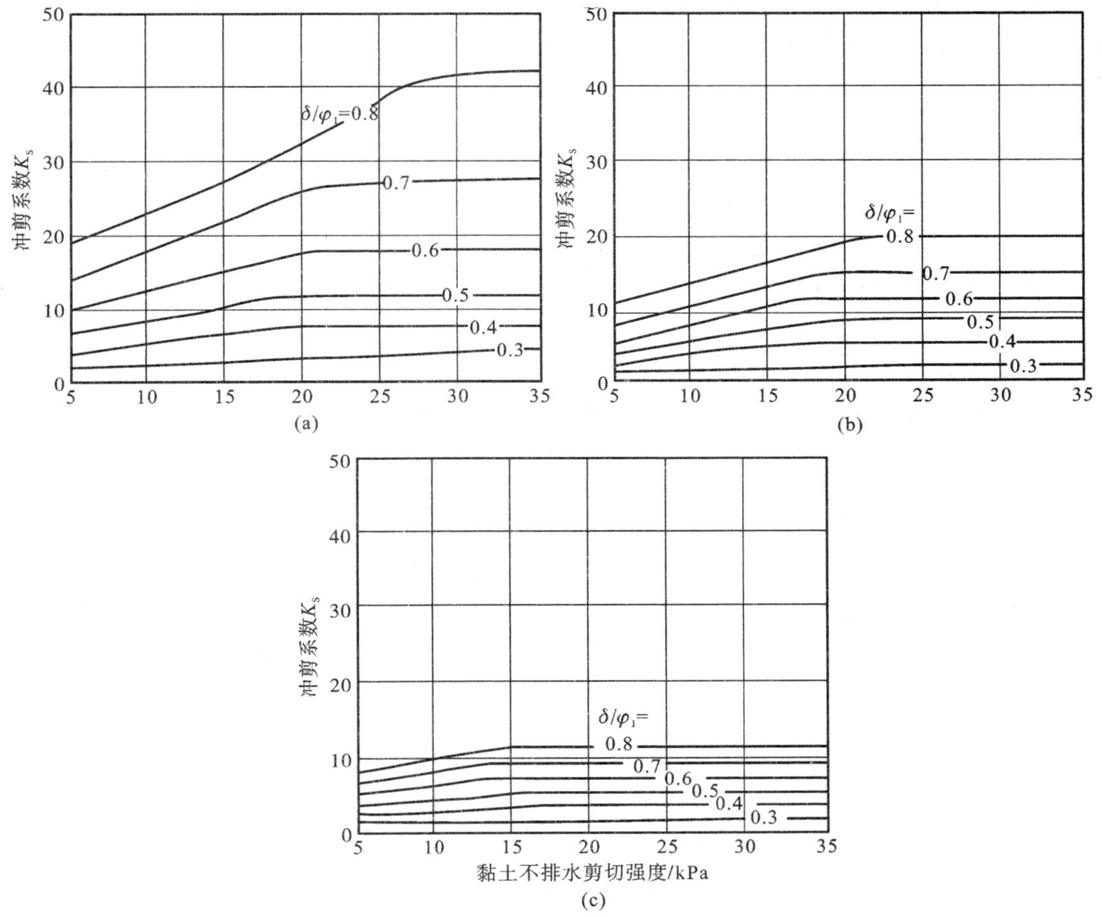

图 6-9 冲剪系数(a) $\varphi_1=50°$；(b) $\varphi_1=45°$；(c) $\varphi_1=40°$(Hanna 和 Meverhof, 1980)

6.3.4 其他需要考虑的因素

很多因素都影响着机动自升式钻台的基础性能，包括：

(a) 倾斜偏心荷载；

(b) 周期荷载；

(c) 基础贯入形成的孔洞处土壤崩塌程度；

(d) 靠近固定平台的钻台布置的影响。

基础贯入度较小时，为了满足水平荷载和偏心荷载的影响，可对承载力进行修正[见 5.3.3 节和式(6-2)]。基础贯入度较大时，水平荷载与作用在基础上的横向土压力相抵消(见第 7 章)，竖向承载力受到轻微影响。

波浪对于自升式钻台基础产生周期荷载，地基土强度可能会降低而且会渐渐产生累积位移。如果基础预载达到相对于最大风暴荷载仍安全的水平，影响不会很显著(图 6-4)。周期荷载对基础性能的影响可以根据重力结构的分析方法进行估算(见第 5 章)。由于自升式钻台基础尺寸相对于重力结构要小，当风暴荷载作用时，基础之下的完全不排水情况的可能性很低，因此黏土强度降低或砂土发生液化的可能性很低。

当独立基础开始贯入海底面时，贯入所造成的孔洞可能会很快闭合或者保持洞眼一段时间，取决于地基土类型及其强度。地基土突然塌陷会引起基础的突降运动，或者导致基础结构的破坏。如果孔洞塌陷较慢，破坏的威胁就小些。如果预载后孔洞完全塌陷，预载就失去了原有的作用。

自升式钻台通常都是用悬臂进行钻新孔或对已有的钻孔进行再加工，可能存在两种问题：

(a) 以前的脚支承贯入形成的海底坑陷可能会导致基础贯入不均匀，影响基础的稳定性。

(b) 如果生产平台是桩基的，自升式钻台会使得对桩基的水平压力增加，引起附加的水平位移和弯矩。这些影响可以根据 Poulos(1973)提出的分析方法进行估算。

6.3.5 案例记录

Young 等(1984)提出了一系列的案例情况，包括早期的 Gemeinhardt 和 Focht(1970)的研究成果，论证得出的基础承载力与实际观测相符。Young 等的研究的其中一个案例如图 6-10所示，其表明 Brown 和 Meyerhof 理论非常准确地预测了软弱下卧层的影响。同时也指出，3 个脚支承的受力情况有相当大的差异。预载的密切监控能够避免钻台的破坏。

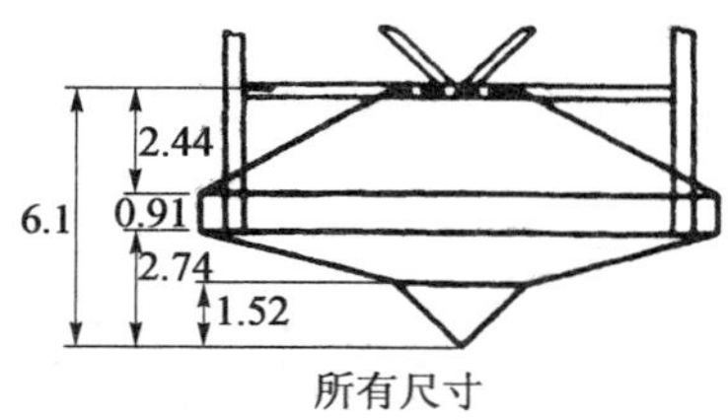

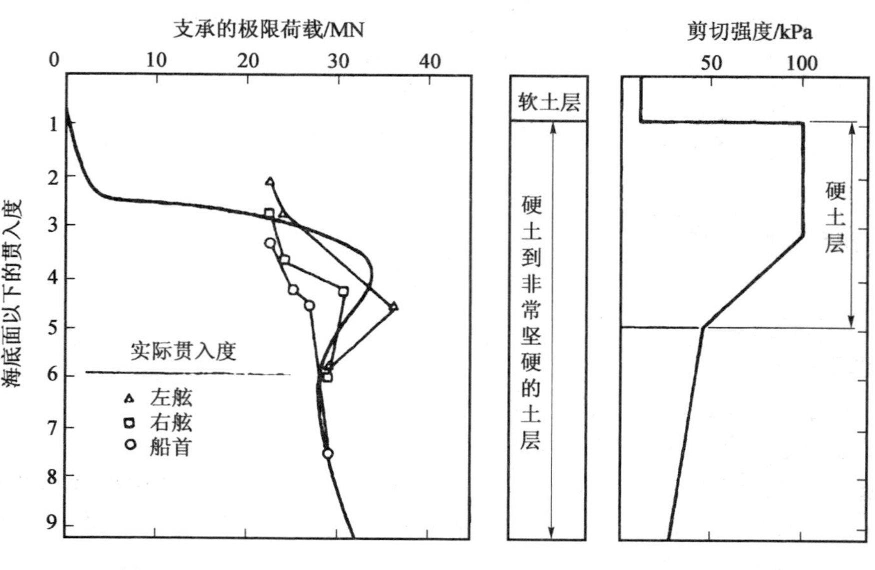

图 6-10 基础位于硬土层上的某破坏情况(Young 等，1984)

另一个案例是 Youn 等提出的，表明独立脚支承的锥角严重破坏了受力层，从而导致了基础承载力的降低。最后，第三种情况表明如果预载中途被打断的话也会引发事故。

Endley 等(1981)验证了 70 组钻台基础理论贯入度跟实测贯入度的对比情况，发现 Skempton 公式与 Davis 和 Booker 公式给出的基础位于均匀土层的承载力接近，但他们也过高地估计了基础贯入的情况。产生这些差异的原因是使用了传统实验室测试的剪切强度值，没有考虑各向异性和黏土在下部压力环境下重塑的影响。Skempton 方程中的一个相关系数表明：该系数是平均不排水剪切强度的函数。而且在该系数从大约 1.2(当平均强度为 9 kPa 时)降到 0.75(当平均剪切强度超过 25 kPa 时)。

6.4 板式基础性能预测

采用基础底板的主要目的是将 3 根或 3 根以上的柱荷载分配到海底地面。当钻机自动升起时，底板会贯入海底以下的土壤直到地基土的极限承载力大于等于底板对土壤的作用力。在预测底板贯入度时，以下因素必须考虑：

(a) 底板的承载能力，包括倾斜偏心荷载和循环荷载；

(b) 底板的抗滑阻力；

(c) 长期作用下的固结和缓慢沉降；

(d) 海底不稳定性的影响；

(e) 底板的弯矩。

岩土情况的调查要求与独立基础的相类似(6.3 节)。

6.4.1 承载力计算

用于计算独立基础的方法也同样可以用来计算板式基础。对于软土层上的底板，Young 等(1981)推荐采用 Davis 和 Booker(1973)的解决方法[详见式(6-4)]，采用了根据微型风向标确定的剪切强度并加以修正。由于板的尺寸比较大，有限厚度的条形分层对板式基础的影响没有其对独立基础的影响那么重要。

倾斜偏心荷载的存在对独立基础和重力结构的影响同样是需要考虑的。对于 A 型底板，过去用来考虑偏心荷载的方法(减少基础的有效承载面积)难以采用。根据 Vesic(1975)的提议，除矩形外，其有效面积均可以确立一个等效的矩形(几何中心跟荷载中心重合)。有效矩形的尺寸必须跟实际地点处的情况相一致。

循环荷载的影响可以用跟重力结构相类似的方法进行分析(见第 5 章)。其中必须考虑地基土强度的降低和垂直位移的累积。

6.4.2 滑动阻力

自升式钻台上的水流压力，风压力和波浪荷载都可能导致操作过程中钻台的横向运动(Hirst 等，1976)。底板基础的极限抗滑阻力可以用跟重力结构同样的方法进行估算(5.3.3 节)。基础周围使用裙边加固可以降低滑动风险。

6.4.3 长期沉降

当自升式钻台基础降至海底并实施预载后，可能会发生附加沉降，主要是因为地基土的固结和徐变的影响。考虑到基础下三维应力的分布，通常可以根据一维沉降原理计算固结沉降。并且对于在软黏土层上的陆上，这一方法可以得到合理的计算结果(Burland 等，1977)。其他的方法如果能更加准确地模拟三维情况，也可以采用，例如，应力路径法(Lambe，1964)、弹性法(Davis 和 Poulos，1968)和有限元法(Zienkiewicz，1977)。然而土壤数据的质量通常不能证明使用更精细的分析是合理的。

长期的缓慢沉降可以根据一维徐变的试验结果进行估算，近似的三维计算方法如应力路径推广法(Poulos，1976)在合适的土质资料可供使用时也是可以采用的。不排水情况下的总徐变分析，徐变导致破坏的可能性都是复杂的，而且对于大多数自升式钻台基础的预测是不可行的。

6.4.4 海底不稳定性的影响

重力、波浪力引发的海底压力的变化可能会导致海底发生失稳。Young 等(1981)曾提出用有限平衡分析法来研究底板支承的自升式钻机的稳定性问题。如图 6-11 所示，一系列潜在的危险面被校核以确保由于施加在钻台上的压力、结构自重及波浪力引起的地基问题的安全性。这些分析的结果可以确保自升式钻台工作时不会出现导致基础破坏或海底滑坡的最大波高。有限元分析法也可以用于估算在不同的波浪荷载作用下可能的基础底板的位移。

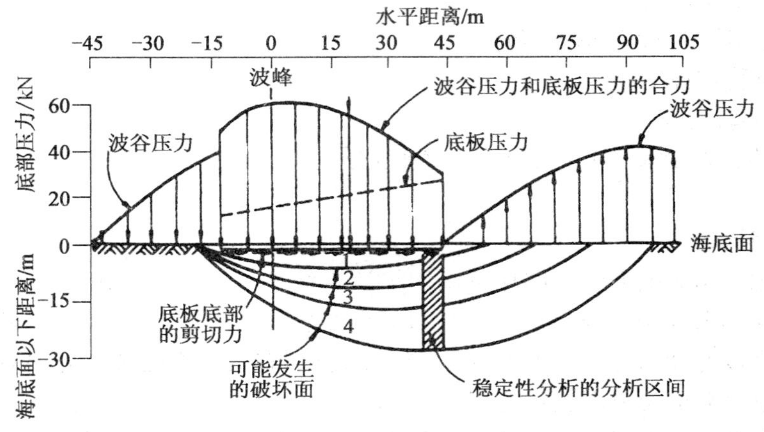

图 6-11　用极限平衡程序对底板基础进行稳定性分析(Young 等，1981)

6.4.5 底板的弯矩

在底板基础中，主要由支撑腿施加的竖向荷载引起的弯矩的大小几乎没有被考虑到。底板下方的土层变异可能会导致弯矩的改变。最好用有限元方法对底板的特性进行分析，还要考虑到底板的弯曲和支撑土层连续一致的性质。

7 近海桩基

7.1 概述

近 30 年来建成的大多数近海平台在建筑过程中均使用了所谓模板或者导管架的建筑方式。在这种方式中，桩体被插入到垂直或是有一定倾斜度的钢制柱状基础内，当桩体与基础稳固连接后，在预计的风暴波浪的波峰以上的高度放置预制盖板。钢管桩是这种建筑结构中最为广泛使用的桩体。

当水深和环境荷载的增加，也需要相应的对平台的设计进行修改。使得覆板可以由 4 个巨大直径的圆柱支撑，每个柱内则有排列成圆环桩体组来支撑。在结构的最底部，这些桩体被安放在很长的钢制套管内。沉桩结束时，桩体组与套管之间的环形空间要经由压力灌浆来提供一个永久的剪切连接。建筑此种地基时，需要考虑组内桩体在轴向与侧向荷载下相互之间的影响。

离岸桩体或桩体组在设计时需要符合以下 3 条原则：

(a) 适当的轴向和侧向负荷支撑能力；

(b) 可接受的荷载形变响应能力；

(c) 桩体安装的可行性，例如：需保证有合适的设备来运输桩体到预定的沉桩位置。

此外，离岸桩体设计与陆上的桩体设计也存在着以下一些不同点：

(a) 离岸桩体的轴向负荷经常位于一个更高的数量级上；

(b) 离岸桩体承受到巨大的侧向负荷的影响；

(c) 离岸桩体受到的轴向和侧向的负荷中有很大一部分实质上是循环作用的；

(d) 一些离岸土壤的性质（例如碳酸盐质砂土或是淤泥）可能造成不寻常或不可预见的结果。

为了确定桩体的数量、直径、长度和排布方式，通常需要进行下列分析：

(a) 桩体打击桩的操纵灵活性；

(b) 轴向负荷支撑能力；

(c) 轴向形变；

(d) 侧向负荷支撑能力；

(e) 侧向形变；

(f) 动态反应。

对于后 5 项必须考虑到桩体组内的相互作用和循环荷载问题。

本章将回顾用于离岸的各种桩结构，讨论桩体安装前的临时支撑结构、概述计算桩体操纵性的方法、详细讨论计算桩体轴向负荷支撑能力和轴向运动，并包括桩体组内的结合以及循环作用。接下来也将讨论侧向支撑与形变的情况，并且有对以上两类分析的模拟和对比。最后，将对桩式地基动态响应的评估方法做一个总结。

7.2 离岸桩的类型

7.2.1 打入桩

最常用的离岸桩是端部开口的钢制管状打击桩。在大多数情况下，它可以无干扰地完成沉桩。暂停只会发生在接合或是更换打桩锤时，而打桩时的暂停可能会导致打桩阻力显著的增加或降低。打桩阻力的增加源自打桩引起的超孔隙水压力的消散，而这一过程可能使打桩过早地受到阻碍。所以需要有一个合适的备用打桩锤。打桩的计划是整个工程的核心要点，波动方程分析法(参阅本书 7.4 节)是制订计划时的一个非常有用的工具。

桩结构用于描述桩和螺纹梳刀的长度和直径上以及护壁厚度，有时包括安装在桩底部的用来减少阻力的桩帽。改装同时能够提供足以承受轴向和水平最大负荷的适宜强度以及最佳的操纵性。一般来说，桩体有固定的管壁厚度，上端部分可能存在例外，为了抵抗由于土的水平荷载转化的较大弯矩，所以上端管壁可能更厚，用于抵抗土壤传来的水平负荷形成的弯矩。整个结构的负荷一般通过平台基部剪切连接的套管传至灌浆管桩上。

当在沉桩设计前发现困难的打桩条件时，可以用下面这些方法来帮助进行更深的沉桩作业：

(a) 以钻孔或者喷洗的方式移除土塞，而后在末端安放混凝土塞以保证最大化使用桩端轴承能力。

(b) 在桩体前部钻一个较小的洞来去除桩尖土壤可以提升桩体操纵性，这种技术不适用于砂土。

(c) 在主桩体中可以打入较小直径的小桩，之后需在两桩之间的环形部分进行灌浆。

7.2.2 钻孔灌注桩

George(1976)曾指出在近海地区使用的 3 种基本的填充桩：

(a) 单根直钻孔灌注桩：沉桩时先钻一个直径较桩略大的孔，而后插入钢管桩，并在桩体与土壤之间沿环面灌浆(图 7-1)。

(b) 基桩和填充板桩：基础桩有一个端部开口的钢制管桩，而基桩又构成了插入桩顶端的套壳。在基桩顶端下方的沉桩处钻直径略大的孔，然后再插入桩土壤和基桩之间灌浆。

(c) 扩口桩(图 7-2)：桩顶端由扩口工具进行扩口，上端则打入基桩。这种桩体可以大大提高轴承重并提高支撑能力。

钻孔设备通常分为正向循环钻进(钻探泥浆从下端进入并从上端流出)和逆向循环钻进。逆向循环钻进常用于孔径相对较大的钻孔。钻探液体将钻屑输送到钻孔内表面，使之更加稳固，同时也能起到润滑和冷却钻头的作用。水是最简单的钻孔用的液体，但钻探泥浆也必须提高孔的稳定性或防止在易透水层中循环过程失败。

灌浆一般是通过桩内的钢管到达桩体底端的。在那里灌浆取代了钻探泥浆开始填充插入的桩体和土壤之间的环面。初次灌浆时，孔底可能释放出放射性电荷。因此，在环面内的灌浆可以通过灌浆管内放置的盖格计数器进行记录。通过这种方法，可以侦测出过程中流失的灌浆或是达到预计灌浆终点的情况。在灌浆之前，最好将遗留在钻孔中的钻探泥浆量降至最低，以免在灌浆通过钻探泥浆时产生“沟流”的异常。

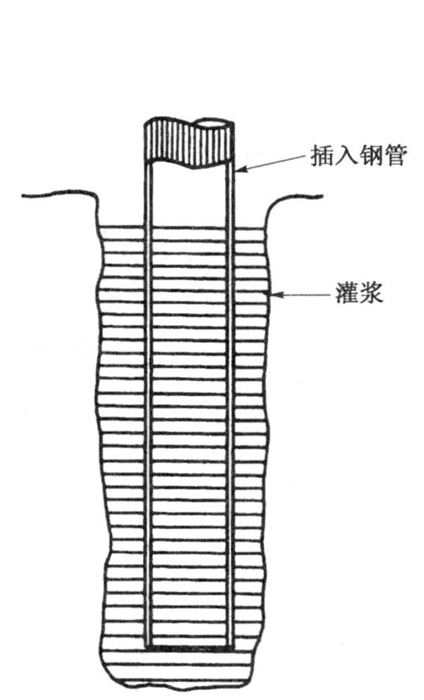

图 7-1　灌浆桩

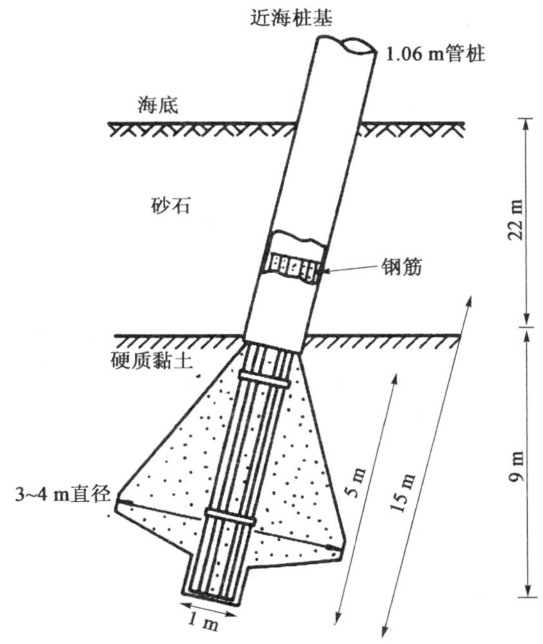

图 7-2　一种典型的扩口桩基(George, 1976)

7.3　桩结构的临时支撑

在打桩之前,离岸导管架平台需要临时的支撑。支撑来自导管架腿柱延伸部,保持最低水准的水平方向支撑以及泥土垫层。由于支撑腿延伸部是与海底接触的首个基础元件,因此必须选择合适的长度来确保完全贯入。接下来,必须分析并计算出导管架腿柱延伸部和水平方向支撑的数量。如果还需要额外的支撑,就要用到垫层。图 7-3 介绍了为地基提供临时支撑的构件(Helfrich 等, 1980),这些必须要考虑到,为了支撑起导管架的重量和来自环境以及建筑过程的附加荷载。

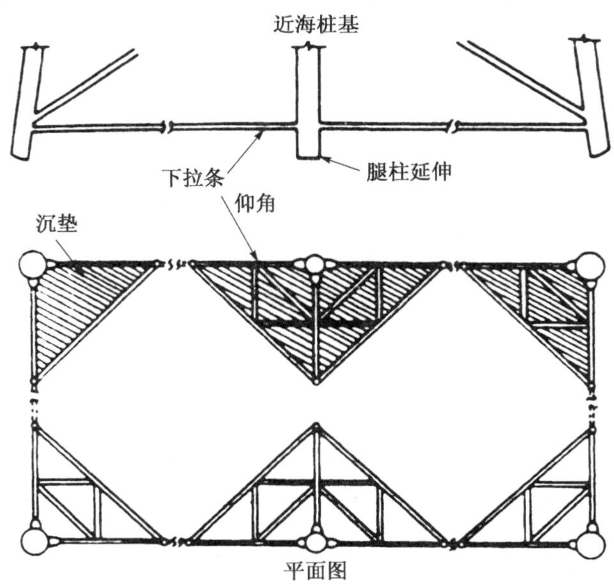

图 7-3　地基临时支撑原件套

以下是设计时需要考虑到的问题总结:

(1) 确定导管架腿柱延伸部分的土壤阻力,根据这个值,支撑腿延伸部的长度需要相应地缩短以确保完全贯入。

(2) 确定水平方向支撑的承重能力。

(3) 确定垫层的承重能力和安放位置来保证提供所需要的总阻力。

Helfrich 等(1980)根据已有地基数据和设计原则的平均置信度推荐了一个垫层和水平方向支撑设计时安全系数——2.0。在实际中如果置信度明显高于或低于平均值,可以在规定的安全系数上下 0.5 之间浮动。

7.3.1 导管架支撑腿延伸部的设计

一个倾斜的导管架支撑腿延伸部的受力情况如图 7-4 所示。Helfrich 等(1980)认为最终的垂直土壤阻力可以看作以下几个垂直分量作用力之和:表面摩擦、末端承重和由结构对地面施压产生的侧向支撑力。前两者的计算方法将在 7.5 节详细讨论,后者则将在 7.7 节做介绍。事实上,垂直分量中的侧向支撑力经常因为倾角很小的缘故而非常小,因此常在计算中被略去。

因为导管架腿柱延伸部的设计必须保证能够完全贯入,所以在设计时应该保守地估计土壤强度和表面摩擦的上界值。

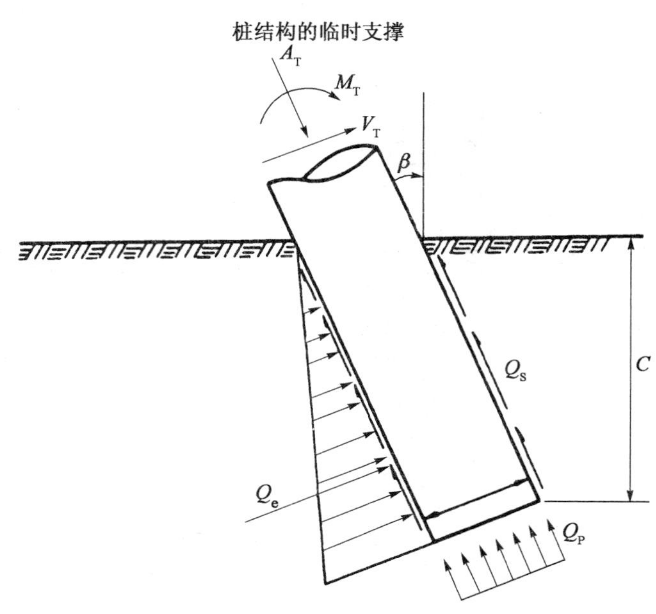

图 7-4 一个倾斜的导管架腿柱延伸部分

7.3.2 水平支撑装置和沉垫的支撑能力

估算这些元件支撑能力的过程方法与 6.3.3 节中提到的设计桩脚式钻探平台的方法相同。但是,垫层经常被制成直角三角形,而已有的支撑力理论中却只有对环形或是带状地基的基础形状有相关的规定。Helfrich 等(1980)提出了两种把已有的解法适用于三角形基础的方法:

(1) 假设三角形为一个相等面积的环形区域。

(2) 假设三角形为一个矩形区域,矩形的宽 B 等于三角形最短的一条高,矩形的长 L 等于三角形最长的一条边。

第一种假设一般用于砂土,第二种假设一般用于黏土。

对于水平的管状元件,Helfrich 等(1980)建议对于安置在土壤表层或浅层底面的支撑元件,可以忽略管的形状对承载能力的影响。对于埋置很深的支撑元件,承载能力可能会降低高达 15%。支撑力计算理论中的宽度 B 应该取元件在土壤表面处的宽度,对于那些埋入深度超过半径的元件则应取其直径。

要估计黏土上的垫层的沉降值,需要根据传统的沉降理论分别计算瞬时和永久的沉降值。计算瞬时沉降时,容差必须包括土壤局部屈服的影响,D'Appolonia 等(1971)提出的方法就是一例。Helfrich 等(1980)认为水深小于 300 m 时,在砂土上产生的沉降相对较小,可以不予计算。

Helfrich 等(1980)论述了一些历史案例,证明了如下几点:

(a) 土壤状况的微小改变会对导管架支撑腿的贯入产生影响。

(b) 尺寸不足的泥垫层会造成导管架超量沉入海底。

(c) 如果导管架支撑腿延伸部和水平方向支撑能提供合适的支持力,那么泥垫层则不是必要的。

(d) 采用上述设计过程对于临时基础的支撑能带来令人满意的效果。

7.4 打桩的动态分析

7.4.1 波动方程分析

在过去的 20 多年里,人们越来越意识到设计过程中安装阶段的重要性。在那之前,安装阶段中经常发生问题,比如造成桩体无法打到预定的贯入位置等。随着利用波动方程式(Smith, 1960; Lowery 等, 1969)动态分析的发展,使得分析打桩过程中的重要参数以及证明诸如桩的刚度和桩的缓冲特性等因素的影响成为可能。

以下是进行打桩过程动态分析的目的:

(a) 利用打桩过程记录可以为正在进行的打桩创建一个安全工作荷载。

(b) 确定桩体必须满足打桩的条件。

(c) 检测打桩时桩内产生的压力。

在这些目标中,波动方程更容易做到后两者。在打桩分析时,阻力增大对打桩的影响是计算静态荷载的一个最基本的难点。如前所述,产生增大的阻力与打桩时产生的超孔隙压力的消散有关。它通常发生在黏土中,通常会让静态荷载大大高于贯入时最终土的阻力值。因此在这样的土壤里,除非在计算时考虑到阻力上升影响的容差,否则桩承载值就会严重偏低。一个更合理的方法是在超孔隙压力消散之后,使用重新钻进试验产生的数据,而在某些黏土中这个方法甚至需几周的时间。

大多数在打桩时使用的波动方程分析是建立在 Smith(1960)提出的理想模型基础上的,同时 Goble 等(1967)也开发了类似的模型。Smith 理想模型展示在图 7-5 中。桩系统由以下组件构成:

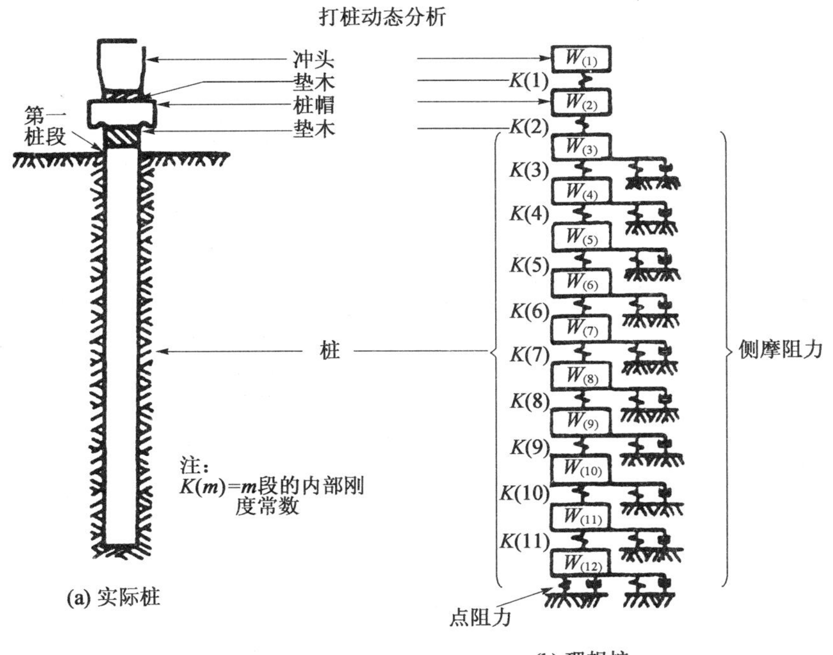

图 7-5 Smith 的打桩理想模型

(a) 冲头，打桩锤将给它一个初速；
(b) 柱头垫木(缓冲材料)；
(c) 桩帽；
(d) 垫块；
(e) 桩体本身；
(f) 支撑土。

冲头、柱头垫木、桩帽、垫块和桩体均用适当的离散重量和弹性值表示；桩侧的摩擦阻力由一系列弹性值和阻尼器表示；尖端阻力由单个的弹性值和阻尼器表示。

Smith 证明了波动方程的有限差分变形可以用一组 5 个简单方程代替。这个方程组可以重复地在每一个未知数取连续时间增量处得到解。方程组的解可以表示出每个元件在任意时间的位移、速度和受力的情况。这个分析可以持续地进行直到桩永久固定或者桩顶处土壤的可塑性位移达到了最大值。很多参考书中都能找到方程的细节和解法[如 Bowles(1974)，他同时还给出了分析的电脑计算程序]。现在还开发出了更加精密的程序[如 Heerema 和 de Jong (1979)]。

分析过程必须输入包括冲头受击打时的初速、桩体元件的集中度和硬度、土壤阻力对尖端和杆体的分布状况以及代表土壤阻力的弹性值和阻尼器的硬度和阻尼。在上述参数中，最难于定义的是土壤硬度、用 Q 代表的土壤阻尼特性和 J 代表的阻尼因子。这些参数对于分析的结果有很大影响，而如何选择 Q 和 J 的值则很大程度上影响到预测是否会成功。图 7-6 列出了重要的参数、Q 和 J 的典型取值以及以前在北海北部安装桩体使用的打桩锤的统计(De Ruiter 和 Beringen，1979)。

桩形数据	螺纹梳刀长度
	桩长
	链接种类
	桩和螺纹梳刀的尺寸
	桩的插入深度
击锤数据	活塞的重量
	冲能计算
	效率
	桩帽刚度
	回归系数
土壤数据	点震和面震
	点阻尼和面阻尼
	表面摩擦
	点抗力

土壤类型	沿着桩面方向		桩点下面	
	震动/mm	阻尼/$(s\cdot m^{-1})$	震动/mm	阻尼/$(s\cdot m^{-1})$
砂土	2.54	0.164	2.54	0.492
黏性土	2.54	0.656	2.54	0.033

击锤的类型		活塞重度/MN	能量计算/(MN·m)
MENCK	2500	0.25	0.31
	3000	0.30	0.45
	7000	0.70	0.87
	8000	0.80	1.20
	12500	1.25	2.18
VULCAN	060	0.27	0.24
	560	0.27	0.41
HBM	300	0.63	1.10

图 7-6 波动方程所需输入的数据(De Ruiter 和 Beringen，1979)

7.4.2 典型的应用程序

De Ruiter 和 Beringen(1979)给出了利用波动方程分析的两种典型的应用：

(a) 对于给定的桩锤，预期的打桩数和贯入深度的关系的发展；

(b) 最佳桩-桩锤组合的选择。

图 7-7 给出的是第一种应用程序，它主要包括 3 个步骤：

(1) 利用波动方程来确定土壤总贯入阻抗(SRD)和打击数之间的关系[图 7-7(a)]；

(2) 土壤阻抗和深度时间关系的发展[图 7-7(c)]，一般用静态承载力来分析[也可能调整允许动态效应，如图 7-7(b)]；

(3) 利用上述两个关系来表示锤击数与贯入程度的曲线关系。

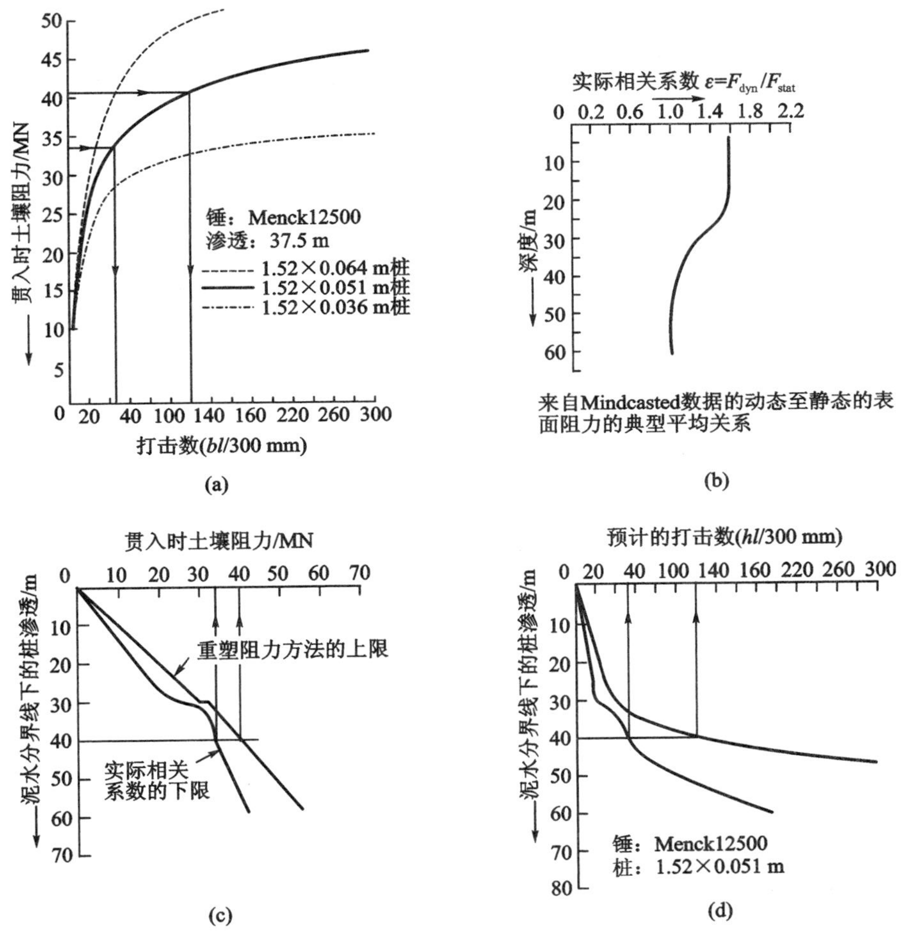

图 7-7 典型的贯入能力分析；1.52 m 桩，Menck12500(De Ruiter 和 Beringen，1979)

在利用波动方程分析来选定最佳桩-桩锤组合时，都必须进行一系列的分析，如不同捶击能量、桩护壁厚度和其他可变参数等。图 7-8(a)和(b)表示的是在不同捶击数下，桩护壁厚度和捶击能量对于土壤贯入阻抗影响的典型曲线。对于给定的锤击数，桩护壁厚度增加或锤击能量增加，SRD 都会显著增加，如果捶击数小于 150 次/300 mm，就能用图 7-8(a)和(b)与图 7-8(c)结合起来帮助确定最优桩锤的结合。如果，比如需要 30 MN 的土壤贯入阻抗，无论是 63.5 mm 的桩护壁连同 0.6 MN 击锤，还是 38.1 mm 的桩护壁连同 1.5 MN 击锤都是可以使用的。在这种情况下，桩护壁增加 67%和捶击能量增加 150%的效果是一样的。总的来说，重锤只能和大型桩结合使用才能完全发挥作用。具体推荐的组合情况一般视经济性和可操作性而定。

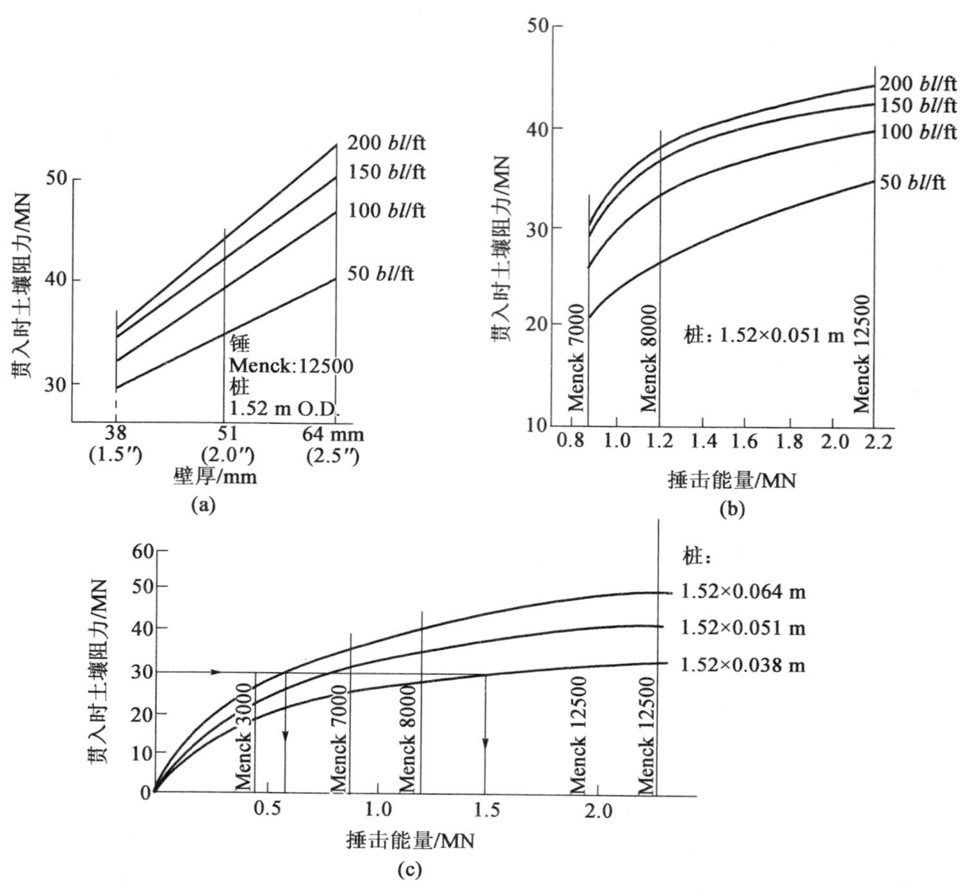

图 7-8 选择最佳桩-桩锤组合的分析(De Ruiter 和 Beringen，1979)

7.4.3 更多精确分析

尽管可以利用波动方程值来估计桩的操作性能，但它也被证实是有局限性的。比如，在分析末端开口钢管桩贯入时，有必要做一个假设，即在贯入过程中桩完全被内部土体堵塞或没有被堵塞。这两种假定的结果的差异会非常显著，所以在现实中，一般是介于堵塞和不堵塞的情况之间。Heerema 和 de Jong(1979)对传统的分析方法进行改良，其中内部土体是被模型化的。他们认为，贯入过程和静态加载过程中的桩的堵塞是不同的现象，并且后者情况下更容易发生桩的堵塞。因此他们建议，标准波动方程最好在假设桩未被堵塞的状态下使用。

尽管 Heerema 和 de Jong 对分析不断改进，但一维波动方程仍然是描述物理问题最精确的方法，因为它把土壤分成块装入一系列的弹簧中。Smith 和 Chow 与 Smith 和 Willson (1986)都描述过一种贯入桩的三维有限元分析法，它克服了很多一维分析所带来的限制。他们的试验证明了，在贯入过程中，末端开口桩更可能出现未堵塞的情况，然而静态下，它表现为桩被堵塞。他们论证了一维分析可以准确地预测灌注桩的位置，但不能准确地预测桩体细节的运动变化（比如桩端随时间的位移变化），特别是对于硬质黏土。桩的移动在三维分析下比一维分析的情况更迅速地衰减。Smith 与 Chow 也表示，后者分析中使用的 2.5 mm 振动频率值的实际值和有限元分析得到的值非常吻合。

Smith 和 Randolph(1985)与 Randolph 和 Simons(1986)描述了一种更实际的方法，它是用动态塑性理论来确定一维分析下的土壤硬度和衰减特性。允许碎石桩沿着轴滑落，允许桩顶部土壤的破坏。这个分析给出的桩运动和有限元分析的结果类似，再一次表现出了比传统的 Smith 分析更显著的衰退反应。Smith 与 Randolph 的分析能给出估算桩的贯入能力更有效的方法，因为该方法具有既考虑土的性质又计算高效的双重优点。

7.4.4 动态桩试验

将动态桩测量作为钻井锤正常工作的手段，和在早期阶段检测任何桩损伤以及估计桩的轴向载荷能力及其可能的载荷沉降响，这些现在已经变得普遍。图 7-9 用图形表示了用于桩试验的典型装置，它包括了很多对拴在桩头的加速器和传感器。信号通过信号线传输到处理和分析系统，它通过数码和模拟信号的形式实时地呈现了综合其他代数项来分析的结果。最经常使用的数据处理和分析系统是桩贯入分析器(PDA)，它经常和 CAPWAP 分析方法一起使用(Goble 和 Rausche，1979；Rausche 等，1985)。

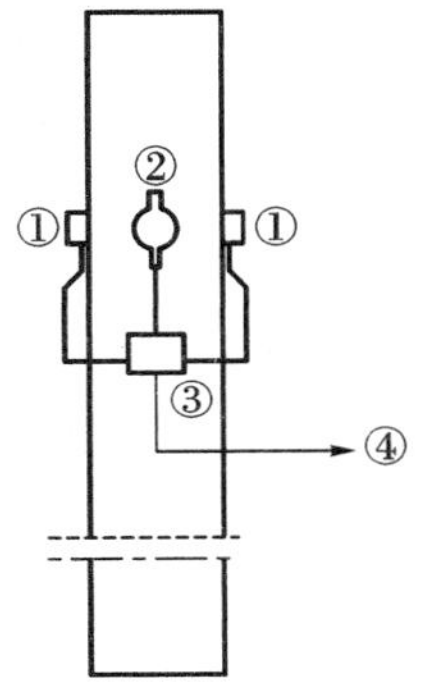

1—加速器；2—应变传感器；3—接线盒；4—单线：处理和分析系统

图 7-9 动态桩试验的仪器(Dahlberg，1982)

在贯入过程中，可以用 Case Method(Rausche 等，1972)来确定桩的最大应力、速度、能量和位移，获得贯入时静态承载能力的估算值。原始数据也被储存为模拟形式，以便能在贯入完成后进一步分析。通过试错的过程，CAPWAP 程序能根据 Smith 波动方程分析下的捶击数来估计振动、衰退和其他参数，因此能更准确地估计桩的承载能力。

Wright 等(1982)、Stevens 等(1982)和 Dahlberg(1983)都描述过这个程序的典型应用。在后者情况下，石灰砂质桩在初始贯入后以及之后的 2 个月内，通过动态方法都能表明静态承载能力都随着结构的建立有大幅度的增长。

7.5 轴向承载力

7.5.1 简介

在近海基础设计中，桩轴向极限承载力的确定是非常重要的，因为它决定了桩所需要的贯入度，从而保证能有足够的安全系数来抵抗轴向破坏。桩所受最大力和桩的贯入度之间的关系是可以计算的，如图 7-10 所示。在多数的设计中，最大压缩和张拉的荷载都要乘以所需的安全系数(通常在 1.5～2.0)，从而决定了达到这些荷载的贯入度。在确定图 7-10 所示的关系时，必须考虑群桩效应和周期荷载的影响。第一步是计算单个桩在静力作用下的轴向承载力。

估计单桩最大轴向承载力最常规的方法是利用通常的土力学方法结合所测土壤性质进行静力分析。根据此方法，桩的最大压缩承载力通常是桩表面的土壤摩擦阻力加上桩尖所受的抵抗阻力，再减去桩的自重。因而，不论是实体桩还是堵塞的钢管桩都可用下式计算：

$$P_u = \int_{z0}^{L} f_s C \mathrm{d}z + f_b A_b - W \tag{7-1}$$

式中，P_u 为最大压缩承载力；f_s 为桩身单位面积最大表面阻力（通常成为最大表面摩擦力）；C 为桩的周长；L 为桩的埋入长度；z_0 为土层表面以下假定没有表面阻力的距离；f_b 为桩底部的最大阻力；A_b 为桩底的总面积；W 为桩的重量。等式(7-1) 中的距离 z_0 和一些因素有关，例如安装时的扰动和侧面周期荷载的影响，这些可能导致桩穿孔而阻止了土和桩之间的摩擦力完全发挥。通常，z_0 大约为桩直径的 3 倍或 5 m。

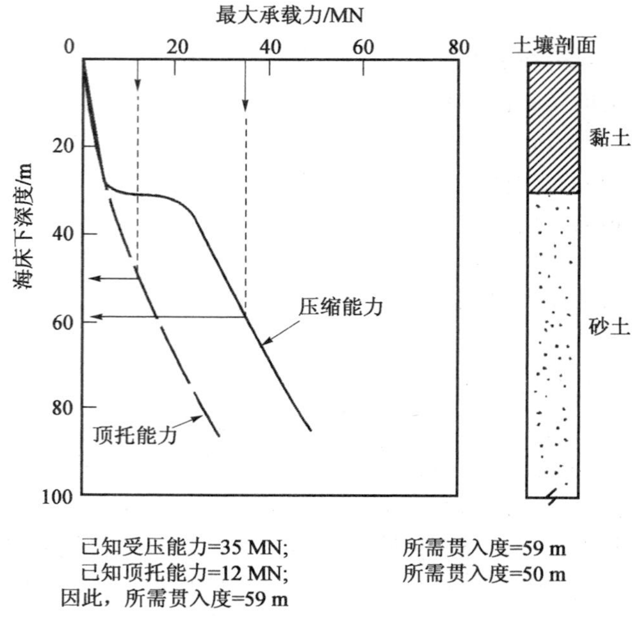

图 7-10　贯入深度的判断

对于未堵塞的开口钢管来说，桩的最大压缩荷载是以下 3 项的较小者：

(a) 桩身的内外表面摩擦力总和，加上桩尖净面积上所受的桩端阻力；

(b) 式(7-1)所得的值；

(c) 桩截面的结构承载力。

对于(a)项，在缺少其他条件的情况下，内部的摩擦力可以取桩身外表面的表面摩擦力。在多数情况下，对于堵塞的桩是适用的，然而对于在未胶结的石灰质沉积物中桩是不适用的。这种情况下，最好贯入封闭桩或者在打桩结束后在桩尖安装一个混凝土塞。

单桩的最大托举力通常取桩外表面摩擦力和桩自重的和，即

$$P_u = \int_{z0}^{L} f_s C \mathrm{d}z + W \tag{7-2}$$

式中，P_u 为极限托举力，其他变量同式(7-1)。

7.5.2　表面摩擦力的估计

估算极限表面摩擦力 f_s 的传统方法，其依赖于 f_s 与不排水抗剪强度（对于黏土而言）或有效覆盖压力（对于砂土而言）之间经验或半经验的相互关系。近几年中，一直在尝试进行更严格的分析方法来分析影响 f_s 的因素，并且在掌握运动机理方面取得显著进展（如 Randolph 和 Wroth，1982；Kraf 等，1982）。然而，传统的方法仍然在实际应用中占主导地位，尤其对于砂土中的桩基来说，和深度有关的最大表面摩擦力和桩端抵抗力受限制的现象，仍未能得到满意的解释和量化。

表 7-1— 表 7-5 总结了一些可用的计算 f_s 的方法。对于打入和钻入黏土和砂土的桩都适用。在一些多种方法均可用的案例中，很可能 f_s 的计算值有很大区别，所以运用工程实际经验判断是必要的。表 7-1 考虑黏土中的打入桩。图 7-11 和图 7-12 做出与所列两种方法相联系的

因素的曲线图。对于打入砂土的桩来说，可使用表 7-2 所描述的方法，但不能超过表 7-3 所示的 f_s 极限值。表 7-4 所示的是 Nauroy 等(1986) 针对石灰质砂土中的打入桩新近提出的一些建议；开口和闭口桩的 f_s 极限值同压力指数 C_{Ie} 的极限值有关。C_{Ie} 是通过有效应力为 800 kN/m^2 的各向同性三轴压力试验得出的。表 7-5 总结了计算钻入桩和灌浆桩的 f_s 的方法，能清楚地看到相比打入桩而言，其方法少了很多。

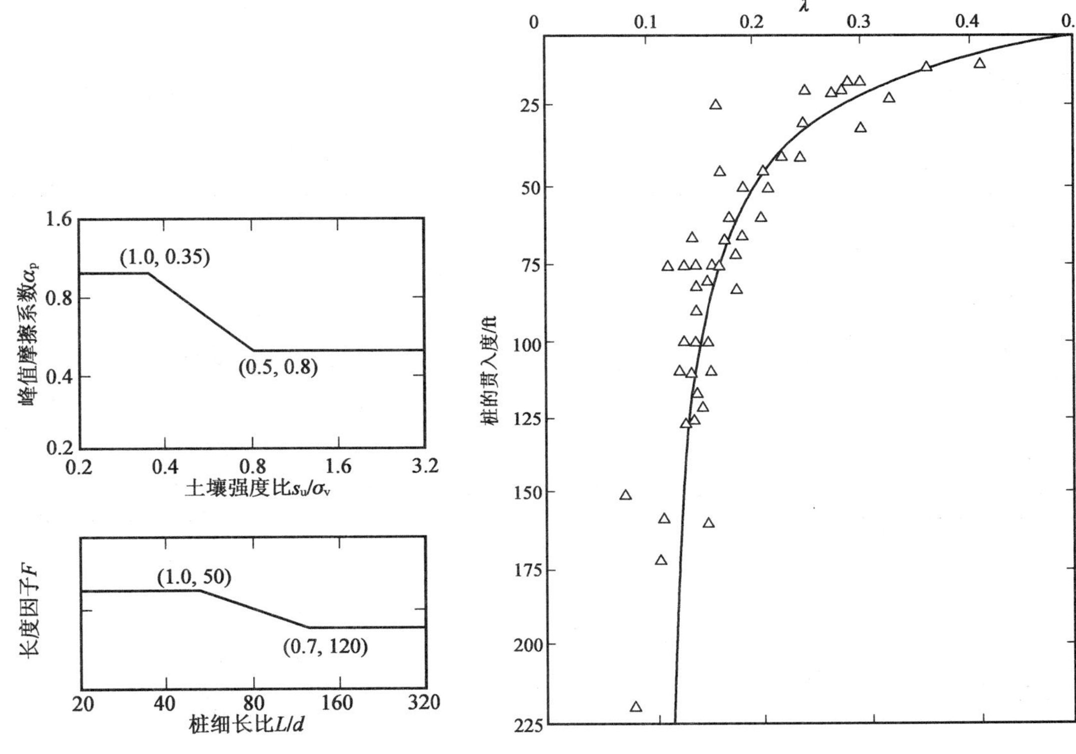

图 7-11　黏土中预测桩承载能力的因素 (Semple 和 Rigden，1984)

图 7-12　贯入度与摩擦力系数的关系 (继 Vijayvergiya 和 Focht，1972)

表 7-1　　最大表面摩擦力的估计方法：黏土中的打入桩

方　法	等　式	注	参　考
总应力法 (α-法)	$f_s = \alpha c_u$	$\alpha = 1.0(c_u \leqslant 25\ \text{kPa})$ $\alpha = 0.5(c_u \geqslant 70\ \text{kPa})$ 之间线性变化 $\alpha = (c_u/\sigma'_v)^{0.5}_{nc}(c_u/\sigma'_v)^{-0.5}$ for $c_u/\sigma'_v \leqslant 1$ $\alpha = (c_u/\sigma'_v)^{0.5}_{nc}(c_u/\sigma'_v)^{-0.25}$ for $c_u/\sigma'_v \geqslant 1$ α 值低于 API $F_c = c_u$ 确定方法的修正因子	API(1981) Fleming 等(1985)
有效应力法 (β-法)	$f_s = \alpha \bar{c}_u F_c F_L$ $f_s = F\alpha_p c_u$ $f_s = \beta \sigma'_v$	F_L = 长度修正因子 $F_L = L \leqslant 30$ m 时取 1.0 而 $L \geqslant 53$ m 时取 1.8α_p 和 F 见图 7-11 $\beta = (1-\sin\varphi')\tan\varphi'(OCR)^{0.5}$ $\beta = 1.5\ K_0 \tan\varphi'_{ss}$	Dennis 和 Olsen (1983) Semple 和 Rigden (1984) Burland (1973) Meyerhof (1976)

（续表）

方　法	等　式	注	参　考
λ-法	f_s 平均值 $T_s=\lambda(\sigma'+2\bar{c}_u)$ $f_s=\alpha' q_c/N_k$	见图 7-12 $\alpha'=\begin{cases}对于 N/C 黏土取 1.0\\对于 U/C 黏土取 0.5\end{cases}$	Vijayvergiya 和 Focht (1972) De Ruiter 和 Beringen(1979)
圆锥贯入度实验（CPT）	$f_s=K_c f_c$	$N_k=15\sim20$ $K_c\begin{cases}取决于长度/直径以及圆锥的形式；\\通常取 0.7\sim2.0\end{cases}$ $f_c\begin{cases}加权比上 8 倍直径\\见第 4 章图 4-20\end{cases}$	Schmertmann (1975)

注：

c_u— 不排水抗剪强度；
$(c_u/\sigma'_v)_{nc}$— 常规状态下标准抗剪强度；
L— 桩的贯入度；
φ'_{ss}— 简单剪切实验的 φ' 值；
σ'_m— 沿桩身的 σ'_v 平均值；
q_c— 已测静态圆锥抗力
σ'_v— 有效覆盖应力；
φ'— 有效应力下土的摩擦角；
K_0— 残余土层压力系数；
$\bar{c}_u$—c_u 沿桩轴向的平均值；
f_c—CPT 实验测得的筒身摩擦力

表 7-2　　最大表面摩擦力的估计方法：砂土中的打入桩

方　法	等　式	注	参　考
有效应力法	$f_s=\rho K\tan\delta\sigma'_v$ $f_s=\beta\sigma'_v$	通常，$K=0.4\sim0.6$ $\delta=20°\sim30°$ $\rho=1.0$（压力） 0.7（上托力） $\beta=\varphi'=28°$ 时取 0.44 $\varphi'=35°$ 时取 0.75 $\varphi'=37°$ 时取 1.2	McClelland (1974) Meyerhof (1976)
圆锥贯入度实验(CPT)	$f_s=\frac{N_q}{50}\tan\varphi'_{cv}\sigma'_v$ $f_s=\beta q_c$ $f_s=0.11e^{3\tan\varphi'}q_c$ $f_s=K_s f_c$	N_q 见图 7-14 $\beta=\begin{cases}压力时取 1/300\\拉力时取 1/400\end{cases}$ 同样见于表 4-5 $K_s\begin{cases}取决于圆锥形式，f_s 和桩的\\组成（通常在 0.35\sim1.25 范围内）\end{cases}$ 同样见于图 4-20	Fleming 等(1985) De Ruiter 和 Beringen (1979) Vesic (1977) Schmertmann (1975)
标准贯入度实验(SPT)	$f_s=2N(kN\cdot m^{-2})$	$N=$ 测得的 SPT 值	Thorburn 和 McVicar (1979)

注：

σ'_v— 有效垂直过载压力；
φ'— 有效土壤摩擦角；
q_c— 已测静态圆锥抗力
δ— 桩土摩擦角；
φ'_{cv}—φ' 的临界值；
f_c—CPT 实验中所测得的筒身摩擦力

表 7-3 最大表面摩擦力的极限值:砂土中的打入桩

泥沙类型	f_s 极限值 /(kN·m^{-2})	来　源
干净的氧化硅砂	100	API (1982)
	120	De Ruiter 和 Beringen (1979)
淤泥砂	85	API (1982)
砂质淤泥	70	API (1982)
淤泥	50	API (1982)
	20	McClelland (1974)
石灰质砂	28 (C.C. * >45%)	Aggarwal 等(1977)
	32 (C.C. 30%~45%)	
	100 (C.C. <100%)见表 7-4	Nauroy 等(1986)

* C.C. 为碳酸盐含量。

表 7-4 石灰质砂土中打入桩的最大表面摩擦力极限值(Nauroy 等, 1986)

极限可压缩性系数 C_{le}^{*}	f_s 的极限值/(kN·m^{-2})	
	开口桩	闭口桩
<0.02	100	120
0.02~0.03	50	100
0.03~0.04	20	50
0.04~0.05	10	50
0.05~0.1	5	20
0.1~0.2	0	10
0.2~0.3	0	5
0.3~0.5	0	2
>0.5	0	0

* 有效应力为 800 kN/m^{2}的各向同性三轴压力实验决定。

表 7-5 最大表面摩擦力的估计方法:钻孔桩

土壤类型	等　式	备　注	参　考
黏土	$f_s = \alpha c_u$	α 为伦敦黏土时取 0.45 α 为打入排土桩时的值的 0.7 倍	Skempton (1959) Fleming 等 (1985)
	$f_s = K\tan\delta\sigma'_v$	$K = K_0$ 或 $K = 0.5(1+K_0)$(取较小值) $K/K_0 = 2/3 \sim 1$; K_0 是 OCR 的函数	Fleming 等(1985) Stas 和 Kulhawy (1984)
氧化硅砂	$f_s = \beta\sigma'_v$	$\beta = 0.1$, $\varphi' = 33°$; 0.2, $\varphi' = 35°$; 0.35, $\varphi' = 37°$	Meyerhof (1976)
	$f_s = p_g\tan\varphi$	f_s 为打入排土桩时的值的 1/3 ~ 1/2 灌浆桩,其中 p_g 为灌浆压力; 最大值常发生在 p_g 或 f_s 上,或同时出现	Fleming 等(1985)
	$f_s = F\tan(\varphi' - 5°)\sigma'_v$	F 为压力取 0.7, F 为拉力取 0.5	Kraft 和 Lyons (1974)

(续表)

土壤类型	等式	备注			参考
未固结石灰质砂	$f_s = \sigma'_v \tan\varphi$ 但 $f_s = 100\ \mathrm{kN \cdot m^{-2}}$				Nauroy 等(1986)
固结石灰质砂	$f_s = a + bq_u$	q_u 为无侧限抗压强度			Nauroy 等(1986)
		q_u/MPa	a	b	
		<1	0	0.375	
		1~3	0.187	0.187	
		>3	0.750	0	

影响近海桩基最大承载力的因素中,主要是桩长以及在桩和土交界面可能存在的峰值后的应变软化(表 7-1)。如果应变软化发生在桩土交界面,则很可能形成一种渐进式破坏,由此桩顶附近产生足够的位移把表面摩擦力减少至残余值。那么桩的轴向最大承载力的值将低于由最大表面摩擦值计算所得到的值。图 7-13 所示的是折减系数的值 R_f,用于计算峰值轴向承载力,从而确定桩渐进破坏的允许值(Randolph, 1983)。R_f 取决于桩的刚度因子 K_f,可由下式计算:

$$K_f = \frac{\pi d f_s L^2}{(AE)_p \Delta w_{res}} \tag{7-3}$$

式中,L 和 d 分别为桩的长度和直径;$(AE)_p$ 为桩的轴向刚度;f_s 和Δw_{res} 由图 7-13 定义;陆地上桩基的 K_f 值一般大于这些桩联合时的 K_f 值,而且 R_f 值接近于这些桩联合时的 R_f 值。然而,近海的桩的 K_f 值在 2 ~ 4 的范围内并且受应变软化的影响十分显著(如 R_f 可能比单个桩小很多)。Fleming 等 (1985) 建议 Δw_{res} 大约为 30 mm,并且和桩的直径无关。残余摩擦力与峰值摩擦力的比值可通过实验室环剪或直剪测试得到。

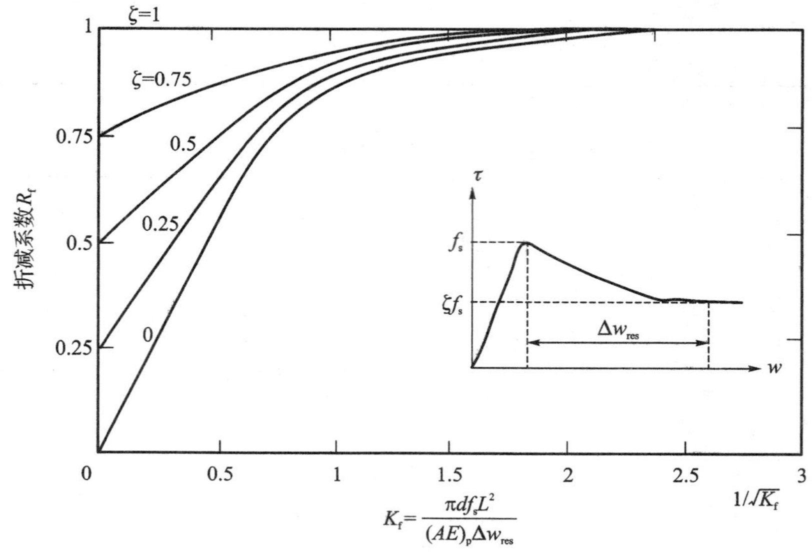

图 7-13　折减系数与桩刚度比的变化(Randolph, 1983)

7.5.3 桩端承载力估计

表 7-6 归纳了计算桩端最大承载力 f_b 的方法，同时表 7-7 列举了各种土样的 f_b 极限设计值。对于黏土中的桩，其计算过程可以采用，但对于砂土中的桩，在选择最合适的计算方法上存在着很大的分歧。使用承载能力因子 N_q 的理论方法被广泛应用，并且对于氧化硅砂中的桩来说，Berezantzev 等(1961) 给出的 N_q 值一般是合理的。然而这一理论并未再现所观察到的情况，由此随着深度的增加，f_b 的极限值也在变化。Fleming 等(1985) 试图修正这个理论。根据 Bolton (1986) 的成果，计算出一个修正的相对密度 I_R，其式为：

$$I_R = D_r(10 - \ln p') - 1 \tag{7-4}$$

式中，D_r 为未修正的相对密度；p' 为有效应力平均值(kN/m^2)。p' 取端部应力与周围的垂直有效应力的几何平均值，例如：

$$p' = \sigma_v' N_q^{0.5} \tag{7-5}$$

摩擦角 φ' 可以由 I_R 表示：

$$\varphi' = \varphi_{cv}' + 3I_R \tag{7-6}$$

式中，φ_{cv}'是 φ' 的临界状态值。

对于给定的 φ_{cv}'，D_r 和 σ_v'的值，f_b 可以通过等式(7-4)— 式(7-6)之间的迭代运算和使用图 7-14 的 N_q 曲线求得。这一计算过程给出的 f_b 的值显示其增长率伴随深度增加逐渐减小，与桩承载力试验的所得十分相似。

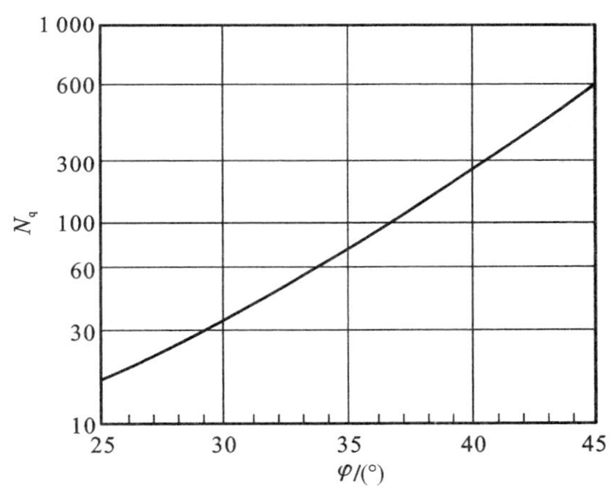

图 7-14 承载能力因子 N_q (Berezantzev 等，1961)

然而，以上的方法并不足以预测在石灰质沉积物中的桩端承载力，因为其 φ_{cv}'一般很高但 f_b 却很低，通常为硅土中 f_b 的一半(Poulos 和 Chua，1985)。这个现象的产生是由于土壤的可压缩性，并且 Vesic(1972) 的空洞膨胀理论考虑到这点。然而，从实际观点看，评估土的特征改变量是有一定困难的，并且目前使用如表 7-7 和表 7-8 所示的 f_b 经验值更加方便。后者的值与极限压缩指数 C_{le} 有关，就如打入桩的表面摩擦力一样(表 7-4)。

7.5.4 群桩效应

一个桩群的破坏很可能由于单个桩的破坏或者由于土壤和桩的整体破坏。后一种方式的破坏仅仅多见于相对间隔很近的桩(通常中心距少于 3 倍直径)。使用前文所述的方法分析桩群，能计算得到两种破坏形式的群桩最大承载力，在设计的时候使用较小值。桩群作为一个整体破坏时的最大承载力可通过和单桩相似的公式计算，但在应用时，等式(7-1)中基底面积 A_b 指的是整个块体的基底面积，而面积 A_s 是整个块体的表面积。对于常见的近海桩结构，在计算块体能力时，必须考虑包括土和桩的环形区域的最大承载力。土的完全剪切强度可以认为是沿着环状块体内外表面均发生移动。对于黏土中的桩，除了全长 L 比直径 D 的值小于 3，其

他情况的端部承载力可按表 7-6 计算，此时端部承载力因子可表示为

$$N_c = 6\left(1 + \frac{L}{6D}\right) \tag{7-7}$$

对于砂土中的桩，尤其是打入松软砂土的桩，实验室和现场实验显示因为在打入过程中受桩群间的砂土密实的影响，群桩承载能力明显超过单桩承载力之和。因此，砂土中的群桩最大承载力通常能保守地计算为单桩的承载力之和。对于桩群承载力更进一步的讨论可参考 Poulos 和 Davis (1980)。

表 7-6　　桩端承载能力估计

土壤类型	等　式	注	参　考
黏土	$f_b = N_c c_{ub}$	$N_c = 9$　当 $L/d \geqslant 3$ 时	Skempton (1959)
氧化硅砂		c_{ub} = 桩尖附近的 c_u 值； N_q 与图 7-14 中 φ' 相反； $N_q = 40$	Berezantzev 等(1961) API (1982)
	$f_b = N_q \sigma'_v$	N_q 与 φ'，相对密度和平均有效应力有关	Fleming 等(1985)
		N_q 根据孔洞膨胀理论，考虑 φ' 的影响和体积可压缩性	Vesic (1972)
	$f_b = \bar{q}_c$	桩尖上下的平均抗力 $\bar{q}_c$；修正值应用与超固结砂土；见表 7-7	De Ruiter 和 Beringen (1979)
未固结石灰质砂	$f_b = N_q \sigma'_v$	$N_q = 20$； N_q 通常的范围为 $8 \sim 20$	Datta 等(1960) Poulos 和 Chua (1985)

表 7-7　　设计承受压力的极限值

土壤类型	极限值/MPa	参考
氧化硅砂	10	API (1982)
淤泥质砂	15	De Ruiter 和 Berigen (1979)
砂质淤泥	5	API (1982)
淤泥	3	API (1982)
石灰质砂	5	McClelland (1974)
	3～5(未固结)	Datta 等(1980)
	6(固结良好)	Datta 等(1980)
	见表 7-8	Nauroy 等(1986)

表 7-8　　石灰质砂土中打入桩的极限端承压力(Nauroy 等，1986)

极限压力系数 C_{le}	端部承受的极限压力/MPa	极限压力系数 C_{le}	端部承受的极限压力/MPa
<0.02	≥20	0.1～0.2	1.5
0.02～0.03	15	0.2～0.3	1
0.03～0.04	10	0.3～0.5	0.5
0.04～0.05	8	>0.5	<0.5
0.05～0.1	4		

7.5.5 周期荷载的影响

近海桩基的一个重要特征是荷载的周期性，不仅是轴向的还有侧向的。虽然只进行了有限的实验研究，但这些大都表明两种形式的周期荷载(包括反向荷载)显著影响了桩的承载力和刚度的衰减，而单一形式下的周期荷载的影响小得多。另外，相对高频率的波浪力和随之产生的快速的施加荷载会增加承载力和桩的刚度。因此，在估计周期荷载对轴向桩效应方面的影响时，需考虑这两种相对的影响，即周期性退化的不利影响和快速加载的有益影响。

1. 关于周期衰减影响的资料数据

Bea 等(1982)收集的数据显示周期荷载仅使轴向承载力产生最大 10%～20%的衰减，伴随着因周期数及周期荷载水平的增加而产生的桩头沉降的趋势是有限的。这表明静态和周期荷载的总和应保持在最大承载力的 80%以下，以避免大量累积沉降。然而，对黏土中桩的小范围实验室试验和现场实验显示，会发生明显大于 20%的最大承载力的衰减，尤其是当循环中有反向荷载出现(Holmquist 和 Matlock, 1976; Steenfelt 等, 1981)；曾有记录表明由于巨大的周期荷载或位移幅度而引起的表面摩擦力减小到原始静态值的 75%。

对于砂土中的桩，有限的关于周期荷载衰变影响的信息都显示，承载力和桩头刚度会产生显著衰减。Chan 和 Hanna(1980)以及 Gudehus 和 Hettler(1981)所描述的实验模型证明，当周期荷载小于或等于 30%的单向加载的最大静荷载值，或者在两种形式的荷载同时加载时，只需要更小的周期荷载便能使桩发生破坏。甚至在大量的循环后，桩的永久沉降都在持续增加。

由 Poulos(1984)记录的关于硅土和石灰质土中以及黏土中的桩(Poulos, 1981b)的小比例模型实验显示，表面摩擦力的衰变值和周期位移的幅度有关，并且直到周期位移幅度达到产生静态滑动时，衰变才开始。尽管有在非零平均荷载下产生并且随压力等级和循环次数增加而增加的永久位移的积累，但没有证据证明基底抗力或桩顶的周期刚度产生衰变。

因周期荷载引起的土壤衰变的量化可以简单地通过衰变因子表示，衰变因子定义是：

$$D = \frac{\text{周期荷载后的值}}{\text{静态荷载的值}} \tag{7-8}$$

极限表面摩擦力、极限基底抗力和土壤系数的衰变因子可通过实验数据估计得到。然而，如前所述，周期荷载对极限表面摩擦力有显著影响，但基底抗力和土壤系数并未受到明显影响。

一个简单但方便的对表面摩擦力衰变量化的方法是使用 Matlock 和 Foo(1979)提出的模型，它假定周期性衰变发生在桩身上的一点处，当此点产生反向滑动时，并且每个反向滑动的产生都导致一个额外的衰变，直到达到一些较小的表面摩擦力极限值。从衰变因子的角度看，这个模型能表达为：

$$D = (1-\lambda)(D' - D_{\lim}) + D_{\lim} \tag{7-9}$$

式中，D 为衰变因子值；D' 为多数近期产生的反向滑动之前的衰变因子；$D_{\lim}$ 为衰变因子的较小极限值；λ 为衰变率参数。

Poulos(1983)和 Poulos(1988)讨论对比了该模型和其他模型。Matlock 和 Foo 的模型吸引人之处是它包括了 2 个参数：$D_{\lim}$ 和 λ。这 2 个参数受土的种类和打桩方式的影响。由模型桩实验获得的实验值列在表 7-9 中。

表 7-9　　衰减参数的实验值

桩型	土壤类型	$D_{\lim}$	$\lambda+$
打入或压入	黏土	0.4～0.6	0.2～0.4
	氧化硅砂	0.5～0.7	0.2～0.4
	石灰质砂*	0.2～0.6	0.3～0.6
钻入	黏土	无数据	
	氧化硅砂	0.2～0.4	0.3～0.5
	石灰质砂*	0.05～0.1	0.4～0.6

* 这种情况下 $D_{\lim}$ 的值高度取决于碳酸盐砂土的粒子特性。
$\lambda+$ 的值十分接近，就像 Matlock-Foo 模型并非总是符合所观察到的和周期增加有关的衰减的发展。

2. 关于加载速率影响的资料数据

Bjerrum(1973a)和 Bea(1980)总结了黏土中的桩的现场实验结果，试验清楚地体现了施加荷载速率(或破坏时间)对桩的承载力有很大的影响。加载速率越快，桩的承载力越大，并且承载力与加载速率的对数呈近似线性增长的关系。通常，随着加载速率的增加，黏土中的桩的承载力每 10 年增加 10%～20%，并且通过现场和模型桩实验已经证实加载速率对于桩的刚度也有相似的影响。对于硅土中的桩来说，加载速率对表面摩擦力和桩头刚度几乎不会产生影响，但对于石灰质土中的桩来说，一些轻微的影响是显而易见的，随着加载速率增加 10 倍，表面摩擦力和桩头刚度会增加 2%～4%。Bea 等(1982)给出数据指出速率影响随着流动性指数的增长而增长。

当相对快速的周期荷载被施加到桩上时，高速荷载的有益影响会抵消由于周期性而产生的承载力的衰变。例如，Kraft 等(1981a)做过实验单向周期荷载和高速荷载率的联合影响导致承载力超过静态值 20%。因此，有必要同时考虑周期衰变和速率影响，从而能估计周期荷载对桩的响应的影响。

3. 周期响应的分析

分析桩的周期轴向响应的方法可以大致的分为以下 3 类：

(1) 轴向承载力传递(“$t-z$”)分析，修正周期衰变影响(如 Matlock 和 Foo，1979；Randolph，1985)；

(2) 边界单元分析修正了周期衰变、加载速率的影响(如 Poulos，1979d，1981b，1982c，1983)以及由于周期性的非零平均应力导致的永久位移的累积(Poulos，1988)；

(3) 有限单元法，包括简化的周期荷载影响的描述(如 Boulon 等，1980)。

通过这些分析，可以得到以下信息：

(a) 在循环加载的过程中周期和平均荷载的结合是导致破坏的必要条件；

(b) 周期和平均荷载的结合不会引起承载力的下降；

(c) 最大承载力随循环次数和循环荷载程度而变化；

(d) 桩头位移随循环次数和循环荷载程度而变化；

(e) 桩头刚度具有周期性；

(f) 每次荷载循环后应力和荷载沿桩分布。

这里要注意(a)和(b)项，现在介绍周期稳定图表的概念。

4. 周期稳定图

如果在一个承受平均荷载和循环荷载多种组合的桩上能进行循环响应分析的话，结果就有可能以周期稳定图的形式表示，这是平均荷载与循环荷载相对的标准化的图。对于承受N次循环荷载的桩来说，图 7-15 显示了从最小荷载 $P_{min}=P_0-P_c$ 到最大荷载 $P_{max}=P_0+P_c$ 的图。可以在图上识别 3 个主要的区域：

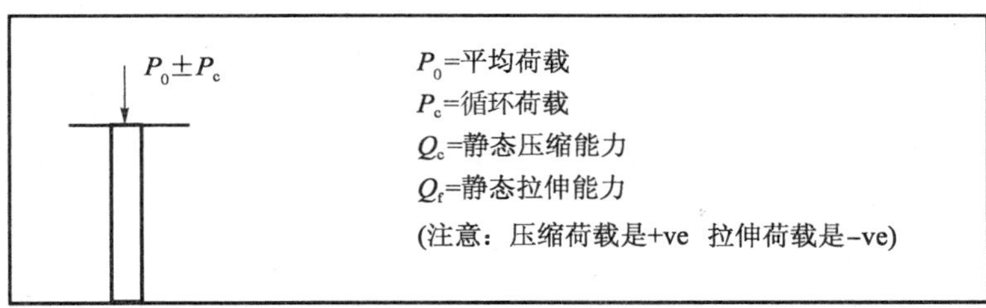

区域A：周期性稳定。在N次循环后承载能力没有衰减。

区域B：周期性亚稳定。在N次循环后承载能力有一些衰减。

区域C：周期性不稳定。在N次或更少次数的循环内破坏。

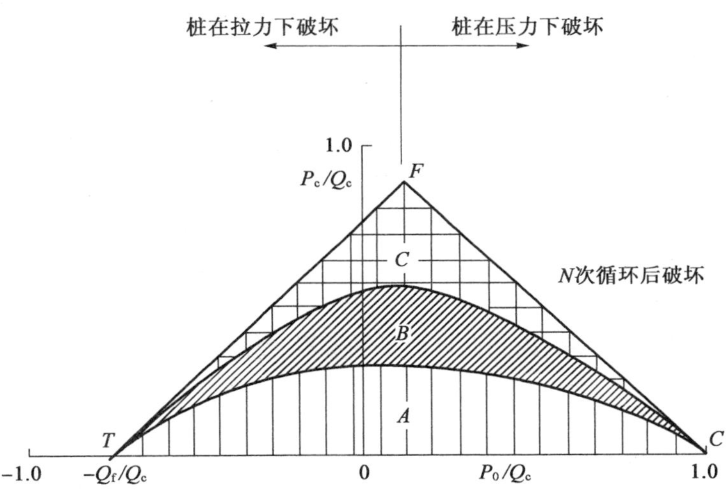

图 7-15 周期稳定图的主要特征

(a) 一个周期性的稳定的区域，其中的循环荷载对桩的轴向承载力没有影响；

(b) 一个周期性的亚稳定的区域，其中的循环荷载引起一些轴向承载力的减小，但在一个特定的循环次数中内桩不会破坏；

(c) 一个周期性的不稳定的区域，其中的循环荷载导致桩的轴向承载力大量减少以致在一个特定的荷载循环次数内桩发生破坏。

周期稳定图的上边界是一对直线(FC, TF)，它们表示如果没有承载力衰变发生，那么平均荷载和循环荷载组合将导致破坏。这两条直线可以下面标准化的关系式定义：

(a) 压力破坏(线 FC)：

$$\frac{P_0}{Q_c}+\frac{P_c}{Q_c}=1 \tag{7-10}$$

(b) 拉力破坏(线 TF)：

$$\frac{P_0}{Q_c}-\frac{P_c}{Q_c}=-\frac{Q_t}{Q_c} \tag{7-11}$$

式中，P_0 为平均荷载；P_c 为循环荷载；Q_c 为压力下的静态承载力；Q_t 为拉力下的静态承载力。

因为Q_c 通常大于Q_t，峰值 F 偏向右侧的区域，因此当平均荷载是压力且等于$(Q_c-Q_t)/2$ 时可能出现周期荷载幅度的最大值。当荷载组合趋向峰值 F 的右侧将导致桩在压力作用下破坏，而当荷载组合趋向于 F 的左侧时将导致在拉力下的破坏。

当承载力衰变发生时，不导致破坏的恒定最大周期荷载通常发生在平均荷载为$(Q_c-Q_t)/2$ 时，这个值因此定义为最佳平均荷载等级。当桩有很大的端部承载能力时(Q_c 显著大于 Q_t)，有可能通过增加平均荷载改善桩的周期工作能力，例如通过添加压舱物，这样把破坏方式从拉力破坏改成压力破坏。在点 F 处，两种破坏方式可能性均等。

对于接触面上没有应变软化现象的桩来说，亚稳定区域 B 代表造成桩身和桩底阻力有一些有限的周期性下降的平均和周期荷载的结合。对于接触面上有应变软化的桩来说，区域 B 被细分为周期衰变为主和应变软化为主的区域。

如图 7-15 所示的周期稳定图代表的是在一个特定循环次数 N 下桩的运动情况。在 N 增加时，稳定和亚稳定区域的边界也随之移动，且周期不稳定区域 C 在比例上不断增加。

5. 典型的周期稳定图

作为周期稳定图的一个例子，假设一根钢管桩打入固结的黏土中。管长 90 m，直径 1.5 m，其管壁厚为 60 mm。极限静态表面摩擦力随深度线性增长，其值为 $2.5z$ kN/m^2(z 为地表下深度，单位为 m)且极限端部阻力为 2.025 MN/m^2。静态土的杨氏模量 E_s 也随深度线性增长，根据 $E_s=1.5z$ MN/m^2，且加载条件假定为未排水，那么土壤泊松比为 0.5。表面摩擦力的周期衰变因子为 $D_{\lim}=0.3$ 和 $\lambda=0.25$。假定土的模量或端部阻力未发生衰减，且当前没有受到加载速率的影响发生。

图 7-16 显示的是承受 100 次相同循环的桩的周期稳定图。注意以下特征：

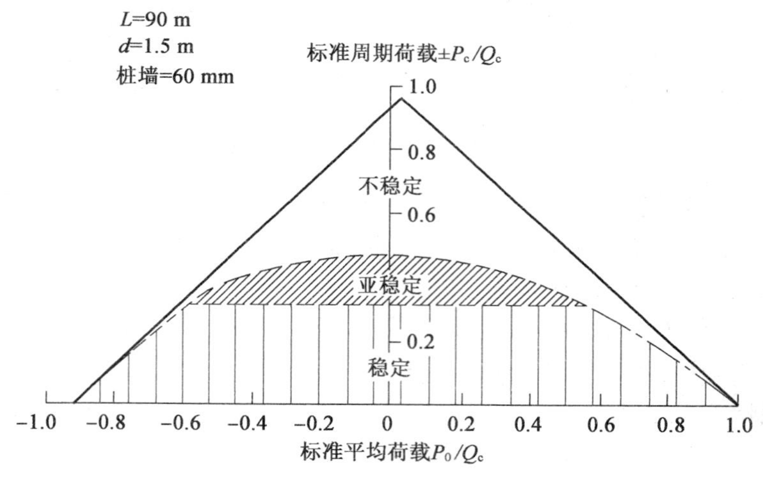

图 7-16　黏土中打入桩的周期稳定图；N = 100 周期

(1) 超过平均荷载相对宽的范围，如果循环荷载幅度不超过静态受压承载力 Q_c 的 30% 时，承载力不会发生损失。稳定区域因此合理地变大。

(2) 在承载力发生有限衰减的亚稳定区域相对狭窄。产生损失的机理是周期衰变，同时假定没有应变软化发生。

(3) 不稳定区域相对较大。对于该区域的参数选择，能在 100 次循环荷载下维持稳定的最大绝对循环荷载为 $0.48Q_c$，且发生在最佳平均荷载为 $(Q_c-Q_t)/2$ 时。

为了阐述桩和土壤参数对周期稳定图的影响，故此修改了以下参数：土的杨氏模量 E_s，桩长 L，桩墙厚度 t 以及周期数 N。

图 7-17 所示关于标准化循环荷载的分析结果，其定义了稳定与亚稳定区域间的边界，及亚稳定与不稳定区域间的边界。可以分析得到以下结论：

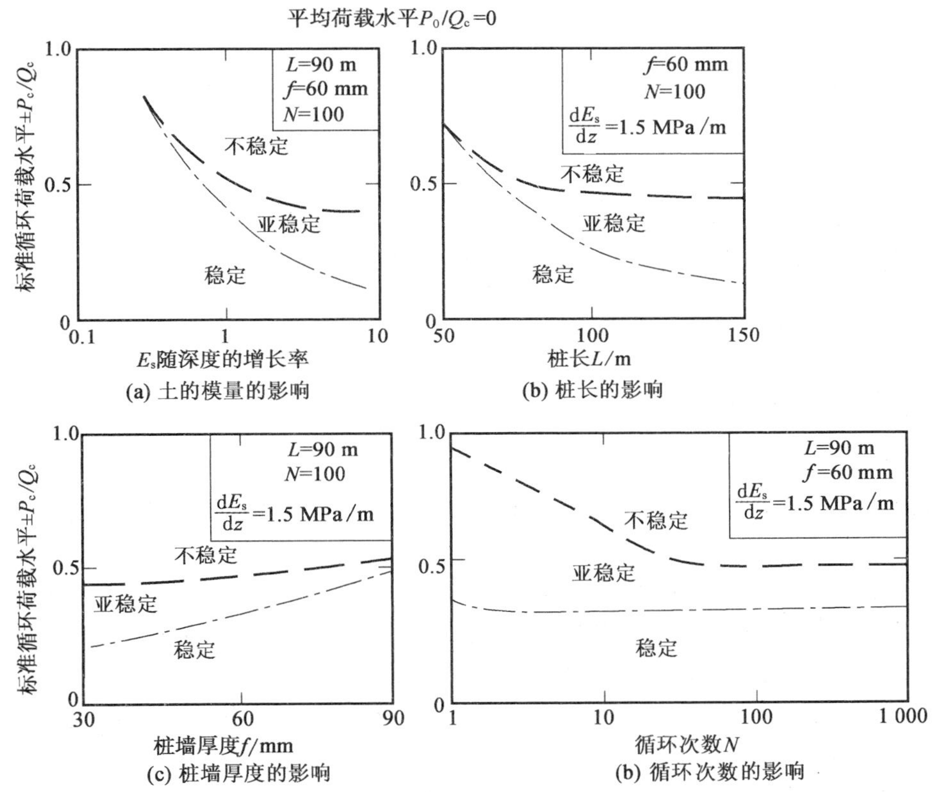

图 7-17 对于黏土中打入桩来说，区域边界处参数变化的影响

(1) 当土的模量增加时，稳定区域缩小，不稳定区域增大，且亚稳定区域也增大。对于坚硬的土，承载力的丧失往往始于相对小的循环荷载。相反的，对于柔性的土，几乎没有亚稳定区域，在相对循环荷载较大时从稳定突然转变为失稳状态。

(2) 增加桩的长度具有和增加土的模量同样的效果，即形成较小的稳定区域以及扩大的不稳定区域和亚稳定区域。

(3) 增加桩墙厚度导致不稳定区域发生相对小的衰减，亚稳定区域则有明显的减小，而稳定区域显著增大。

(4) 当循环次数增加时，不稳定区域增长显著，而亚稳定区域缩小。稳定区域几乎不受影响，因为稳定区域本质上受到桩对于土的相对刚度的控制。

一般来说，当桩相对土的刚度增加时，稳定区域增加，不稳定区域缩小，而亚稳定区域缩小更明显。因而，长的可压缩桩当循环荷载等级增加时其承载力会逐渐下降。所以，会有一个很大的亚稳定区域。相反,循环荷载小幅增加并超过稳定区域后,短的刚性桩则会突然破坏且没有前兆。因此可认为长的可压缩桩表现的是一种塑性循环,而短的刚性桩表现的是一种脆性循环。

很难得出关于桩抵抗循环荷载能力的一般性结论,因为这依赖于桩和土的参数以及桩土系统衰减和加载速率的特征。循环荷载的本质也具有重要作用;例如,风暴期间以及风暴后一个风暴荷载谱的周期加载顺序及大小将影响桩的承载力。然而,能通过由 Randolph(1983)提出的以下表达式获得估计代表稳定和亚稳定区域间边界的循环荷载的方法:

$$\frac{P_{cl}}{P_{su}} \leqslant \frac{1}{\sqrt{\pi_3}} \tag{7-12}$$

式中,P_{cl} 为刚好避免桩和土之间滑动的循环荷载;P_{su} 为最大桩身承载力,且

$$\pi_3 = \frac{8}{\lambda\zeta}\left(\frac{L}{d}\right)^2$$

式中,λ 和 ζ 在式(7-15)中定义。

因此,若最大循环荷载未超过 P_{cl},则沿桩不会出现桩土滑动,从而表面摩擦力的循环衰变也不会开始。

7.6 轴向变形分析

7.6.1 单桩

学者们已经研究了一些方法来分析单个垂直桩的轴向变形和沉降,且大多数可以归为以下几类:

(a) 荷载-传递分析(Coyle 和 Reese, 1966; Kraft 等, 1981b),运用理论公式或仪器桩的现场实验数据来获得沿桩各点的荷载传递 t 与桩的位移 z 之间的曲线关系。这个"t-z"曲线被用来作为桩的荷载-沉降现象分析中非线性的辅助弹性特征。

(b) 边界单元法(如 Thurman 和 D'Appolonia, 1965; Poulos 和 Davis, 1980; Butterfield 和 Banerjee,1971; Banerjee 和 Davies, 1978),通常假定土壤是连续的且运用弹性理论来计算荷载—沉降特征。桩土滑动和端承破坏的影响可以作为近似的方法。

(c) 在完全弹性条件下,对于桩的沉降可以使用近似封闭形式的方法(Randolph 和 Wroth, 1978)。

(d) 有限元法(如 Desai, 1974; Valliappan 等, 1974; Balaam 等, 1975),运用各种不同组成成分的土壤模型,而且考虑了土的不均匀性和各向异性。

对于常规设计应用,在模量随着深度而增加的弹性土中的桩,很容易通过参数解法计算桩的轴向变形。如图 7-18 中所示的情况,使用 Poulos(1979b)的解法,桩顶沉降值由式(7-13)计算:

$$S = \frac{P}{E_{sL}d}I_Q \tag{7-13}$$

式中,P 为施加的荷载;d 为桩的直径;E_{sL} 为在桩尖水平处的土的杨氏模量;I_Q 为沉降影响因子。

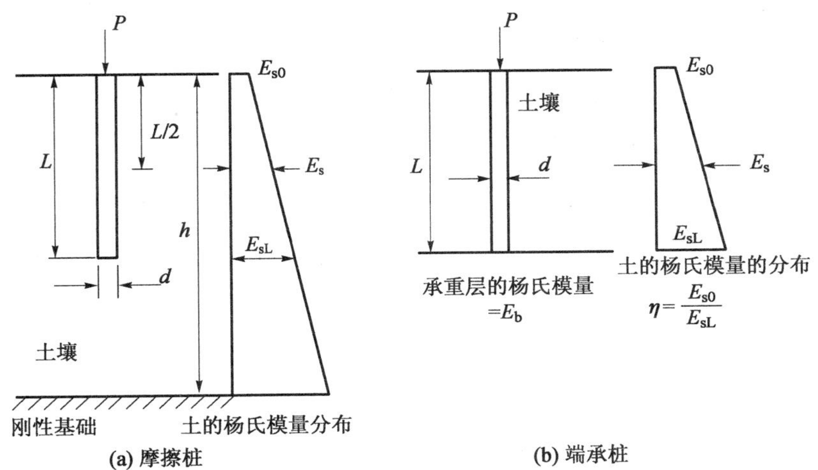

图 7-18 单桩几何平面图解析

图 7-19— 图 7-21 列出了典型的摩擦桩的 I_Q 值,对于不均匀系数的 3 个值来说,$\eta=\frac{E_{s0}}{E_{sL}}$,其中 E_{s0} 是土层表面的土的杨氏模量。桩的相对刚度表示为

$$K_b=\frac{E_P R_A}{E_{sL}} \tag{7-14}$$

式中,E_P 为桩的杨氏模量;R_A 为桩的面积比(桩的净截面积与桩的总横截面积的比值;对于实心桩来说 $R_A=1$)。图 7-22— 图 7-24 所示的是端承桩的 I_Q 值。

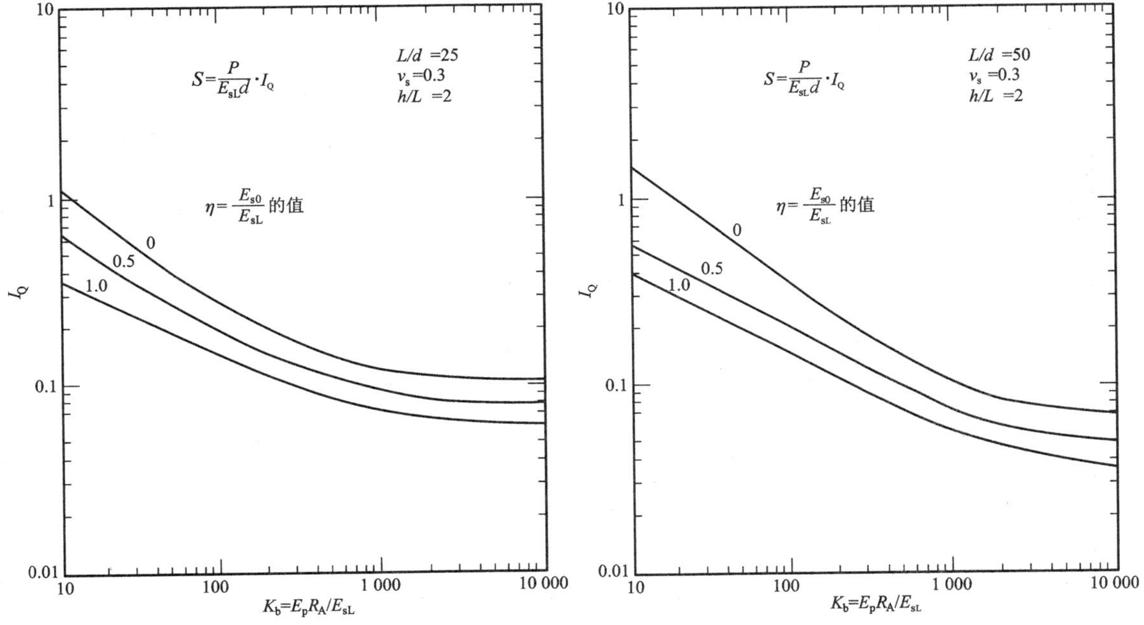

图 7-19 摩擦桩的沉降影响因子;$L/d=25$

图 7-20 摩擦桩的沉降影响因子;$L/d=50$

通过 Randolph(Fleming 等，1985)获得的解析解，可得到等式(7-13)中 I_Q 的直接表达式：

$$I_Q = 4(1+\nu_s)\frac{\left\{1+\frac{1}{\pi\lambda}\frac{8}{(1-\nu_s)}\frac{\eta_1}{\zeta}\frac{\tanh(\mu L)}{\mu L}\frac{L}{d}\right\}}{\left\{\frac{4}{(1-\nu_s)}\frac{\eta}{\xi}+\frac{4\pi\rho}{\zeta}\frac{\tanh(\mu L)}{\mu L}\frac{L}{d}\right\}} \tag{7-15}$$

式中，参考图 7-18，$\eta_1=\frac{d_b}{d}$，d_b 为桩尖的直径，$\xi=\frac{E_{sL}}{E_b}$，$\rho=\frac{\bar{E}_s}{E_{sL}}$，且

$$\lambda = 2(1+\nu_s)\frac{E_P}{E_{sL}}$$

$$\zeta = \ln\{\{0.25+[2.5\rho(1-\nu_s)-0.25]\xi\}2L/d\}$$

$$\mu L = 2\left(\frac{2}{\zeta\lambda}\right)^{0.5}\frac{L}{d}$$

桩在深度 z 处的沉降 S_z 可近似地表示为

$$S_z = S_L\cosh[\mu(L-z)] \tag{7-16}$$

式中，S_L 为桩尖的沉降。因此，桩顶至桩尖的沉降比为 $\cosh(\mu L)$。

在应用弹性解法时，瞬时或不排水沉降(对于黏土中的桩)是用 E_{s0} 及 E_{sL} 计算的，E_{s0} 及 E_{sL} 取不排水杨氏模量值，且 I_Q 的值与 ν_s 的不排水值相关(饱和黏土取值为 0.5)。对于砂土或黏土中最终总的沉降的计算，E_{s0} 及 E_{sL} 取排水状态下的杨氏模量，且 I_Q 是 ν_s 排水值的影响因子。图 7-19— 图 7-24 中是 $\nu_s=0.3$ 时的 I_Q 值，但 I_Q 值对于 ν_s 十分不敏感，且对于实际中所有的 ν_s，I_Q 的值都可以用。

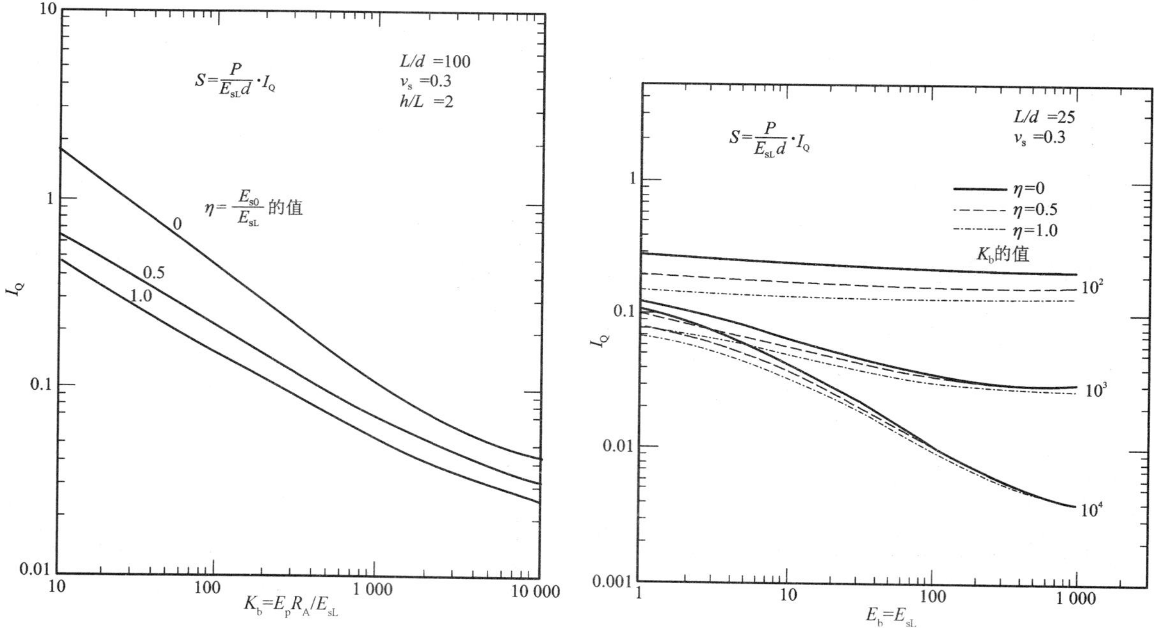

图 7-21　摩擦桩的沉降影响因子；$L/d=100$

图 7-22　端承桩的沉降影响因子；$L/d=25$

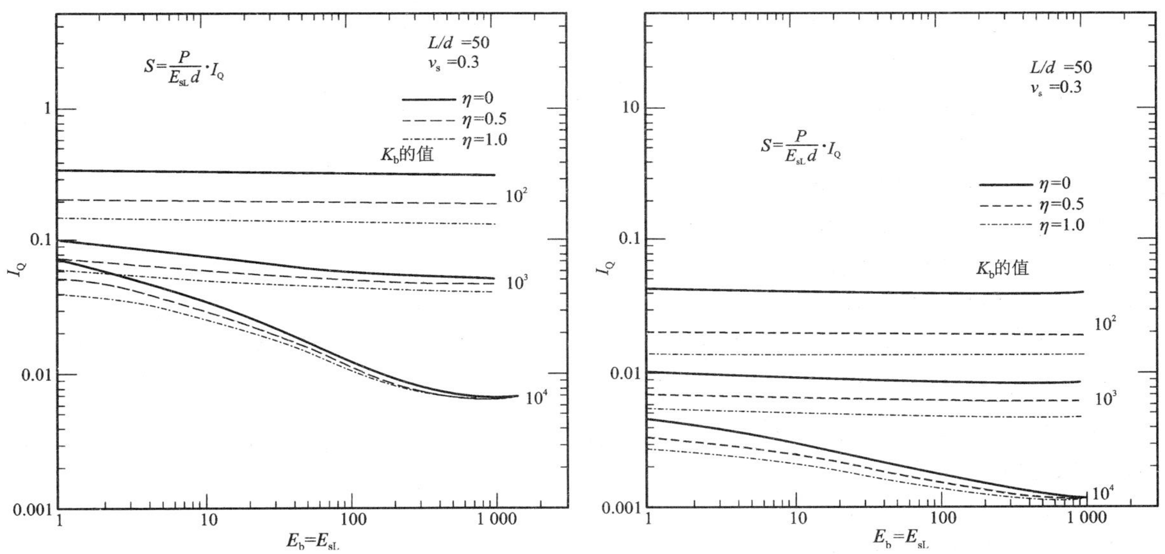

图 7-23 端承桩的沉降影响因子；$L/d=50$ 　　图 7-24 端承桩的沉降影响因子；$L/d=100$

对于分层土来说，最现实的目标是把沿着桩轴向的周围的土替换为等价的均质土，如图 7-25 所示。Fleming 等(1985)论述的可选择的近似值。

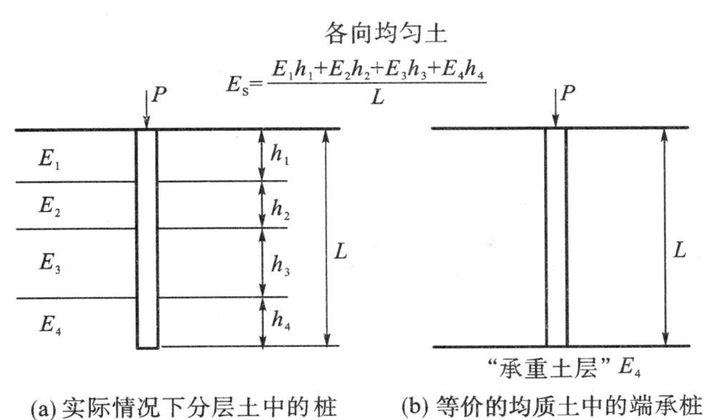

图 7-25 理想化的分层土中的桩

理论方法的近似实验揭示了下列桩运动的特征：

(a) 黏土中单桩沉降主要是瞬时沉降；通常瞬时沉降量至少为最终沉降的 80%，所以依赖于时间的固结过程对于沉降的影响相对较小。许多桩承载实验的结果证实了这个理论上的结论。

(b) 桩的可压缩性对于长细桩来说影响特别显著。这种桩的沉降并不受桩尖情况的显著影响，例如无论是名义上的端承桩还是摩擦桩，抑或是桩基是否被放大，这些都对长细桩的沉降影响不显著。

(c) 对于在较软的土中正常比例的桩来说，荷载-沉降现象在普通工作荷载下是完全线性的。因此，弹性理论能被直接用来预测这些桩的工作荷载情况下的沉降。然而，对于大直径的桩来说，在工作荷载下有可能会发生桩身的滑动。

尽管把土简化为一种线弹性材料，但对于桩运动的理论解与所观察到的运动特征十分符合。Poulo 和 Davis(1980)以及 Butterfield 和 Ghosh(1979)描述了观察的和理论的桩效应之间的比较。

把理论方法应用于实际的最大困难是确定土的杨氏模量 E_s 合适的值。经验显示常规的实验室实验并不能给出解有关桩问题可信的 E_s 值，这可能是受到桩安装过程的影响。然而，由桩承载实验结果反推 E_s 的值是可能的，且可以应用这些值来计算不同直径或面积的桩的沉降。实验桩不必是原型桩；它可以是相当小的直径而长度近似于原型桩。由桩承载实验计算 E_s 应将测量的桩的沉降与式(7-13) 的理论结果进行匹配，且找到所对应的 E_s 和 K_b 的值。

一项可喜的进展是对原位实验有了修正，例如通过静态的圆锥贯入实验来获得沿桩和桩下的 E_s 分布。初步的相关性显示对于普通固结的砂土来说 E_s/q_c 约为 5，超固结砂土为 7.5，而黏土为 15。在应用时需要注意这些相关性。

当没有其他数据可利用时，可通过图 7-26 和表 7-10 给出的相应关系得到平均排水情况下的杨氏模量(假定是均匀土)的粗略估计。

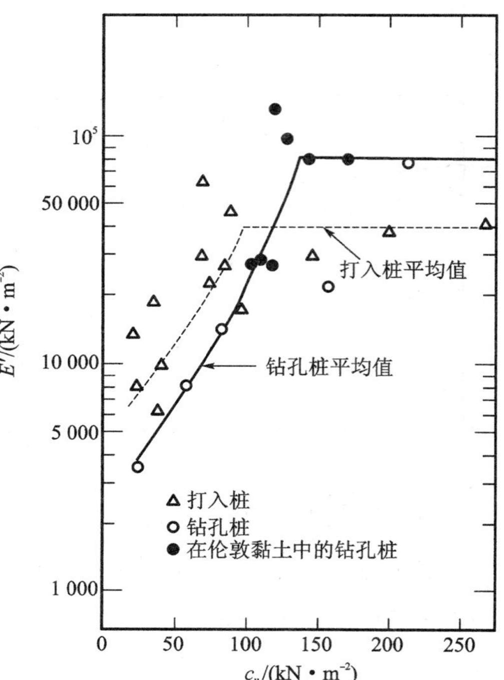

图 7-26 黏土中桩的后示土壤系数 E_s

土壤泊松比 ν_s 对于沉降计算来说通常不重要，且泊松比等于 0.3 能被用于砂土和黏土中的长期沉降。

表 7-10 **对于砂土中打入桩的 E_s 建议平均值**

砂土密度	相对密度 D_r	E_s /(kN · m^{-2})[lb · in^{-2}]
松的	<0.4	28 000～56 000
		[4 000～8 000]
中度的	0.4～0.6	56 000～70 000
		[8 000～10 000]
密实的	>0.6	70 000～11 000
		[10 000～16 000]

7.6.2 桩群

弹性理论中已经有多种方法被用来分析桩群的沉降，但 Poulos 和 Davis(1980)提出方法是受限制的，因为它提供相对简单的方法来分析大范围的问题。在这个方法中，分析包括两个在弹性介质中受相同荷载的桩，用来获得桩之间间距 s 和相互作用因子 α 之间的关系，其中 α 定义为

$$\alpha = \frac{\text{由于附近的桩导致的沉降增加}}{\text{在自身所受荷载下的沉降}} \tag{7-17}$$

已经得到了很多情况下的相互影响因子，而且对这些因子进行了修正，以适用于有限层土

层深度、扩大的桩基和泊松比不等于 0.5 的情况。Poulos(1977b)给出了其中的一些修正，同时 Poulos(1979a)提出了对于土的模量随深度呈线性增长的土壤的解决方法。这种情况的相互作用因子小于均质土，所以使用均质土的模量值会导致对模量随深度增长的情况中沉降的相互作用做出过高的估计。

Randolph 和 Poulos(1982)得出对于两个摩擦桩相互作用因子可取的近似值。对于近海刚度为 K_b 的桩式(7-14)的典型值：

$$\alpha \approx \frac{0.5\ln(L/s)}{\ln[L/(d\rho)]} \tag{7-18}$$

式中，L 为桩的长度；d 为桩的直径；s 为中心距；$\rho = \bar{E}_s/E_{sL}$(式 7-15)。

为了分析一组普通桩群的沉降现象，可将两个桩相互作用因子叠加。在由 n 个相同桩组成的桩群中，桩 i 的沉降 S 可由下式表示：

$$S_i = S_1 \sum_{j=1}^{n} P_j \alpha_{ij} \tag{7-19}$$

式中，S_1 为在单位荷载下单桩的沉降；P_j 为桩j 上的荷载；α_{ij} 为间距等于桩i 和j 中心距的相互作用因子(注意 $i=j$ 时，$\alpha_{ij}=1$)。

桩群中每个桩的沉降因子可通过桩的荷载 P_j 计算。

以下两种情况应注意：

(a) 桩群中所有的桩的荷载相等或已知(如桩帽相对有伸缩性)；

(b) 桩群中所有的桩的沉降相同(如桩帽相对坚固)。

对于情况(a) 来说，桩群中每个桩的沉降值 S_1 由式(7-19) 直接计算得到。对于情况(b) 来说所有桩的沉降是一样的，联立成平衡方程，给出 $n+1$ 个方程来解决桩群中 n 个未知荷载 P_j 的分布，以及桩群沉降。后一种情况通常和近海工程应用有关。

桩群沉降 S_G 与单桩沉降的关系如下：

$$S_G = R_s S_{1av} \tag{7-20}$$

式中，S_{1av} 是犹如桩群中的一根桩一样受相同的平均荷载所产生的单桩沉降($=S_1 P_{av}$，其中 P_{av} 是平均桩荷载)；R_s 为沉降率。S_{1av} 可通过式(7-14) 或由原型桩的荷载实验结果直接计算得出。

Poulos(1977b，1979b)提出了在均匀和非均匀土剖面中各种桩群的 R_s 理论值，同时 Butterfield 和 Douglas(1981)也获得了更广泛的结果。

对于普通的环状桩群，图 7-27 给出了 R_s 的理论方法。很明显受到了长细比 L/d、桩的间距和不均匀因子 η 的影响。

Randolph(Fleming 等，1985)得出了一个特别简单的沉降率表达式：

$$R_s = n^{1-e} \tag{7-21}$$

式中，n 为桩群中桩的个数；e 为一个指数，通常在 0.4 ~ 0.6。e 的值取决于桩的长细比L/d、桩相对土壤的刚度、桩的间距、土壤的泊松比及土壤系数随深度的变化。图 7-27 的测试指出对于环状桩群来说式(7-21) 也能给出一个合理的 R_s 近似值。

在土剖面是分层且在桩下存在可压缩层的情况下，土层的沉降必须考虑到桩群总沉降的

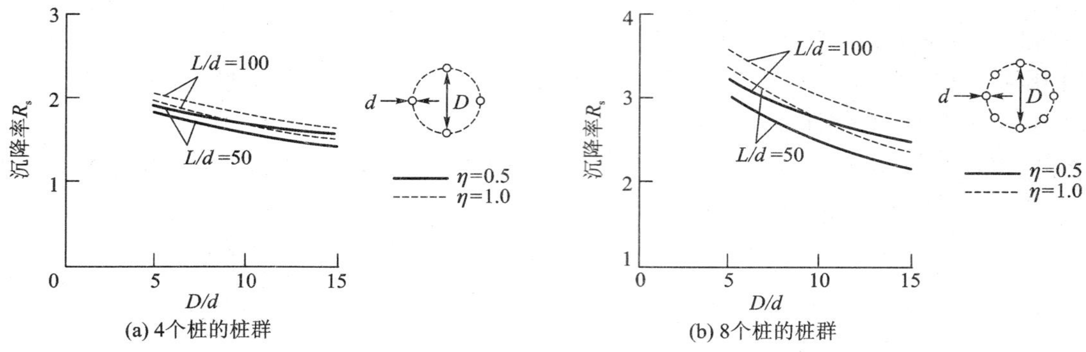

图 7-27 环状桩群的沉降率

计算中。进行这个简单的计算方法有 3 步：

(1) 基础层处桩群沉降计算，使用上述的方法来估计沉降率 R_s。

(2) 用相等的单个墩代替桩群（即墩和桩群具有相同的总表面积和近似相同的长度），这样的话桩群和相等的墩在基础层处的沉降是一样的。

(3) 使用由弹性理论决定的位移影响因子来计算等价的墩的下层沉降。Poulos 和 Davis (1980)给出了更详细的介绍。

7.6.3 循环加载影响

循环荷载下的沉降一般随着循环次数的增加而增加。尽管循环加载时桩头刚度可能不会受到很大的影响，除非循环加载方法失效。如 7.5.5 节所讨论，循环轴向响应的分析，包含了土的模量的周期性衰减、表面摩擦力和端部抗力等的影响，且能被用于估算单桩或者桩群随着循环次数的增加导致的沉降变化。

如前所述，在相对中等水平的循环荷载等级下，砂土中的桩会产生显著的沉降。由 Nauroy 等(1986)所做的灌入桩现场实验显示，平均荷载和循环荷载越大，永久沉降的积聚速率越大。在周期循环中，当循环荷载接近破坏等级时，沉降随循环次数的增加而增加的速率会变得很大。

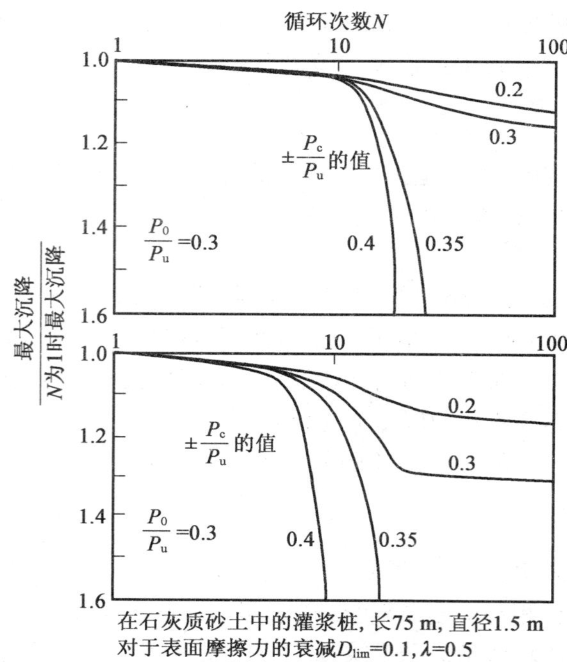

图 7-28 在循环荷载下，对于累计位移的理论方法

图 7-28 所示的是石灰质砂土中灌入桩的理论解法。将最大沉降与第一个循环的值的比值和两个平均载荷值和循环荷载的各个值的循环次数作图。周期和平均荷载关于压缩最大静态承载力 P_u 方面都被标准化。理论分析的结果和 Nauroy 等(1986)做的实验一样都表明在质量上存在相同趋势，如当平均和循环荷载增加时会有更大的位移积聚。还发现在周期循环时，在使桩稳定反应和导致破坏的周期荷载等级之间存在突然的转

移。因此如 7.5.5 节所述，循环加载下桩的运动特性可认为是“脆性的”，只需稍微增加点循环荷载，就能发生从稳定到不稳定运动的转变。这证明了确保循环荷载始终远低于引起显著的周期衰减的循环加载值的方法是可取的[式(7-12)]。因此使用“经验法则”考虑这些情况中的循环荷载必须很谨慎。

7.7 横向荷载

7.7.1 绪论

在承受横向压力的桩的设计中，必须满足 2 个标准：①要有足够的安全系数来抵抗极限破坏；②在工作荷载下有一个可接受的挠度。在这一节中，简要考虑桩和桩群的极限横向荷载的计算。下面详细论述侧向挠度的计算，因为挠度量是一般设计中的控制标准。首先考虑单个的桩，然后将这一方法步骤延伸到桩群，最后，将该方法用于分析桩群在受到横向和轴向的组合荷载时的挠度。

7.7.2 极限横向抗力

受到横向荷载的桩或者桩群的极限横向抗力不可能是设计时的控制因素，除非能承受大的挠度(如锚定桩)，或者在重力建筑物的基础或平台边缘设计的短板桩(Bea 等，1982)。计算极限横向抗力的方法一般考虑桩和桩群破坏点处的静力平衡。

对于单桩，可发生以下 2 种模式的破坏：

(1) 由于沿着桩的长度方向的土的屈服而引起的破坏[Broms (1964a)称之为“短桩破坏”]；

(2) 由于达到最大弯矩点，桩自身发生屈服而引起的破坏[Broms (1964a)称之为“长桩破坏”]。

在以上 2 种破坏方式下，可先假设极限横向桩-土间压力 p_y 的分布，然后通过分析静力学问题的方法来得到桩的极限横向抗力。最著名和最被广泛引用的结果来自于 Broms (1964a, b)，他考虑了 2 种土壤类型：①均匀一致的纯黏结性土 (如不排水条件下的超固结黏土)；②非黏性土(如砂)。当桩在均质的黏土中，Broms 得出桩上任意一点的极限横向桩-土间压力 p_y 为

$$p_y = 9c_u \tag{7-22}$$

式中，c_u 为不排水情况下的抗剪强度，然而，他定义了从表面到 1.5 倍直径深度下零反作用力的“死” 区域，用来描绘土壤表面附近横向抗力的减小。

当桩在无黏性土中，Broms 采用(相当保守) 以下公式：

$$p_y = 3k_p\sigma'_v \tag{7-23}$$

式中，k_p 为郎肯被动压力系数[$=\tan^2(45+\varphi/2)$]，φ 为土壤有效摩擦角；σ'_v 为所求点处的有效竖向压力。对于桩顶是自由的(即不受约束)桩和固定的(即受约束)桩都进行了分析。

由 Brims 导出的受到偏心横向荷载时桩的极限抗力如图 7-29—图7-32 所示。图中，c_u 为不排水抗剪强度；γ 为土的容重(当地下水位位于砂土表面时，选择浸没时的容重)；K_p 为郎肯被动压力系数；M_{yield} 为桩截面的屈服力矩；H_u 为极限横向荷载承载能力。在图中，短桩破坏和长桩破坏二者的 H_u 值都能计算出来，然后取较小值。

对于在两层黏土之间的桩，Poulos(1985)推导出了关于极限横向荷载承载力的解析解。

横向荷载承载力的主要影响因素是上层与下层的极限横向压力的比值，以及上层的相对厚度。然而，若极限压力的比值很大时，后者对于长桩破坏荷载的影响是次要的。

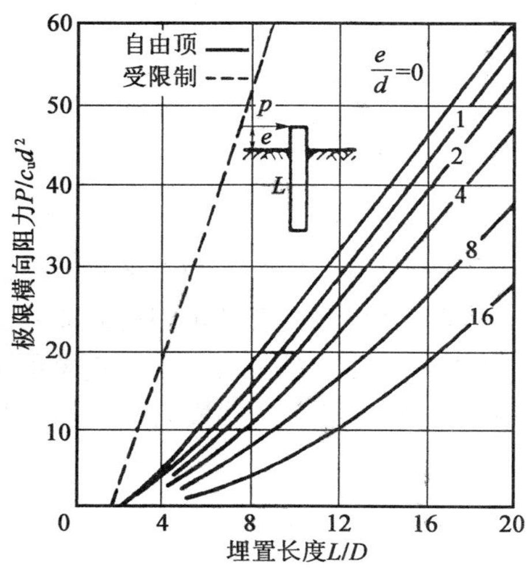

图 7-29 短桩在黏性土壤中的极限横向抗力(Broms, 1964a)

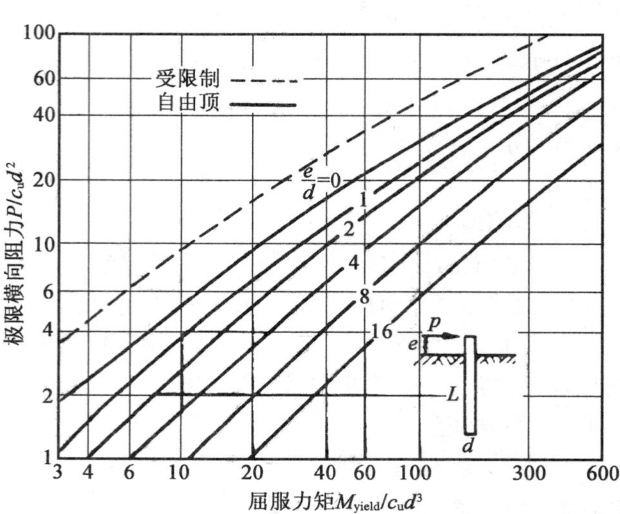

图 7-30 长桩在黏性土壤中的极限横向抗力(Broms, 1964a)

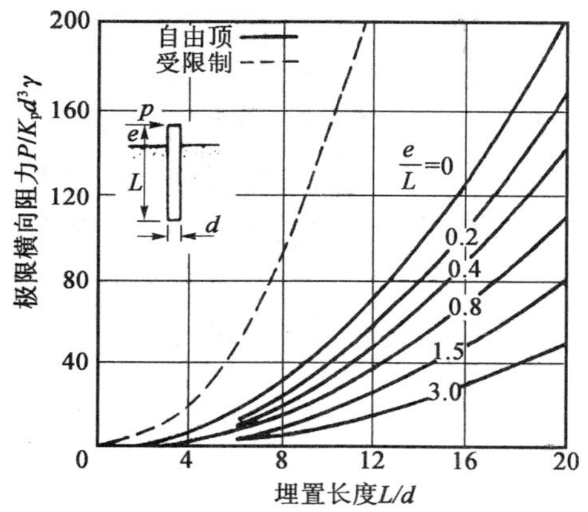

图 7-31 短桩在非黏性土壤中的极限横向抗力(Broms, 1964b)

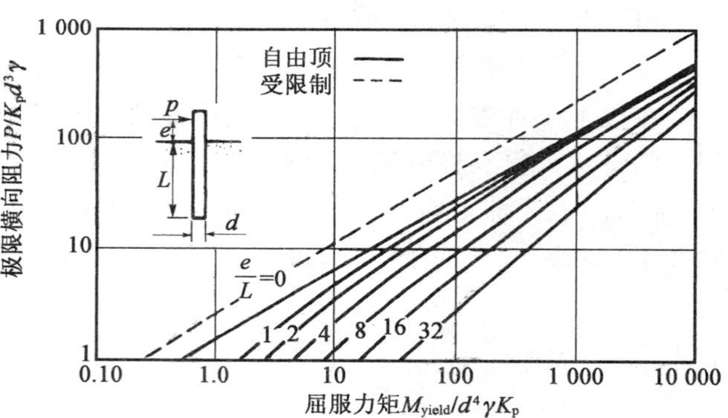

图 7-32 长桩在非黏性土壤中的极限横向抗力(Broms, 1964b)

对于桩群，极限横向荷载应该取下列数值的较小值：

(a) 桩群中桩的极限横向荷载承载力总额；

(b) 与桩群等价的块体的极限横向荷载。

在后者情况中，应该只考虑等价块体的短桩承载力。对于黏土，直接使用 Broms 的解法来计算等价块体是不适用的，因为有一个零土壤反作用力区域的假设，从表面扩展到 1.5 倍直径深度处；虽然对于一般的单桩来说这可能合理，但对于相关短块体来说却是不符实际的。因此建议从静力学角度来计算块体的极限横向承载力，取一个 $1.5d$ 的零反作用力区域，这里 d 是桩群中的单桩直径。

在自由顶情况下，等价块体长度为 L，直径或者宽度为 D，可以很容易导出，若极限横向屈

服应力是常数，极限横向荷载 H_u 为

$$H_u = p_y DL\{[(1+2e/L)^2+1]^{0.5}-(1+2e/L)\} \tag{7-24}$$

式中，e 为轴线上荷载的偏心率；p_y 为极限横向桩-土压力。对于固定顶情况下：

$$H_u = p_y DL \tag{7-25}$$

如果假设了零反作用力区域，如以上建议，等价块体的长度等于实际长度减去 $1.5d$，荷载偏心率等于 $e+1.5d$，宽度则为桩群荷载方向上的投影宽度。

斜桩的存在可以增加桩群的极限横向阻力，且可由参照桩群的静力平衡来获得斜桩效应的估算量。桩群中外围桩的排列形状通常对于桩群性质有主要影响。

7.7.3 单桩挠度

预测横向荷载下的桩的横向挠度和旋转的方法经常依赖于地基反作用理论（Broms，1964a，b），或依赖于使用边界元分析的弹性理论（Poulos，1971a；Banerjee，1978），或有限元分析（Randolph，1981），可以发现从这些理论或分析中得到的计算结果相对保持一致（Poulos，1982a）。

横向受压桩的荷载-挠度和荷载-旋转关系明显是非线性的，当采用基于地基反力方法或弹性方法下的线性理论，只能近似预测挠度和旋转。一个更合理的途径是针对土引入非线性的理论的分析（Kubo，1965；Poulos，1973a），由 Reese，Matlock 和他们的合作伙伴（Reese 和 Desai，1977）发明的著名“p-y”理论是一个基于地基反力理论的非线性分析范例，广泛应用于近海桩分析。

考虑到基于弹性理论的解法的限制，首先应考虑线性分析的解答，然后再进行非线性响应的修正。比起 p-y 分析，这种解法应用起来更简单，因为其不必使用计算机。

1. 线性理论

如果只要求预测近似的挠度和旋转，那么线性理论就足够得到合适的土的模量的割线值。线性理论与施加在桩上的荷载等级相关，线性理论求解考虑了荷载等级。对随着深度增加模数逐渐增长的土壤进行分层分析，在从简单图表得出的分析方案的基础上，深埋单个自由竖桩的轴线挠度和旋转可由下式表示：

轴向挠度：
$$\rho = \frac{H}{E_{sL}L}\left\{I_{\rho H}+\frac{M}{HL}I_{\rho M}\right\} \tag{7-26}$$

轴向旋转：
$$\theta = \frac{H}{E_{sL}L^2}\left\{I_{\theta H}+\frac{M}{HL}I_{\theta M}\right\} \tag{7-27}$$

式中，H 为在地平线上施加的水平力；M 为在地平线上施加的力矩；E_{sL} 为桩尖平面处土壤的杨氏模量；$I_{\rho H}$ 和 $I_{\rho M}$ 为挠度影响系数；同理 $I_{\theta H}$ 和 $I_{\theta M}$ 为旋转影响系数（$I_{\theta H}=I_{\rho M}$）。

基于 Hull 的边界元分析（参见 Poulos，1982a），对于不均匀系数 η 的值是 0 和 1 时，偏移和旋转影响系数在表格 7-11 中给出，这里：

$$\eta = \frac{E_{s0}}{E_{sL}} \tag{7-28}$$

式中，E_{s0} 为土壤表面杨氏模量，$\eta=1$ 表示均匀土壤，同样 $\eta=0$ 表示表面零模量系数的土壤。挠度和旋转系数取决于长细比 L/d 和无量纲桩弹性系数 K_R，这里：

$$K_R = \frac{E_p I_p}{E_{sL} L^4} \tag{7-29}$$

式中，$E_p I_p$ 为桩的弯曲刚度。普遍认为，当桩系数 $K_R < 10^{-5}$ 时可以归类为柔性桩；当桩系数 $K_R > 10^{-2}$ 时归类为刚性桩。假如桩是部分掩埋的，桩自由部分由桩的旋转和弯曲引起的挠度可以加到轴向挠度，从而得到桩顶的偏移量。

对于固定顶桩，即桩头的旋转受到阻止，等同于方程式(7-27)中 θ 为0，从而得到桩头固定力矩，M_f 为

$$M_f = -\frac{I_{\theta H}}{I_{\theta M}} HL \tag{7-30}$$

轴向挠度可将 $M = M_f$ 代入方程式(7-26)得出。

对于单排桩，Poulos 和 Madhav (1971) 说明了当力作用在桩顶时将会分解到轴向和法向部位，然后这种桩也可以看作垂直桩承受这些力和施加的力矩。

表 7-11　　对于位移和旋转的影响因素的解法：线性响应

因素	均匀土壤($\eta = 1$)		非均匀土壤($\eta = 1$)	
	$K_R \leqslant 0.04$	$K_R \geqslant 0.08$	$K_R \leqslant 0.04$	$K_R \geqslant 0.8$
$I_{\rho H}$	$0.69(L/d)^{0.28} K_R^{-0.18}$	$0.73 + 1.63\lg(L/d)$	$1.54(L/d)^{0.15} K_R^{-0.37}$	$2.28 + 7.3\lg(L/d)$
$I_{\rho M} = I_{\theta H}$	$0.49(L/d)^{0.27} K_R^{-0.43}$	$0.46 + 2.43\lg(L/d)$	$1.13(L/d)^{0.13} K_R^{-0.57}$	$1.58 + 9.6\lg(L/d)$
$I_{\theta M}$	$0.96(L/d)^{0.14} K_R^{-0.72}$	$0.47 + 4.75\lg(L/d)$	$1.37(L/d)^{0.07} K_R^{-0.73}$	$1.0 + 14.1\lg(L/d)$

注：当桩系数 $K_R \leqslant 0.04$ 时长度大于"临界"长度，桩系数 $K_R \geqslant 0.08$ 可看作是刚性的。

2. 非线性解法

为了更精确地计算，可以应用 Poulos (1973a)所描述的非线性方法。该方法采用以上介绍的弹性解决方案，但引入了屈服因素，屈服因素是弹性和荷载等级的函数，而且屈服因素考虑了桩附近的土局部屈服造成桩的挠度和旋转的增加。

在自由桩顶情况下，当轴向偏心率为 e，横向荷载为 H 时，轴向偏移 ρ 和轴向旋转 θ 可由下表示：

(a) 当土的模量和极限横向屈服应力随着深度保持不变时：

$$\rho = \rho_{el} / F_\rho \tag{7-31}$$

$$\theta = \theta_{el} / F_\theta \tag{7-32}$$

(b) 当土的模量和极限横向屈服应力随着深度线性增加时：

$$\rho = \rho_{el} / F'_\rho \tag{7-33}$$

$$\theta = \theta_{el} / F'_\theta \tag{7-34}$$

以上式中，F_ρ，F_θ，F'_ρ 和 F'_θ 为屈服时的挠度系数和旋转系数；ρ_{el} 和 θ_{el} 为由线性分析得出的计算数值。F'_ρ 和 F'_θ 由图 7-33 和图 7-34 绘出(其他符号同前)，屈服系数都是无量纲的横向荷载比 H/H_u 的函数，这里 H_u 是短桩破坏的极限横向荷载容许值。同种土壤情况下 F_ρ 和 F_θ 的值由 Poulos 和 Davis (1980)表示。当桩在柔软正常固结黏土里，Davies 和 Budhu (1986)经过校正后给出一个在非线性条件下的相似形式。然而，相比较图 7-33 和图 7-34 而言，这些解决方案对于非线性影响较小。

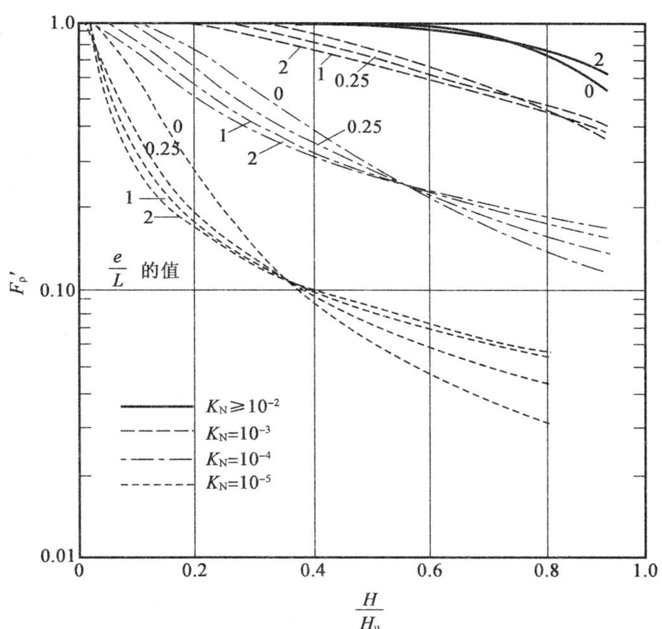

图 7-33 自由端摩擦桩的屈服位移系数 F'_Q，E_s 和 p_y 的线性变化

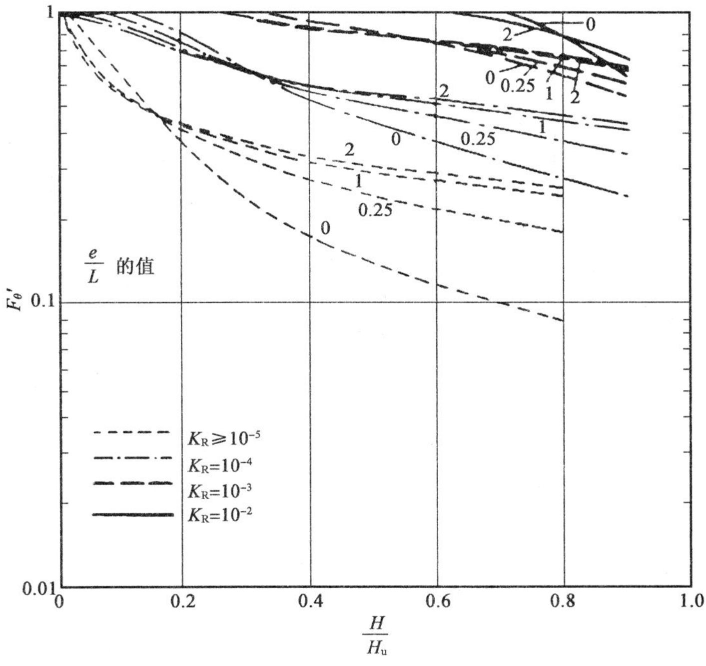

图 7-34 自由端摩擦桩的屈服旋转系数 F'_Q，E_s 和 p_y 的线性变化

7.7.4 循环加载作用

相比于对应单一静力荷载，循环或重复加载会导致横向受压桩的挠度和旋转增加。桩的弯曲力矩也会增加，有两个主要现象影响到挠度、旋转和力矩的增加。

(a) 结构“安定”现象(Pande 等，1980)。对于弹性塑料土体中的桩，其性质保持不变，在释放掉荷载后的残余应力的发展，导致随着循环次数的增加，将会累积一些永久挠度。假如这些变形稳定，将会发生“安定”，否则，桩最终将会破坏。

(b) 由于循环家族，土自身的刚度和强度会降低，也就是土壤的周期衰减(参看 7.5.5 节)加载速率加快而造成的影响可能会在某种程度上抵消循环荷载引起的强度和刚度的衰减。

调查显示土壤的周期衰减主要影响循环加载的桩的侧向响应，估计土壤周期衰减的影响的方法可分为 4 种：

(a) 经验方法(如 Gudehus 和 Hettler，1981)；

(b) 改进的“p-y”分析，包含了循环响应(如 Reese 和 Desai，1977，Sullivan 等，1979)；

(c) 分析历史循环加载路径(Matlock 等，1978；Swane 和 Poulos，1985)；

(d) 修正的边界元分析，用来确定某特定循环次数下的桩的响应(Poulos，1982b)。

Poulos (1982a)对这些方法进行了评述，根据修正的边界元方法提出下列观点；

(1) 随着循环次数增加，循环引起的挠度也随之增加，能承受的最大(或临界)循环荷载等级减小；

(2) 坚硬的土壤相比较柔软的土壤而言，周期衰减现象更严重；

(3) 随着循环荷载等级的增加，在循环加载过程中破坏的发展相当突然。

桩的最大挠度和力矩的修正系数可由土壤临界循环应变、土壤刚度和循环次数(Poulos，1982b)的函数关系式得出。

7.7.5 桩群挠度

Poulos(1971b)提出了一种用以计算桩群中桩之间相互影响下的挠度和旋转的方法，这个方法包括了横向相互作用因素的重叠，原理上和 7.6.2 小节中描述的轴向受压桩群分析相似。由这些分析能得出一个桩群的挠度比 R_ρ，即

$$R_\rho = \frac{\text{桩群挠度}}{\text{平均桩群压力下单桩的挠度}} \tag{7-35}$$

对于桩顶被压住或固定住以限制旋转的桩群来说，R_ρ 的确定需要对一系列给出单个桩压力和力矩的同步方程式进行求解，从而，对于顶部被压住的桩，桩群挠度 ρ_{hG} 可如下表示：

$$\rho_{hG} = \rho_{h1} H_{av} R_\rho \tag{7-36}$$

式中，ρ_{h1} 为单一自由桩头每单位水平荷载的水平挠度；在相关平均横向荷载下，H_{av} 为桩群中每桩的平均水平荷载；R_ρ 为桩头受压的桩群的挠度比，在大多数的外海平台设施中，都可以将桩看作是固顶桩，在这种情况下，桩群偏移为

$$\rho_{hF} = \rho_{F1} H_{av} R_{\rho F} \tag{7-37}$$

式中，ρ_{F1} 为每单位水平荷载下单一顶部固定的桩的偏移；H_{av} 为桩群中每桩的平均水平荷载；$R_{\rho F}$ 为顶部固定的桩的挠度比。

对于那些固接在桩帽上的桩，而桩帽可以旋转的情况下，桩群的反应取决于桩横向和轴向二者的特性，并可由下面介绍的对于常规加载的分析方法来确定。然而，对于这些桩群，所得出的横向桩群挠度仅仅比由固顶桩得出的稍微大，因此，实际运用时可使用方程式(7-37)。

对于那类陆地桩群结构来说，桩距离、相对刚度以及桩群偏移比率已由 Poulos (1979a)制成表格，对于一些典型的近海环形桩群，图 7-35 显示了在 $L/d=50$ 时的 $R_{\rho F}$ 值。在近海可

能的遭遇值范围内，L/d 的影响不是很大。

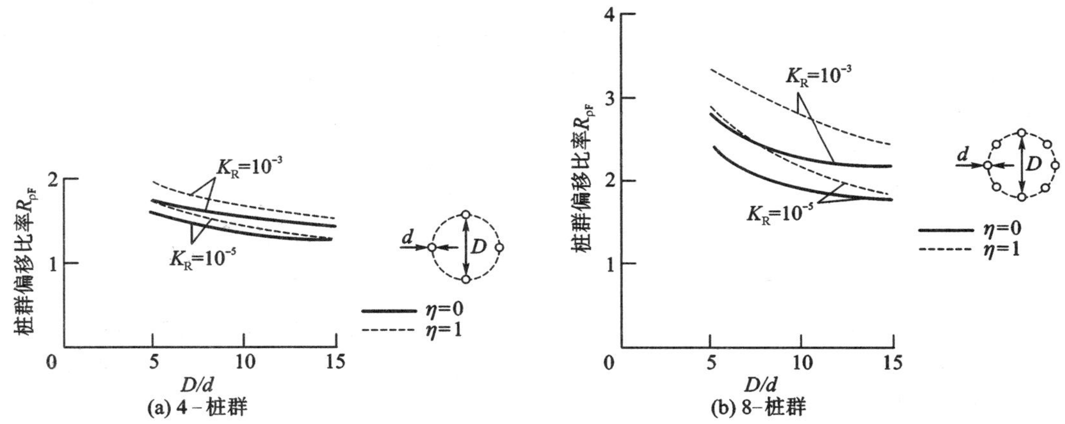

图 7-35 环形桩群的横向挠度比；头部固定，$L/d=50$

这些值和式(7-26)，式(7-31)以及式(7-33)计算出的单桩偏移用以确定桩群在正常工作荷载水平下的荷载-挠度响应。

7.7.6 受到轴向和横向荷载的桩群

对于受到轴向和横向荷载的桩群来说，有许多方法可用于分析挠度和荷载的分布，大多数方法基于地基反力理论，把桩群分解为等价的框架结构或排架结构。这些方法在关于桩的边界条件和桩群的几何分布假设上有很大的不同，这些简化方法的提出使分析更合理。所有的这种方法仅仅考虑穿入桩帽的桩相互作用，还有埋在土中的桩相互作用也仅仅允许用来调整土壤地基应力的模量。

其他使用弹性理论的分析方法有了进展(Poulos，1979c；Randolph，1980；Poulos 和 Randolph，1983；O'Neill 和 Ha，1982；Banerjee 和 Driscoll，1976)。由于包括了大量的相关方程式，部分分析还包括了非线性桩-土壤特性，需要一个合适的计算机程序来计算它们的值。现今已有了大量的这种程序，尽管根本的假设在每个分析方法中并不一样(Poulos 和 Randolph，1983)，相对比较后其中的这 3 个程序(PGROUP，DEFPIG 和 PIGLET) 一般都获得较好的一致评价。

对于环形的近海桩群，Randolph 和 Poulos (1982)提出了一个简化的分析方法，桩群的弹性矩阵从单桩的弹性系数(参见 7.7.3 节)和适当相互作用因素推导得出，可以很轻易地在一台运算能力有限的微型计算机上实现。

7.7.7 土壤参数

用基于弹性理论的非线性分析方法预测横向荷载-挠度现象，需以下参数：

(a) 静力荷载下杨氏模量 E_s 的大小和分布状态；

(b) 静力荷载下极限横向应力 p_y 的大小和分布状态。

1. 杨氏模量 E_s

与轴向响应一样，用传统的实验三轴测试来获得横向受压桩的 E_s 是很难成功的，这是因为桩的安装过程的影响在这样的测试中无法模拟。

现场板块荷载试验结果实现了在不同的深度下去确定 E_s，由此在预测陆上静力桩反应时取得了一些成功，但是这些试验并不能在海上条件下普遍适用。使用压力计的数据显然是可行的，但是因为扰动影响，关于直接应用传统压力计获取的 E_s 在柔软土壤上还存在一些疑问。采用自钻孔压力计至少能消除这些一部分质疑。Gambin (1979)详细介绍了使用压力计数值和地基反作用理论来预测横向反应。

最令人满意的确定 E_s 的方法是实际完成一个桩的横向加载试验，然后通过将观测资料通过将观测值与理论拟合来得到模数，Poulos 和 Davis (1980)描述了这种程序，它有如下优点：

(a) 用与原型桩相同的方式，通过桩的安装测试实际的土体剖面；

(b) 理论上确定的模量可以用于原型桩。

若缺乏现场试验资料或者桩的横向加载测试数据，需要经过经验关系式在先前经验基础上去估计 E_s 的值。但是，必须谨慎地运用这些关系式，保证 E_s 的值和将它导出的理论公式一起使用，或者将其修正后以允许不同理论的差异。

表 7-12　对于横向受压桩在黏土中的杨氏模量经验关系式

<table>
<tr><th colspan="2">关系式</th><th>理论</th><th>参考</th><th>备注</th></tr>
<tr><td colspan="2">$E_{sL}/c_u = 300 \sim 600$</td><td>非线性地基反作用</td><td>Jamiolkowski 和 Garassino (1977)</td><td>柔软黏土中的打入桩初始切线模量</td></tr>
<tr><td colspan="2">$E_{sL}/c_u = 180 \sim 450$</td><td>非线性边界元</td><td>Poulos (1973)</td><td>由插入桩模型试验得出的切线模量</td></tr>
<tr><td colspan="2">$E_{sL}/c_u = 280 \sim 400$</td><td>非线性地基反作用</td><td>Kishida 和 Nakai (1977)</td><td>切线模量</td></tr>
<tr><td colspan="2">$E_s/c_u = 100 \sim 180$</td><td>线性边界元</td><td>Banerjee (1978)</td><td>正割值</td></tr>
<tr><td>c_u/kPa</td><td>N_{hi}/ (MPa·m^{-1})</td><td rowspan="6">非线性地基反作用</td><td rowspan="6">Sullivan 等(1979)</td><td rowspan="6">模数增长比率切线值
$E_{ai} = N_{hi} z$</td></tr>
<tr><td>12～25</td><td>8</td></tr>
<tr><td>25～50</td><td>27</td></tr>
<tr><td>50～100</td><td>80</td></tr>
<tr><td>100～200</td><td>270</td></tr>
<tr><td>200～400</td><td>800</td></tr>
</table>

表 7-13　对于横向受压桩在砂中的杨式模量经验关系式

<table>
<tr><th colspan="2">关系式</th><th>理论</th><th>参考</th><th>备注</th></tr>
<tr><td colspan="2">$N_{hi} = 0.19 D_R^{1.16}$ MPa/m
D_R＝相对密度/%</td><td>非线性地基反作用</td><td>Jamiolkowski 和 Garassino (1977)</td><td>饱和砂中的打入桩切线值</td></tr>
<tr><td>条件</td><td>N_{hi}/ (MPa·m^{-1})</td><td rowspan="4">非线性地基反作用</td><td rowspan="4">Reese 等(1974)</td><td rowspan="4">浸没砂中的打入桩切线值</td></tr>
<tr><td>松散</td><td>5.4</td></tr>
<tr><td>中等</td><td>16.3</td></tr>
<tr><td>密集</td><td>34.0</td></tr>
<tr><td colspan="2">$N_h = 8 \sim 19$ MPa/m
(平均 10.9)</td><td>线性边界元</td><td>Banerjee (1978)</td><td>正割值</td></tr>
<tr><td colspan="2">$E_{si} = 1.6N$ MPa
这里 N＝SPT 值</td><td>非线性地基反作用</td><td>Kishida 和 Nakai (1977)</td><td>切线值</td></tr>
</table>

表 7-12 和表 7-13 概述了对于黏土和砂的一些可用关系式，这些关系式是以杨氏模量 E_s 的形式表述的。这里还有地基反作用模数 k 的原始关系式，它写成 $E_s = kd$。式中，d 是桩的直径或者宽度，在模数随着深度线性增长的情况下，杨氏模量和地基反作用模数的增长速率相等。对于在短期荷载作用条件下的土壤，饱和黏土的泊松比 ν_s 为 0.5，不饱和黏土的泊松比为 0.4，当在长期荷载作用下，ν_s 是排干水的数值，一般在 0.3 ~ 0.45 之间。较高的数值相应于较软的黏土，对于砂 ν_s 一般在 0.3 ~ 0.4 之间。

2. 极限横向压力 p_y

如 Jamiolkowski 和 Garessino (1977) 指出的，p_y 的解法就是用半经验性公式或者使用经常涉及大量简化的近似分析法，二者取其一。对于黏土，经常采用总应力方法并考虑未排干水加载条件下土壤的极限抗力，最简单的方法如下：

$$p_y = N_p c_u \tag{7-38}$$

式中，c_u 为不排水条件下的黏聚力；N_p 为承载能力系数；N_p 随着深度而增加，而且从土表面的 $N_p = 2$ 开始，线性变化到 3 倍桩直径深度处或者更深的深度时为极限值 $N_p = 9$。对于砂中的桩，可以用方程式(7-23) 来估计 p_y 的数值，然而系数为 3 稍微保守，系数取 5 可能比较接近真实情况。

7.8 动态响应

7.8.1 简介

预测桩基础的动态反应需要知道它们的动态刚度和衰减特征，一旦知道了这些，就可以运用传统的动态分析方法来确定自然频率，并且预测设计荷载值下的响应(Clough 和 Penzien, 1975)。下列方法发展考虑了动态桩-土壤交互作用，即连续法(Novak, 1974; Novak 和 Nogami, 1977; Kobori 等, 1977)、集中质量模型法(Penzien 等, 1964; Matlock 等, 1978)以及有限元法(Kuhlemeyer, 1979; Blaney 等, 1976; Wolf 和 von Arx, 1978)。由 Novak 和他的合作伙伴得出的解决方案尤其有用，下面将会讨论到，他们假定了小幅度振动和线性弹性土壤特性。

7.8.2 单桩

Novak (1974)论证了单桩的刚度常数 k 和等价黏性阻尼常数 c，如表 7-14 所示。E_s 为桩的杨氏模量；A 和 I 代表面积和惯性力矩(面积第二力矩)；a 为桩半径；v_s 为土壤的剪力波动速度；符号 $f_{1,2}$ 表示无量纲刚度和阻尼函数，写在下方的 1 归为刚度，2 归为阻尼。这些函数式取决于下列无量纲参量：无量纲频率 $a_v = \omega a / v_s$；土壤和桩的相对刚度；表示为 G/E_p(这里 G 为土壤剪切模量) 或 $v = V_s/v_c$[这里 v_c 为桩中纵向(P波) 速率]；土壤和桩的密度比率；桩的长细比 L/d；土壤和桩二者的材料阻尼；桩和土壤特性随深度的变化；还有桩顶和桩尖固定条件。

表 7-14 单桩的刚度和阻尼常数(Novak, 1974)

振动方式	刚度	阻尼
垂直翻转	$K_v = \frac{E_p A}{a} f_{v1}$	$c_v = \frac{E_p A}{V_s} f_{v2}$

(续表)

振动方式	刚度	阻尼
水平翻转	$K_u = \frac{E_p I}{a^3} f_{u1}$	$c_u = \frac{E_p I}{a^2 V_s} f_{u2}$
旋转	$K_\varphi = \frac{E_p I}{a} f_{\varphi 1}$	$c_\theta = \frac{E_p I}{V_s} f_{\varphi 2}$
水平翻转和旋转相结合	$K_c = \frac{E_p I}{a^2} f_{c1}$	$c_c = \frac{E_p I}{a V_s} f_{c2}$

对于细桩，在一般土壤中，动态刚度和等价黏性阻尼均与频率无关，刚度和阻尼函数最重要的控制因素是土壤对桩的相对刚度、土壤剖面以及在垂直方向上桩尖的情况。

表 7-15 给出了桩平转和桩摆动在 $L/d > 12.5$ 或 15 时的参数 $f_{1,2}$，函数 f_{u1}^{p} 和 f_{u2}^{p} 针对桩顶固定的桩情况。均匀土壤剖面和随深度呈抛物线增长的系数，二者情况都已考虑。

表 7-15　桩水平响应的刚度和阻尼参数(Novak, 1974)

			硬度参数				阻尼参数			
	v_s	E_p/G	$f_{\varphi 1}$	f_{c1}	f_{u1}	f_{u1}^{P}	$f_{\varphi 2}$	f_{c2}	f_{u2}	f_{u2}^{P}
均匀剖面	0.25	10 000	0.213 5	−0.021 7	0.004 2	0.002 1	0.157 7	−0.033 3	0.010 7	0.005 4
		2 500	0.299 8	−0.042 9	0.011 9	0.006 1	0.215 2	−0.064 6	0.029 7	0.015 4
		1 000	0.374 1	−0.066 8	0.023 6	0.012 3	0.259 8	−0.098 5	0.057 9	0.030 6
		500	0.441 1	−0.092 9	0.039 5	0.021 0	0.295 3	−0.133 7	0.095 3	0.051 4
		250	0.518 6	−0.128 1	0.065 9	0.035 8	0.329 9	−0.178 6	0.155 6	0.086 4
	0.40	10 000	0.220 7	−0.023 2	0.004 7	0.002 4	0.163 4	−0.035 8	0.011 9	0.006 0
		2 500	0.309 7	−0.045 9	0.013 2	0.006 8	0.222 4	−0.069 2	0.032 9	0.017 1
		1 000	0.386 0	−0.071 4	0.026 1	0.013 6	0.267 7	−0.105 2	0.064 1	0.033 9
		500	0.454 7	−0.099 1	0.043 6	0.023 1	0.303 4	−0.142 5	0.105 4	0.057 0
		250	0.533 6	−0.136 5	0.072 6	0.039 4	0.337 7	−0.189 6	0.171 7	0.095 7
抛物线剖面	0.25	10 000	0.180 0	−0.014 4	0.001 9	0.000 8	0.145 0	−0.025 2	0.006 0	0.002 8
		2 500	0.245 2	−0.026 7	0.004 7	0.002 0	0.202 5	−0.048 4	0.015 9	0.007 6
		1 000	0.300 0	−0.040 0	0.008 6	0.003 7	0.249 9	−0.073 7	0.030 3	0.014 7
		500	0.348 9	−0.054 3	0.013 6	0.005 9	0.291 0	−0.100 8	0.049 1	0.024 1
		250	0.404 9	−0.073 4	0.021 5	0.009 4	0.336 1	−0.137 0	0.079 3	0.039 8
	0.40	10 000	0.185 7	−0.015 3	0.002 0	0.000 9	0.150 88	−0.027 1	0.006 7	0.003 1
		2 500	0.252 9	−0.028 4	0.005 1	0.002 2	0.210 1	−0.051 9	0.017 7	0.008 4
		1 000	0.309 4	−0.042 6	0.009 4	0.004 1	0.258 9	−0.079 0	0.033 6	0.016 3
		500	0.359 6	−0.057 7	0.014 9	0.006 5	0.300 9	−0.107 9	0.054 4	0.026 9
		250	0.417 0	−0.078 0	0.023 6	0.010 3	0.346 8	−0.146 1	0.088 0	0.044 3

图 7-36 和图 7-37 给出了端承桩和摩擦桩垂直响应的对应的解决方案。

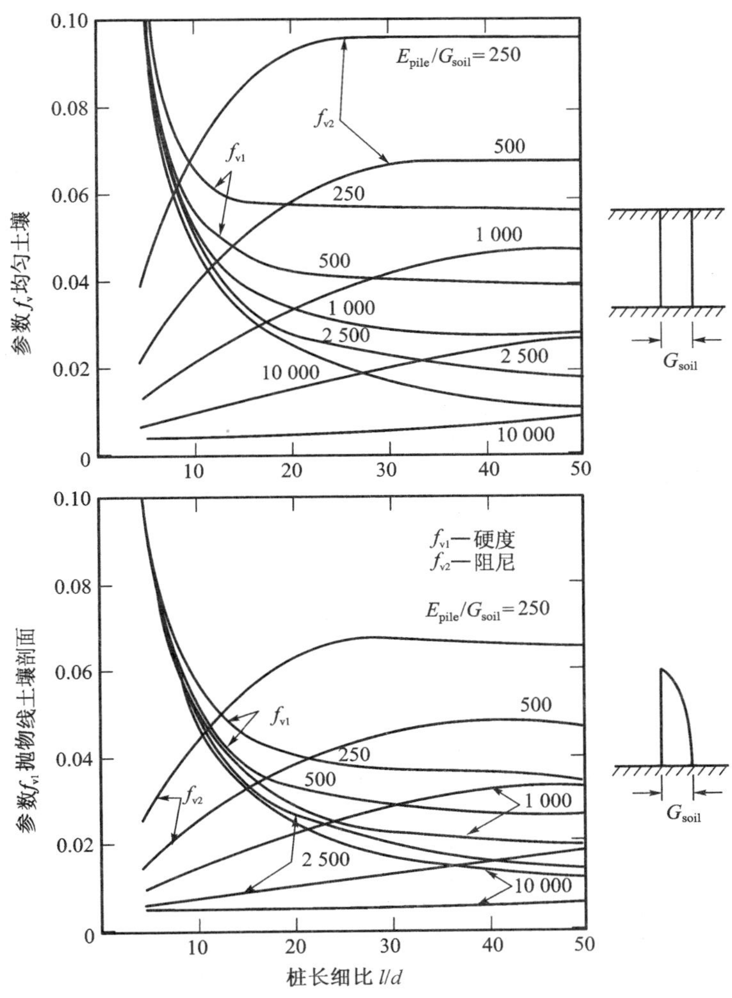

图 7-36 端承桩垂直响应的刚度和阻尼参数

7.8.3 桩群

当桩之间的距离很大时(如 20 倍直径或者更多),相互作用可以忽略,桩群的刚度和阻尼可由叠加单个桩的刚度和阻尼常数来确定。对于垂直和水平转换,这些可以直接叠加,但是对于滑动和摆动结合,必须考虑桩的重心位置以及设计中桩的排列。

当桩之间的距离很近的时候,桩之间将会发生相互作用,动态相互作用研究(Sheta 和 Novak, 1982; Kaynia 和 Kausel, 1982)显示了动态桩群作用和静态桩群作用相当不同,这是由于:

(a) 桩群的动态刚度和阻尼比单桩的更容易随着频率变化而变化;

(b) 桩群的刚度和阻尼由于相互作用而减少或者增加,取决于频率和距离;刚度和阻尼随着频率显著地振荡变化是动态桩相互作用的一个显著特征。

由于动态桩群作用的复杂性,需要使用高级的计算机程序去精确描述一个大频率范围内的动态桩群的刚度和阻尼。然而在某些环境下可以采用一个简化的分析,至少对于初步设计的目的,下列简化是可用的:

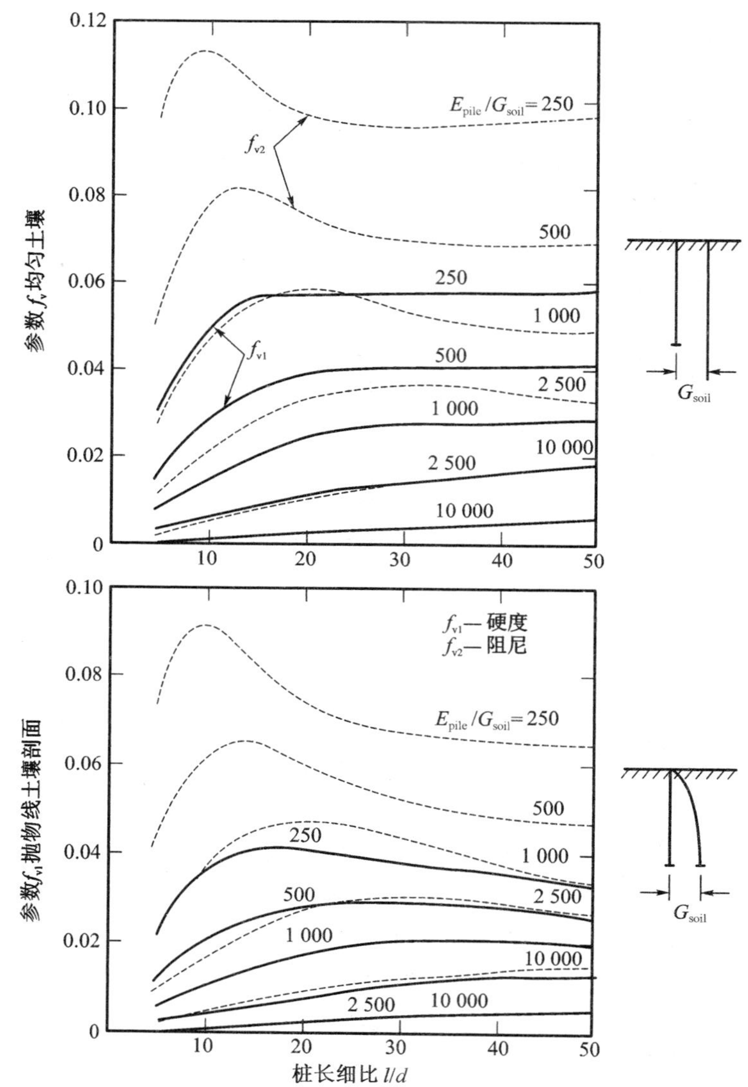

图 7-37　摩擦桩垂直响应的刚度和阻尼系数

(a) 用一个等价的墩替换桩群。这个替换不能重现桩群响应的峰值，还会对阻尼估计过高(Novak 和 Sheta，1982)，然而这种替换对于非常紧密的桩群来说还是很有用的。

(b) 使用静态相互作用因素去计算桩群刚度，频率的影响低时是可取的，尤其是当他们低于沉积土的固有频率时。这个程序没有考虑桩群对阻尼的影响，Novak 建议可恰当地将桩群阻尼用和桩群刚度一样的比例缩减。

(c) 使用动态相互作用系数，Kaynia 和 Kausel (1982)得出两种桩的动态相互作用系数，该系数可以结合单桩的刚度和阻尼来使用，所采用的方式和静态相互作用因素一样，这个方法的精确度随着桩距离的增加而增加。

8 海床稳定性

8.1 海床失稳的原因

Terzaghi(1956)指出:在底部有平缓坡度的海洋软弱土中,由于重力作用,可能会产生边坡的不稳定。这种边坡不稳定可能是由地震引发的或者是由于大的河口的淤泥快速沉积引起的。早期,这种滑坡在海底电报线的破坏报告中反映出来。

后来来自墨西哥湾地震反应记录的证据表示,那个地区的有些区域可以经历连续或间断的位移,这可以由众多的原因导致,包括与减压特性有关的引力、浊流沉积、挤压和底辟作用、拉伸应力、微分固结、超孔隙水压力变化、波浪引起的海底压力异常(Watkins 和 Kraft,1976)。

然而,与海洋土不稳定相关的一些潜在问题在1969年"卡梅勒"飓风袭击墨西哥湾地区后才受到重视。"卡梅勒"飓风证明海洋波浪引起的海床压力可以导致海床不稳定现象,即使底部的坡度很平缓,小于0.5%,在海床下45 m深度范围内的土都会产生滑动(Focht 和 Kraft,1977)。在风暴中,两个建筑物在大规模的海床运动下遭受破坏,还有一个建筑物在其结构底部下滑1 m后也被移除。因此很明显,在不稳定的海底斜坡上的泥土运动所产生的作用于结构物上的横向荷载可以是很大的,可能要超过实际风暴的波浪力。

近年来,另一个潜在的问题备受关注,这就是波浪产生的液化现象。这种现象可能在砂土或黏土沉积物中发生,并可能危害到近海设施,如管道、锚固设备和平台结构。由波浪引起的作用在海床上的微分荷载,将在海床土壤中产生循环剪应力,反过来会使孔隙水压力加大(见第3章),强度降低。如果由此产生的剪应力超过抗剪强度,就会产生明显的变形或液化,承载力因此减少。

Edgers 和 Karlsrud(1982)对历来的海底滑坡和相关的泥土流动进行回顾。他们从数据纪录最完整的滑坡中收集数据,这些滑坡尺寸从小型的几百米长度的海洋滑坡到大规模的几百千米的深水滑坡。他们对数据进行整理分析得到如下的结论:

(a) 海底滑坡在坡度很缓的地方就能发生,甚至坡度在1°以下;

(b) 与大多数陆地滑坡相比,斜坡后壁到坡脚的距离和体积很大;

(c) 移动距离较大的土壤类型是黏土和细沙;

(d) 这些斜坡发生破坏的主要原因是由于存在较软弱的不稳定沉积层,同时存在诱发不稳定的因素,如沉积层受超载、地震和沿岸的人类活动等。

如果沿岸建筑物处于可能发生滑坡的区域,设计人员应当注意以下问题:

(1) 结构周围的斜坡稳定性如何。

(2) 如果斜坡失稳,移动的距离有多少;滑坡是否会触及建筑物;Selnes(1982)指出,这个问题的答案也就决定了结构物周围的稳定性。

(3) 如果斜坡破坏面达到了建筑物,作用在建筑物上的力有多大。

因此,海床稳定性评估是海洋岩土工程很重要的一个方面,评估应包括以下部分或全部情况：

(a) 该区域地质学历史、地层结构、沉积学和地势形态学的研究和说明；

(b) 地形剖面的确定和评估，以及海底变形特征；

(c) 重力、波浪力和地震作用下的海床土应力分析；

(d) 分析在这些力作用下的海床稳定性；

(e) 分析海床的可能位移；

(f) 海床位置处作用力对位移、桩、管线和类似设备的影响。

本章将讨论海床稳定性评估中的一些问题。很明显，最有效的解决海床稳定性的方法是将各门学科有经验的专家聚集起来，这些专家包括岩土工程师、工程和海洋地质学家、地理化学家、地球物理学家和海洋学家，这些人可以处理与该任务相关的各种不同但又相互联系的问题。

在认识到海床稳定性评估重要性的同时，也要记住 Foucht 和 Kraft(1977)所强调的，地质学家和岩土工程师应能够准确地判断在场地上是否能够安全地建造建筑结构，因为探测到的变形特征能反映海床的不稳定性。他们坚信，很多结构很可能被不知情地建在变形特征很明显的地带，而如果有高质量的地球物理数据可利用的话，这些变形特征是能够辨别的。然而这些建筑的运转还是非常良好的，可能是因为变形速率按地质学进程在时间上是缓慢发展的，这些变形特征对近海结构的影响在 10～50 年的结构寿命时间内并不明显。

8.2 海底滑坡的地质特征

8.2.1 滑坡的分类

Moore(1978)按滑坡发生的时间和产生滑动的地质因素将海底滑坡主要分成三大类。这三大类分别是：

(1) 和沉积同步发生的滑动，由快速沉积作用产生，同时伴有超孔隙水压力和失稳现象。通常在大河及海洋峡谷端部发生。这类滑坡主要发生在河口三角洲或是近岸的三角洲中的砂或流质黏土中，或发生旋转滑塌。最有名的是密西西比河河口三角洲。Colemen 和 Garrison (1977)作的断面报告中提到了发育很好的旋转滑塌，平均坡度为 2°，有些达到了 3.3°。Moore 估计，坡度最陡的斜坡面的泥沙厚度大约为 33 m，长度超过 650 m。

(2) 由于泥沙沉积和侵蚀等过程的冲淤变化而引起大量的斜坡沉积物在沉积很长时间后受到扰动，从而发生的滑坡。这些都是一般的海底滑动，通常都是由冰河时代的海面升降变化造成的结果：陆地排水将砂土直接堆积到大陆架边坡的上部。结果，以前沉积的稳定的沿岸边坡受快速沉积作用的影响，产生滑坡和紊流(见第 2 章)，从而将厚的砂体切断，产生后续的滑坡。Moore 举了一个法国西南中部平原地区旋转滑塌的例子。大的坍塌在滑坡面延伸方向上长度达到 20 km 左右，影响深度达到 200 m 左右，整个滑坡体的位移估计小于 10 km。

(3) 由于地震或者板块抬升导致的坡度变陡等构造过程而引起大量的斜坡沉积物在沉积很长时间后受到扰动，从而发生的滑坡。这种类型的一个例子是发生在 1964 年的阿拉斯加地震之后的阿拉斯加 Copper 河三角洲的一系列圆弧形坍塌。

8.2.2 变形特征的类型

Watkins 和 Kraft(1976)对滑坡变形特征作了比较有用的总结。他们的结论都是从密西西比河三角洲地带以及路易斯安那州和德克萨斯州边界的滑坡中高分辨率的地球物理数据中总结出来的(Coleman 等，1974；Garrison，1974；Colemen，1975；Whelan 等，1975)。现在已经确定了 12 种边坡的结构特征，如图 8-1—图 8-3 所示，下面将进行讨论。在这里的“深”是指海床 100 m 以下。

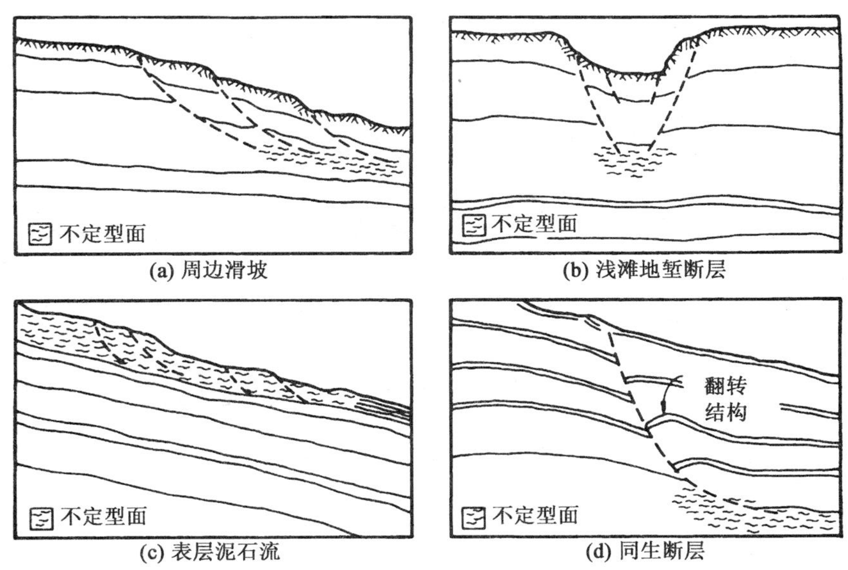

(a) 周边滑坡 (b) 浅滩地堑断层 (c) 表层泥石流 (d) 同生断层

图 8-1 地质学记录的结构特性观测图(Watkins 和 Kraft，1976)

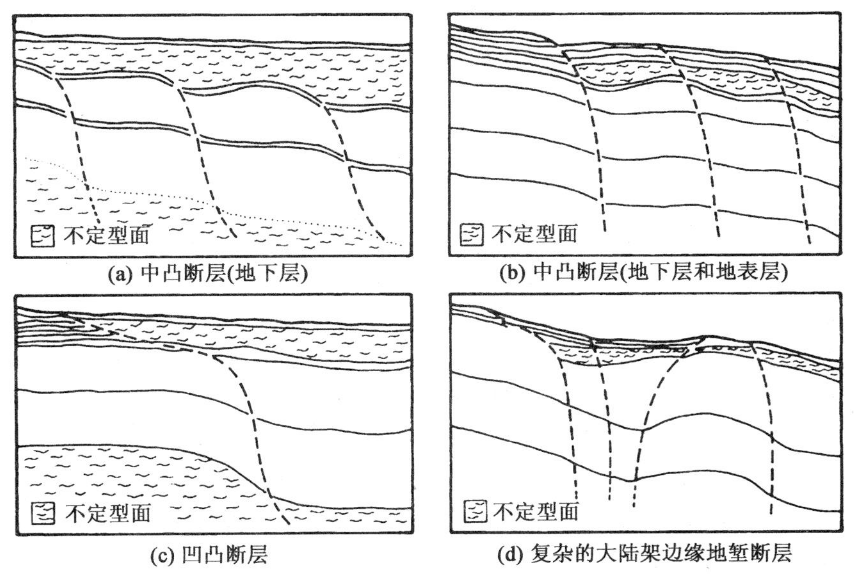

(a) 中凸断层(地下层) (b) 中凸断层(地下层和地表层) (c) 凹凸断层 (d) 复杂的大陆架边缘地堑断层

图 8-2 地质学记录的结构特性观测图(Watkins 和 Kraft，1976)

(1) 周边滑坡，如图 8-1(a)所示。展示了一种在砂的上部 15 m 深度范围内发生的梯级破坏，破坏面与深海曲面平行或近似平行。破坏面(或滑动面)随着深度加大坡度减小，通常在不定型层处不是很明显。

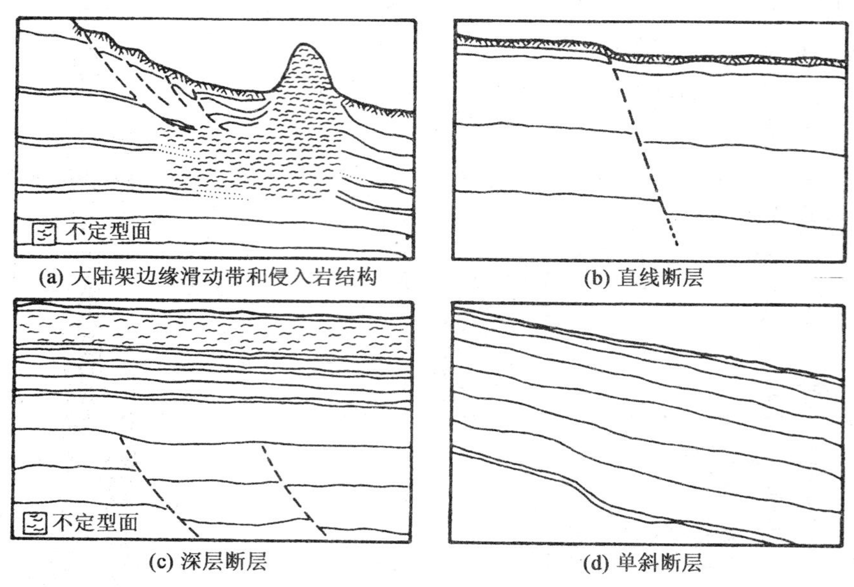

(a) 大陆架边缘滑动带和侵入岩结构 (b) 直线断层
(c) 深层断层 (d) 单斜断层

图 8-3 地质学记录的结构特性观测图(Watkins 和 Kraft，1976)

(2) 浅滩地堑断层，如图 8-1(b)所示。这些陡坡几乎成直角，而且与一般地形的走向平行。地堑通常底部平缓，当二级破坏发生时，常常发生小型凹陷和凸出。形成地堑的基础破坏面常常在泥面线以下 30 m 开始到无定型层结束。地堑常常表示沉积物的竖向运动，是由表面以下的泥土流动引起的。

(3) 表层泥石流，如图 8-1(c)所示。泥石流下坡边缘的特征是一些在坡脚融合了未受扰动层状沉积物的表层地貌。小型的坍陷，特别是在这些泥土流动的主要方向，通常产生一个不规则的海底外形。表层泥流的厚度可达 30 m 以上。这些泥流可能沿着大陆架移动，有的已超过大陆架边缘。

(4) 同生断层，如图 8-1(d)所示。这种破坏很普遍，通常在较上部的陆地边坡中发生。这种滑坡的显著特点是随着深度增长偏移量增加，并在沉积作用过程中不断发生位移。通常，破坏面很明显，坡度在 20°～45°之间，破坏面一直延伸到海床下 150 m 或更深处。这种破坏面在90 m左右深处的不定型水平层面处消失。

(5) 中凸断层(地下层)，如图 8-2(a)所示。这种破坏通常会出现一组，很少单个发生，破坏面会到海床以下 90 m，随着深度的增加，破坏面以上凸出的坡度越来越陡。浅层和深层破坏面的末端通常在地震的松散层终止，其特征是受扰动的层状或孔隙率较大的沉积。

(6) 中凸断面(地下层和地表层)，如图 8-2(b)所示。破坏直至表面，可能在有一定高度的陡坡上终止。在下滑侧，地震产生的松散层的厚度比其他地方的薄或厚。泥面以下发生 6 m或者更多在这类破坏中是很普遍的，通常延伸到 150 m 以外的透水层。

(7) 凹凸断层，如图 8-2(c)所示。在沉积层上部 30 m 左右，破坏面是凹的，然后突然改变方向，变成凸的，并且随着深度增加，陡度增大。陡度较大的凸面断层通常在 90 m 深度下的松散层层终止。

(8) 复杂的大陆架边缘地堑断层，如图 8-2(d)所示。这种形式常见于大陆架边缘，与大规模的结构调整相关。主破坏面通常从表面延伸到透水层大于 150 m 处。破坏面限制了地堑的形式，并产生向海洋底土的偏移。

(9) 大陆架边缘滑动带和侵入岩结构，如图 8-3(a)所示。表示一个规模较大的梯级凸面组成的破坏面，其范围从反射层到渗透层 300～600 m。与个体的滑坡相关的表面陡坡通常是发展完好的，结构上形成一个梯级机构。在破坏面的下部，河床增厚，滚动构造是比较明显的。一个侵入岩结构，大约 90 m 宽，通常在基础上或者在滑坡的近海侧，这种侵入结构通常与表面以下的松散层有关。在这个松散层的单元下面产生很明显的直接影响。内部和河床上的沉积常常把滑动块和侵入面分割开。

(10) 直线断层，如图 8-3(b)所示。这种破坏很简单，通常延伸至渗透层 150 m 以下。形成一个小型的陡面，并下降成与坡脚相适应的角度。海床的偏移随着渗透的增加而增加，最大的偏移大约有 15 m。

(11) 深层断层，如图 8-3(c)所示。这种滑坡与向上凸出面呈线性相关，通常是成组发生的。这种破坏不会将表面附近的沉积破坏，在海床 140 m 以下的沉积松散层面处终止。

(12) 单斜断层，如图 8-3(d)所示。这种滑坡不会发生很明显的破坏面，Walkins 和 Kraft (1976)对这种断层的形成仍有疑问。

上述这些变形产生的原因值得重视，可以用一些技术来分析这些变形的机理，估计位移的速度和范围，以及这些位移对结构产生的作用力，这些问题将在本章中的其他部分进行讨论。

8.2.3 斜坡的移动距离

滑坡中的物质可能或多或少转化为不受扰动的块体、块状形式移动，或者是以散流形式输送，也可能是以松散悬浮质的形式输送。Middleton 和 Hampton(1976)对不同水流状况下的滑坡的估计进行了假设，如图 8-4 中表示。

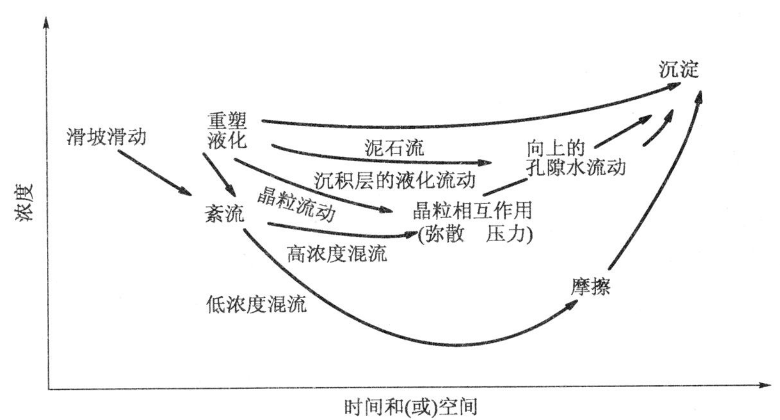

图 8-4 海底滑坡演变过程的不同阶段(Middleton 和 Hampton, 1976)

从已为公众熟悉的案例数据中，Edgers 和 Karlarud(1982)定出了滑动距离的上限，如图 8-5(a)所示，图中表明，上限与滑坡体积有关。这种上限关系在图 8-5(b)中有表述。进一步研究发现，对所观察到的海底滑坡移动用黏土流来模拟很恰当，黏土流可以达到很大的移动距离和速度。

将这种理论运用到海底流动分析，面临的一个主要问题是对描述土体黏性的输入参数的选择。Edgers 和 Kaelsrud 只掌握了有限的土体黏性数据，得到的数据是从 5 个海底滑坡案例反演计算得到的。

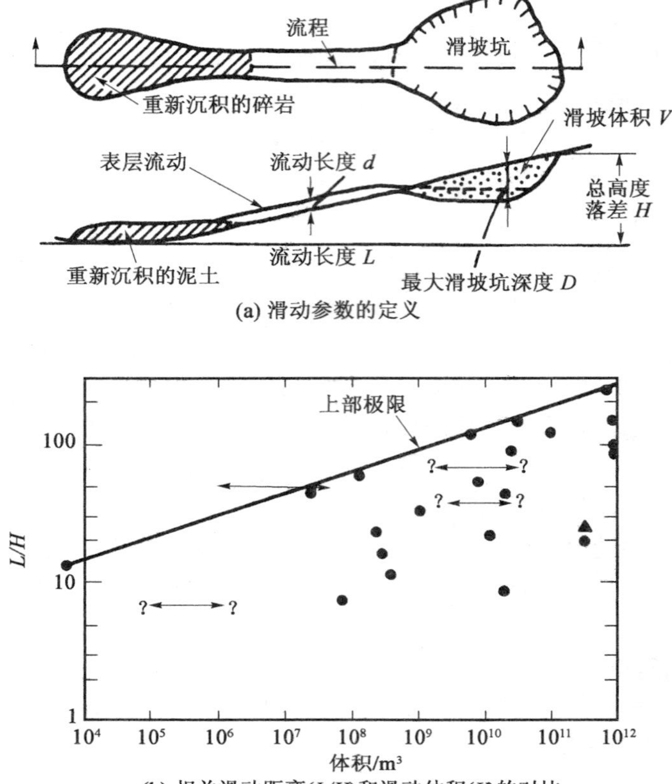

(a) 滑动参数的定义

(b) 相关滑动距离(L/H)和滑动体积(V)的对比

图 8-5 海底滑坡的滑动距离(Edgers 和 Karlsrud, 1982)

8.3 失稳的机理

如上所述,在大陆架和斜坡区域的海底环境中,导致失稳和海床土体移动主要有 3 种机理(Watkins 和 Kraft, 1976):重力、水压力、地震和板块活动。此外,碳氢化合物的移动会引起相邻地区发生塌陷,以及在蓄水机构中由于应力变化而产生其他的重新调整。

8.3.1 重力

重力对海床土体有 3 种主要影响:重力产生了滑坡下移和斜坡破坏的机理;颗粒在自重和表层沉积层的作用下固结;由于在较小密度土体上,密实土体迅速沉积产生的应力差,随着下部受荷载的物质产生塑性流动,可能产生挤压和褶皱。

重力作用下产生的泥土移动(不是与固结相关的位移),这种位移可以归类为基础不稳定或徐变现象。当海床土中的应力等于或超过抗剪强度时,就会发生基础失稳。与这种情况相关的位移通常很迅速,在几分钟和几天时间内就会发生大位移。破坏后,会持续发生间断的位移,直到达到完全稳定状态。

在恒定应力下,黏土中会发生徐变。应力的累积取决于实际的剪应力和抗剪强度的比例,即应力比。应力比较小时,应力以随着时间递减的速率积累。在应力较大时,应力迅速积聚从而导致失稳,即通常所说的"徐变破坏"。因此位移蠕动的变化比率是很大的,这取决于应力水平和周围环境状况,时间范围从几小时到几千年不等。

在 8.5 节中有重力作用下滑坡稳定的一些细节论述。

8.3.2 水力

影响海床的水作用力包括水流力、潮汐作用力、表面波浪力和内部波浪力。水流力是产生侵蚀和表层海床沉积物重新分布的动力因素。潮汐变化会影响到在潮间带和直接相邻区域间的软土沉积。与暴风和飓风作用有关的风暴潮会产生 5～6 m 的潮汐。Watkins 和 Kraftst (1976)推测,由于潮汐作用产生的应力侧向扩散会到大陆架上部。

影响大陆架上土体稳定性的主要因素是产生的较大的表面波浪,这种波会对海床土壤产生水作用力。底部压强的异常和波长与土的特性、表面波的波长和波高以及平均水深有关。这个问题将在 8.6 节中详细讨论。大型风暴产生的波浪,如在墨西哥湾中发生过的飓风,水深有 60 m 左右,会产生 70 kN/m^2 的海床压力,并会产生 300 m 波长的波浪。然而,压强随着水深减小,由于风暴潮产生的底部压强异常并不会影响水深大于 150 m 的海床稳定性。

除了风暴引起的表面波以外,还有以下几种类型的波:非重力波、潜波和立波。非重力波(Kinsman, 1965)是波周期超过 1 min 的表面波。其波高不能确定,但波长可以通过在大陆架所有水深范围内产生的海床压力异常形来确定(Suhayda, 1974)。Watkin 和 Kraft(1976)估计与这些波相关的底压异常在水深 300 m 左右处为 10 kN/m^2。

由于海水重力分层产生的内波主要受温度和盐度变化的影响(Neumamn 和 Pierson, 1966)。在主要河口如密西西比河,内波是由于不断有来流产生的。然而在深水中,由于内波产生的底部压力太小很少会超过由表层波浪产生的 1%。

立波产生二阶不规则波压力,随着深度不会减弱,但是与表面波产生的水压相比要小得多(Phillips, 1966)。

8.3.3 地震和板块运动

地震是由断层和层面变化处突然的能量释放引起的。由于板块运动在一定区域内产生的应力是缓慢的,当应力累积超过强度时,应力就会沿着薄弱层释放。某点的应力释放会引起周围应力的增加,断层破裂可扩展几百千米。

单位时间内和单位面积上能量的释放是能量原理和地震带的一个主要功能。在较大区域上的应力释放会放出更多的能量,断层不同的地方产生的波会在一个点上叠加。大的地震通常产生大的地震加速度、速度和位移、较大范围的频率,以及相比于小地震有较长的持续时间。

地震的震级、最大加速度与距离之间的关系容易得到(Seed 等, 1976; Idriss, 1979)。能量的频率分布是断层面、地震区域、地震震级、当地地质特征和土壤条件的函数。Seed 等(1974)给出了不同土壤类型的平均反应谱。由于碳氢化合物在砂质的沉积物中存在,与油或天然气相关的建筑物应建在有较厚覆土的地方,这能加强地震的长周期运动(Swanger 和 Boore, 1978)。

从岩土工程角度看,地震主要影响水平的前进波的发展,影响主要发生在砂土沉积层下面的岩石河床中。这种波的传播方向和土表面垂直,在土中产生剪应力,这种剪应力既是动态的又是循环的。这种力也会引起土强度的丧失(见第 3 章)。波的传播可以由很多方法来分析(Selnes, 1982)。所产生的运动在水平面上会出现异常,从而在土壤中可能会产生显著的侧向应变。置入其中的结构物,如管道,会因此而承受很高的应力。8.7 节将对由地震产生的失稳作详细的分析。

8.4 斜坡稳定性分析

分析重力、水力、地震作用下的斜坡稳定性至少有 3 种分析方法:极限平衡方法、连续动力分析法和有限元分析方法。为了简化问题,这些方法通常假设为平面应力状态。

8.4.1 极限平衡法

在斜坡稳定性分析中,这种方法用得最多,被用于分析重力作用下陆地边坡的稳定性,已经运用了几十年(Terzaghi, 1943; Taylor, 1948; Bishop, 1955; Morgenstern 和 Price, 1965; Janbu, 1973)。Seed 和 Martin(1966)讨论了对地震荷载进行简化,还有很多人都对此进行了分析。Henkel(1970)对极限平衡理论在波浪引起的海底斜坡稳定性问题中的应用进行分析。这种方法在重力结构和自升式钻井平台中的应用在第 5 章和第 6 章中已作了讨论。

这种分析方法的基本原则是计算倾覆力矩或倾覆力、抵抗力矩或抵抗力。在定量分析中,安全系数就是抵抗力和倾覆力的比值。当安全系数大于标准值时,斜坡可以看成是稳定的。不能通过对相关位移的大小来判断安全性。当荷载和砂土的剪应力强度都不能确定时,也可以采用概率分析方法(Rahman 和 Layas, 1985)。这种分析结果得出失稳概率与破坏面宽度和深度之间的关系。

8.4.2 连续性分析理论

基于线弹性和黏塑性分析方法的一系列程序以及连续性分析原理,已经用来计算由海洋波浪以及地震的刺激(Seed 和 Idriss, 1971)所引起的位移和应力(如 Hsiao 和 Shemdin, 1980; Seed 和 Rahman, 1977; Yamamoto, 1978)。这些研究基本都是假设土体是半无限均质弹性半空间或者有限厚度的单一均质弹性土层。然而,现在更多的分析程序都有对非均匀土体(Booker 等, 1985a, b)的分析及分层各向异性土体(Small 和 Booker, 1982)的分析。对非弹性性质的研究,Schapery 和 Dunlap(1978)以及 Bea 等(1983)都做了分析。

用这种分析方法的一个基本原则是计算土种不同深度处的由波或地震荷载产生的剪应力,并与相应深度处土的抗剪强度相比较,将循环荷载和动力荷载的作用考虑进去。当剪应力超过抗剪强度时,就会发生破坏。然而,这种破坏的结果(如土的垂直和水平位移)不是经过精确计算的。

8.4.3 有限元分析方法

用有限元分析方法计算地震(如 Seed 和 Idriss, 1969; Lysmer 等, 1975)和波浪(Arnold, 1973; Kraft 和 Watkins, 1976; Wright 和 Dunham, 1972; Wright, 1976)引起的土层响应已经广泛应用多年。在地震作用下,有限元模型的外形尺寸和边界类型的确定是很关键的。为避免固定横向边界处产生的应力波的叠加,采用人工透射边界,通过这种边界,应力波能量可被吸收(Roesset 和 Ettouney, 1977)。

为了分析地震波荷载作用下海床的动力特征,在特定波浪作用下的土体可以用延伸到预期位移最大深度的有限元表示。有限单元模型的横向边界条件与无限非线性波的单元模型一致。由海床压力变化引起的荷载作为一种静止荷载作用在有限单元网格的表面，土中相应的应力和位移也要进行计算。实际上，波被固定下来视作一种表面静力荷载。

对稳定性评价来说，有限元方法必须考虑土的非线性应力-应变关系。借助于增量和迭代技术，非线性应力-应变曲线常用于计算单元的对应于波浪引起的剪应力的等效线弹模量。Duncan 和 Chang(1970)提出了一个通用模型，其中应用了应力-应变双曲线来描述土体在单调加载作用下的变化特点(Wright, 1976)。然而，这种非线性弹性模型对分析土中有大变形的区域不合适，因为它们没有正确描述土体在破坏时候的塑性特征。理想的情况是，土模型应当能同时分析循环荷载和塑性特征(见第 3 章)，但这种模型对于一般的分析而言太复杂了。

有限元的一个主要优点是：描述了海床的位移，同时也对整体稳定性作了分析。当然，与其他方法相比，它能用简明的方法处理各向异性和非均质土的特点。然而，在数据准备和土参数选取上也有困难，而参数的选择与分析结果的精确度有直接的关系。

8.5 重力作用下的边坡稳定性

分析重力作用下斜坡的稳定性有很多方法(Chaney, 1984)。大多数是建立在极限平衡方法上的，可以处理圆形破坏面(Bishop, 1955)或非圆形破坏面(如 Morgenstern 和 Price, 1965; Janbu, 1973)。然而，对一些平而广的海洋边坡，也就是无限边坡的分析，破坏面被认为在平面上和与表面平行的平面上发生，这样的方法是有争议的。Morgenstern(1967)指出，代表着斜坡属性、砂粒强度和起动机理的参数通常不够，所以要进行一个更细的分析就比较难。

稳定分析至少需要确定下列 3 种条件：

(a) 不排水情况，在快速沉降和侵蚀过程中会发生。

(b) 完全排水情况，不存在超孔隙水压力。

(c) 部分排水情况，部分孔隙水压力消散，但超孔隙水压力还部分存在。另外，在生物物质分解过程产生的气体也会引起超孔隙水压力。

8.5.1 不排水分析

不排水分析是使用全应力最简便的方法。图 8-6 中所示的就是一种典型的斜坡断面(Morgenstern, 1967)。从斜坡的平衡受破坏考虑，来解决与斜坡平行的力的问题。

$$c_u l = W' \sin \alpha \tag{8-1}$$

式中，c_u 为不排水抗剪强度；W' 为切面的有效重度；l 为沿着切面的长度。

方程(8-1) 可以简化成如下形式：

$$\sin 2\alpha = 2c_u / \sigma'_{v0} \tag{8-2}$$

式中，σ'_{v0}为在深度 h 处的原位有效上覆地层压力，$\sigma'_{v0} = \gamma' h$(其中 γ' 为土的浮重度)。

对于软弱的普通固结土，c_u / σ'_{v0}大约是 0.2。所以，从方程(8-2) 看，α 的最大值为 12°，当然，对超固结土和胶结土体，稳定坡角可以更大一些。

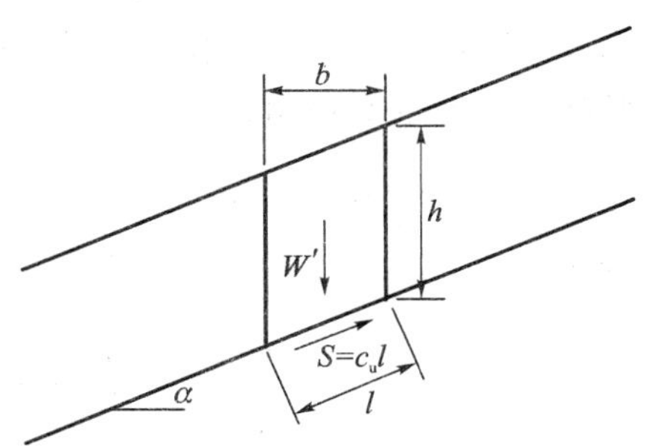

图 8-6 在不排水环境下的无边际边坡平衡

对于给定的坡角 α，传统的安全系数(已知抗剪强度和剪应力的比值)可以由下式表示：

$$F=\frac{2}{\sin 2\alpha}\left(\frac{c_{\mathrm{u}}}{\sigma'_{\mathrm{v0}}}\right) \tag{8-3}$$

8.5.2 排水分析

图 8-7 中显示了一种典型的斜坡断面，考虑斜坡的水平和竖向平衡，斜坡的破坏角可表示为

$$\tan\alpha=\tan\varphi'+\frac{c'}{\gamma' h}\sec^2\alpha \tag{8-4}$$

式中，φ' 为土的排水内摩擦角；c' 为排水黏结力；γ' 为土体的浮重度；h 为土体在滑坡中的高度。

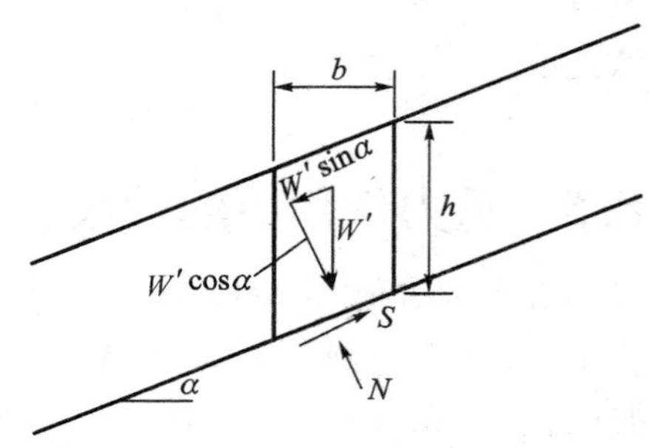

图 8-7　在排水环境下的无限边坡平衡

对于常规的固结土，c' 接近于 0，破坏角接近于排水摩擦角 φ'。因为摩擦角 φ' 通常都大于 20°，所以重力作用下发生的排水滑坡是海底斜坡破坏的一个重要机理。Morgenstern(1967) 发现，在排水情况下，海底沉积的移动性很弱，在角度略小于 φ' 时，斜坡就能保持稳定。不过，在已发生滑坡现象或者是滑动距离很大的时候，排水摩擦角沿着滑动带减小到残值，有些区域减小到 10° 以下，此时要注意排水破坏的发生。

在给定倾斜角度 α 后，安全系数 F 可以写成：

$$F=\frac{1}{\sin\alpha\cos\alpha}\left(\frac{c'}{\gamma' h}+\cos^2\alpha\tan\varphi'\right) \tag{8-5}$$

当 $c'=0$ 时，方程(8-5)简化成

$$F=\frac{\tan\varphi'}{\tan\alpha} \tag{8-6}$$

8.5.3 部分排水分析

图 8-8 显示了这种情况的典型例子，与图 8-7 唯一不同的是，在深度 h 处存在超孔隙水压力 u^+。假设单元之间无渗流，根据单元的平衡，可以给出破坏发生时的破坏角：

$$\beta\tan^2\alpha-\tan\alpha+(\beta+\tan\varphi')=0 \tag{8-7}$$

其中

$$\beta=\frac{c'}{\gamma' h}-\frac{u^+}{\gamma' h}\tan\varphi'$$

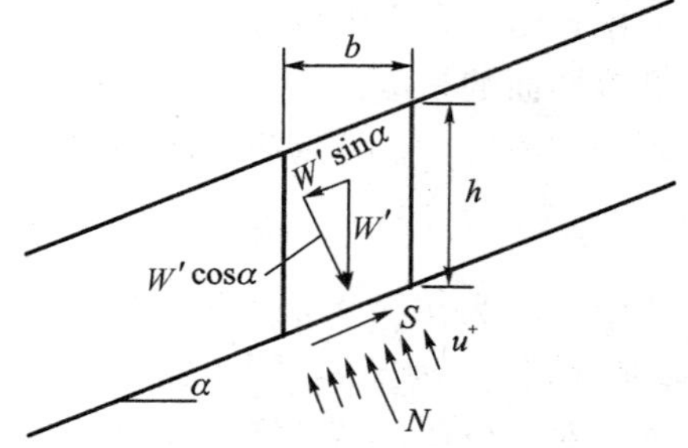

图 8-8　在部分排水环境下的无限边坡平衡

对于 $c'/\gamma' h=0$，图 8-9 给出了上述方程的解答，说明最大滑坡坡角与超孔隙水压力值 $u^+/\gamma' h$ 几乎呈线性关

系。所以，最大的斜坡坡角可以近似写成：

$$\alpha=\varphi'\left(1-\frac{u^{+}}{\gamma' h}\right) \tag{8-8}$$

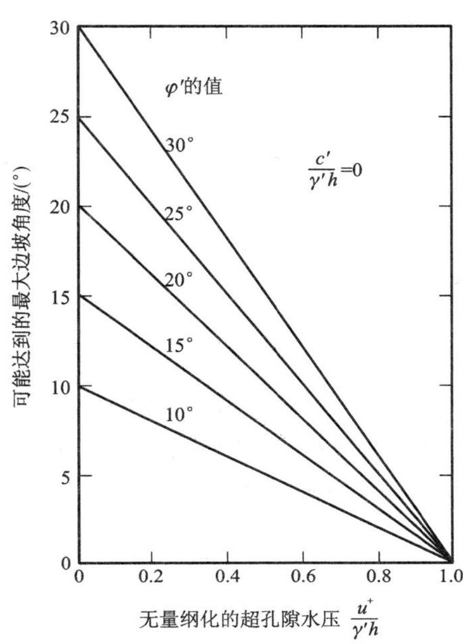

图 8-9　在边坡最大角度时超孔隙水压的作用

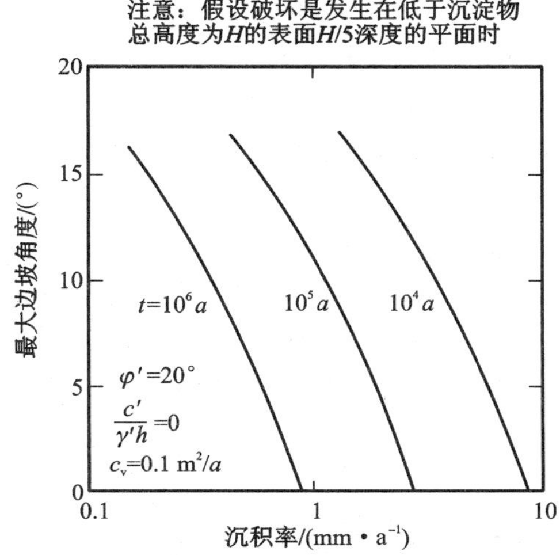

图 8-10　在最大边坡角度时沉积率和时间的影响

上面的结论对于斜坡土中有气体存在或者正在下沉的斜坡比较有用(见第 4 章)。对于正在下沉的斜坡，Gibso(1958)得出的理论结果能用来确定土在下沉和下沉以后的超孔隙水压力(这些结论是遵循严格意义上的水平沉积土，但也能在相对平缓的边坡问题上得到比较精确的运用)。Gibson 的结论说明，对于沉积中比较浅的地方，在某些条件下 $u^{+}/r'h$ 可能相等或接近相等，因此在比较浅的地方可能发生滑坡。例如，假设相对较浅的破坏区，$\varphi'=20°$，固结系数为每年 0.1 m^2，图 8-10 中表示了对于 100 年、1 000 年和 10 000 年 3 个时期内连续沉积的最大斜坡角与沉降速度之间的函数关系。最大斜坡角随着沉降速度和沉降时间的增加明显减小。然而，实际中沉降速率最多每年为 0.01 mm，图 8-10 表明，坡脚接近 φ'时可以保持稳定，即使沉降时间有几千万年也一样。当然，对于渗透性很低的土体，在沉降时间很长的情况下，很缓的斜坡也有可能会发生破坏。比如，对于固结系数为每年10^{-5} mm 的土体，如果沉降速度超过每年 0.006 mm，那么坡角为 5°的斜坡在 10 万年以后会发生滑坡现象。

对于给定坡角 α 的斜坡，抗失稳安全系数 F 可以表示为

$$F=\frac{c'+\gamma h\cos^2\alpha\tan\varphi-u^{+}\tan\varphi}{\gamma' h\sin\alpha\cos\alpha} \tag{8-9}$$

8.6 波浪力作用下的边坡稳定性

由波浪引起的海床作用力和这些力产生的超孔隙水压力对稳定性的影响，已经受到足够的重视。瞬态孔隙压力和残余孔隙压力是由波浪荷载在海床产生的。瞬态孔隙压力是由土的

骨架和波浪荷载引起的孔隙水二者共同产生的。残余孔隙水压力是由循环剪应力产生的，而循环剪应力又是由随时间和空间协调变化的动态波压力导致的。这些残余孔隙压力与波浪产生的瞬时应力的关系不是唯一的，而是由波浪荷载的强度和持续时间以及海床排水特征决定的。

海床稳定性的评价需要考虑以下几方面：

(a) 波浪引起的底压；

(b) 由底压引起的海床应力；

(c) 海床的瞬时孔隙水压力；

(d) 海床的残余孔隙水压力；

(e) 海床的稳定性评价；

(f) 如果有砂质和黏质土，需要对海床进行液化可能性评价。

8.6.1 波浪引起的底压

波浪可以由一系列具有恒定的波高和波长的波列组成。波列通过时候，对海床产生压力谐波，压力在波峰时增加，波谷时减小。图8-11说明了波列中的一个波。要确定波浪产生的压力，通常使用线性波理论(Airy)，假设波高与水深相比很小，海床坚硬不渗透。

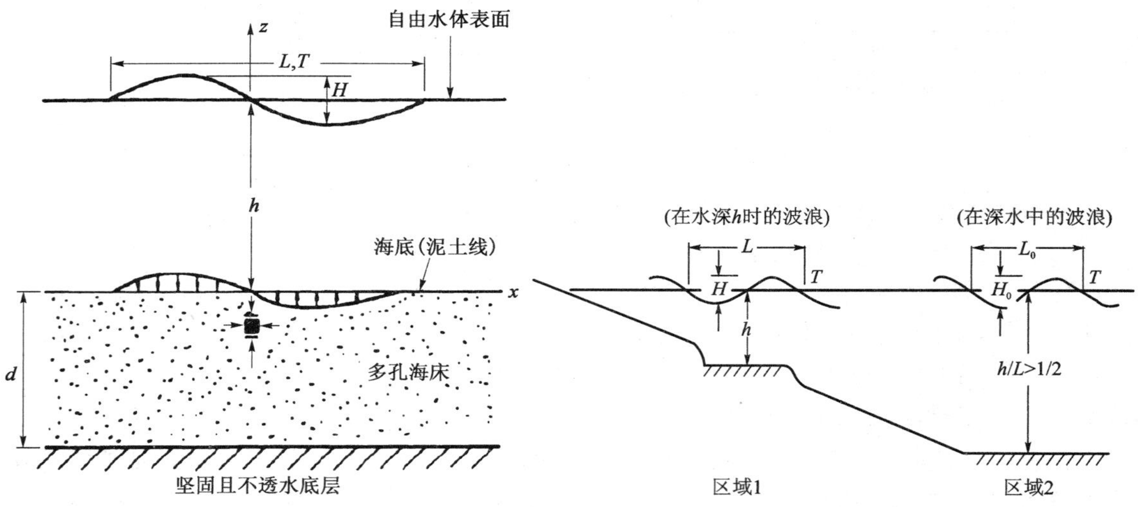

图 8-11 在波浪荷载下海底应力和应变的变化　　图 8-12 在浅滩上的波浪剖面和在海床斜坡上的波浪

由波浪产生的侧向波压力为

$$p = p_0 \sin 2\pi(x/L - t/T) \tag{8-10}$$

式中，p_0 为压强；X 为相对于波浪节点的水平坐标；L 为波的长度；T 为波周期；t 为时间。

压强 P_0 可以用下式来表示：

$$p_0 = \gamma_w \frac{H}{2} \frac{1}{\cosh(2\pi h/L)} \tag{8-11}$$

式中，H 为波高；γ_w 为水的单位重度；h 为水深。L 和 h 的值可以从微波理论中得到：

$$L = \frac{gT^2}{2\pi} \tanh(2\pi h/L) \tag{8-12}$$

式中，g 为重力加速度，且

$$H = H_0\left\{\left[1+\frac{4\pi h/L}{\sinh(4\pi h/L)}\right]\tanh(2\pi h/L)^2\right\}^{-\frac{1}{2}} \tag{8-13}$$

式中，H_0 为深水波高。

在相对水深 h/L 大于 0.5 时(Ishihara 和 Yamazaki，1984)，称为“深水”情况，如图 8-12 所示。对这种情况，假设波周期与水深无关，波长可以表示为[从式(8-12)得出]：

$$L_0 = \frac{gT^2}{2\pi} \tag{8-14}$$

由上述式子可以知道，波浪压强 P_0 的幅度取决于深水波的波长 L_0 和波高 H_0。Ishihara 和 Yamazaki(1984) 认为，H_0 和 L_0 之间的比值(深水波陡) 在下面的区域里变化：

$$0.008 \leqslant \frac{H_0}{L_0} \leqslant 0.055 \tag{8-15}$$

求解隐函数方程式(8-12) 中的 L 可参见图 8-13(Wiegel，1964)，其中 L 是用周期 T 和水深 h 的函数表示的。图 8-14 中绘出了无量纲压力幅度与 h/L 之间的关系。图中可以看出，当 h/L 超过 0.5 时，波浪产生的海底压力是很小的。

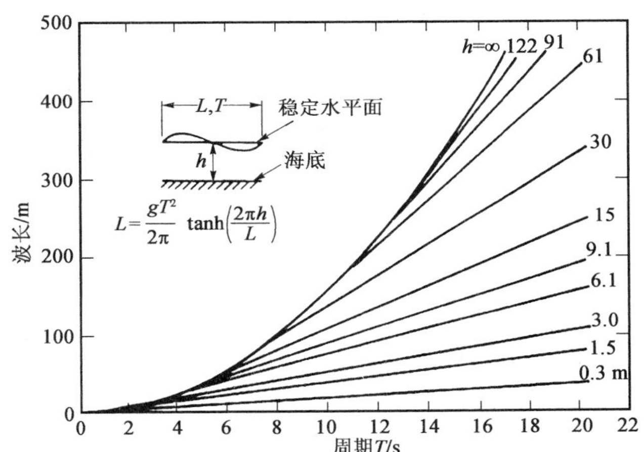

图 8-13 波浪周期、波长和水深的关系(继 Wiegel，1964)

从高阶的波浪理论中可以得到更详细的压力幅度的解决方案(如二阶线性斯托克斯理论)。这种理论在一阶情况下就是方程(8-11)，高阶时就是其他附加项。另外，用它可以解释在底压影响下的海床变形。考虑到这种作用后在方程(8-11)上要加上一个附加项，表示在压力幅度影响下的变形，这项可以是正的，也可以是负的，决定于表面和破坏面之间的相位角。实验室波槽中的测量证实了方程(8-11)对底压的分析是合理的，特别在土相对较硬的地方，如砂土(Demars 和 Vanover，1985)。然而，其他一些数据(Tsui 和 Helfrich，1983)表明，对于短周期波，二阶理论对底压可以给出更接近的预测。实际上，几何外形和土体参数的不确定性很大，所以用简单的线性波理论来估计波浪产生的底压就可以了。

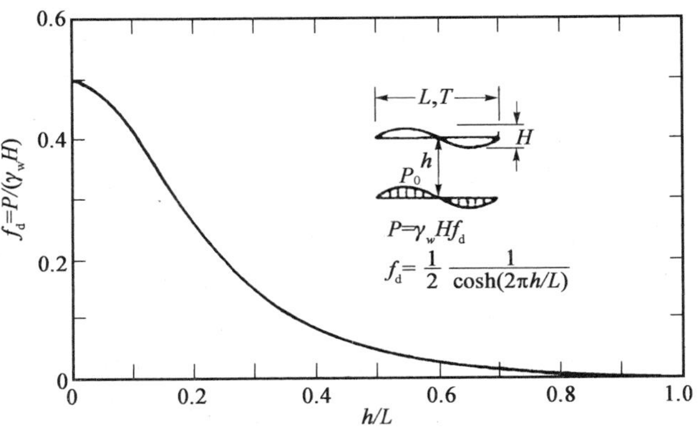

图 8-14 波浪作用下的海底压强(Seed 和 Rahman，1977)

8.6.2 波浪导致的海床内应力

海床内部产生的应力可以通过一个作用在表面的从负无穷到正无穷变化的正弦曲线荷载来分析。如果海床的沉积作用被理想化成半无限均质弹性体，应力值可以从伯努力经典理论的二阶平面应力方程中得到。这个解是 Fung(1965)得到的，竖向应力 σ_v、水平应力 σ_h 和剪应力 τ_{vh} 的计算式如下：

$$\sigma_v = p_0(1+\lambda z)\exp(-\lambda z)\cos(\lambda x - \omega t) \tag{8-16}$$

$$\sigma_h = p_0(1-\lambda z)\exp(-\lambda z)\cos(\lambda x - \omega t) \tag{8-17}$$

$$\tau_{vh} = p_0\lambda z\exp(-\lambda z)\sin(\lambda z - \omega t) \tag{8-18}$$

式中，p_0 为波浪引起的压强[式(8-11)]；z 为泥面线以下的距离；x 为水平坐标；L 为波长；$\lambda = 2\pi/L$；t 为时间；T 为波周期；ω 为循环频率($= 2\pi/T$)。

图 8-15 显示了无因次式应力幅值的等值线曲线(Demars，1983)。由于波浪是对称的，只给出了 1/4 波长的正应力。水平和竖向应力的最大值出现在波峰和波谷处，水平应力的减弱速度要比竖向的快得多。在节点处，水平和竖向应力值不变，然而此时剪应力值最大，剪应力在波峰和波谷处最小。

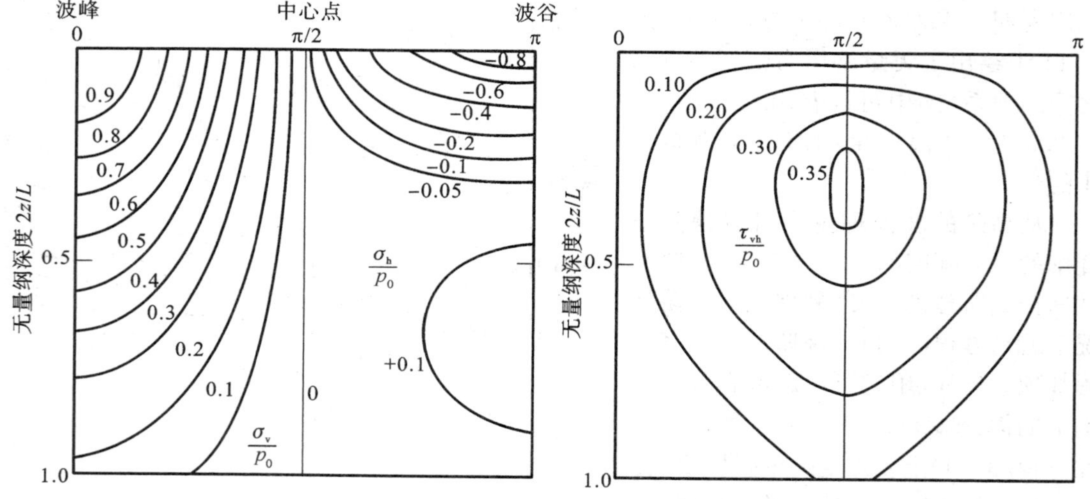

图 8-15 在正弦波浪荷载下一般应力和剪切应力；注意：正常情况下，波峰下方的应力是正值，波谷下方的应力是负值(Demars，1983)

Ishihara 和 Yamazaki(1984)论证了一个关于波浪引起的应力很有趣的特征。在土中的任意点，偏应力在任何时刻都是不变的。图 8-16 展示了应力状态的图示，并揭示了在半弹性空间中由表面移动的谐荷载产生的剪应力循环变化是由主应力方向上的连续旋转引起的，偏应力保持恒定。这与其他地震以及流动荷载产生的独立于时间的荷载有所不同(Ishihara，1984)。

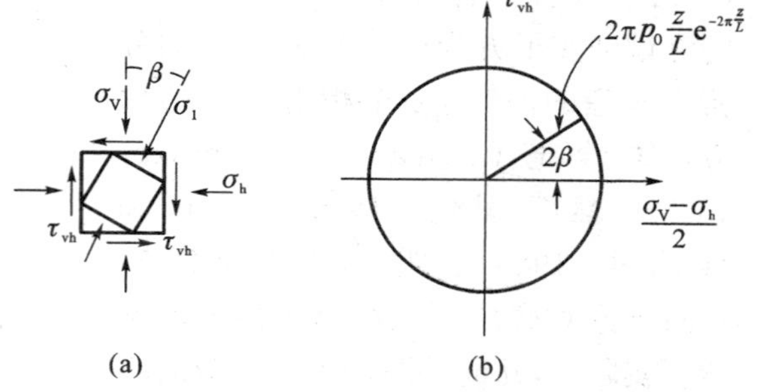

图 8-16 在波浪作用下剪切应力变化特性(Ishihara 和 Yamazaki，1984)

另外一个感兴趣的方面是循环剪应力随深度的分布，如图 8-17 所示。0.368 p_0 时最大剪应力在深度为 0.159L 处。在考虑波浪引起的液化可能性时(见 8.6.6 节)，要注意循环剪应力的比值和其随深度的变化。可以给出在泥面线($z=0$)处的循环剪应力为

$$(\tau_{vh}/\sigma'_{v0})_0 = 2\pi p_0/\gamma' L \qquad (8-19)$$

式中，γ' 为浮重度。把等式(8-11)中的 p_0 代入，可以得到

$$(\tau_{vh}/\sigma'_{v0})_0 = \frac{\pi\gamma_w}{\gamma'}\frac{H}{L}\frac{1}{\cosh(\lambda h)} \qquad (8-20)$$

最终，可以分别从等式(8-12)和式(8-13)中得到 H 和 L 值。

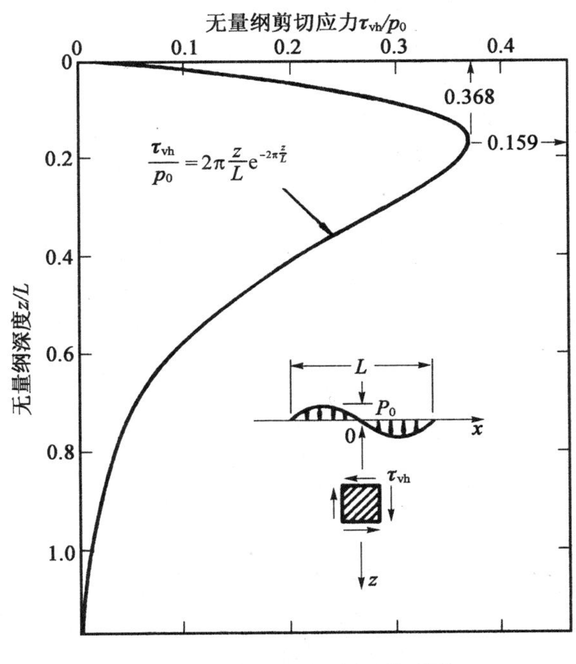

图 8-17 剪应力与水深关系图

泥面线处的循环剪应力比如图 8-18 所示(Ishihara 和 Yamazaki，1984)。极限循环应力比是由行波波峰破碎引起的。实际 H_0/L_0 的值在 0.008～0.055 之间[式(8-15)]，在这个范围内，泥面线处的极限剪应力比近似达到 0.23，此时水深和波长的比值 h/L 为 0.114。

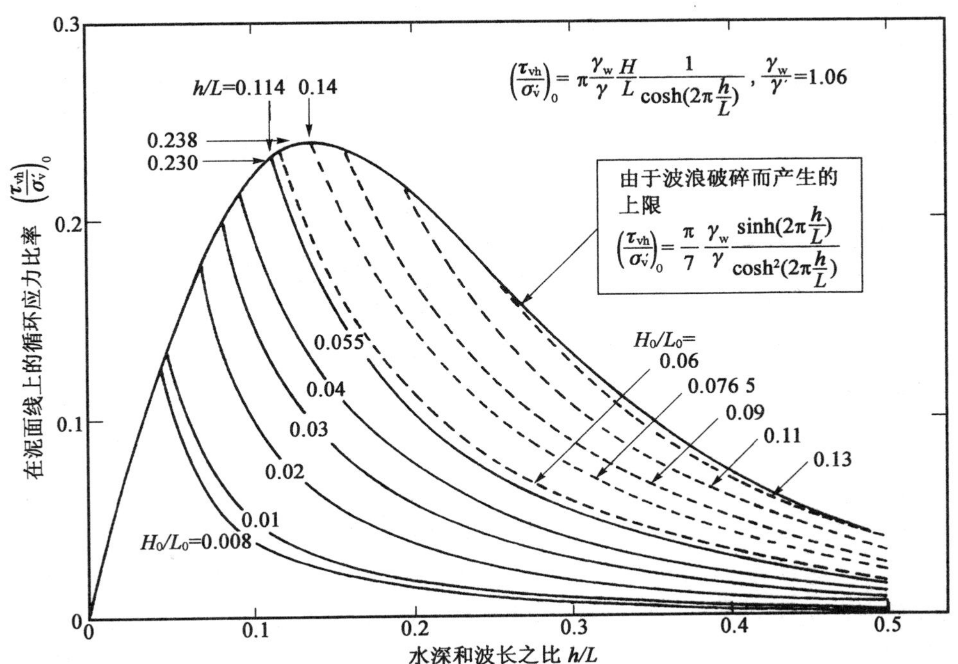

图 8-18 循环应力在泥面线上的比率(Ishihara 和 Yamazaki，1984)

循环剪应力比随深度的变化可以从下面的关系中得到[从式(8-18)得出]：

$$(\tau_{vh}/\sigma'_v)_z/(\tau_{vh}/\sigma'_v)_0 = \exp(-\lambda z) \tag{8-21}$$

图 8-19 中展现了这种关系。从图中可以看出，随着深度变化，循环剪应力比值下降速度很快。

上面的结论均适用于均质半无限弹性体。有限元分析方法（Wright，1976；Wright 和 Dunham，1972；Kraft 和 Watkins，1976；Bea 等，1983）可以用来分析实际中其他一些例子。这种方法也可以得到海床的位移，非线性土体变形、分层土的破坏断面形式以及斜坡面形式也很容易得出。

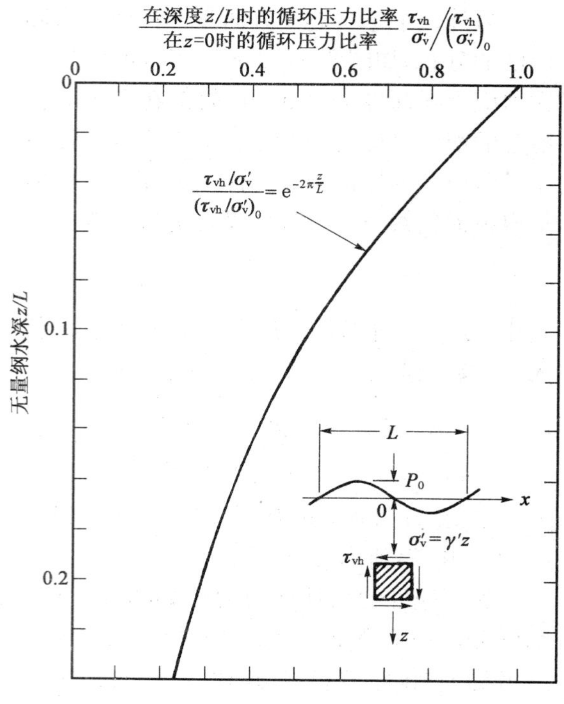

图 8-19　相对不同深度的循环剪切应力比率图

8.6.3　由波浪引起的瞬时孔隙水压力

评价在海床中由波浪荷载引起的瞬态孔隙水压力最简单的理论是由 Putnam(1949) 和 Liu(1973) 提出的。这种理论包括如下假设：饱和土；土的骨架是刚性的；与波浪周期相比，排水时间要短得多；满足达西定理；土中的水力是各向同性的。在这些条件下，孔隙水压力 u 的控制方程式是拉普拉斯方程：

$$\nabla^2 u = 0 \tag{8-22}$$

对于一个给定的土层，假设了上表面是可渗透的，下边界不可渗透，应用式(8-10) 中的底压，可以得到 u 的解答：

$$u = \frac{p_0 \cosh \lambda (h - z)}{\cosh \lambda h} \cos(\lambda x - wt) \tag{8-23}$$

式中，h 为土的深度。其他变量在式(8-16)— 式(8-18) 中均已定义。

Sleath(1970) 对上面的分析作了进一步的研究，对各向异性的土体，也给出了计算瞬时孔隙水压力的公式：

$$u = p_0 \cosh \frac{[\lambda (k_x/k_z)^{0.5} (h - z)]}{\cosh \lambda (k_x/k_z)^{0.5} h} \cos(\lambda x - wt) \tag{8-24}$$

式中，k_x 和 k_z 是水平和竖向方向的渗透系数，其他参数在前面已经定义了。

Demars(1983) 认为，海床的最大循环应力比是由渗透比 k_x/k_z 和沉积层的深度决定的。总体而言，循环剪应力比随着深度增加、渗透比的增大而增大，当渗透比大约为 7 或 8 时，循环剪应力比值接近一致。在这种情况下，对表层土的稳定性和抗侵蚀能力都会产生极为不利的影响。

上述分析忽略了土体的力学性能，土体骨架变形和超孔隙水压力之间不存在耦合关系。与这种不考虑相互影响的分析相比较，Yamamoto(1978)，Madsen(1978) 以及 Mei(1982) 等在 Biot 固结理论(Biot，1941)的基础上，提出了更完整的耦合分析理论。Yamamoto 假设水力各向同性，对无限和有限深度的土层进行了分析。Madsen 只对无限深度的土层进行分析，但在他的分析中，也包括了水力各向异性的原则。

对于无限深度的土层，可以得到 Biot 方程的一个简化分析解答，其中，假设渗透是各向同性的，土体骨架刚度相对于孔隙流体小得多。对于这种情况，Yamamoto(1978)给出了孔隙水压力 u，有效正应力 σ'_v 和 σ'_h 以及剪应力 τ_{vh} 大小的表达式：

$$u = p_0 e^{-\lambda z} \tag{8-25}$$

$$\sigma'_v = \sigma'_h = \tau_{vh} = p_0 \lambda z e^{-\lambda z} \tag{8-26}$$

这些符号的意义在前面已经说明了。

需要注意的是，上述表达式不包括土体骨架的弹性特征，或孔隙流动、或土壤的渗透性。实际上，将 h 趋近无限大时，上述孔隙压力表达式和公式(8-23)得出的非耦合解是一致的。进一步讲，求有效应力等同于那些从冯氏总应力解[式(8-23)]和孔隙水压中的不同中就得的解。因此，可以得到下面的结论，对于深水区各向同性硬度恒定的土层，孔隙水压力和有效应力可以从非耦合分析中得出。

对于其他情况，Biot 方程可以通过数值方法求解。Finn 等(1983)探究了土层深度、水力各向异性、土的相对硬度和孔隙流动的影响，得到了数值分析的结果。他们得到的结果概括如下：

(a) 在有限土层中较低边界处，耦合和非耦合解决方案的结论是不同的，耦合解答中显示了该区域孔隙水压力和剪应力的增长。有限土层的解答也与渗透性有关，即使在水力各向同性的条件下也是如此。

(b) 水力的各向异性对剪应力随深度方向的分布几乎没有影响。

(c) 对硬质细沙层，耦合分析是很理想的；然而对于其他情况，瞬态孔隙水压力和有效应力可以通过更简单的非耦合分析得到。

在控制实验条件下，对由波浪引起的底压和孔隙水压力进行过多次测量(Sleath，1970；Doyle，1973；Cross 等，1979；Suhavda，1977；Tsui 和 Helfrish，1983；Clukey 等，1983；Demars 和 Vanover，1985)。理论和实际测量的吻合程度也都不一样，但总体上的结论是理论能够合理地预测波浪对砂层的作用。在一些情况下(Cluker 等，1983)，为了得到更好的吻合，应考虑水力的各向异性。Demars 和 Vanover(1983)也测量了砂层中的孔隙水压力和应力，实际的测量结果和理论的吻合较好。总应力、孔隙水压力、有效应力的理论与实测值之间的比较如图 8-20—图 8-23 所示。

8.6.4 波浪引起的残余孔隙水压力

第 3 章中已讨论了循环荷载引起的残余超孔隙水压力。对于海床上由波浪引起的循环荷载，孔隙水压力对海床稳定性的影响分析要同时考虑残余孔隙水压力的产生和消散。对于一维的应力状态，Seed 和 Rahman(1977)得出了下面的微分方程：

$$\frac{\partial}{\partial z}\left[\frac{k_z}{\gamma_w}\frac{\partial u}{\partial z}\right] = m_V\left[\frac{\partial u}{\partial t} - \frac{\partial u_g}{\partial t}\right] \tag{8-27}$$

式中，k_z 为垂直方向的渗透系数；u 为超孔隙水压；γ_w 为单位水重度；m_V 为体积压缩系数；u_g 为循环荷载作用产生的超孔隙水压力。

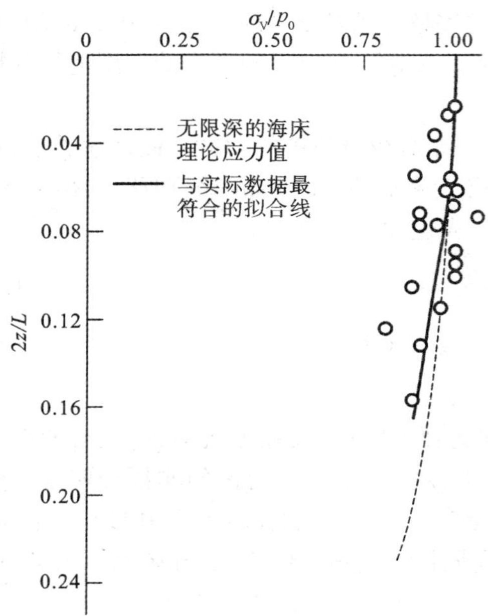

图 8-20 测量和预测的垂直循环总应力 (Demars 和 Vanover，1985)

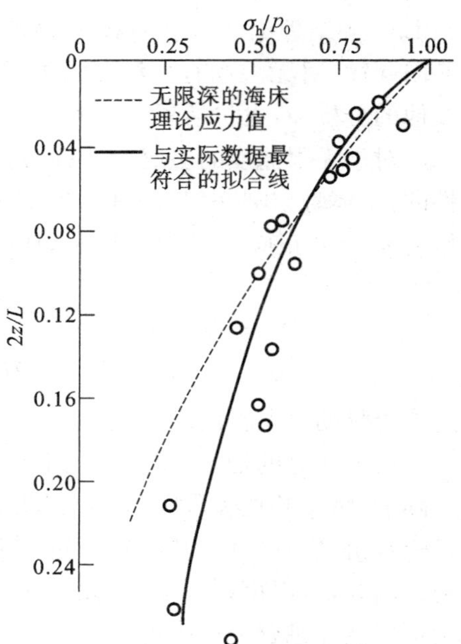

图 8-21 测量和预测的水平循环总应力 (Demars 和 Vanover，1985)

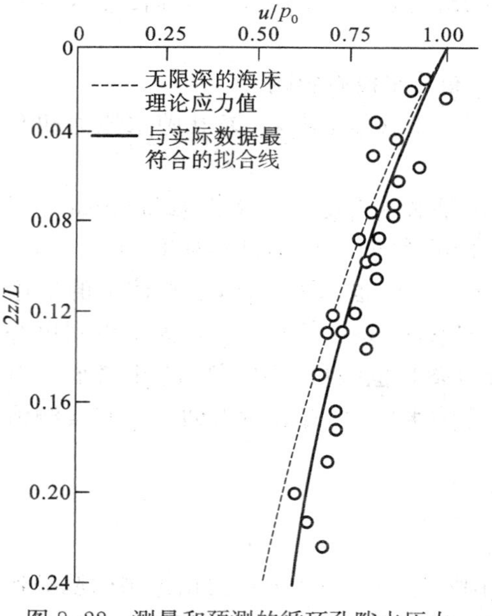

图 8-22 测量和预测的循环孔隙水压力 (Demars 和 Vanover，1985)

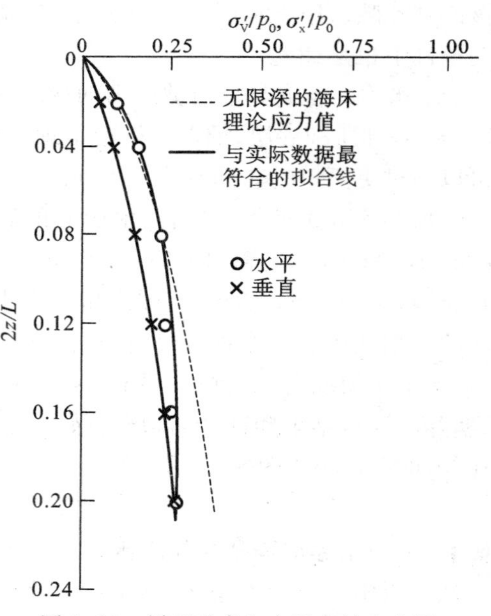

图 8-23 循环垂直和水平有效应力图 (Demars 和 Vanover，1985)

方程(8-27)可以用有限元分析或者是非有限元分析的数值方法解决。在分析过程中，要考虑下面的 3 个问题：

(a) 怎样将复杂的波荷载转化成等效的标准循环荷载；

(b) u_g的确定；

(c) 有效应力改变对 m_V 和 k_z 的影响。

Seed 和 Rahman(1977)用简化的方法来讨论风暴波浪，将波浪按简谐波的波高、周期和波长简单分组。从式(8-11)可以确定每组的波浪压力，从而可以确定土壤中的剪切应力幅值 τ_{vh} [比如从式(8-18)可以确定对于深的均质土层的剪切应力幅值]。已知沉积层中的初始竖向有效应力后，就可以计算循环剪应力比值 τ_{vh}/σ'_{v0}。Seed 等(1975)运用程序将每个循环应力比值都转换成相等的特定应力比值 τ_e/σ'_{v0}，(例如海床上的应力比等于有效波高)。这样的话，这一系列复杂的风暴情况将被转化成标准高度的波浪。

砂层中残余孔隙水压力可以通过下面的经验公式(见第 3 章)计算：

$$\frac{u_g}{\sigma'_{v0}} = \frac{2}{\pi}\arcsin\left(\frac{N}{N_l}\right)^{0.5/\theta} \tag{8-28}$$

式中，N 为循环次数；N_l 为导致液化的应力水平 τ_{vh}/σ'_{v0} 循环数；θ 对中等水平的砂都是 0.7。对方程(8-28) 进行微分和重组，可以得到残余孔隙水压力比例式如下：

$$\frac{\partial u_g}{\partial t} = \frac{\sigma'_{v0}}{\theta\pi T_D}\left(\frac{N_{eq}}{N_l}\right)\frac{1}{\sin^{2\theta-1}[(\pi/2)\gamma_u\cos(\pi/2)\gamma_u]} \tag{8-29}$$

式中，N_{eq} 为应力比为 τ_e/σ'_{v0} 时的等价应力循环数；T_D 为循环荷载的持续时间；γ_u 为孔隙水压力的比值($= u/\sigma'_{v0}$)。

土壤的可压缩性随着孔隙水压力的增加而增加(从而减少有效应力)。Seed 和 Ranman (1977)使用了 Martin(1975)推导出的描述孔隙水压力对体积减小系数 m_V 影响的表达式；这个经验表达式也包括了土的相对密度的影响。经验公式中没有考虑到渗透系数 k_z 随着孔隙水压力变化的不同，不过这个系数对很多砂而言并不是十分重要。

Seed 和 Rahman(1977)举例分析了均质沉积砂层，如图 8-24 所示。用 Seed 等(1975)的方法，风暴产生的波浪荷载可以转化成 232 个特征波高是 2.44 m 的波浪。对这种波高，土层顶部的剪应力比为 0.196，从实验数据可以看出，在这种应力比率下只需要 3～4 个循环荷载就能使土壤液化。分析的结果如图 8-25 和图 8-26 所示。图 8-25 表示随着风暴过程，孔隙水压力比值 u/σ'_{v0} 的分布与水深之间的关系。在风暴结束时($t=3\ 500$ s)，土已经被液化(比如 $u/\sigma'_{v0}=1.0$)了，液化深度为3.35 m。图 8-26 中显示出渗透系数对孔隙水压力比值的影响。即使渗透系数增长很小，只是从 0.001 cm/s 增长到 0.002 cm/s，孔隙水压力消散的加快会极大减小超孔隙水压力。Seed 和 Rahman 对这个现象作了分

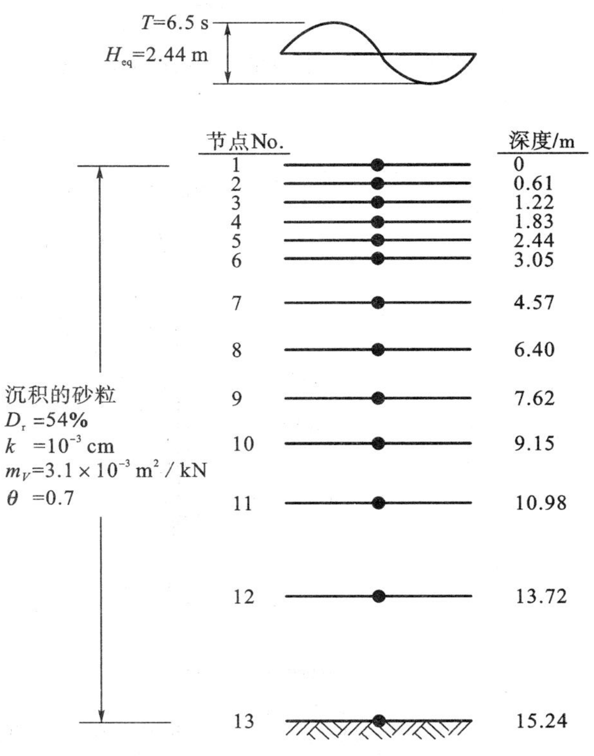

图 8-24 泥土剖面图和有限元离散化情况 (Seed 和 Rahman, 1977)

析，认为在孔隙压力反应下，存在一个渗透系数的临界值，这种反应在接近临界值时对渗透系数极为敏感。这个反应特质主要是由超孔隙水压力比值 γ_u 与 m_V 和 du_g/dt 之间的非线性关系得出来的。

在第 5 章中对重力式结构下部的残余孔隙水压力进行了类似的分析，在 8.7.4 节中会讨论地震荷载作用下土层有效应力分析。

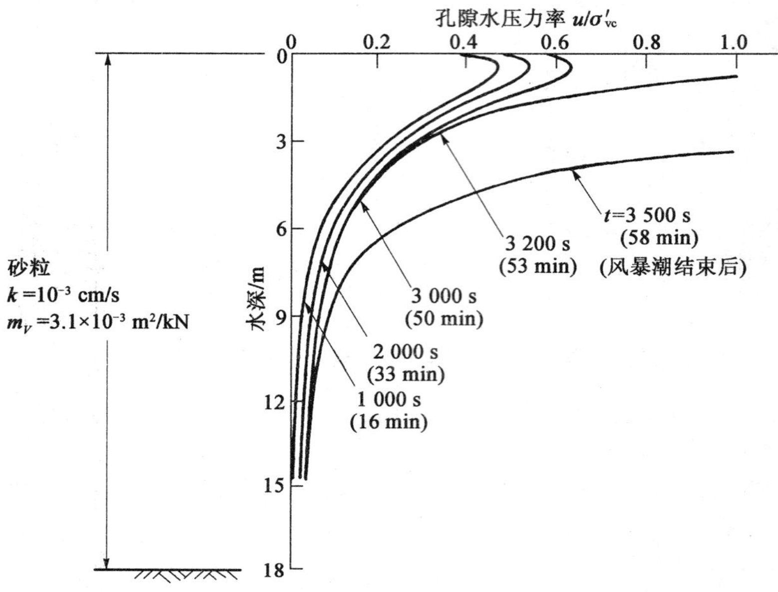

图 8-25 在风暴潮的不同阶段中孔隙水压率的分布变化情况(Seed 和 Rahman，1977)

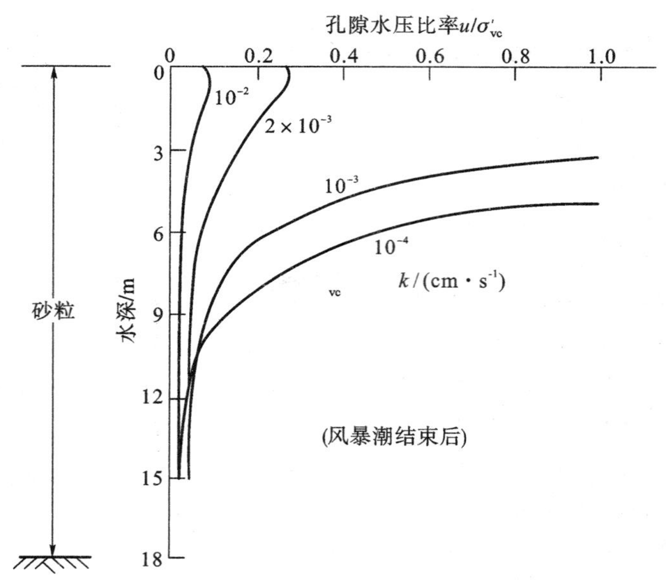

图 8-26 土质渗透性对孔隙水压的影响(Seed 和 Rahman，1977)

8.6.5 边坡稳定的极限平衡分析法

1. 总应力分析

Henkel(1970)采用极限平衡法分析，假设圆形破坏面，来说明波浪引起的底压对海洋建筑物稳定性的重要性。他的主要分析原理如图 8-27 所示(Kraft 和 Watkins，1976)。Henkel(1970)用下面的式子来说明产生失稳的临界底压值 Δp：

$$\frac{\Delta p}{k\gamma' L}=\frac{4\pi^2}{A}\left(\frac{x}{L}\right)^3(B-\beta/3k) \tag{8-30}$$

式中，$A=\sin\alpha-\cos\alpha$；$\alpha=2\pi x/L$；$B=(\sin\theta-\theta\cos\theta)/\sin^3\theta$；$k=c_u/\gamma' z$；$x$，$L$ 和 θ 在图 8-27 中定义；γ' 为浮重度；c_u 为不排水剪应力强度；z 为海床下深度。

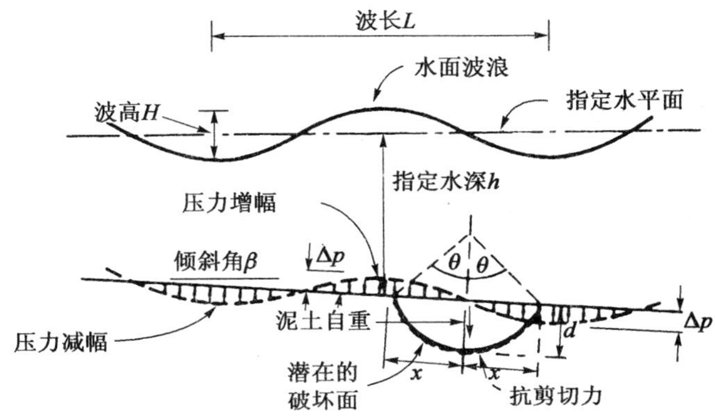

图 8-27 在波浪作用下海底土层滑动极限平衡分析(Kraft 和 Watkins，1976)

图 8-28 中表示了在不同斜坡角 β 和不同斜坡相对深度 d/L 下的无量纲海底压力值。引起失稳的最小底压随着斜坡水深的减小和坡角的增大而减小。Henkel(1970)估计出了典型的密西西比河三角洲的临界底压，发现在斜坡坡脚约为 0.5°的时候，小于 2.5 kN/m² 的底部压力足以导致浅层滑动，50 kN/m² 以上的底压才能产生 50 m 深度处的破坏。可以从方程(8-11)中确定相对于底压的波高。

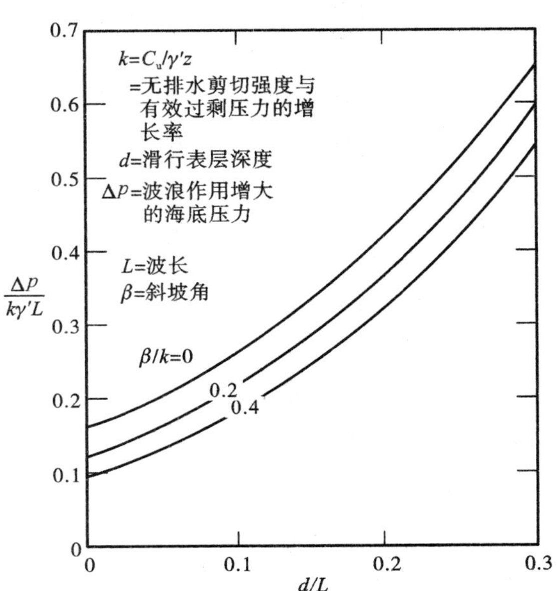

图 8-28 海底边坡稳定的结论；在不同的 β/k 值时，$\Delta p/k\gamma' L$ 最小值和 d/L 的关系(Henkel，1970)

图 8-29 中是不均匀土的典型分析结果(Kraft 和 Watkins，1976b)。这种分析说明，以最小安全系数估计的潜在破坏面低估了潜在滑动深度；在深度 48 m 处安全系数要小于 1，然而临界圆延伸到的深度只有 25 m。

Rahman 和 Layas(1985)发展了总体应力的概率分析，对最可能破坏的宽度和深度进行了预测。他们发现，对于一个给定的水深，有一个临界的破坏区，在这个区域中发生破坏的概率最大。

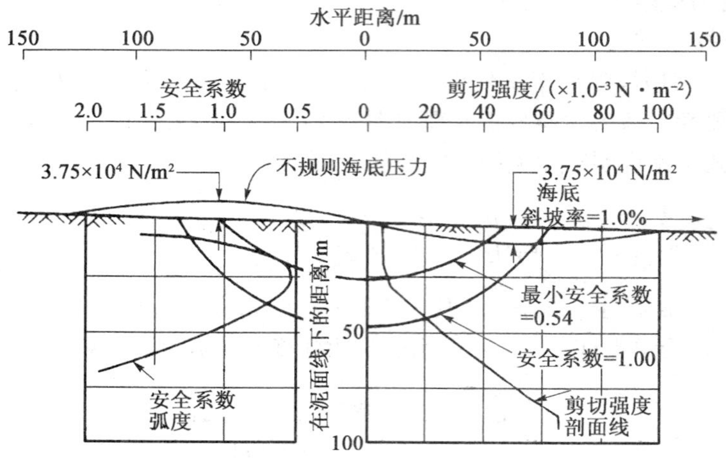

图 8-29 对不均匀土的典型极限平衡状态分析(Kraft 和 Watkins, 1976)

2. 有效应力分析

Finn 等(1983)总结了一种使用有效应力的 Sarma's(1973)条分法。这种方法在图8-30中有说明。该方法假设了一个潜在的破坏面，然后对斜坡表面和破坏面范围内的滑动体进行平衡分析。破坏面可以是任何形状，并假设平面应力状态。

作用在滑动体上的作用力有重力荷载(物体重量)、海床上的波浪力、滑动面上的瞬态和残余孔隙水压力。瞬态的孔隙水压力可以从 8.6.3 节的分析中得出。然后假设了安全系数，确定循环次数，在该循环次数下孔隙水压力可以造成失稳。可以将 N 和有效荷载循环数(与波浪荷载相等)相比较，来估计临近破坏的安全边界。理想的分析中应该考虑风暴荷载周期下的剩余孔隙水压力。

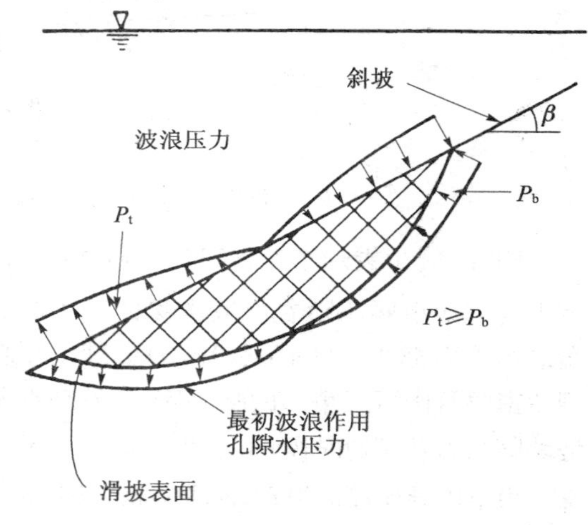

图 8-30 波浪荷载下边坡稳定有效应力分析的理论

8.6.6 稳定分析的简化总应力方法

Bea 和 Aurora(1981)提出了一种简单估计波浪荷载作用下海洋土体斜坡稳定性的方法。这种方法包括以下几步：

(1) 确定土体中最大波浪剪应力，使用弹性解来确定剪应力 τ_{vh} 的大小[式(8-18)]。

(2) 剪应力 τ_{vh} 乘上塑性指标来修正非线性和非弹性的情况中，从有限元分析中，这个指标值在 0.6～0.7 之间。

(3) 将修正过的剪应力与不排水抗剪强度相比较。如果修正的剪应力比抗剪强度小，那么可以认为斜坡是稳定的。

这种分析方法得到的一个结果如图 8-31 所示。在这种情况下，海床是稳定的。需要注意的是，在运用这种方法的时候没有计算剪切应力和剪切强度下的海床倾角。

8.6.7 波浪引起液化的简化评估

已研究了至少 2 种评估波浪引起的海底沉积颗粒的液化可能性的方法。Nataraja 和 Gill(1983)提出了一种使用标准贯入试验数据的方法(SPT),而 Ishihara 和 Yamazaki (1984)采用了砂土相对密度来评估液化抵抗力。然而,两种方法在原理上是一样的,都是将波浪产生的剪应力和能产生液化的剪应力值相比较。下面对两个方法分别进行详细描述。

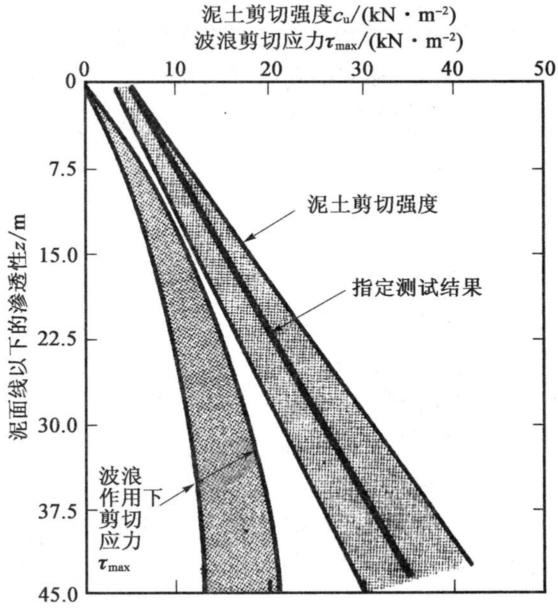

图 8-31 一个简单的边坡稳定分析算例
(Bea 和 Audibert, 1981)

1. Nataraja 和 Gill 的分析法

这种方法包括如下几个步骤:

(1) 选取分析中用到的设计波浪数据;需要有效波高、有效波周期、最大波高、波长以及静水深度等数据。

(2) 用公式(8-11)计算波浪产生的海底压力 p_0。对于这个计算,大多数情况下都可以用有效波高,但对于临界情况也可能采用最大波高。

(3) 用公式(8-18)计算波浪引起的剪应力值 τ_{vh}。通常,靠上面的几米深度处的计算比较重要,计算到 1/4 波长的深度处就足够了。如果研究区域的深度小于波长的 10%,可以用下面的近似线性公式来计算 τ_{vh}:

$$\tau_{vh} \approx 3.25 p_0 z/L \quad (z/L \leqslant 0.1) \tag{8-31}$$

式中,p_0 为波浪作用下海底压力的幅值;z 为深度;L 为波长。

(4) 通过 SPT 试验数据或其他数据可以估计循环剪应力强度,并可以转化成 SPT 值。首先,确定一个 N 值,然后将 N 值(SPT 数值)转化成修正的抗贯入阻力指标 N_1,这种转化可以通过下式完成:

$$N_1 = \left(1 - 1.25\lg\frac{\sigma'_v}{\sigma'_1}\right)N \tag{8-32}$$

式中,σ'_v为有效超载压强;σ'_1为单位压强。然后计算能产生液化的循环剪应力比,可以从已有的实验数据得到,也可以从下列简单的经验关系式得到:

$$(\tau/\sigma')_l = 0.009\ N_1 \tag{8-33}$$

从而,可以得到产生液化的循环剪应力值:

$$\tau_l = 0.009\ N_1\sigma'_v \tag{8-34}$$

(5) 最后,可以计算安全系数,是深度的函数,也是应力比 τ_l/τ_{vh} 的函数。

Natarja 和 Gill 强调,他们的方法不能代替精细的试验分析和实验研究,但可以为是否需要进一步的分析提供依据。他们建议,如果循环剪切强度曲线(相对深度的曲线 τ_l)在最大抗剪强度曲线(相对深度 τ_{vh})之上的话,那么不需要进行更详细的分析了。对其他的情况,是否要进行详细的分析决定于建筑物的重要程度、安全性和其他环境因素。

Nataraja 和 Gill 把他们的方法用于 4 种情况:包括北海的 Ekofisk 平台(Lee 和 Focht, 1975)。对这种情况,可以得到的数据有:

波周期=15 s;

波长=324 m;

波高=24 m;

水深=70 m;

泥层深度=25 m;

砂粒 D_{50}=0.11 mm;

不均匀系数为 2;

最小密度为 1.35 t/m³;

最大密度为 1.76 t/m³。

SPT 值未知,但可以通过下面的关系式估计得到:

$$N \approx 0.25D_r^2(\sigma_v'+69) \quad (8\text{-}35)$$

式中,D_r 为相对重度;σ_v'为竖向有效应力(kPa)。从上式得到的 N 值再由方程(8-35) 转化成修正值 N_1。

从式(8-11)中得到最大的底压为 59.4 kN/m²。剪应力强度分布可以从式(8-31)中计算得出。图 8-32 中表示的是计算剪应力 τ_{vh},以及相对密度为 60%和 100%时的循环剪强度 τ_l。对 Ekogisk 平台的实地考察发现相对密度接近 100%,对这种情况分析发现,循环剪应力强度超过了波浪引起的剪应力值,因此,不会发生液化现象。这种判断在遭遇百年一遇的风暴时得到证实(实际波高接近设计波高 24 m),该区域能承受风暴并且未出现液化现象。

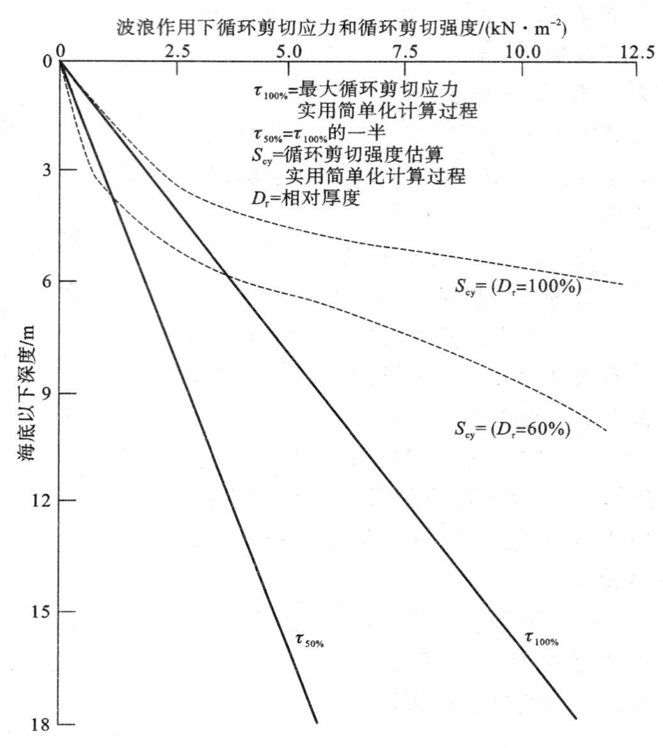

图 8-32 一个在北海对 Ekofisk 油井进行的简单化海洋波浪作用的液化分析(Natarajah 和 Gill, 1983)

2. ISHIHARA 和 YAMAZAKI 的分析

这种方法包括以下几步:

(1) 确定设计风暴的情况,包括深水波陡 H_0/L_0、波长 L_0 或波周期 T。

(2) 估计海床泥沙沉积的循环剪应力强度,用引发液化的循环应力比表示,可以通过下式估计:

$$(\tau/\sigma_v')_l = 0.00278\, D_r \frac{1+2k_0}{3} \quad (8\text{-}36)$$

式中,D_r 为相对重度;K_0 为静态土压强修正系数。

(3) 如果从方程(8-36) 中计算得出的循环剪应力强度比超过 0.23,沉积层中任意的地方都不会发生液化形式的破坏。否则,液化很可能发生。对于给定的波陡值 H_0/L_0 和式(8-36) 中计算得到的循环剪切强度，h/L 的值可以通过图 8-18 得出。任意选取几个循环应力比大于破坏时候的循环剪应力强度比时的 h/L 值，也可以在图 8-18 中得到。

(4) 对上述 h/L 值，水深 h 和波长 L 可以用深水波长 L_0 通过方程(8-12) 得到。

(5) 这样确定的水深表示了海床表面发生液化的水深。在浅水地方，泥面线处的循环应力比更大，可以采用式(8-20) 或者图 8-14 来确定应力比和循环剪应力比$(\tau/\sigma'_v)_l$ 相同时的水深系数 z/L。这个深度 z 是液化现象能发生的深度，因为在(4) 中 L 已经确定，所以 z 就可以计算了。

如果循环剪切强度比沿深度方向不恒定，那么要对这种方法作一些必要的修改。同时，如果水深恒定，计算液化发生的深度更简单，只要计算正确的 h/L 值就可以了。

Ishihara 和 Yamazaki(1984) 举了一个使用该方法的例子，如图 8-33 中所示。假设的深水风暴的条件是 $H_0/L_0 = 0.55$，波长 $L_0 = 200$ m。考虑了两种砂类型，一种是相对密度为 50% 的松砂，$K_0 = 0.5$；另一种是中等密度的砂，$D_r = 70\%$，$K_0 = 0.7$。计算结果如图 8-33 所示。对于松散砂土，液化现象在水深下降到 37 m 时发生，而且液化发生一直延续到岸边。最大的液化深度为 17.7 m，此处水深是 14 m。对密度大的砂，液化发生的范围会小很多。

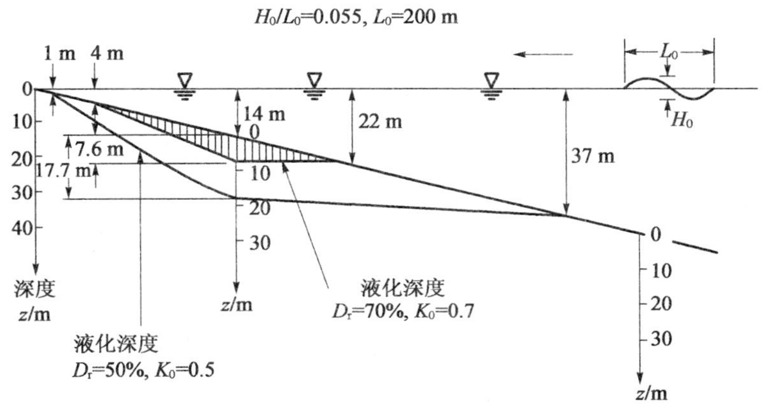

图 8-33 在北海 Ekofisk 油井处，对海洋波浪导致的液化进行简化分析(Natarajah 和 Gill，1983)

8.7 地震影响

8.7.1 简介

地震通常都是由于地质断层的突然错动而产生应力释放引起的。地震产生的应力波主要以纵波或压缩波(P 波)和次级波或剪切波(S 波)的形式穿过岩石层。地震释放的能量主要是由 Richter 震级公式来确定的，M 可以由下式确定：

$$M = \lg A \tag{8-37}$$

式中，A 为标准地震仪测到的离开震源 100 km 处的地震振幅(μm)。

震级在 5 级或以上的地震对工程建筑物的损害很大。震级越大，地震加速度也越大，地震的频率范围和能量释放的时间也越长。典型的，一个震级为 7.5 级的地震持续时间大约是 30 s。

岩土工程工程师面临的任务很多(Selnes，1982)：

(a) 评估当地的地质条件和泥土情况对典型地震震动的影响；

(b) 评估地震震动对稳定性和沉积土变形的影响；

(c) 保证基础和土质结构的安全和抗震设计；

(d) 评估用于结构设计中基础土的动力特征。

这些任务在陆上和沿岸的工程中都是类似的，沿岸的建筑物中要考虑一些不同点，包括：

(a) 沿岸的结构物通常比陆上的结构物大很多；

(b) 其他环境因素(比如波浪)可能与地震同时起作用；

(c) 水改变了地震的动力特性，产生新的作用力；

(d) 竖向加速度对沿岸建筑物影响更大，因为竖向地震力与结构物和水的总质量成正比；

(e) 地震会导致滑坡，滑坡可能会运动很长距离(最大的要几千米)；

(f) 地震会引起海洋震动，P 波向前推动，破坏海洋中的船舶(Selnes，1982)。

尽管有这些不同，沿岸建筑物的很多问题的解决方法仍然可以参照陆地建筑物的解决方法，对于沿岸还有很多的问题要解决。

岩土工程文献和资料中有很多涉及土体在地震作用下的结构和作用分析问题。现在已经研究了不同的分析技术(基本都是基于有限元方法)，Selens(1982)总结了用于这些分析方法的计算程序。在本节中，我们要关注海洋土体稳定性分析的两方面：一是计算地震作用下海床的稳定性，二是评估地震作用下海床沉积的液化潜质。

8.7.2 斜坡稳定的极限平衡分析

最常用的考虑地震作用下斜坡稳定性的分析方法是拟静态分析，就是把地震荷载用相应的静止的竖向和水平力来代替。最常用的应用于海底斜坡稳定分析的拟静态极限平衡分析方法是由 Finn 和 Lee(1978)提出的。地震荷载是由作用在每个滑动体重心的拟静态水平地震力表示。

更简单的方法是用一个无限的滑坡来分析，例如 Morgenstern(1978)用的那样。图 8-34 中显示了分析的基础，是 8.5 节中讨论的重力荷载的一个拓展。这是对黏土斜坡的不排水总应力分析，地震的影响可以引入一个水平体积力，就是在重力上乘上一个系数 k。Morgenstern 指出，地震也会产生一个竖向加速度，常常比水平加速度小，在这种简单的分析中可忽略。

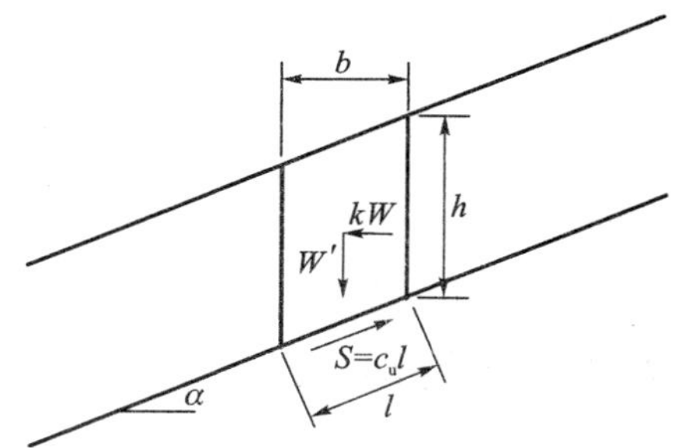

图 8-34 在地震力下不透水情无限边坡的平衡

考虑图 8-34 中的滑动体稳定性，在水平方向上列力平衡方程，可以得到斜坡破坏时的方程：

$$c_u l = W\sin\alpha + kW\cos\alpha \tag{8-38}$$

方程(8-38)经过重新处理可以得到无量纲剪切强度比和斜坡破坏坡角的关系式：

$$\frac{c_u}{\gamma' h} = \frac{1}{2}\sin 2\alpha + k\cos^2\alpha\,\frac{\gamma}{\gamma'} \tag{8-39}$$

图 8-35 中表示了 $\gamma/\gamma' = 0.4$ 时最大稳定角 α，$c_u/(\gamma' h)$ 和地震系数 k 之间的关系。K 的值越大，滑坡的破坏角越小。

在众多海洋滑坡稳定分析中(如 Almagor 和 Wiseman，1977；Lee 等，1981；Almagor 等，1984)可以看出，地震作用力是产生滑坡最重要的因素。从图 8-35 中可以看出，对于 $c_u/(\gamma' h)=0.25$ 的土，6% 的重力加速度($k=0.06$) 就能使坡度为 1° 的斜坡发生破坏。

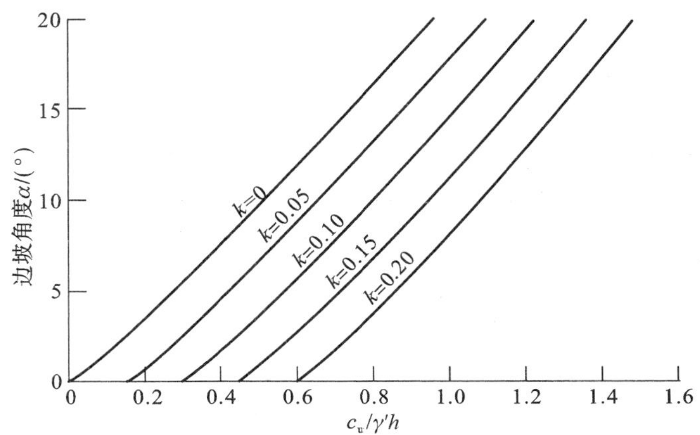

图 8-35 地震荷载下最大坡角与不排水强度的关系(Morgenstern，1967)

也可以用有效应力来分析地震荷载作用下无限单元体的稳定性。最直接的方法是使用 8.5.3 节中讨论的部分排水分析，此时，超孔隙水压力由于地震激发达到最大残余应力。下面就对如何确定残余孔隙水压力作进一步的分析。

8.7.3 液化分析

3.2 节中已经讨论了土壤发生液化的条件。Seed 和 Idriss(1971)，Ishihara(1977)，Iwasaki 等(1984)，Seed 等(1983，1984)及 Roberton 和 Campanella(1985)等提出了地震作用下的评估液化的简化方法。前面 3 种方法都是从实验室中获得数据，来评估发生液化的条件，后面 3 种方法都是从原位渗透试验中获得数据。

这些方法都包括 3 个主要步骤：

(1) 估计地震引起的不同深度处的循环剪应力，以及显著应力循环次数。

(2) 估计土体循环剪切强度，也就是规定循环次数下引起初始液化的循环剪应力比。

(3) 比较循环剪应力和循环剪切强度，当诱发的剪应力大于发生初始液化所需剪应力时，就有可能发生液化现象。

Seed 等(1983)提出的方法用起来很简单。由于地震动在土中产生的循环应力比可以通过下面的式子大致得到：

$$\frac{\tau_h}{\sigma_0} \approx 0.65 \frac{a_{max}}{g} \frac{\sigma_0}{\sigma_0'} \gamma_d \tag{8-40}$$

式中，a_{max} 为表面土的最大加速度；g 为重力加速度；σ_0 为在所考虑深度的总超载应力；σ_0'为在所考虑深度下的有效超载应力；γ_d 为应力折减系数，可以表示为

$$\gamma_d = 1.0 - 0.015z \tag{8-41}$$

式中，z 为深度(m)。在沿岸情况下用方程式(8-40)时，假设 σ_0 不包括海床上面那部分水的作用，只计算土产生的总应力。

Seed(1979)和 Seed 等(1983)提出，循环应力比引起的前期液化能够从修正抗力公式 $N_1=NC_N$来计算，地震振幅是 M。Seed 等(1984)还建议了一个修正后的相互作用。导致液化的应力比和修正的 N_1，$(N_1)_{60}$有关。这个值表示经超压修正的 SPT 值，在节点处，这个值降为能量比的 60%。$(N_1)_{60}$与 SPT 值的关系式为

$$(N_1)_{60}=N\frac{ER_m}{60}C_N \tag{8-42}$$

式中，N 为测到的 SPT 值；ER_m 为节点的能量比率；C_N 为超载修正因子；C_N 值见表 8-1。

计算因子 $ER_m/60$ 是变化的，取决于测量 SPT 值所用的方法；每个国家采用的方法都不同。Seed 等(1984)估计这个值从 0.75(在阿根廷使用的环形击锤，缆索以及锤子释放的全部能量)到 1.30(在日本使用的环形击锤和锤子自由落体释放的能量)不等。

表 8-1　　SPT 修正系数(继 Seed 等，1994)

有效过载应力 σ'_{v0} /(kN·m^{-2})	C_N	
	D_r=40%～60%	D_r=60%～80%
50	1.36	1.36
100	0.97	0.97
200	0.67	0.72
400	0.42	0.50
500	0.38	0.46

图 8-36 中显示了两组数据的相互关系。前者关于 N 的修正关系说明导致液化的应力比率与 N_1 是线性相关的，一直到 N_1 = 35 次/300 mm，且对 6 级地震来说应力比为 $N_1/70$，对于 7.5 级地震，应力比为 $N_1/90$，对 8.25 级地震，应力比为 $N_1/100$。后者关于$(N_1)_{60}$的修正关系中只考虑了 7.5 级地震。下面的修正系数可以应用于其他的地震震级：

M=8.5，　系数=0.89

M=6.75，　系数=1.13

M=6，　系数=1.32

M=5.25，　系数=1.50

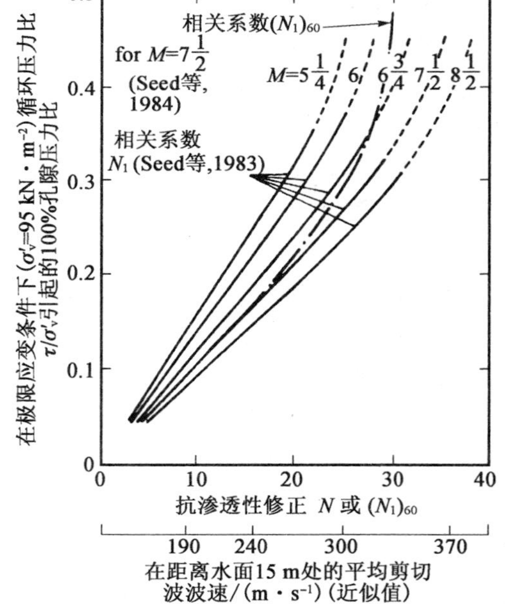

图 8-36　不同地震幅度下液化势平衡(Seed 等，1983，1984)

Robertson 和 Campanella(1985)提出另一种估计液化发生的循环应力比的方法，通过修正锥体阻力 Q_c 来得到。当 M=7.5 时的相互关系如图 8-37 所示：

$$Q_c=q_cC_Q \tag{8-43}$$

式中，q_c 为测得的锥体阻力；C_Q 为修正系数，与有效竖向应力有关，如图 8-38 所示。

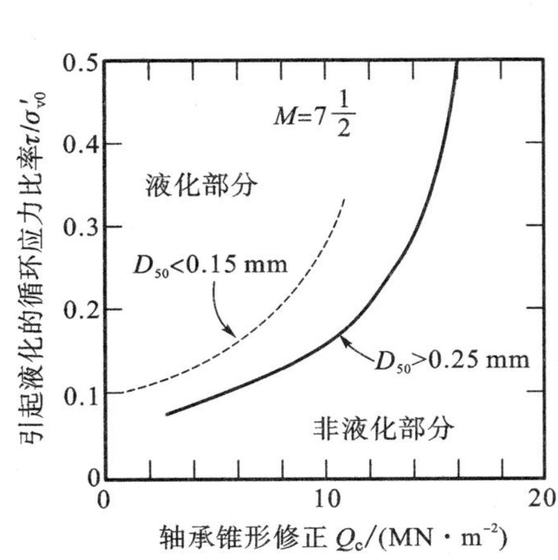

图 8-37 假设相关的在地表环境下的砂粒和淤泥抗液化和修正的锥形轴承之间的关系(Robertson 和 Campanella，1985)

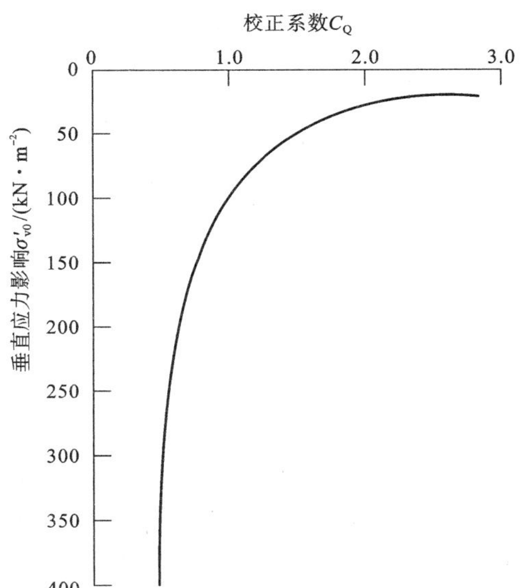

图 8-38 在有效超载应力下的垂直校正系数 C_Q(Robertson 和 Campanella，1985)

Iwasaki 等(1984)采用了一种相似的方法，是在 Seed 等(1983)的方法上进行了扩展，其包括两个方面：①采用很多不排水循环剪应力试验来估计抗剪强度。②引入液化可能性指数来估计在场地处发生液化的可能性。他们定义液化阻尼系数为

$$F_L = R/S_s \tag{8-44}$$

式中，R 为土的原位循环不排水标准剪切强度；S_s 为地震引起的循环剪应力。在实验数据的基础上，R 可以用下面的式子表示：

(a) 0.04 mm$\leqslant D_{50} \leqslant$0.6 mm

$$R = 0.0822\left(\frac{N}{\sigma'_v + 0.7}\right)^{0.5} + 0.225\lg\frac{0.35}{D_{50}} \tag{8-45a}$$

(b) 0.6 mm $\leqslant D_{50} \leqslant$ 1.5 mm

$$R = 0.0882\left(\frac{N}{\sigma'_v + 0.7}\right)^{0.5} - 0.05 \tag{8-45b}$$

式中，N 为标准渗透试验阻尼力(SPT)；σ'_v为有效超载应力(kgf/cm^2)；D_{50} 为平均粒径(mm)。

循环剪应力比 S_s 可以在方程(8-40) 中得到。

液化可能性指标 I_L 可以定义成

$$I_L = \int_0^{20} FW(z)\,dz \tag{8-46}$$

其中

$$F = 1 - F_L, \quad 当 F_L \leqslant 1.0 时$$

且

$$F = 0, \quad 当 F_L > 1.0 时$$

式中，$W(z) = 10 - 0.5z$，z 为水深(m)。

通过陆上实地观察，Iwasaki 等人建议了下面的简化液化评估的方法：

$I_L = 0$	危险很小
$0 < I_L \leqslant 5$	低风险
$5 < I_L \leqslant 15$	高风险
$15 < I_L$	极高风险

在图 8-39 中用上面的方法进行了一次液化评估。这个例子中砂的厚度为 20 m，平均粒径 D_{50} 为 0.25 mm，SPT 值曲线在图 8-39(a)中表示，液化指标 I_L 主要取决于最大加速度。对于 $a_{max}/g=0.075$ 的情况，液化指标 I_L 仅为 0.09，表明很小范围内会发生液化现象。而对 $a_{max}/g=0.125$，液化会发生到深度 9 m 处，液化指标 I_L 为 16.8，发生液化的可能性很大。

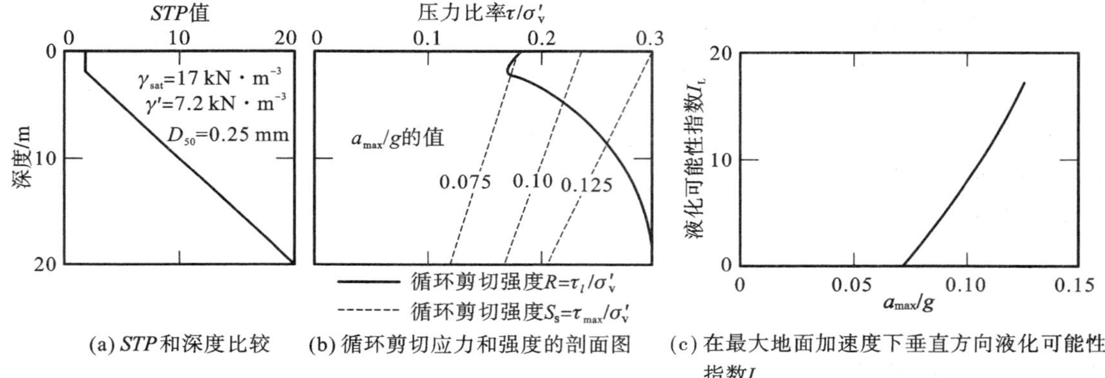

(a) STP和深度比较 (b) 循环剪切应力和强度的剖面图 (c) 在最大地面加速度下垂直方向液化可能性指数I_L

图 8-39 使用 Iwasaki 等方法评估液化可能性

8.7.4 液化的有效应力分析

进一步评价液化要假设在地震的整个期间泥土都是处于不排水状态。这种假设比较保守，因为超孔隙水压力的消散和产生会同时进行。泥土的动力特性主要是由地震中增加的孔隙水压力决定的。在泥土沉积层中的变形抵抗力决定于有效应力，而有效应力决定于孔隙水压力。因此，对地震作用下泥土层的反应以及由此导致的液化现象，需要对孔隙水压力的产生和消散都进行分析，并不一定假设不排水情况就是比较好的，孔隙水压力也不一定不存在。在这种分析中，要确定的有土中的孔隙水压力和位移。Finn 等(1977)进行了量化的分析，对孔隙水压力的分布和排水、内部水流、液化发生地场地等的影响效果都进行量化。分析中用到砂的非线性连续方程，方程中涉及以下一些参数：场地的初始剪应力模量，随着剪应力变化的剪应力模量，孔隙水压力的消散和产生，平均有效应力的变化，潮湿作用，硬化作用。在图 8-40 中显示了超孔隙水压力的产生和消散，分别列出了 3 种渗透系数 k。在这张图里面能很明显地看出随着土渗透性的加强，土中的孔隙水压力的减小很明显。

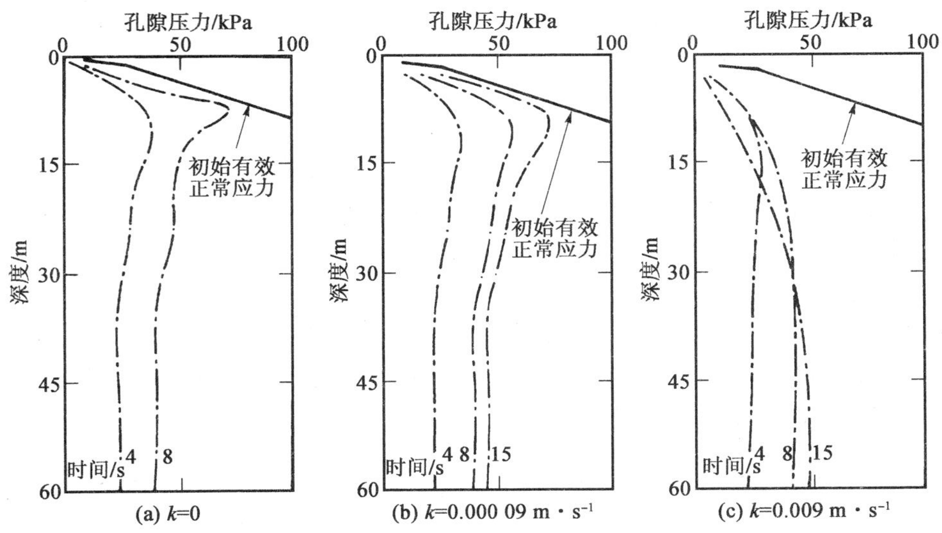

图 8-40　在不同 K 值时的孔隙压力分布(Finn 等，1977)

Martin 和 Seed(1979)提出了一种新的方法，在他们的方法中，非线性和砂的应力应变关系与孔隙水压力引起的刚度的梯级下降没有关系。这种方法强调了孔隙压力产生的 3 种现象，孔隙水压力的重新布置、消散和孔隙水压力产生引起的刚度递减。这种分析可以分成 3 步，如下：

第一步：土中的超孔隙水压力分析。

超孔隙水压力的产生可以从液化和土的循环动力特性、土中的循环应力水平以及在该种应力情况下的荷载频率来分析。Martin 和 Seed 给出了下面的式子：

$$\frac{\partial u_g}{\partial t}=\frac{\sigma_0'}{N_l}\frac{\mathrm{d}F}{\mathrm{d}\gamma_N}\frac{\mathrm{d}N}{\mathrm{d}t} \tag{8-47}$$

式中，u_g 为超孔隙水压力；σ_0'为有效限制应力；N_l 为导致液化(孔隙压力率为 100%)的次数；$\gamma_N=N/N_l$；N 为循环数；F 为孔隙水压力的函数：

$$F\approx\frac{2}{\pi}\arcsin(\gamma_N)^{0.5/\alpha}$$

对于大部分砂土，$\alpha\approx 0.7$。

N_l 可以从实验室循环剪应力或循环轴向力试验中得到。剪应力的循环数 N_{eq} 可以从场地的应力历史断面或者从表 8-2 中的数估计得到。

表 8-2　确定均等循环载荷单位时间比率的准则(Martin 和 Seed，1979)

震级	N_{eq}	强烈摇动持续时间 t_D/s	$\mathrm{d}N/\mathrm{d}t$ (每秒循环)
5.5～6	5	8	0.6
6.5	8	14	0.6
7	12	20	0.6
7.5	20	40	0.5
8	30	60	0.5

注：$\mathrm{d}N/\mathrm{d}t=N_{eq}/t_D$。

第二步：超孔隙水压力分析中的孔隙压力的产生和重新分布。

孔隙水压力随时间的变化可以由下面的式子得到：

$$\frac{\partial u}{\partial t}=\frac{1}{m_V\gamma_w}\frac{\partial}{\partial z}\left(k\frac{\partial u}{\partial z}\right)+\frac{\partial u_g}{\partial t} \tag{8-48}$$

式中，m_V 为体积折减系数；k 为渗透率；γ_w 为水的单位重度；u 为 t 时刻的超孔隙水压力；u_g 为产生的超孔隙水压力。这些因素中最重要的参数是 k。

第三步：超孔隙压力下的有效应力分析。

孔隙水压力是由于土的刚度减小以及约束压强的减小产生的，从而导致了应力的减小。可以从第二步孔隙水压力分析中看出土的刚度减小，假设在应力较小的情况下剪切模量与约束压强 σ_c' 的开方根成正比。

因此

$$\frac{G\,at\,time\,t}{G\,at\,time\,o}\approx\frac{m_V\,at\,time\,o}{m_V\,at\,time\,t}=\left[\frac{\sigma_c'\,at\,time\,t}{\sigma_c'\,at\,time\,o}\right]^{0.5} \tag{8-49}$$

在使用折减的剪应力模量后，要重新进行地面响应分析（第一步），也就是说，这种方法是一种循环方法，直到最后一次地面响应分析结果的应力水平与前面的反应分析一致时，才可以终止。然而，这种应力折减可以取大概值，折减系数可以在 0.85～1.0 之间。因此，有效应力分析可以不进行反复验算。

Martin 和 Seed 的简化方法的优点有：

(a) 它将问题分成几部分来解决，包括动力响应分析和孔隙水压力的产生，这样，每种因素产生的效果就能更明显；

(b) 需要的实验数据较少，这些数据可以从标准循环试验中得到；

(c) 对于渗透性比较弱的土壤（$k<10^{-4}$），产生孔隙水压力重分布的情况比较少，可以手工计算孔隙水压力，因此对问题发生的机理能够看得更清楚。

8.8 土体失稳对桩的影响

8.8.1 简介

地震力、波浪、重力产生的海洋土移动，会对埋入其中的结构物产生相互作用，进而对结构产生附加作用力。海洋土滑坡产生的桩基荷载对平台的适用性或稳定性有很大的影响。图 8-41 说明了一般性问题，并表明了由于侧向土体移动产生的主要问题。因此评估这种力的大小以及他们对结构物完整性的影响是很重要的。这种评估包括两个主要步骤：①估计海洋土的位移；②分析由位移引起的土壤和桩体的相互作用。

这一节中将要讨论这两步，然后讨论对于土体失稳产生的侧向变形和位移问题的解决方法。由于土体位移引起的桩轴向力也会在本章中进行讨论。

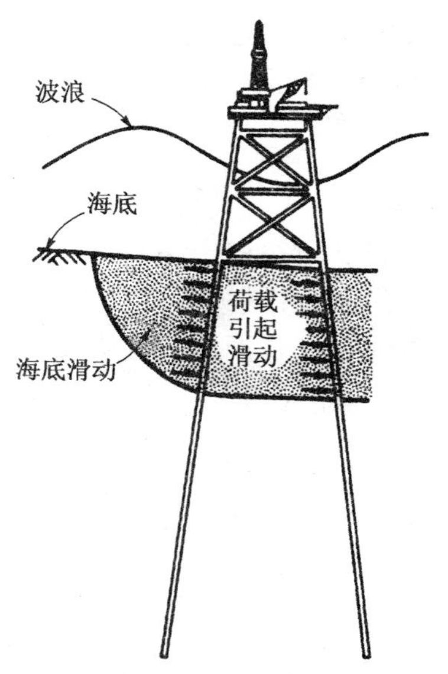

图 8-41 关于桩产生的力引起侧向土层移动的问题

8.8.2 土体位移估计

如 8.4 节中提到的，估计重力作用或波浪力作用下的土体位移主要有 3 种方法：

(a) 弹性连续介质分析；

(b) 黏弹性连续介质分析，见 Schapery 和 Dunlap(1978)的描述；

(c) 有限元分析(如 Wright, 1976)。

有限元分析方法是形式变化最多的一种，因为这种方法可以考虑非均匀、非线性和土的各向异性等多种因素。

Bea 等(1983)比较了用有限元分析法计算得到的竖向和水平位移，以及分层的非线性连续分析得到的土体位移，结论是有限元分析法得出的位移较小。Mirza 等(1982)也给出了有限元分析的结果，估计出了滑坡区域的侧向位移分布。通过一个双曲线土体应力应变模型，他们发现土体位移延伸到滑坡面以下 $4z_s$ 处，其中 z_s 是滑坡的深度。

理论上，有限元分析法可以用于桩与土体相互作用的分析中，而不需要把问题分成两步考虑。这要求有限元分析模型是移动土体中的桩，但对于侧向移动，不通过三维分析就很难建立这样的模型。因此，通常只用有限元分析来计算土体的位移，然后用土体的位移进行下述的相互作用分析。

8.8.3 侧向桩-土相互作用分析

土体位移对桩的侧向荷载-挠度特性的影响可以由侧向荷载作用下桩基的传统分析法的一个简单扩展得到。Mirza 等(1982)和 Poulos 等(1984)提出了“p-y”分析方法的一个扩展，Poulos(1973b)归纳出基于弹性连续体理论的扩展方法。这两种方法的理论基础都是相同的，事实上，解决土壤性质问题无论用非线性法(即 p-y 方法)还是弹性无限法都没有多大的差别。这种方法是由桩的灵活性和毗邻桩基的土体侧向位移分布决定的。

在这两种分析中，一开始都是将桩看成竖向受弯构件，其特性可以由简单的弯曲理论得出。对于常截面桩：

$$EI\frac{d^4\rho}{dz^4}=-pd \tag{8-50}$$

式中，EI 为桩的抗弯刚度；ρ 为侧向变形；p 为作用在桩上的侧向压强；d 为桩的直径或宽度。这个方程可以用有限差分(如 Poulos 和 Davis, 1980)或有限元(如 Poulos 和 Adler, 1979)形式写出来。由此，可以得到一系列的方程，将桩的侧向位移和作用于桩上的压强联系起来。

现在考虑桩侧土的侧向位移，主要有以下两个方面：

(a) 桩间的相互作用力；

(b) 海床位移引起的土体“自由场”位移，例如 8.8.2 节中论述的方法所得的计算值。

如果采用 p-y 分析方法，沿着桩长方向上压强分布为

$$p=k(\rho-\rho_0) \tag{8-51}$$

式中，p 为桩和土之间的作用力；ρ 为桩侧土体的侧向变形；ρ_0 为“自由场”的土体位移；k 为土的弹性刚度系数(如 p-y 曲线)(这通常是关于挠度 ρ 的非线性函数)。Sullivan 等(1979)讨论了黏土的 p-y 曲线求导。

把式(8-51)中的压强 p 代入式(8-50)中，可以得到：

$$EI\frac{d^4\rho}{dz^4}=-kd(\rho-\rho_0) \tag{8-52}$$

式(8-52)可以用在单桩的每个单元节点上。结合桩顶和桩端的应力、位移边界条件将得到方程的解，可以得到沿桩方向的挠度、位移、应力以及压强的分布情况。

连续基础分析(Poulos，1973b)中也用了相似的方法，不同点在于每一点的土体压强是由全部点的挠度共同决定的，而不仅是由式(8-51)中所涉及的某个点位移决定的。因此，评价土中的压力-位移关系要用到 Mindlin(1936)的弹性解答。在这种分析中，p 值取上限；就是说，桩和土之间的应力不能超过桩单元的侧向承受力。对黏土中的桩，侧向的承载能力 p_y 通常可以表示成(也可以见 7.7 节)：

$$p_y=N_p s_u \tag{8-53}$$

式中，s_u 为不排水抗剪强度；N_p 为侧向承载能力指标，泥面线处为 2～3 倍桩径深度处增大到 9，在深度更大的地方为定值 9。

对于地震引起的泥沙沉积，可以运用类似的分析。这种情况下的主要影响是土体刚度的减小和地震中随着残余孔隙水压力的增加而导致的侧向承载能力的减小。如果运用 p-y 分析，p-y 曲线可以反映侧向阻力的衰减。Finn 等(1979)作了一种分析，在他们的分析中，同时考虑了地震中孔隙水压力的产生和消散，p-y 曲线与有效竖向应力的减小成比例。对于所考虑的例子，桩头的强度大幅折减，在 10 s 周期内可以下降到 70%。

8.8.4 桩侧向变形和力矩的解法

使用 p-y 曲线分析方法，经过上述修改，Mirza 等(1982)得出了桩长大于有效桩长的桩在桩端固定时的无因次解。考虑了 3 种荷载情况：

(a) 环境力作用下稳定土体中的桩；

(b) 环境力和变化的滑坡厚度作用下的桩；

(c) 环境力和滑动带以及土体侧向位移引起的土体荷载作用下的桩。

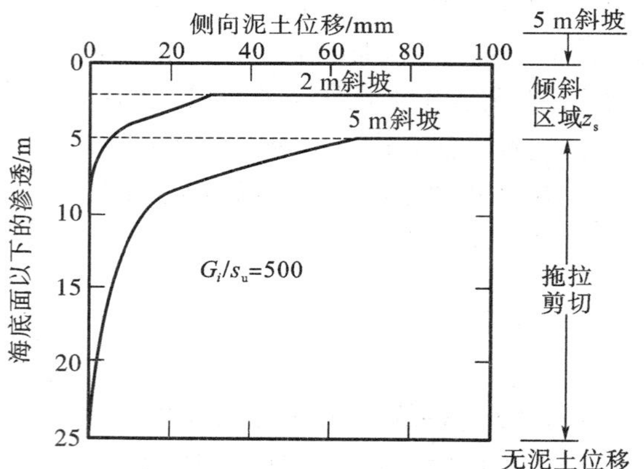

图 8-42 由于拖拉剪切所产生的泥土位移剖面图(Mirza 等，1982)

图 8-42 中显示了情况(c)的土体位移分布。对于情况(b)和情况(c)，环境荷载和土体荷载都沿着斜面向下，假定不排水抗剪强度随着深度线性增加。同时，假定滑坡下的土体的瞬时位移不超过桩径的 5%。

图 8-43 和图 8-44 显示了 Mirza 等(1982)得出的结果，包含了无因次桩端侧向位移 δ_0 和固定桩头的旋转力矩 M_f。无因次参数 H 和 J 的下标表示了所考虑的 3 种情况。下面定义：

$$\beta=[EI(s_u/z)]^{1/5}/d \tag{8-54}$$

式中，s_u/z 为不排水剪应力强度随深度增加的速率；d 为桩径；EI 为桩的抗弯强度。

作用在桩上的总荷载 P_t 是环境荷载 P_e 和土体荷载 P_s 的总和。P_s 可以由下式计算：

$$P_s = \int_0^{z_s} p_y d\mathrm{d}z \tag{8-55}$$

式中，p_y 是侧向极限承载力[见式(8-53)]。

图 8-43 和图 8-44 说明了下列趋势：

(a) 总荷载越大，端部的偏转和固定力矩越大；

(b) 桩的刚度越大，端部的偏转越小，固定力矩越大；

(c) 滑坡的深度越大，端部偏转和固定力矩越大；

(d) 即使是浅的滑坡，当深度比桩长小很多时，能增大桩端偏转和力矩，对桩的破坏很大；

(e) "剪切拉伸带"的存在会加大端部的偏转和固定力矩。

对于泥石流，式(8-51)不适用于桩的应力分析，对于泥石流更适合用类似于浸没的物体周围流体的水流拖曳力来计算：

$$F_D = \frac{1}{2} C_D \rho A u^2 \tag{8-56}$$

式中，F_D 为单位长度桩上的拉力；C_D 为拉力系数，取决于桩的形式和流体的雷诺数；ρ 为泥石流的密度；A 为水流方向上的桩的投影面积；u 为流体速度。这种情况下，为了确定滑动区域的总土体荷载，式(8-55)中的 $p_y d$ 可以用 F_D 来代替。

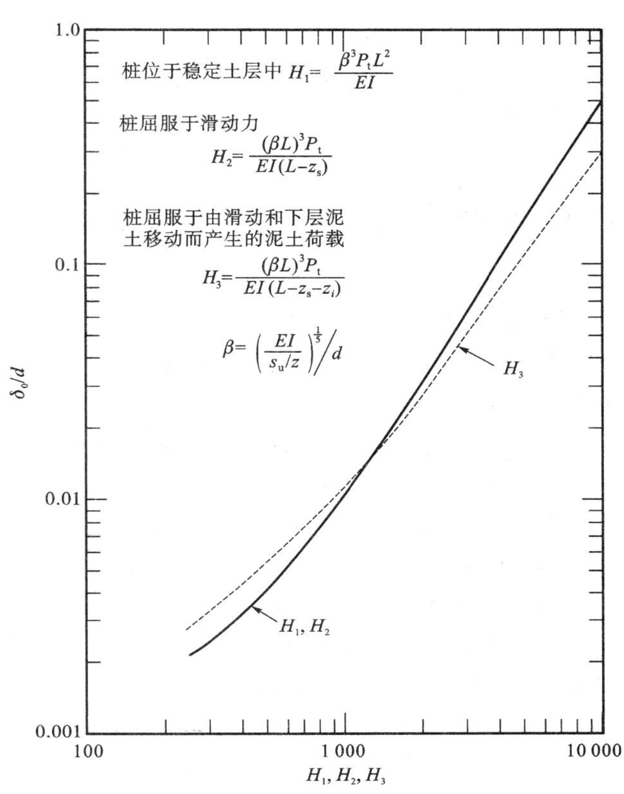

图 8-43 标准化的固定桩头变形

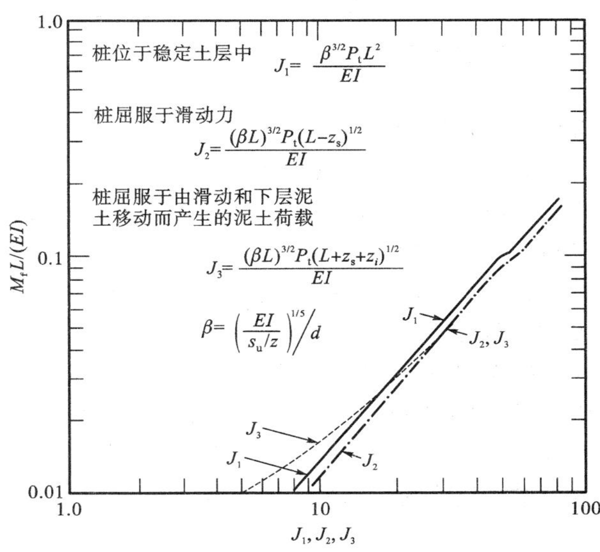

图 8-44 标准化的固定桩头弯矩

8.8.5 桩的轴向力

海床失稳最初的影响是产生了桩的附加侧向偏转和力矩，但在滑坡发展期间，由于超孔隙水压力的长时间消散所引发的固结也会发生竖向的土体位移。这种位移会引起桩内"负摩擦力"或者下拉荷载的产生，使桩的轴向力和偏转变大。桩的负摩擦力也可以用 8.8.3 中列出的 3 种分析方法得到。Mirza 等(1982)对荷载传递(*t-z*)进行了讨论和分析，他们得到的结果可以用于确定轴向的荷载变形特征。在这些结论的基础上，他们认为，如果固结层的厚度小于20%桩长，那么桩的软化荷载变形特征适中，即使土的固结位移很大。然而，如果固结层的厚度达到桩长的一半，在结构设计使用年限内，土体位移达到桩径5%时，会使桩设计年限期间的轴向刚度减半。

另一种使用连续分析法估计负摩擦影响的方法由Poulos和Davis(1980)提出。他们提出一系列桩力和位移的参数解。

8.9 海底管道

ACSE(1974)和De la Mare(1985)对海底管道的设计和建设及相关的问题进行了研究。在可能发生海床位移的区域，土体和海底管道之间会产生相互作用力，管道中会产生附加应力。Bea和Aurora(1982)对这种区域内管道的设计过程作了一个总体的分析，并列出了以下设计的主要注意点：

(a) 现存的和潜在的泥石流暴露面积最小化；

(b) 侧向土体荷载最小化；

(c) 加大重量以减小海洋土渗透量；

(d) 分析土体荷载、约束、可移动性和管道的极限强度；

(e) 考虑可移动性、可修复性和管道移动控制，对管道的接头进行设计。

为了满足设计管道在使用寿命期间总体的费用最小，Bea和Aurora(1982)建议用图8-45中的设计过程，包括下面几个主要部分：

(a) 约束力的确定；

(b) 路径的勘察和风险的鉴定；

(c) 管道的分析；

(d) 性能、成本和决策分析；

(e) 最终设计和安装。

这些步骤将在下面进行讨论。

8.9.1 约束力的确定

设计管道上的约束力是由外界环境作用力、建筑约束、施工荷载和设计荷载组成。环境约束包括波浪力、水流力、泥土流动力、破坏面移动产生的力、地质力和深海作用力，这些因素在管道的使用寿命期内都会对其产生影响。

建筑约束包括设备的制造和安装、管线的钢材、焊接和质量控制荷载、管道卸荷板、填土和保护物荷载。

操作约束包括需要的固定点、体积、压强、温度以及要传输液体的腐蚀性；管道的保护和维修；液体渗漏控制措施，可接受的破坏发生率。

设计约束包括使用的分析方法、路径指南、设备和节点的管理、经济和环境影响因素。

设计过程需要收集确定上述约束所需的数据，合理地选择和权衡来实现最佳的管道设计。

8.9.2 路线侦察

这一步开始要对潜在路线进行细致的调查和地质研究，才能确定出对管道有影响的破坏

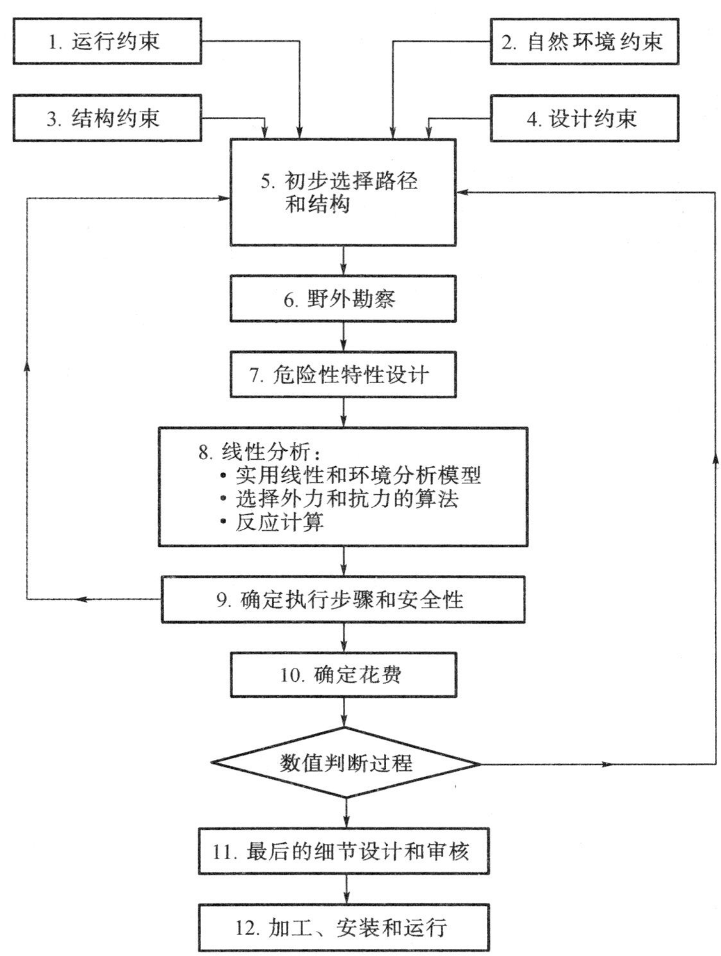

图 8-45 近海桩管设计过程的流程图(Bea 和 Aurora, 1982)

面、滑坡和通道滑坡。可以通过侧扫声呐、高分辨率图像、底面断面图像和土中心层的研究得到所需数据(见第 4 章)。

沿管线的土体特征可以通过样本的实验数据得到，与原位试验(与 4.4 节中描述的一样)结合起来。这些数据必须与海床条件地质分析结合起来，从而估计海床的荷载和约束。

显然，选择不存在潜在的滑坡稳定性问题的管道路线是比较理想的，但是这通常很难做到。所以有必要确定沿管道长度方向的风险特性，比如宽度、长度和潜在泥面线的深度。

8.9.3 海底管道分析

分析管道和土的相互作用的方法和分析桩土相互作用类似，就像在 8.8 节中讨论的一样。然而，很有必要考虑相互作用的 3 个组成部分，水平、竖向和轴向，不同于桩中主要考虑水平方向。管道(无论作为整体，还是一个特别的设计部分)通常作为一个简单的结构组成部分来建模，而土体看作一系列离散弹性体或者是连续模型。需要输入分析中的数据有：

(a) 海床土体水平和竖向位移的大小及分布，或由于泥石流产生的作用力；

(b) 海底管道—土壤体系中每个位移组成部分的抗力特性。

在前面章节中已经讨论了估计土体位移或作用力的方法。Audibert 和 Nyman(1977)，Wantland 等(1979)，Bea 和 Aurora(1982)以及其他人考虑了土的抗力特性。Bea 和 Aurora 对土体抗力-挠度关系作了总结，如图 8-46 所示，轴向(t-x)、水平向(p-y)和竖向(q-z)关系均已给出，只引用了抗力和变形极值。这些关系通常不是线性的，而是双线性的(极值之前呈线性关系，之后的抗力为定值)，用图 8-46 中的数据可以得到可靠的初步估计值。管道对土体的位移或作用力的响应可以通过合适的计算机分析来实现。

组成成分及其相互关系	期望荷载/变形约束的相互关系	注释
直角坐标组成 t-x 曲线	$T_u = \begin{cases} \alpha C A_c & \text{对黏土来说} \\ \iint A_c \bar{\sigma}_n \tan\delta \mathrm{d}A & \text{对砂土来说} \end{cases}$ $z_u = 0.1 \sim 0.2 \ln(2.5 \sim 5\ \mathrm{mm})$ 式中 A_c— 单位长度上泥土和管线相互作用的区域； C— 不排水剪切强度； α— 荷载传递强度； $\bar{\sigma}_n$— 在泥土和管线的分界面上的有效法向应力； σ— 分界面摩擦角； $\mathrm{d}A$— 相互作用增加的区域	参照桩身的荷载转移技术
水平方向组成 p-y	表面线： $p_u = F(W_b - F_v)$； $y_u = \Delta H \dfrac{D}{2}$； 式中 F— 侧面稳定性的相互作用； W_b— 单位长度上的管线上浮力； F_v— 单位长度上的流体上举力； ΔH— 侧向位移	
	埋入线： $p_u = \begin{cases} CN_cD & \text{对黏土来说} \\ \bar{\gamma}Z_cN_qD & \text{对砂土来说} \end{cases}$ $y_u = \begin{cases} 0.04 \sim 0.06(Z_c + D/2) & \text{对黏土来说} \\ 0.015 \sim 0.02(Z_c + D/2) & \text{对砂土来说} \end{cases}$ 式中 N_c，N_q— 轴向支撑能力系数； $\bar{\gamma}$— 有效泥土的容重； Z_c— 到平衡支撑架或锚拉平台中心线的深度； D— 管线直径	参照垂直锚柱的基础和活动技术 平台技术(继 Audibert 等，1977)
垂直方向组成 q-z 曲线	向下： $Q_u = \begin{cases} CN_cB & \text{在黏土中} \\ (\bar{\gamma}HN_Q + \bar{\gamma}BN_Y)^{0.5}B & \text{在砂土中} \end{cases}$ $z_u = \begin{cases} 2\varepsilon_F B & \text{在黏土中} \\ 0.1B & \text{在砂土中} \end{cases}$ 式中 N_c，N_Q，N_Y— 支撑能力系数； H— 宽度为 B 的有效基础埋入深度； B— 有效基础高度 < 管线的直径； ε_F— 在三轴压力测试中轴向应变破坏	参照条形基础承载能力技术
	向上： $Q_u = (cF_\varepsilon + \bar{\gamma}Z_cF_q)B$ 所有泥土 $z_u = 0.04H$ 所有泥土 式中 F_c，F_q— 长圆筒的直径 B 的贯穿系数	参照水平锚固平台和圆筒平台的活动技术

图 8-46 土荷载和约束力算法[Bea 和 Aurora (1982)，Audibert 等(1978)]

8.9.4 性能、成本和决策分析

如果从上述分析中计算出的管道应力低于可以接受的程度(极限荷载下的极限强度、额定荷载下的疲劳阈值),所选配置(直径、厚度、钢材等级、嵌入条件)是比较合理的设计解答,尽管可能存在一个更经济的配置。如果应力太大,那么应该对新的配置和可能路线进行重复分析。这很有可能是从单一的大的路线变化到多条路线,或者从与泥石流垂直变化到沿滑动面直线上升,使得破坏是拉伸破坏而不是弯曲破坏。

一旦得到了性能比较合理的管道布置,就要进行成本评估。必须考虑制造、安装和操作(包括维修和破坏发生后的产品损失)等因素。要在成本和风险之间寻求一个合理的平衡,这个设计过程需要不断的重复尝试。

管道设计中另一个要考虑的因素是管道的密度与原状土体和已经埋置的管道密度和抗剪强度、填土材料之间的关系。如果埋置的管道密度比较低,他们可能会上浮,因此会受到水流诱导力的作用。如果管道和内部物质的总单位重量比海水的单位重量小,那么管道会浮到水面上。但如果管子太重,土的承受能力有限,土受破坏,管线会陷入土中很深。

Ghazaaly 等(1975)对埋置管道发生上浮或者下沉的可能性提出了一种评估方法。Bea 和 Aurora(1982)用这种分析方法来校验土的不排水剪切强度对于管道埋置部分的上浮和下沉产生的影响。图 8-47 给出了这些计算的结果。图 8-47(a)说明,如果管道中是空的,并且黏土的不排水剪切强度是 0.24 kN/m^2(5 lb/ft^2)或更小的话,那么很有可能发生上浮。可以确信泥线附近可以产生如此低的抗剪强度,因为管道在置入过程中,土体发生扰动和重塑。图 8-47(b)表明,如果土体的抗剪强度超过 0.5 kN/m^2(10 lb/ft^2),即使管道中充满水,完全埋置的管道也不会下沉。

在无黏聚性的土体里,必须要考虑到由于波浪或地震而导致的管道液化的后果。如果砂土液化,或者足够的超孔隙压力大量地降低了砂土的强度和刚度,那么这种管道液化的可能性存在于管道的上浮和过量下沉两种情况中。

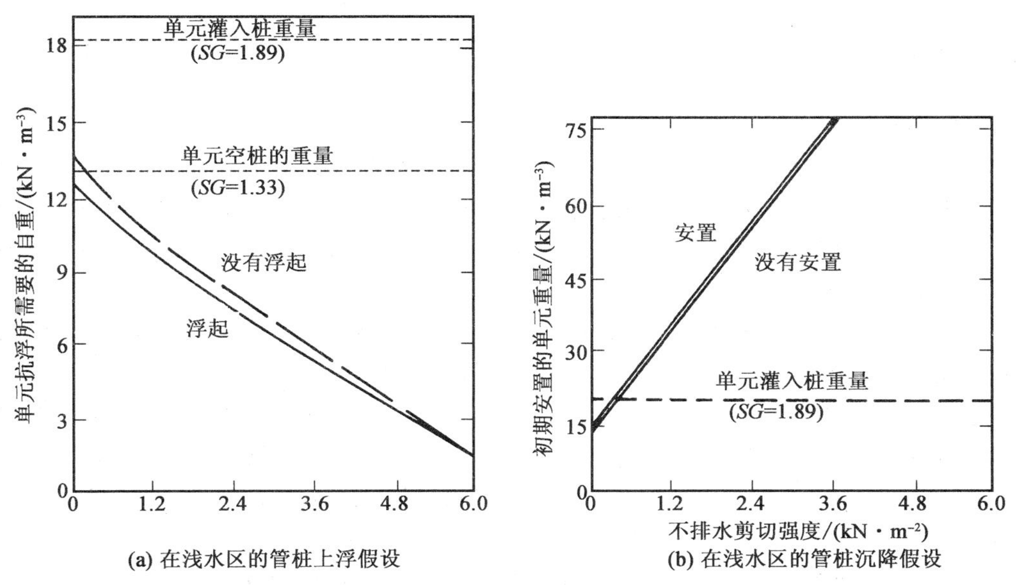

图 8-47 管道上浮和沉降的解决方案(Bea 和 Aurora, 1982)

8.9.5 最终设计及安装

最终设计需要得到管道建设区域内，拥有管道建设司法权或管辖权的主要控制调节部门或组织的批准。

近海管道通常是为了免于遭受锚、拖网渔船及海水冲刷的破坏而深埋，利用铺管船直接安装在海底。在土质极为松软的土壤里，管道可能因其自身重量而下沉。然而对于比较硬的土质来说，有必要把管道贯入泥水分界线的下面。如果要挖沟槽，那么必须要考虑到槽壁的稳定性和压实回填土。

管道的维修和保养问题也是必须要考虑的。从理想化的角度来说，施工计划里控制了管道受到损坏的最小限度，预见了早期可能会出现的破损及其位置，以及应对措施，其中包括灵活接入海岸点的用法、管道漏水措施、在关键点上利用管接分离以及利用管道破损点和检索系统。

<table>
<tr><td>示意图</td><td>STEVIN</td><td>FLIPPER DELTA</td><td>BRUCE</td><td>VICINAY CS</td><td>STOCKLESS HALL</td><td colspan="2">DELTA TRIPLE</td></tr>
<tr><td>类型</td><td>锚爪固定有短锚柄</td><td>带有侧向平衡装置的无柄锚</td><td>自身平衡</td><td>带有长铰接柄</td><td>无柄</td><td colspan="2">并排有三个固定角度的三角锚</td></tr>
<tr><td>锚爪和锚柄之间角度</td><td>砂：32°
泥：50°</td><td>砂：36°
泥：50°</td><td rowspan="2">锚爪和锚柄固定连接</td><td>40°</td><td>40°</td><td>30°</td><td rowspan="2">锚爪和锚柄固定连接</td></tr>
<tr><td>锚柄</td><td>铰接</td><td>铰接</td><td>长，铰接</td><td>铰接</td><td>三部分</td></tr>
<tr><td>锚爪</td><td>表面区域大</td><td>挖空三角形</td><td>一个单一的锐利三脚架锚爪</td><td>长，窄并且锐利</td><td>表面积小，实心，分隔</td><td colspan="2">3个三角形锚爪</td></tr>
</table>

图 8-48 不同的近海锚种类(Puech 等，1978)

8.10 海床锚锭物

8.10.1 锚锭物的类型及其功能

在进行一些海上作业，像海上石油勘探或生产时，驳船或者半潜式平台就会采用锚泊，而这会导致不同于传统海洋作业时遇到的问题。例如，锚索张力可能很大(对于钻井平台会超过 1 MN)，而且只能承受非常有限的活动范围，以至于不会发生走锚，并且锚固的时间可能相对较长，可能几个月，甚至几年。

关于海底锚锭物的详细研究可在 Rocker(1985)和 Puech(1984)上找到，Hoeg(1982)定义了多种不同型号的锚，包括锚爪、埋入锚、桩锚、锚旋和吸力锚(负压锚)。

有很多种类的锚爪可以被船只和钻机采用。有些土壤可以使得锚锭物在安装时能够将锚锭物自己犁进海床中，锚爪就适用于这种土壤情况。在没有土力学原理的辅助下，锚爪已经有了很大的发展。锚的自身重量可能要有几十万牛顿而且其支撑力高达几兆牛顿。然而，其支撑能力受限于水平或近似水平的荷载。

多种商业用途型号的锚已在图 8-48 中举例说明。在一份由 Puech 等(1978)研究的这些多种锚型号的报告中得出以下结论：

(a) 传统的有杆锚或无杆锚尽管质量与体积都很大，但由于其随机行为(无法在土质松软的土壤上展开)与低效率,导致稳定性差,不适合海上作业。

(b) 新一代锚(史蒂芬,布鲁斯,菲利普·戴尔塔等)运行可靠性强,牵拉稳定性强,其设计能有效地提升其临时锚固的运用效率。

(c) 机器支撑设备的永久锚固对锚固力有着很高的要求,它需要很大的锚爪表面面积以及很深的埋深。

至少有 2 种不同的锚已经发展到可以获得很高的锚杆承载能力:吸力锚(Wang 等, 1978)和直接埋入锚(Beard 和 Lee, 1975)

吸力锚利用吸力吸住海底,形状似倒置的杯子或缸子,其底部开口,顶部封闭(图 8-49)。吸力锚的基本组成包括水泵、多孔层板以及渗透裙座。渗透裙座的功能在于它能够支撑起在土壤上的锚,然后将吸力传入土壤的深处。多孔层板是为了防止锚下方的土体发生液化。水泵的作用则是降低锚内部和下部的水压以小于周围水压。多孔层板下的水压与环境水压的不同会产生一种吸力,这种吸力可以提升土壤里的有效应力并且可以因此增加锚的抗失效能力。吸力锚是一种表面锚(与传统的埋入锚不同),是一种方便安装拆卸的锚。在黏性土里,可以利用锚的自身重量与吸力将渗透裙座埋入土中。在非黏性土里,则通常是利用额外的重物帮助渗透裙座埋入土中。在这两种情况下,吸力锚的拆卸都是通过向锚洞提供大于围压的压力来实现的(水泵反向旋转)。因此,吸力锚拥有很高的机动性。

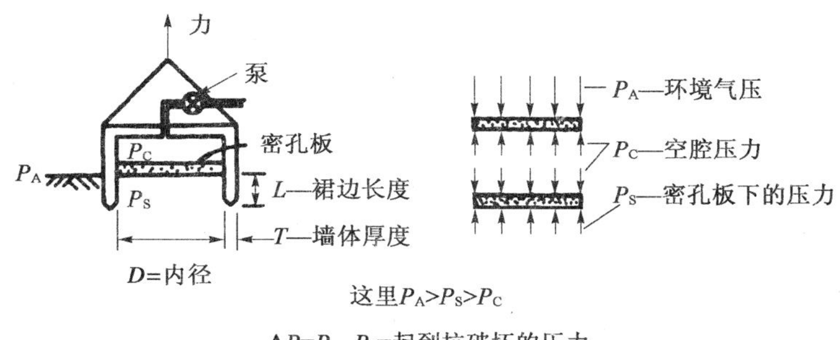

图 8-49 吸力锚的作用原理(Wang 等, 1978)

直接埋入锚与传统锚的不同在于:直接埋入锚不用沿着海床拖拽来实现埋入。相反,他们利用震动,自由落体式的推动力,或可以将锚爪打入海底的推进驱动来完成安装的。锚爪或锚板垂直插入海底,然后对其作用一个直线力使锚爪旋转至水平位置。结果就是会在附近未受扰动的土块中形成一个水平埋入的钢板,它能承受竖向荷载。直接埋入锚比起传统锚的优势在于:相对于他们的自身重量,他们的支撑能力强,他们的竖向承载能力强,即使特殊点也能够被安装。大多数直接埋入锚都是用推进驱动的。这种锚比起其他类型的锚更加简便、效率高,因为他们将机械简单化,并利用较小的锚系统获得较大的推动力。

Hoeg(1982), Puech(1984), Rocker(1985)和 Kulhawy(1985)讨论了其他类型的锚,其中包括传播锚、螺旋锚、注浆锚杆和桩锚如吸力桩锚(Senpere 和 Auvergne, 1982)

许多海事上用的锚可以被理想化成水平的或者竖向的板,他们的最大载荷能力及变形可用土力学理论来评价。以下讨论一些合适的评价方法。

8.10.2 锚的载荷能力

许多研究者已经发展了能够确定锚板荷载力的技术。很多涉及采用极限平衡法或者塑性力学分析(如 Meyerhof 和 Adams，1986；Balla，1961；Ovesen 和 Stroman，1972；Neely 等，1973；Beard 和 Lee，1975)，然而其他的主张利用空洞膨胀理论(如 Ladanyi 和 Johnston，1974；Vesic，1971)。除此之外，研究人员还进行过一系列的模型测试(如 Davie 和 Sutherland，1977；Ranjan 和 Arora，1980；Das 和 Seeley，1975；Rapoport 和 Yiung，1985；Das，1985)。

Rowe 和 Davis (1982a，b)发表了非常有用的方法，他们采用有限元分析来提出水平锚和垂直锚的计算方法。他们考虑了 3 种情况：处于不排水黏土中的锚，处于砂土中的锚以及处于排水黏土中的锚。

1. 锚在不排水黏土中的情况

此种情况下的极限抗拔承载力 q_u 由下式给出：

$$q_u = c_u F'_c \tag{8-57}$$

式中，c_u 为不排水黏聚力；F'_c 取下面两式中较小的值：

$$F'_c = F_c + sq_h/c_u \tag{8-58a}$$

和

$$F'_c = F_c^* \tag{8-58b}$$

式中，F_c 表示锚背部的无约束锚即将脱离的能力；F_c^* 表示全约束锚不发生脱离的能力；q_h 表示在锚板处的内部覆盖层压；s 为覆盖层压的影响系数。

图 8-50 给出的 F_c 和 F_c^* 表示水平锚固能力系数，图 8-51 给出的 F_c 和 F_c^* 表示竖向锚固能力系数。对于水平锚，s 被视为单位量。对于竖向锚，s 在 0.5 K_0($h/B = 1$ 时) 至 K_0($h/B = 3$ 时) 范围内变化，对于埋深比 h/B 的中间值按线性插值取值。当 $h/B > 3$ 时，s 取 K_0，K_0 为静止土压力系数。

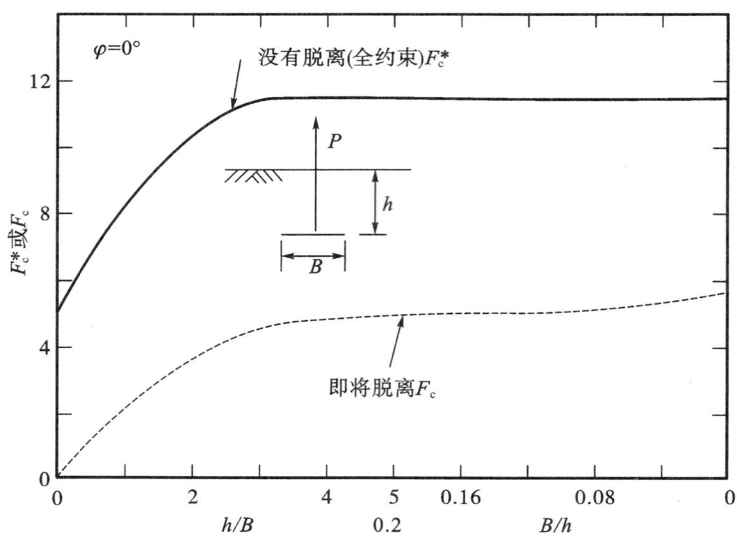

图 8-50　在黏土中水平锚板的锚固能力系数(Rowe 和 Davis，1982a)

瞬时脱离情况时，埋深比 h/B 大约取到 4；不脱离情况时，埋深比 h/B 取 3。在这两种情况下，图 8-50 显示了水平锚的深锚性能。图 8-51 展示了当 h/B 超过 3 时的深锚性能。

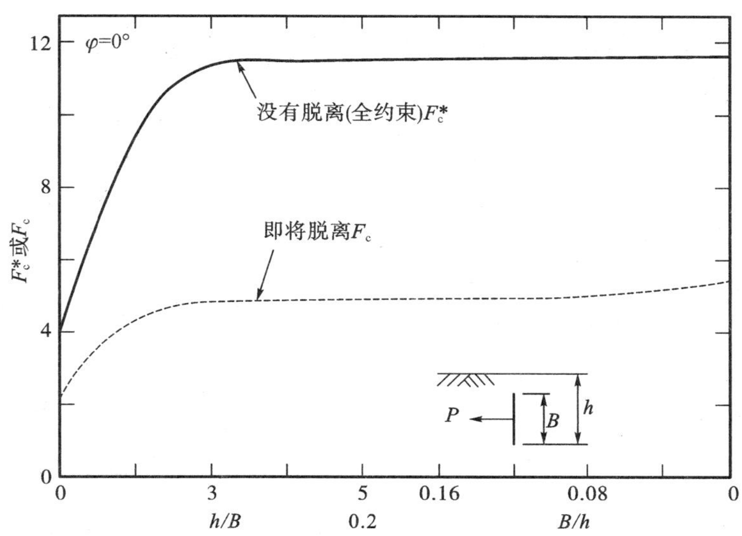

图 8-51 在黏土中垂直锚板的锚固能力系数(Rowe 和 Davis，1982a)

Rowe 和 Davis(1982a)测试了锚的粗糙度、埋置深度、倾斜角、厚度以及锚的形状对于锚固性能的影响。他们得到结论如下：

(a) 对于浅锚，粗糙度可以增加锚固性能并超过由公式(8-57)计算得到的量值。对于深锚，粗糙度基本没有影响。

(b) 埋置深度仅有相对较小的影响。

(c) 对于浅锚，当 $h/B=3$ 时并且锚轴与竖直线的角度小于等于 60°时，图 8-51 中的结果是可以使用的；当锚轴与竖直线的角度超过 60°时，应使用图 8-50 中的结果。对于深锚，公式(8-58a) 中的 s 是基于锚的方向在 K_0 和单位值之间范围内取值。

(d) 对于粗糙的锚，锚的厚度产生的影响通常并不明显。

(e) 对于均匀各向同性弹塑性材料，圆形锚的性能会超过条形锚的性能。性能比值从锚埋深非常浅时的 2 变化至 $h/B=6$ 时的 1.2。

2. 砂土中的锚

Rowe 和 Davis(1982b)给出了锚的性能 q_u 的公式：

$$q_u = cF_c' + \gamma' hF_\gamma R_\psi R_R \tag{8-59}$$

式中

$$c = c' + q_s \tan\varphi'$$

式中，c' 为排水黏聚力(砂土时取 0)；φ' 为排水摩擦角；q_s 为表面附加压力，另外

$$F_c' = F_c + q_s/c'$$

式中，F_c 为锚固能力系数；γ' 为锚上部土体的有效容重；h 为锚的埋置深度；F_γ 为在塑性变形至恒定体积(非膨胀的) 的土体中，光滑锚的锚固能力系数；R_ψ 为对于膨胀的修正系数；R_R 为对于粗糙的修正系数。

图 8-52 和图 8-53 给出了水平锚和竖直锚锚板的 F_c 值，图 8-54 和图 8-55 给出了相应的 F_γ 值。图 8-56 和图 8-57 给出了典型的修正系数 R_ψ。对于多种类型的砂土，膨胀角 ψ 会超过 0，以至于膨胀系数 R_ψ 会显著地大于单位值。图 8-58 给出了对于竖直锚板的粗糙度修正系数 F_R 的一个示例。如果 $h/B > 3$，锚在非膨胀性材料中的粗糙度的影响并不显著。

土体的压缩是一个对于较高的 φ 值有一定意义的因素。当土体的剪切模量和抗剪强度之比减小时，锚固能力系数 F_γ 会显著减小。Vesic（1971）和 Kulhawy（1985）研究过相关的作用。

一个更加重要的因素是重复或循环荷载的影响。Hanna 等（1978）做过一系列砂土中锚的模型测试，结果显示：

（a）在单向重复荷载作用下，永久位移持续增加。然而，会出现一个荷载极限（大概静态极限的 60%～70%），在这个极限下，大量的循环引起明显的位移。另外，前面的循环荷载会导致后面荷载的刚化效应。

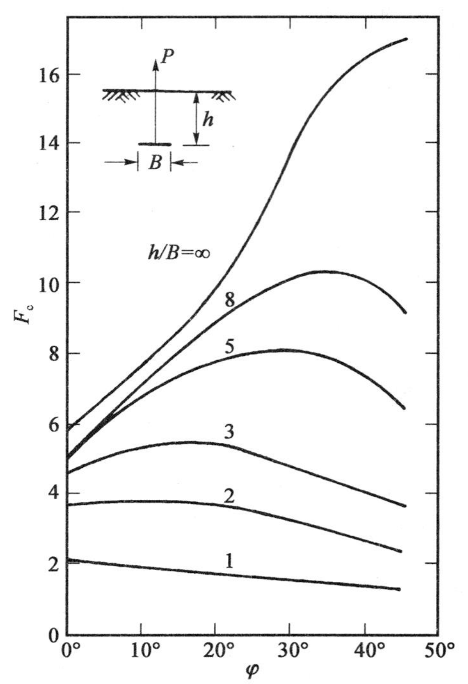

图 8-52　即将脱离时的水平锚板的 F_c 值（Rowe 和 Davis，1982b）

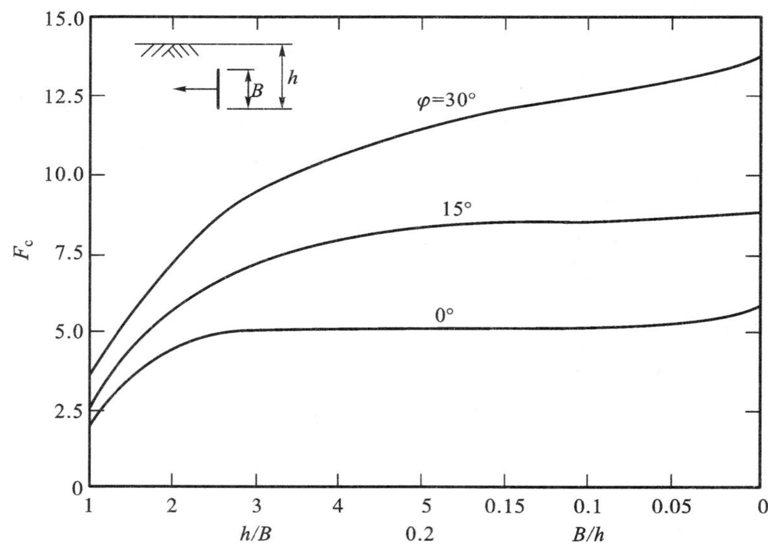

图 8-53　即将脱离时的垂直锚板的 F_c 值（Rowe 和 Davis，1982b）

（b）在双向周期荷载作用下，性能表现会发生严重退化，并且在相对保守的双向荷载程度下，锚的载荷能力（以及受此影响的寿命）会大幅下降。

因此，在双向循环载荷的条件下，循环载荷的幅值可能需要保持在一个很低的水平（即不超过 10%的静态极限值）。

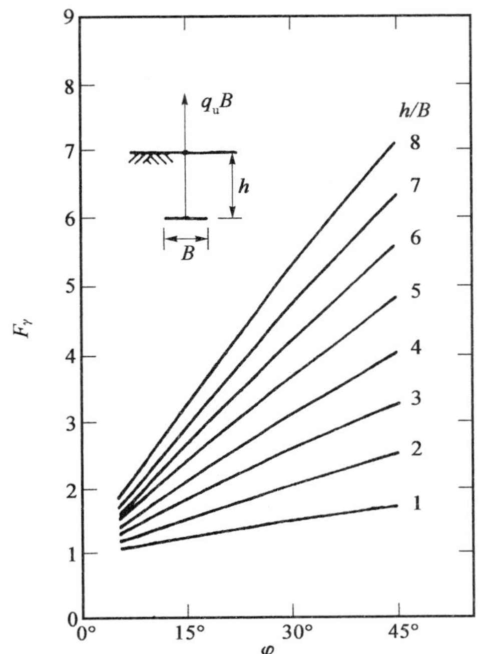

图 8-54 在水平锚板上锚固能力系数 F_γ 随着 φ 变化的情况(Rowe 和 Davis，1982b)

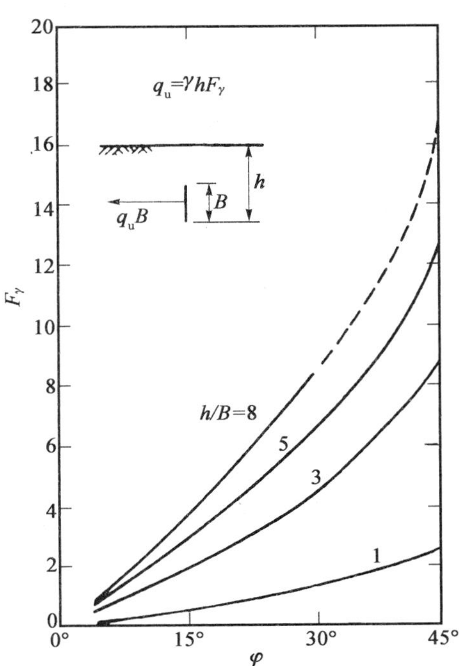

图 8-55 在垂直锚板上锚固能力系数 F_γ 随着 φ 变化情况(Rowe 和 Davis，1982b)

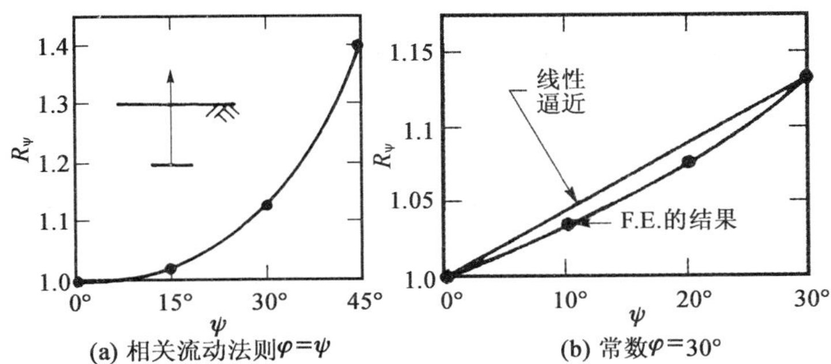

图 8-56 ψ 对 R_ψ 的影响；$h_B=3$，水平锚板(Rowe 和 Davis，1982b)

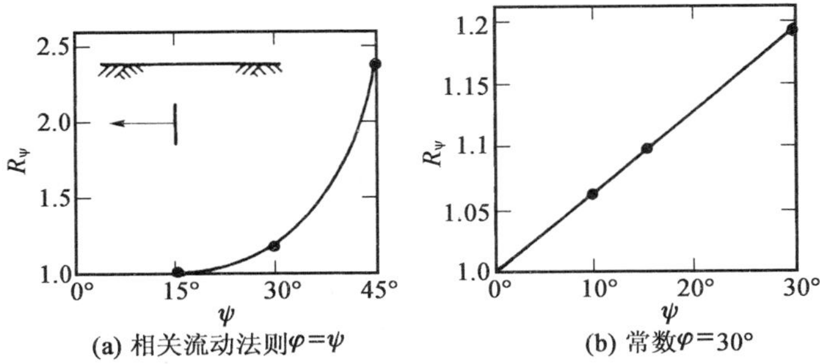

图 8-57 ψ 对 R_ψ 的影响；$h_B=3$，垂直锚板(Rowe 和 Davis，1982b)

3. 锚在排水情况下的黏性土质里

公式（8－59）是 Rowe 和 Davis (1982a)提出的解决办法，适用于锚在排水情况下的黏性土质里的分析。对大多数黏土来说，膨胀角 ψ 近似于 0，因此膨胀修正系数 R_ψ 趋近单位值。

通常来说，锚的长期抗拔承载力小于不排水条件下的抗拔力。在不排水情况下锚底部会产生吸力，这种吸力将会随着时间逐渐消散。Foda(1983)提出了锚和近似埋入物体的脱卸分析理论。Byrne 和 Finn(1978)做了吸力减小比率的测试，并且测试了脱卸压力的减小比率，发现了这个比率大小可以由基础固结的理论研究方法来预估(如 Dacis 和 Poulos，1972)。

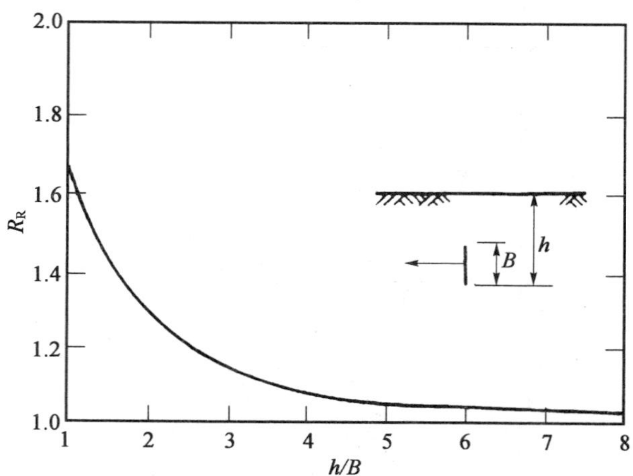

图 8-58　粗糙度影响的校正因素，$\varphi=30$，$\psi=0$ (Rowe 和 Davis，1982b)

8.10.3　锚的移动

现在已经有很多关于弹性土壤中的锚板的荷载-偏转特性的研究方法。Eelvadurai(1978)以及 Rowe 和 Booker(1979a)得到了解决不同形状水平锚板的方法，后者还为锚和土的分离做出了规定。Rowe 和 Booker(1979b)发表了倾斜的矩形锚板的解决方法。Rowe 和 Booker(1980)调查研究了锚板的不同参数，比如跨度和倾斜度，然后给出了一份对多扩孔锚的性能参数的研究。Selvadurai(1979)在分析刚性偏心受压锚板时，考虑了在无限弹性介质中环圆形锚板的轴对称弯曲。

以设计为目的的最有用的方法是由 Rowe 和 Booker(1981)提出的。对于一个直径为 B 的刚性圆形锚，放在距离非均匀各向同性土层表面深度为 h 的位置，土层深度为 $h+D$，其位移公式是：

$$\rho=\frac{P}{BE_a}C_\infty M_{hD}R_N \tag{8-60}$$

式中，P 为应用荷载；E_a 为在表层以下深度为 h 处土壤的杨氏模量；C_∞ 为锚在无限各项同性均匀土壤中的位移系数；M_{hD} 为一个关于埋入效应和土层的深度的影响系数；R_N 为关于土壤非均质性的修正系数。

在这些结论中，土壤的杨氏模量随深度呈线性变化，变化规律如下式：

$$E=E_0+\beta z \tag{8-61}$$

式中，E_0 为土壤表面的模量；β 为模量随深度的增长率；z 为距离表面的深度。

C_∞ 的值由下式给出：

圆形锚板：
$$C_\infty=\frac{(1+\nu)(3-4\nu)}{8(1-\nu)} \tag{8-62}$$

方形锚板：
$$C_\infty=\frac{\sqrt{\pi}(1+\nu)(3-4\nu)}{16(1-\nu)} \tag{8-63}$$

在 $\nu=0.3$ 时，因子 M_{hD} 可以在图 8-59 中标出。它随着相对深度 h/B 的增大而减小，并且随着锚下部相对土壤深度 D/B 的减小而减小。对于所有锚，特别是浅锚，泊松比 ν 对 M_{hD} 的影响很小，M_{hD} 随着 ν 的增加而减小。举个例子，当 $\nu=0.5$ 时，$D/B=\infty$，另外 $h/B=0$，$M_{hD}=1.98$；然而，当 $\nu=0.3$ 时，M_{hD} 相应的值约为 2.14。

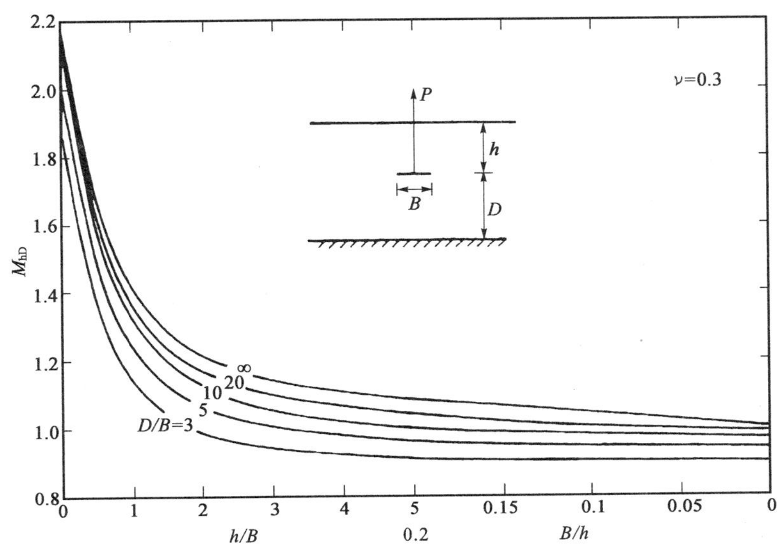

图 8-59　埋深和层深对锚在同质土壤中的位移的影响；$\nu=0.3$(Rowe 和 Booker，1980)

图 8-60 表示非均质因子 R_N 的值。在不可压缩的土壤的深层沉积层中，对于浅锚，非均质性对于锚位移的影响最大，对于深锚的影响最小。

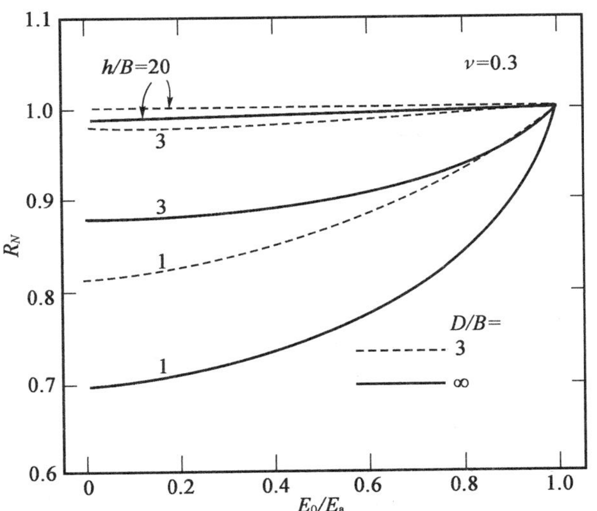

图8-60　非同质土对锚的位移的影响(Rowe 和 Booker，1980)

Rowe 和 Booker 也测试了模量各向异性对锚位移的影响，发现模量各向异性相对于非均质性、锚的埋深以及土层深度来讲影响较小。这影响的大小取决于各向异性的程度，这种各向异性在真实的土壤沉积层中是很难评估的；对于广泛范围内的各向异性比率，锚位移的影响可以达到 +15%～−30%之多。

Rowe 和 Booker(1979a，1980)也研究了多扩孔锚。扩孔系统的位移可以由下式表示：

$$\rho=\frac{Pc_{\infty}}{BE_a}\left(\sum_{i=1}^{n}\frac{E_i/E_a}{M_i}\right)^{-1}R_I \tag{8-64}$$

式中，E_a 为顶部扩孔层的模量；E_i 为在深度为 h_i 处的模量；h_i 为扩孔 i 被放置的深度；n 为扩孔的数量；对于扩孔 i，$M_i=M_{hD}R_N$[见式(8-60)]；R_I 为相互影响因素，表明了锚系统位移的增加归因于扩孔的相互作用。

在有 2，3，4 和 5 个扩孔时，以及在各个无量纲参数 h/B，D/B，s/B（这里的 s 为扩孔之间的距离）和 E_0/E_a 的组合情况下，图 8-61 和图 8-62 给出了 R_I 的值。对于一般的扩孔系统，相互作用对于位移的影响可能介于 10%～100%。对于相对深的锚，其相互作用与非均质程度的关系不大。

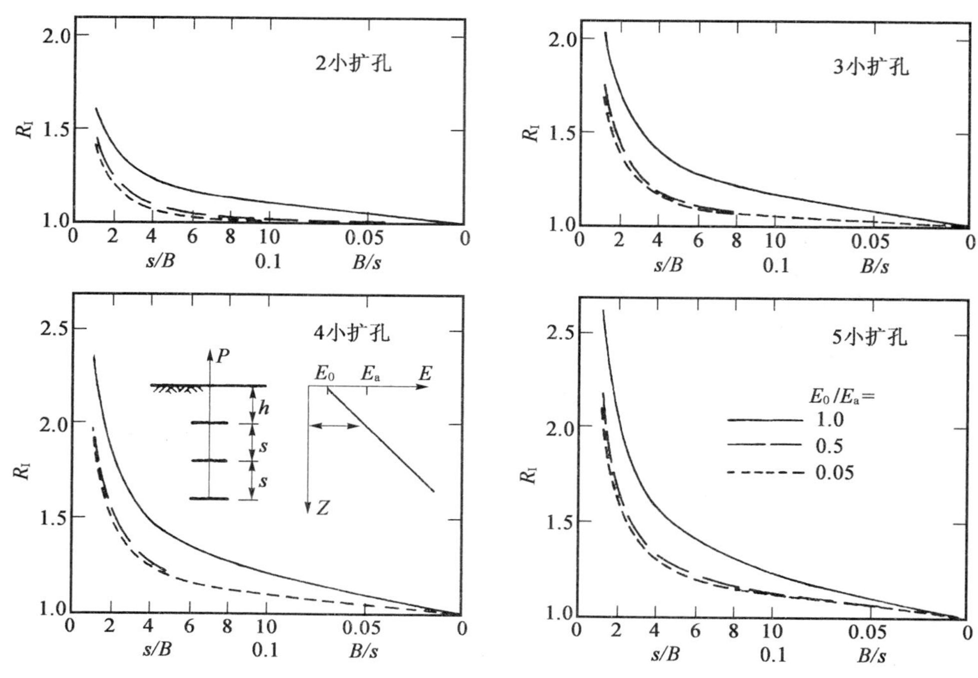

图 8-61 $h_B=1$，$D_B=\infty$和 $\nu=0.5$ 的相互作用影响系数（Rowe 和 Booker，1980）

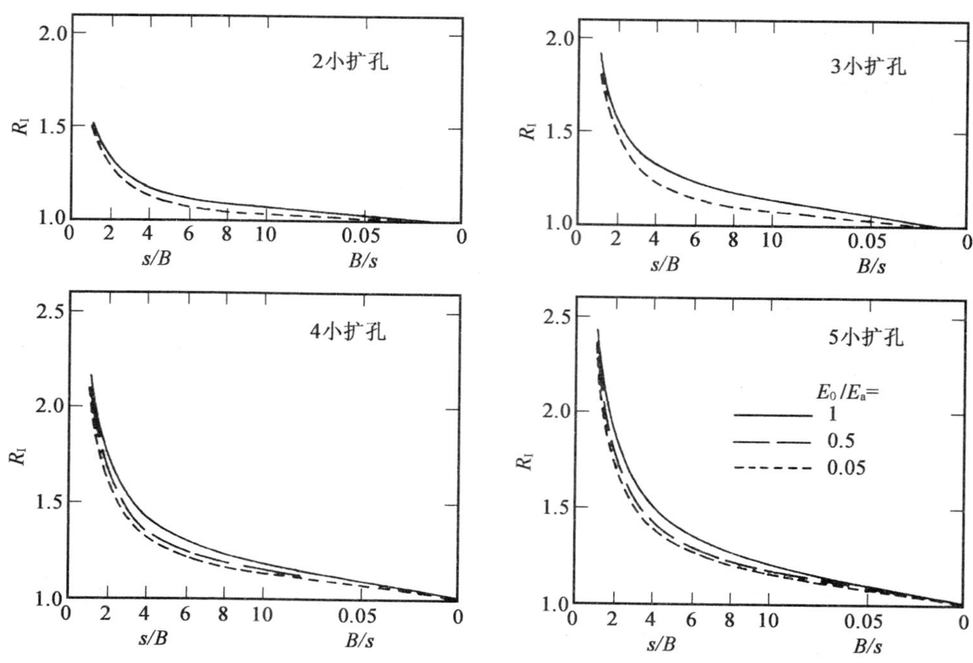

图 8-62 $h_B=10$，$D_B=\infty$和 $\nu=0.5$ 的相互作用影响系数（Rowe 和 Booker，1980）

前面所说的方法是用于有竖向轴的锚系统的。对于单个倾斜的锚来说，Rowe 和 Booker (1980)提出与垂直方向夹角为 60°或小于 60°的单个扩孔锚的位移可以通过公式(8-60)计算垂直锚的位移来得到，用 E_a 表示锚形心处的模量，并且将深度 h 等效成到锚形心处的深度，以此来确定 R_N。对于均质土壤中的多个锚，锚在与垂直方向夹角倾斜达到 75°时，锚的移动变化会小于 10%。在非均质土壤情况下，公式(8-64)中 M_i 的值可以参考上述单锚的情况来确定，R_I 的值用来确定扩孔之间真实间距 s/B 以及与顶部锚的形心到土壤表面的垂直距离相应的埋深比 h/B。

参 考 文 献[①]

Aggarwal S L, Malhotra A K, Banerjee R. 1977. Engineering properties of calcareous soils affecting the design of deep penetration piles for offshore structures. Proc. 9th Annual OTC, Houston, vol. 3, 503-512.

Almagor G, Wiseman G. 1977. Analysis of submarine slumping in the continental slope of the southern coast of Israel. Mar. Geotech. 2, 349-388.

Almagor G, Bennett R H, Lambert D N, et al. 1984. Analysis of slope stability, Wilmington to Lindenkohl canyons, US mid-Atlantic margin. In Seabed mechanics, B. Denness (ed.), Ch. 6. London: Graham & Trotman.

Andersen K H. 1976. Behaviour of clay subjected to undrained cyclic loading. Proc. BOSS'76 Conf., Trondheim, vol. 1, 392-403.

Andersen K H, Aas P M. 1981. Foundation performance. Publ. no. 137. Oslo: NGI.

Andersen K H, Hansteen O E, Hoeg K, et al. 1978. Soil deformations due to cyclic loads on offshore structures. In Numerical methods in offshore engineerings, Zienkiewicz O C, Lewis R W, Stagg K G(eds), Ch. 13. Chichester: Wiley.

Andersen K H, Lacasse S, Aas P M, et al. 1982. Review of foundation design principles for offshore gravity platforms. Proc. 3rd BOSS Conf., Cambridge, Mass., vol. 1, 243-261.

Anderson L A. 1985. GPS accuracy while surveying arrays of deep ocean transponders. Proc. 1st Int. Symp. on Positioning with GPS, Rockville, Md, 23-31.

Andresen A, Berre T, Kleven A, et al. 1979. Procedures used to obtain soil parameters for foundation engineering in the North Sea. Mar. Geotech. 3(3), 201-266.

API. 1982. API RP2A, recommended practice for planning, designing and constructing fixed offshore platforms, 13th edn. Dallas: American Petroleum Institute.

Arnold P. 1973. Finite element analysis-a basis for seafloor soil movement design criteria. Proc. 5th Annual OTC, Houston, vol. 2, 743-752.

Arulanandan K, Arulmoli K, Dafalias Y F. 1982. In situ prediction of dynamic pore pressures in sand deposits. Int. Symp. Num. Models Geomech., Zurich, 359-376. Rotterdam: A. A. Balkema.

ASCE. 1974. Pipelines in the ocean. Final Report of the Task Committee. New York: ASCE.

Atkinson J H, Bransby P L. 1978. The mechanics of soils. Maidenhead: McGraw-Hill.

Audibert J M E, Nyman K J. 1977. Soil restraint against horizontal motion of pipes. J. Geotech. Engng. Div, ASCE, 103 (GT10), 1119-1142.

Azzouz A S, Baligh M M, Ladd C C. 1982. Cone penetration and engineering properties of the soft Orinoco Clay. Proc. 3rd BOSS Conf., Cambridge, Mass., vol. 1, 161-180.

Baguelin F, Jezequel J F, le Mee E, et al. 1972. Expansion of cylindrical probes in cohesive soils. J. Soil Mech. Foundat. Div., ASCE 98 (SMll), 1129-1142.

Balaam N P, Poulos H G, Booker J R. 1975. Finite element analysis of the effects of installation on pile load-

① 本书所列参考文献全部为原著所附，为阅读对照使用方便，所有文献均按原著的著录格式编排，特此说明。

settlement behaviour. Geotech. Engng 6(1), 33-48.

Baladi G Y, Rohani B. 1979. An elastic-plastic constitutive model for saturated sand subjected to monotonic and/or cyclic loading. Proc. 3rd Int. Conf. Num. Meth. Geomech., Aachen, vol. 1, 389-404.

Baligh M M. 1975. Theory of deep site cone penetration resistance. Research Report R75-56. Department of Civil Engineering, MIT.

Baligh M M, Levadoux J N. 1980. Pore pressure dissipation after cone penetration. Research Report No. 80-111. Department of Civil Engineering, MIT.

Balia A. 1961. The resistance to breaking out of mushroom foundations for pylons. Proc. 5th Int. Conf. Soil Mech. Foundat. Engng, Paris, 1, 569-576.

Banerjee P K. 1978. Analysis of axially and laterally loaded pile groups. In Developments in soil mechanics, Scott C R(ed.), Ch. 9. London: Applied Science.

Banerjee P K, Davies T G. 1978. The behaviour of axially and laterally loaded single piles embedded in non-homogeneous soils. Geotechnique 28(3), 309-326.

Banerjee P K, Driscoll P M. 1976. Three-dimensional analysis of raked pile groups. Proc. Instn Civ. Engrs, Pt 2, 61, 653-671.

Bathurst R G C. 1975. Carbonate sediments and their diagenesis, 2nd edn. Amsterdam: Elsevier.

Bea R G. 1980. Dynamic response of piles in offshore platforms. Proc. Dynamic Response of Pile Foundations: Analytical Aspects, ASCE, 80-109.

Bea R G, Aurora R P. 1981. A simplified evaluation of seafloor stability. Proc. 13th Annual OTC, Houston, Paper OTC 3975, 223-240.

Bea R G, Aurora R P. 1982. Design of pipelines in mudslide areas. Proc. 14th Annual OTC, Houston, Paper OTC 4411, vol. 1, 401-414.

Bea R G, Nour-Omid S, Coull T B. 1982. Design for dynamic loadings. Paper presented to 3rd BOSS Conf., Boston, 1982.

Bea R G, Wright S G, Sircar P, et al. 1983. Wave-induced slides in South Pass Block 70, Mississippi Delta. J. Geotech. Engng, ASCE 109(4), 619-644.

Beard R M, Lee H J. 1975. Holding capacity of direct embedment anchors. Proc. Civil Engineering in the Oceans III, ASCE, vol. 1, 470-485.

Been K, Sills G C. 1980. Self weight consolidation of soft soils: an experimental and theoretical study. Geotechnique 30(4), 519-535.

Belcotec. 1985. Pile foundation problems. In Belgian geotechnical volume, Ch. 1. Published for 1985 Golden Jubilee of ISSMFE. Belgian Society of International Society for Soil Mechanics and Foundation Engineering.

Bell K, Hansteen O E, Larsen P K, et al. 1976. Analysis of a wave-structure-soil system: case study of a gravity platform. Proc. 1st BOSS Conf., Trondheim, vol. 1, 846-863.

Berezantzev V G, Khristoforov V, Golubkov V. 1961. Load bearing capacity and deformation of piled foundations. Proc. 5th Int. Conf. Soil Mech. Foundat. Engng, Paris, vol. 2, 11-15.

Beringen F L, Kolk H J, Windle D. 1982. Cone penetration and laboratory testing in marine calcareous sediments. ASTM STP 777, 179-209. Philadelphia: ASTM.

Bijker E W, Leeuwestein W. 1984. Interaction between pipelines and the seabed under the influence of waves and currents. In Seabed mechanics, Denness B(ed.), Ch. 22. London: Graham & Trotman.

Biot M A. 1941. General theory of three-dimensional consolidation. J. Appl. Phys. 12, 155-165.

Biot M A. 1956. Theory of elastic waves in fluid-saturated porous solid. J. Acoust. Soc. Am., 28, 168-191.

Bishop A W. 1955. The use of the slip circle in the stability analysis of slopes. Geotechnique 5, 7-17.

Bjerrum L. 1967. Engineering geology of Norwegian normally consolidated marine clays as related to settlements of buildings. Geotechnique 17, 81-118.

Bjerrum L. 1973a. Problems of soil mechanics and construction on soft clays: state-of-the-art report. Proc. 8th Int. Conf. Soil Mech. Foundat. Engng, Moscow, vol. 3, 109-159.

Bjerrum L. 1973b. Geotechnical problems involved in foundations of structures in the North Sea. Geotechnique 23(3), 319-358.

Bjerrum L, Simons N E. 1960. Comparison of shear strength characteristics of normally consolidated clays. Proc. Res. Conf. on Shear Strength of Cohesive Soils, ASCE, 711-726.

Blaney G W, Kausel E, Roesset J M. 1976. Dynamic stiffness of piles. Proc. 2nd Int. Conf. Num. Meth. Geomech., Blacksburg, ASCE, 1001-1012.

Bolton M D. 1986. Strength and dilatancy of sands. Geotechnique 36 (1), 65-78.

Booker J R, Savvidou C. 1984. Consolidation around a spherical heat source. Int. J. Solids Struct. 20(11/12), 1079-1090.

Booker J R, Savvidou C. 1985. Consolidation around a point heat source. Int. J. Num. Anal. Meth. Geomech. 9, 173-184.

Booker J R, Balaam N P, Davis E H. 1985a. The behaviour of an elastic non-homogeneous half-space: part I. Line and point loads. Int. J. Num. Anal. Meth. Geomech. 9(4), 353-367.

Booker J R, Balaam N P, Davis E H. 1985b. The behaviour of an elastic non-homogeneous half-space: part II. Circular and strip footings. Int. J. Num. Anal. Meth. Geomech. 9(4) , 369-381.

Boon C, Gouvenot D, Gau M, et al. 1977. Stability of gravity-type platforms by filling under the raft. Proc. 9th Annual OTC, Houston, vol. 4, 39-44.

Boswell L F. (ed.) 1984. Platform superstructures, design and construction. London: Granada.

Boswell L F. (ed.) 1986. The jack-up drilling platform. London: Collins.

Bouckovalas G, Whitman R V, Marr W A. 1984. Permanent displacement of sand with cyclic loading. J. Geotech. Engng, ASCE 110(11), 1606-1623.

Boulon M, Desrues J, Foray P, et al. 1980. Numerical model for foundation under cyclic loading, application to piles. Int. Symp. on Soils Under Cyclic and Transient Loading, Swansea, 681-694. Botterdam: A. A. Balkema.

Bowen R M. 1980. Incompressible porous media models by use of the theory of mixtures. Int. J. Engng Sci. 18, 1129-1148.

Bowles J E. 1974. Analytical and computer methods in foundation engineering. New York: McGraw Hill.

Briaud J L, Meyer B. 1983. In situ tests and their application in offshore design. In Geotechnical practice in offshore engineering, Wright S G (ed.), 244-266. ASCE.

Brinch Hansen J. 1961. The ultimate resistance of rigid piles against transversal forces. Geoteknisk Institut Bull. (12): Copenhagen.

Broms B B. 1964a. Lateral resistance of piles in cohesive soils. J. Soil Mech. Foundat. Div., ASCE 90 (SM2), 27-63.

Broms B B. 1964b. Lateral resistance of piles in cohesionless soils. J. Soil Mech. Foundat. Div., ASCE 90 (SM3), 123-156.

Brown J D, Meyerhof G G. 1969. Experimental study of bearing capacity in layered clays. Proc. 7th Int. Conf. Soil Mech. Foundat. Engng, Mexico City, vol. 2, 45-51.

Brown S F, Lashine A K F, Hyde A F L. 1975. Repeated load triaxial testing of a silty clay. Geotechnique 25, 95-114.

Brucy F, Fay J B, Marignier J. 1982. Offshore self-boring pressnremeter: the LPC/IFP probe. Symp. on the Pressuremeter and its Marine Applications, Paris: Editions Technip.

Brumund W F, Callender G W. 1975. Compressibility of undisturbed submarine sediments. Proc. Civil Engineering in the Oceans Ⅲ, ASCE, vol. 1, 363-379.

Bryant W R, Deflache A P, Trabant P K. 1974. Consolidation of marine clays and carbonates. In Deep-sea sediments, Inderbitzen A L(ed.), 209-244. New York: Plenum Press.

Bryant W R, Hottraan W, Trabant P. 1976. Permeability of unconsolidated and consolidated marine sediments, Gulf of Mexico. Mar. Geotech. 1(1), 1-14.

Burgess N C, Hughes J M O, Innes R, et al. 1983. Site investigation and in-situ testing techniques in Arctic seabed sediments. Proc. 15th Annual OTC, Houston, Paper OTC 4583, 27-34.

Burland J B. 1973. Shaft friction of piles in clay-a simple fundamental approach. Ground Engng 6(3), 30-42.

Burland J B, Broms B B, de Mello V F B. 1977. Behaviour of foundations and structures. State-of-The-Art-Report, Proc. 9th Int. Conf. Soil Mechs. Foundn. Eng., Tokyo, vol. 2, 495-546.

Butterfield R, Banerjee P K. 1971. The elastic analysis of compressible piles and pile groups. Geotechnique 21 (1), 43-60.

Butterfield R, Douglas R A. 1981. Flexibility coefficients for the design of piles and pile groups. Tech. Note 108. London: CIRIA.

Butterfield R, Ghosh H. 1979. A linear elastic interpretation of model tests on single piles and groups of piles in clay. Proc. Conf. on Num. Methods in Offshore Piling, London, ICE, 109-118.

Byrne P M. 1986. Personal communication.

Byrne P M, Finn W D L. 1978. Breakout of submerged structures buried to a shallow depth. Can. Geotech. J. 15(2), 146-154.

Byrne P M, Anderson D L, Janzen W. 1984. Response of piles and casings to horizontal free-field soil displacements. Can. Geotech. J. 21(4), 720-725.

Calladine C R. 1963. The yielding of clay. Correspondence, Geotechnique 13, 250-255.

Campbell K J, Dobson M, Ehlers C J. 1982. Geotechnical and engineering geological investigations of deep-water sites. Proc. 14th Annual OTC, Houston, Paper OTC 4169, 25-37.

Carter J P, Booker J R. 1985. Thermomechanical analysis of some proposed schemes for radioactive waste disposal. Proc. 5th Int. Conf. Num. Meth. Geomech., Nagoya, 1249-1256.

Carter J P, Booker J R, Wroth C P. 1982. A critical state soil model for cyclic loading. In Soil mechanics - transient and cyclic loads, 219-252. New York: Wiley.

Castro G C. 1975. Liquefaction and cyclic mobility of saturated sands. J. Geotech. Engng Div., ASCE 101 (GT6), 551-569.

Castro G, Christian J T. 1976. Shear strength of soils and cyclic loading. J. Geotech. Engng Div., ASCE 102 (GT9), 887-895.

Castro G, Poulos S J, Leathers F D. 1985. Are-examination of the slide of the Lower San Fernando Dam. J. Geotech. Engng, ASCE 111(GT9), 1093-1107.

Chan S F, Hanna T H. 1980. Repeated loading on single piles in sand. Geotech. Engng Div., ASCE 106 (GT2), 171-188.

Chaney R C. 1984. Methods of predicting the deformation of the seabed due to cyclic loading. In Seabed mechanics, B. Denness (ed.), 159-168. London: Graham & Trotman.

Chaney R C, Slonim S M, Slonim S S. 1982. Determination of calcium carbonate content in soils. STP 777, 3-15. Philadelphia: ASTM.

Chang C S. 1982. Residual undrained deformation from cyclic loading. J. Geotech. Engng Div, ASCE 108 (GT4), 637-646.

Chateau G M. 1982. Oil and gas production facilities for very deep water. Proc. 3rd BOSS Conf., Cambridge, Mass., vol. 1, 50-70.

Clark A R, Walker B F. 1977. A proposed scheme for the classification and nomenclature for use in the engineering description of Middle Eastern sedimentary rocks. Geotechnique 17(1), 93-99.

Clausen C J F, Dibiagio E, Duncan J M, et al. 1975. Observed behaviour of the Ekofisk oil storage tank foundation. Proc. 7th Annual OTC, Houston, vol. 3, 399-413.

Clifford P J, Germain F R, Caron R L. 1979. A totally new approach to seafloor mapping. Proc. 11th Annual OTC, Houston, vol. 3, 1681-1689.

Clough R W, Penzien J. 1975. Dynamics of structures. New York: McGraw-Hill.

Clukey E C, Kulhawy F H, Liu P L-F. 1983. Laboratory and field investigation of wave-sediment interaction. Geotech. Engng Report 83-89. Cornell University, Ithaca, New York.

Coleman J M. 1975. Subaqueous mass movement of Mississippi River delta sediments and adjacent continental shelf and upper continental slope. Coastal Studies Institute Files, Louisiana State University, Baton Rouge, La.

Coleman J M, Garrison L E. 1977. Geological aspects of marine slope stability, northwestern Gulf of Mexico. Mar. Geotech. 2, 9-44.

Coleman J M, Suhayda J N, Whelan T, et al. 1974. Mass movement of Mississippi River delta sediments. Trans Gulf Coast Assoc. Geol Soc. XXIV, 49-68.

Committee on Earthquake Engineering. 1985. Liquefaction of soils during earthquakes. Washington, DC: National Academy Press.

Cottrill A. 1986. Tip treatment eases Rankin doubts. Construction Today, June, 45-46.

Coyle H M, Reese L C. 1966. Load transfer for axially loaded piles in clay. J. Soil Mech. Foundat. Div., ASCE 92(SM2), 1-26.

Craig W H, Al-Saoudi N K S. 1981. The behaviour of some model offshore structures. Proc. 10th Int. Conf. Soil Mech. Foundat. Engng, Stockholm, vol. 2, 83-88.

Cronan D S. 1980. Underwater minerals. London: Academic Press.

Cross R H, Huntsman S R, Treadwell D D, et al. 1979. Attenuation of pore water pressure in sand. Proc. ASCE Spec. Conf. on Civil Engineering in the Oceans IV, vol. 2, 745-757.

Dafalias Y F. Herrmann L R. 1982. Bounding surface formulation of soil plasticity. In Soil mechanics - transient and cyclic loads, Ch. 10. New York: Wiley.

Dahlberg R. 1983. The role of dynamic testing for verification of offshore piles. In Geotechnical aspects of coastal and offshore structures, Yudhbir, Balasubramaniam A S(eds), 115-122. Rotterdam: A. A. Balkema.

D'Appolonia D J, Poulos H G, Ladd C C. 1971. Initial settlement of structures on clay. J. Soil Mech. Foundat. Div., ASCE 97(SM10), 1359-1377.

Das B M. 1985. Resistance of shallow inclined anchors in clay. In Uplift behaviour of anchor foundations in soil, Clemence S P(ed.), 86-101. ASCE.

Das B M. Seeley G R. 1975. Puliout resistance of vertical anchors. J. Geotech. Engng Div., ASCE 101 (GT1), 87-91.

Datta M, Gulhati S K, Rao G V. 1979a. Crushing of calcareous sands during shear. Proc. 11th Annual OTC, Houston, Paper OTC 3525, 1459-1467.

Datta M, Gulhati S K, Rao G V. 1979b. Undrained shear behaviour of calcareous sands. Indian Geotech. J. 9 (4), 365-380.

Datta M, Gulhati S K, Rao G V. 1980a. An appraisal of the existing practice of determining the axial load capacity of deep penetration piles in calcareous sands. Proc. 12th Annual OTC, Houston, Paper OTC 3867, 119-130.

Datta M, Rao G V, Gulhati S K. 1980b. Development of pore water pressures in a dense calcareous sand under repeated compressive stress cycles. Proc. Int. Symp. on Soils Under Cyclic and Trans. Loading, Swansea, vol. 1, 33-47. Rotterdam: A. A. Balkema.

Davie J R, Sutherland H B. 1976. Uplift resistance of cohesive soils. J. Geotech. Engng Div., ASCE 103 (GT9), 935-952.

Davie J R, Fenske C W, Serocki S T. 1978. Geotechnical properties of deep continental margin soils. Mar. Geotech. 3(1), 85-119.

Davies T G, Budhu M. 1986. Design equations for laterally loaded piles in soft marine deposits. Proc. 3rd Int. Conf. Num. Methods in Offshore Piling, Nantes, 407-415.

Davis A M, Bennell J D. 1985. Dynamic properties of marine sediments. Ocean seismo-acoustics, Akal T, Berkson J(eds). New York: Plenum Press.

Davis E H, Booker J R. 1973. The effect of increasing strength with depth on the bearing capacity. Geotechnique 23(4), 551-553.

Davis E H, Poulos H G. 1967. Laboratory Investigations of the effects of sampling. Civ. Engng Trans, Inst. Engrs Aust. CE9(1), 86-94.

Davis E H, Poulos H G. 1968. The use of elastic theory for settlement prediction under three-dimensional conditions. Geotechnique 18(1), 67-91.

Davis E H, Poulos H G. 1972. Rate of settlement under three-dimensional conditions. Geotechnique 22(1), 95-114.

De Groff W L. 1985. Offshore sampling equipment. Draft paper prepared for ASTM Committee D18. 13.

De La Mare R F. (ed.) 1985. Advances in offshore oil and gas pipeline technology. London: Oyez.

Demars K R. 1983. Transient stresses induced in sandbed by wave loading. J. Geotech. Engng, ASCE 109 (4), 591-602.

Demars K R, Chaney R C(eds). 1982. Geotechnical properties, behaviour and performance of calcareous soils. STP 777. Philadelphia: ASTM.

Demars K R, Vanover E A. 1985. Measurement of wave-induced pressures and stresses in a sandbed. Mar. Geotech. 6(1), 29-59.

Demars K R, Nacci V A, Kelly W E, et al. 1976. Carbonate content: an index property for ocean sediments. Proc. 8th Annual OTC, Houston, Paper OTC 2627, 97-106.

Demars K R, Charles R D, Richter J A. 1979. Geology and geotechnical features of the mid-Atlantic continental shelf. Proc. 11th Annual OTC, Houston, Paper OTC 3397, 343-354.

Denk E W, Dunlap W A, Bryant W R, et al. 1981. A pressurized core barrel for sampling gas-charged marine sediments. Proc. 13th Annual OTC, Houston, Paper OTC 4120, 43-52.

Dennis N D, Olsen R E. 1983. Axial capacity of steel pipe piles in clay. Proc. ASCE Spec. Conf. on Geotech. Practice in Offshore Engng, Austin, 370-388.

De Ruiter J. 1975. The use of in situ testing for North Sea soil studies. Proc. Offshore Europe 75, Aberdeen, 219.1-219.10.

De Ruiter J. 1981. Current penetrometer practice. In Cone penetration testing and experience, Norris G M, Holtz R D(eds), 1-48. ASCE.

De Ruiter J. 1982. The static cone penetration test: state-of-the-art report. Proc. 2nd Eur. Symp. Penetration Testing, Amsterdam, 389-405.

De Ruiter J, Beringen F L. 1979. Pile foundations for large North Sea structures. Mar. Geotech. 3(3), 267-314.

De Ruiter J, Richards A F. 1983. Marine geotechnical investigations, a mature technology. In Geotechnical practice in offshore engineering, Wright S G(ed.), 1-24. ASCE.

Desai C S. 1974. Numerical design-analysis for piles in sands. J. Geotech. Engng Div., ASCE 100(GT6), 613-635.

DiBiagio E, Hoeg K. 1983. Instrumentation and performance observations offshore. ASCE Conf. on Geotech. Practice in Offshore Engng, Austin, 604-625.

DiBiagio E, Myrvoll F, Hansen S B. 1976. Instrumentation of gravity platforms for performance observations. Proc. 1st BOSS Conf., Trondheim, vol. 1, 501-515.

Diyaljee V A, Raymond G P. 1982. Repetitive load deformation of cohesionless soil. J. Geotech. Engng Div, ASCE 108(GT10), 1215-1229.

Doyle E H. 1973. Soil wave tank studies of marine soil instability. Proc. 5th Annual OTC, Houston, Paper OTC 1901, vol. 3, 753-766.

Duncan J M, Chang C-Y. 1970. Nonlinear analysis of stress and strain in soils. J. Soil Mech. Foundat. Div., ASCE 96(SM5), 1629-1653.

Dunlap W A, Bryant W R. 1978. Pore pressure measurements in underconsolidated sediments. Proc. 11th OTC, Houston, Paper OTC 3168, 1049-1058.

Durgunoglu H, Mitchell J K. 1975. Static penetration resistance of soils. Proc. ASCE Conf. on In Situ Measurement of Soil Properties, vol. 1, 151-189.

Dutt R N, Ingram W B. 1984. Jackup rig siting in calcareous soils. Proc. 16th Annual OTC, Houston, Paper OTC 4840, 541-548.

Edgers L, Karlsrud K. 1982. Soil flows generated by submarine slides - case studies and consequences. Proc. 3rd BOSS Conference, Cambridge, Mass., vol. 2, 425-4237.

Edris E V, Lytton R L. 1977. Dynamic properties of fine-grained soils.

Proc. 9th Int. Conf. Soil Mech. Foundat Engng, Tokyo, vol. 2, 217-224.

Egan J A, Sangrey D A. 1978. Critical state model for cyclic load pore pressure. Proc. ASCE Spec. Conf. Earthq. Engng Soil Dynam., Pasadena, vol. 1, 410-424.

Ehlers C J, Babb L V. 1980. In situ testing: remote vane. In Soundings, Spring 1980 Edn, 2-7. McClelland Engineers.

Eide O. 1974. Marine soil mechanics. Publ. no. 103. Oslo: NGI.

Eide O, Andersen K H. 1984. Foundation engineering for gravity structures in the northern North Sea. Publ. no. 154. Oslo: NGI.

Eide O, Andersen K H, Lunne T. 1979. Observed foundation behaviour of concrete gravity platforms installed in the North Sea 1973-1978. Proc. 2nd BOSS Conf., London, vol. 1, 435-456.

Eide O, Andresen A, Jonsrud R, et al. 1982. Reduction of pore water pressure beneath concrete gravity platforms. Proc. 3rd BOSS Conf., Cambridge, Mass., vol. 2, 373-382.

Ellers F S. 1982. Advanced offshore oil platforms. Scient. Am. 246(4), 31-41.

Emery K O, Skinner B J. 1977. Mineral deposits of the deep ocean floor. J. Mar. Mining 1(1-2).

Emrich W J. 1971. Performance study of soil Sampler for deep-penetration marine borings. Symp. on Sampling of Soil and Rock, ASTM STP 483, 30-50.

Endley S N, Rapoport V, Thompson P J, et al. 1981. Prediction of jack-up rig footing penetration. Proc. 13th Annual OTC, Houston, Paper OTC 4144, 285-296.

Esrig M I, Kirby R C. 1977. Implications of gas content for predicting the stability of submarine slopes. Marine geotechnology, 2, Marine slope stability, 81-100.

Esrig M L, Ladd R S, Bea R G. 1975. Material properties of submarine Mississippi Delta sediments under simulated wave loadings. Proc. 7th Annual OTC, Houston, Paper OTC 2188, 399-411.

Evans J H, Adamchak J C. 1969. Ocean engineering structures, vol. I (Course Notes). Cambridge, Mass. : MIT Press.

Ewing M, Ericson D B, Heezen B C. 1958. Sediments and topography of the Gulf of Mexico. In Habitat of oil, 995-1053. Tulsa: AAPG.

Ferguson G H, McClelland B, Bell W D. 1977. Seafloor cone penetrometer for deep penetration measurements of ocean sediment strength. Proc. 9th Annual OTC, Houston, vol. 1, 471-478.

Finn W D L, Lee K W. 1978. Seafloor stability under seismic and wave loading. Proc. Spec. Session on Soil Dynamics in the Marine Environment, ASCE Convention, Boston, Reprint 3604.

Finn W D L, Martin G R. 1979. Analysis of piled foundations for offehore structures under wave and earthquake loading. Proc. 2nd BOSS Conf. , London, Paper 38, 497-502.

Finn W D L, Kwok W, Martin G R. 1977. An effective stress model for liquefaction. J. Geotech. Engng. Div. , ASCE 103(GT6), 517-533.

Finn W D L, Siddharthan R, Martin G R. 1983. Response of seafloor to ocean waves. J. Geotech. Engng, ASCE 109(4), 556-572.

Fleming W G K, Weltman A J, Randolph M F, et al. 1985. Piling engineering. New York: Surry University Press/Halsted Press.

Flemming N C. (gen. ed.) 1977. The undersea. Adelaide: Rigby.

Focht J A, Kraft L M. 1977. Progress in marine geo technical engineering. J. Geotech. Engng, Div. , ASCE 103(GT10), 1097-1118.

Foda M. 1983. Breakout theory for offshore structures slated on sea-bed. Geotechnical Practice in Offshore Eng. , ASCE, 288-299.

Fookes P G, Higginbotham I E. 1975. The classification and description of near-shore carbonate sediments for engineering purposes. Geotechnique 25(2), 406-411.

Forsch R A. 1977. Disposing of high-level radioactive waste. Oceans 20(1), 5-17.

Foss I, Dahlberg R, Kvalstad T. 1978. Foundation design for gravity structures with respect to failure in cyclic loading. Proc. 10th Annual OTC, Houston, Paper OTC 3114, 535-545.

France J W, Sangrey D A. 1977. Effects of drainage in repeated loading of clays. J. Geotech. Engng Div. , ASCE 103(GT7), 769-785.

Frank R, Orsi J P. 1979. Etude theorique de l'essaia la sonde frottante. Bull. Liaison Labo. P. et Ch. 103 (Sept. -Oct.), 95-109.

Fukuoka M, Nakase A. 1973. Problems of soil mechanics of the ocean floor. Proc. 8th Int. Conf. Soil. Mech. Foundat. Engng, 4. 2, 205-222.

Fung Y C. 1965. Foundations of solid mechanics. Englewood Cliffs, NJ: Prentice-Hall.

Gambin M. 1979. Calculation of foundations subjected to horizontal forces using pressuremeter data. Sols-Soils, No. 30/31, 17-62.

Garrison C J. 1978. Hydrodynamic loading of large offshore structures: three-dimensional source distribution methods. In Numerical methods in offshore engineering, Zienkiewicz O C, Lewis R W, Stagg K G(eds), Ch. 3. Chichester: Wiley.

Garrison L E. 1974. The instability of surface sediments on parts of the Mississippi Delta front. Open-file report, US Geol Survey, Corpus Christi, Texas.

Gazetas G. 1983. Analysis of machine foundation vibrations: state of the art. Soil Dynam. Earthq. Engng 2 (1), 2-42.

Geer R L. 1982. Engineering challenges for offshore exploration in the' 80s. Keynote Address, 3rd BOSS Conf., Cambridge, Mass.

Gemeinhardt J P, Focht J A. 1970. Theoretical and observed performance of mobile rig footings on clay. Proc. 2nd Annual OTC, Houston, Paper OTC 1201, vol. I, 549-558.

Gemeinhardt J P, Wong K Y. 1978. Progress of consolidation of a marine clay in Borneo. Proc. 10th Annual OTC, Houston, Paper OTC 3209, 1361-1366.

George P J. 1976. Offshore piling practice. In Offshore soil mechanics, George P J, Wood D M(eds), 225-253. Engineering Department, University of Cambridge.

Ghabbousi J, Momen H. 1982. Modelling and analysis of cyclic behaviour of sands. In Soil mechanics - transient and cyclic loads, 313-342. New York: Wiley.

Ghazzaly O I, Kraft L M, Lim S J. 1975. Stability of offshore pipe in cohesive sediment. Proc. Spec. Conf. on Civil Engineering in the Oceans III, ASCE, vol. 1, 490-503.

Gibson R E. 1958. The progress of consolidation in a clay layer increasing in thickness with time. Geotechnique 8, 171-182.

Giroud J P, Tran-Vo-Nhiem, Obin J P. 1973. Tables pour le calcul des fondations, vol. 3, Paris: Dunod.

Goble G G, Rausche F. 1979. Pile driveability predictions by CAPWAP. Proc. Conf. Num. Methods in Offshore Piling, Instn Civ. Engrs, London, 29-36.

Goble G G, Scanlan R H, Tomko J J. 1967. Dynamic studies on the bearing capacity of piles. Highway Research Record No. 67.

Graff W J. 1981. Introduction to offshore structures. Houston: Gulf.

Griffin J J, Windom H, Goldberg E D. 1968. The distribution of clay minerals in the world ocean. Deep-Sea Res. 15, 433-459.

Grosch J J, Reese L C. 1980. Field tests of small-scale pile segments in a soft clay deposit under repeated axial loading. Proc. 12th Annual OTC, Houston, Paper OTC 3869, vol. 4, 143-151.

Gross M G. 1977. Oceanography, a view of the Earth, 2nd edn. Englewood Cliffs, NJ: Prentice-Hall.

Gudehus G, Hettler A. 1981. Cyclic and monotonous model tests in sand. Proc. 10th Int. Conf. Soil Mech. Foundat. Engng, Stockholm, vol. 2, 211-214.

Hain S J, Lee I K. 1974. Rational analysis of raft foundation. J. Geotech. Engng Div., ASCE 100(GT7), 843-860.

Halbouty M T. 1981. Petroleum still leader in the energy race. Offshore, 20 June, 49-52.

Hambly E C. 1985. Fatigue vulnerability of jack-up platforms. Proc. Instn Civ. Engrs, Pt. 1, 77, 161-178.

Hamilton E L. 1974. Prediction of deep-sea sediment properties: state-of-the- art. In Deep-sea sediments, Inderbitzen A L(ed.), 1-43. New York: Plenum Press.

Hamilton E L. 1976. Variation of density and porosity with depth in deep-sea sediments. J. Sed. Petrol. 46, 280-300.

Hamilton E L, Bachman R T, Berger W H, et al. 1982. Acoustic and related properties of calcareous deep-sea sediments. J. Sed. Petrol. 52(3), 733-753.

Hampton L. 1974. Physics of sound in marine sediments. New York: Plenum Press.

Hanna A M, Meyerhof G G. 1980. Design charts for ultimate bearing capacity of foundations on sand overlying clay. Can. Geotech. J. 17(2), 300-303.

Hanna T H, Sivapalan E, Senturk A. 1978. The behaviour of dead anchors subjected to repeated and alternating loads. Ground Engng April, 28-40.

Hansen J B. 1970. A revised and extended formula for bearing capacity. Danish Geotech. Inst. Bull. No. 28, 5-11.

Hansteen O E. 1981. Equivalent geotechnical design storm. Int. Rep. 40007-40017. Norw. Geotech. Inst.

Hansteen O E, Dibiagio E, Andersen K H. 1981. Performance of the Brent B offshore platform. Proc. 10th Int. Conf. Soil Mech. Foundat. Engng, Stockholm, vol. 2, 483-487.

Hardin B O, Drnevich V P. 1972. Shear modulus and damping of soils: design equations and curves. J. Soil Mech. Foundat. Div., ASCE 98(SM7), 667-692.

Heerema E P, De Jong A. 1979. An advanced wave equation computer program which simulates dynamic pile plugging through a coupled mass-spring system. Proc. Conf. Num. Methods in Offshore Piling, Instn Civ. Engrs, London, 37-42.

Helfrich S C, Young A G, Ehlers C J. 1980. Temporary seafloor support of jacket structures. Proc. 12th Annual OTC, Houston, Paper OTC 3750, vol. 2, 141-150.

Henderson R F. 1975. Recent developments in side-scan sonar and applications in the offshore oil field. Proc. 7th Annual OTC, Houston, Paper OTC 2220.

Henkel D J. 1970. The role of waves in causing submarine landslides. Geotechnique 20(1), 75-80.

Herrmann H G, Houston W N. 1976. Response of seafloor soils to combined static and cyclic loading. Proc. 8th Annual OTC, Houston, Paper OTC 2428, 53-60.

Herrmann H G, Houston W N. 1978. Behaviour of seafloor soils subjected to cyclic loading. Proc. 10th Annual OTC, Houston, Paper OTC 3260, 1797-1808.

Herrmann H G, Raecke D A, Albertsen J D. 1972. Solution of practical seafloor foundation systems. Tech. Rep. R-761. US Naval Civ. Engng Lab.

Hirst T J, Steele J E, Remy N D, et al. 1976. Performance of Mat Supported Jack-Up Drilling Rigs. Proc. 8th Annual OTC, Houston, Paper OTC 2503.

Hobbs R, George P J, Mustoe G G W. 1978. Some applications of numerical methods to the design of offshore gravity structure foundations. In Numerical methods in offshore foundations, Zienkiewicz O C, Lewis R W,Stagg K G(eds), Ch. 14. Chichester: Wiley.

Hoeg K. 1976. Foundation engineering for fixed offshore structures. Proc. BOSS'76, Trondheim, vol. 1, 39-69.

Hoeg K. 1982. Geotechnical issues in offshore engineering. Report no. 144. Oslo: NGI.

Hoeg K, Tang W H. 1978. Probabilistic considerations in the foundation engineering for offshore structures. Publ. no. 120. Olso: NGI.

Hogben N, Miller B L, Searle J W, et al. 1977. Estimation of fluid loading on offshore structures. Proc. Inst. Civ. Engrs, Pt. 2, 3, 515-562.

Hollister C E. 1977. The seabed option. Oceans 20, 18-25.

Holmquist D V, Matlock H. 1976. Resistance-displacement relationships for axially loaded piles in soft clay. Proc. 8th Annual OTC, Houston, Paper OTC 2474, 554-569.

Horn D R, Delach M N, Horn B M. 1974. Physical properties of sedimentary provinces, North Pacific and North Atlantic Ocean. In Deep-sea sediments, Inderbitzen A L(ed.), 417-441. New York: Plenum Press.

Houston W M, Herrmann H G. 1980. Undrained cyclic strength of marine soils. J. Geotech. Engng. Div., ASCE 106(GT6), 691-712.

Hsiao S V, Shemdin O H. 1980. Interaction of ocean waves with a soft bottom. J. Phys. Oceanogr. 10,

605-610.

Hughes J M O, Wroth C P, Windle D. 1977. Pressuremeter tests in sands. Geotechnique 27, 455-477.

Huslid J M, Gudmestad O T, Alm-Paulsen A A. 1982. Alternate deep water concepts for northern North Sea extreme conditions. Proc. 3rd BOSS Conf. , Boston, vol. 1, 18-49.

Hvorslev M J. 1949. Subsurface exploration and sampling for civil engineering purposes. US Army Engrs Waterways Expt. Station, Vicksburg.

Hyde A F L, Brown S F. 1976. The plastic deformation of a silty clay under creep and repeated loading. Geotechnique 26(1), 173-184.

Idriss I M. 1979. Characteristics of earthquake ground motions. Proc. Spec. Conf. Earthq. Engng Soil Dynam. , ASCE 3, 1151-1265.

Idriss I M, Dobry R, Singh R D. 1978. Nonlinear behaviour of soft clays during cyclic loading. J. Geotech. Engng Div. , ASCE 104 (GT12), 1427-1447.

Ishibashi I, Sherif M A, Tsuchiya C. 1977. Pore-pressure rise mechanism and soil liquefactionr. Soils and Foundations 17(2), 17-27.

Ishihara K. 1977. Pore water pressure response and liquefaction of sand deposits during earthquakes. Proc. of DM SR77, Karlsruhe, vol. 2, 161-193.

Isliihara K. 1982. Evaluation of soil properties for use in earthquake response analysis. Int. Symp. Num. Meth. Geomech. , Zurich, 237-259. Rotterdam: A. A. Balkema.

bhihara K. 1984. Soil response in cyclic loading induced by earthquakes, traffic and waves. Collected Papers, vol. 22. Department of Civil Engineering, University of Tokyo.

Ishihara K, Takatsu H. 1979. Effects of overconsolidation and K_0 conditions on the liquefaction characteristics of sands. Soils and Foundations 19(4), 59-68.

Ishihara K, Yamazaki A. 1984. Wave-induced liquefaction in seabed deposits of sand. In Seabed mechanics, Denness B(ed.), 139-148. London: Graham & Trotman.

Ishihara K, Yasuda S. 1980. Cyclic strengths of undisturbed cohesive soils of Western Tokyo. Int. Symp. on Soils Under Cyclic and Transient Loading, Swansea, 57-66. Rotterdam: A. A. Balkema.

Iwasaki T, Tatsuoka F. 1977. Effects of grain size and grading on dynamic shear modulus of sands. Soils Foundns 17(3), 19-35.

Iwasaki T, Arakawa T, Tokida K-I. 1984. Simplified procedures for assessing soil liquefaction during earthquakes. Soil Dynam. Earthq. Engng 3(1), 49-58.

Jaky J. 1944. The coefficient of earth pressure at rest. 7. Soc. Hung. Archit. Engrs, Budapest, Oct. , 355-358.

Jamiolkowski M, Garassino A. 1977. Soil modulus for laterally loaded piles. Proc. Spec. Session No. 10, 9th Int. Conf. Soil Mech. Foundat. Engng, Tokyo, 43-58.

Jamiolkowski M, Ladd C C, Germaine J T, et al. 1985. New developments in field and laboratory testing of soils. Theme Lecture 2, 11th Int. Conf. Soil Mech. Foundat. Engng, San Francisco 1, 57-153.

Janbu N. 1969. The resistance concept applied to deformations of soils. Proc. 7th Int. Conf. Soil Mech. Foundat. Engng, Mexico City 1, 191-196.

Janbu N. 1973. Slope stability computations, in Embankment-dam engineering, Hirschfeld R C, Poulos S J (eds), 43-86. New York: Wiley.

Janbu N. 1979. Design analysis for gravity platform foundations. Proc. 2nd BOSS Conf. , London, 407-426.

Janbu N, Senneset K. 1975. Effective stress interpretation of in situ static penetration tests. Eur. Symp.

Penetration Testing, Stockholm, vol. 2. 2, 181-193.

Jefferies M G, Funegard E. 1983. Cone penetration testing in the Beaufort Sea. In Geotechnical practice in offshore Engineering, Wright S G(ed.), 220-243. ASCE.

Johnston I W, Lam T S K. 1984. Frictional characteristics of planar concrete-rock interfaces under constant normal stiffness conditions. Proc. 4th Aust.-New Zealand Conf. Geomech., Perth, vol. 2, 397-401.

Justice J H, Hinds R. 1984. The use of vertical seismic profiling in geotechnical site investigation. Proc. 16th Annual OTC, Houston, Paper OTC 4756, 391-396.

Karlsrud K, Nadim F, Haugen T. 1986. Piles in clay under cyclic axial loading, field tests and computational modelling. Proc. 3rd Int. Conf. Num. Methods in Offshore Piling, Nantes, 165-190.

Kaynia A M, Kausel E. 1982. Dynamic behaviour of pile groups. Proc. 2nd Int. Conf. Num. Methods in Offshore Piling, Austin, 509-532.

Keen M J. 1968. An introduction to marine geology. Oxford: Pergamon Press.

Keller G H. 1967. Shear strength and other physical properties of sediments from some ocean basins. Proc. Civil Engineering in the Oceans ASCE, 391-417.

Kenney T C. 1959. Discussion. J. Soil Mech. Foundat. Div., ASCE 85(SM3), 67-79.

Kent P. 1980. Minerals from the marine environment. London: Edward Arnold.

King C A M. 1975. Introduction to marine geology and geomorphology. London: Edward Arnold.

King R W, Van Hooydonk W R, Kolk H J, et al. 1980. Geotechnical investigations of calcareous soils of the North West Shelf, Australia. Proc. 12th Annual OTC, Houston, Paper OTC 3772, 303-313.

Kinsman B. 1965. Windwaves. Englewood Cliffs, NJ: Prentice-Hall.

Kishida H, Nakai S. 1977. Large deflection of single pile under horizontal load. Proc. Spec. Session No. 10, 9th Int. Conf. Soil Mech. Foundat. Engng, Tokyo, 87-92.

Kjekstad O, Stub F. 1978. Installation of the Elf TCP2 Condeep platform at the Frigg field. Proc. Eur. Offsh. Petrol. Conf. and Exhibition, London, vol. 1, 121-130.

Klein M. 1984. High-resolution seabed mapping: new developments. Proc. 16th Annual OTC, Houston, Paper OTC 4718, 73-78.

Kobori T, Minai R R., Baba K. 1977. Dynamic behaviour of a laterally loaded pile. Proc. Spec. Session No. 10, 9th Int. Conf. Soil Mech. Foundat. Engng, Tokyo, 6.

Kokusho T, Yoshida Y, Esashi Y. 1982. Dynamic properties of soft clay for wide strain range. Soils and Foundations 22(4), 1-18.

Kosalos J G. 1984. Ocean bottom imaging. Proc. 16th Annual OTC, Houston, Paper OTC 4717, 65-72.

Koutsoftas D C. 1978. Effect of cyclic loads on undrained strength of two marine clays. J. Geotech. Engng Divn., ASCE 104(GT5), 609-620.

Kraft L M, Lyons C G. 1974. State of the art: ultimate axial capacity of grouted piles. Proc. 6th Annual OTC, Houston, Paper OTC 2081, 487-503.

Kraft L M, Watkins D J. 1976. Prediction of wave-induced seafloor movements. Paper presented at 15th Int. Conf. on Coastal Engng, Honolulu, Hawaii. Also, Research and Development Report 0576 - 0912, McClelland Engineers, Houston.

Kraft L M, Cox W R, Verner E A. 1981a. Pile load tests: cyclic loads and varying load rates. J. Geotech. Engng Div., ASCE 107(GT1), 1-19.

Kraft L M, Ray R P, Kagawa T. 1981b. Theoretical t - z curves. J. Geotech. Engng Dtv., ASCE 107 (GT11), 1543.

Kraft L M, Kagawa T, Helfrich S C. 1982. Soil parameters for wave equation analyses. Research and

Development Report 0681-0905. McClelland Engineers, Houston.

Krynine P D. 1948. The megascopic study and field classification of sedimentary rocks. J. Geol. 56, 130-165.

Kubo J. 1965. Experimental study of the behaviour of laterally loaded piles. Proc. 6th Int. Conf. Soil Mech. Foundat. Engng, Montreal, vol. 2, 275-279.

Kuhlemeyer R L. 1979. Static and dynamic laterally loaded piles. J. Geotech. Engng Div., ASCE 105(GT2), 289-304.

Kulhawy F H. 1985. Uplift behaviour of shallow soil anchors- An Overview. In Uplift behaviour of anchor foundations in soil, Clemence S P(ed.), 1-25. ASCE.

Lacasse S, Vucetic M. 1981. Discussion of ' State of the art: laboratory strength testing of soils', STP 740, 633-637. Philadelphia: ASTM.

Lacasse S, Iversen K, Sandboekken G, et al. 1984. Radiography offshore to assess sample quality, 1-6. Publ. No. 153. Oslo: NGI.

Ladanyi B. 1972. In situ determination of undrained stress-strain behaviour of sensitive clays with the pressuremeter. Can. Geotech. J. 9, 313-319.

Ladanyi B, Johnston G H. 1974. Behaviour of circular footings and plate anchors embedded in permafrost. Can. Geotech. J. 11, 531-553.

Ladd C C. 1981. Discussion on laboratory shear devices. STP 740, 643-652. Philadelphia: ASTM.

Ladd C C, Azzouz A S. 1983. Stress history and strength of stiff offshore clays. In Geotechnical practice in offshore engineering, Wright S G(ed.), 65-80. ASCE.

Ladd C C, Foott R. 1974. New design procedure for stability of soft clays. J.
Geotech. Engng Div., ASCE 100(GT7), 763-786.

Ladd C C, Lambe T W. 1963. The strength of 'undisturbed' clay determined from undrained tests. STP 361, 342-371. Philadelphia: ASTM.

Ladd C C, Foott R, Ishihara K, et al. 1977. Stress-deformation and strength characteristics: state-of-the-art report. 9th Int. Conf. Soil Mech. Foundat. Engng, Tokyo, vol. 2, 421-494.

Ladd R S. 1974. Specimen preparation and liquefaction of sands. J. Geotech. Engng. Div, ASCE 100 (GT10), 1180-1184.

Ladd R S. 1977. Specimen preparation and cyclic stability of sands. J. Geotech. Engng Div., ASCE 103 (GT6), 535-547.

Lade P V. 1981. Torsion shear apparatus for soil testing. STP 740, 145-163. Philadelphia: ASTM.

Lambe T W. 1964. Methods of estimating settlement. J. Soil Mech. Foundat. Div, ASCE 90(SM5), 43-67.

Lambe T W, Marr W A. 1979. Stress path method: second edition. J. Geotech. Engng Div, ASCE 105 (GT6), 727.

La Rochelle P. 1981. Limitations of direct simple shear test devices. STP 740, 653-658. Philadelphia: ASTM.

Larson V F. 1981. Aids to conventional drilling result from Deep Sea Project. World Oil 193(6), 175-198.

Lauritzen R, Schjetne K. 1976. Stability calculations for offshore gravity structures. Proc. 8th Annual OTC Houston, Paper OTC 2431, vol. 1, 76-82.

Lee G C. 1982. Design and construction of deep water jacket platforms. Proc. 3rd BOSS Conf., Cambridge, Mass., vol. 1, 3-17.

Lee H J, Edwards B D, Field M E. 1981. Geotechnical analysis of a submarine slump, Eureka, California. Proc. 13th Annual OTC, Houston, Paper OTC 4121, 53-65.

Lee K L, Focht J A. 1975. Liquefaction potential at Ekofisk tank in North Sea. 3. Geotech. Div. , ASCE 100 (GT1), 1018.

Lee K L, Focht J A. 1976a. Strength of clay subjected to cyclic loading. Mar. Geotech. 1, 165-186.

Lee K L, Focht J A. 1976b. Cyclic testing of soil for ocean wave loading problems. Mar. Geotech. 1, 305-326.

Lentz R W, Baladi G Y. 1980. Simplified procedure to characterize permanent strain in sand subjected to cyclic loading. Int. Symp. on Soils Under Cyclic and Transient Loading, Swansea, 89-95. Rotterdam: A. A. Balkema.

Leonards G A, Girault P. 1961. A study of the one-dimensional consolidation test. Proc. 5th Int. Conf. Soil Mech. Foundat. Engng, Paris, vol. 1, 213-218.

Le Tirant P. 1979. Seabed reconnaissance and offshore soil mechanics for the installation of petroleum structures. Paris: Editions Technip.

Le Tirant P, Baguelin F. (eds) 1982. Symposium on the pressuremeter and its marine applications. Paris: Editions Technip.

Le Tirant P, Fay J P, Brucy F, et al. 1981. A self-boring pressuremeter for deep sea soils investigations. Proc. 13th Annual OTC, Houston, Paper OTC 4019, 115-126.

Liu P L. 1973. Damping of water waves over porous bed. J. Hydraul. Div. , ASCE 99(HY12), 2263-2271.

Lowery L L, Hirsch T J, Edwards T C, et al. 1969. Use of the wave equation to predict soil resistance on a pile during driving. Spec. Session No. 8, 7th Int. Conf. Soil Mech. Foundat. Engng, Mexico.

Lunne T, Christoffersen H P. 1983. Interpretation of cone penetrometer data for offshore sands. Proc. 15th Annual OTC, Houston, vol. 1, 181-192.

Lunne T, Kleven A. 1981. Role of CPT in North Sea foundation engineering. In Cone penetration testing and experience, Norris G M, Holtz R D(eds), 76-107. ASCE.

Lunne T, Kvalstad T J. 1982. Analysis of full scale measurements on gravity platforms: final report. NGI/DNV.

Lunne T, Myrvoll F, Kjekstad O. 1981. Observed settlements of five North Sea gravity platforms. Proc. 13th Annual OTC, Houston, vol. 4, 305-317.

Lysmer J, Udaka T, Tsai C F, et al. 1975. FLUSH-a computer program for approximate 3-D analysis of soil-styucture interaction problems. Report EERC 75 - 130, Earthquake Engineering Research Center, University of California, Berkeley.

McClelland B. 1974. Design of deep penetration piles for ocean structures. J. Geotech. Engng. Div. , ASCE 100(GT7), 705-747.

McClelland B, Young A G, Remmes B D. 1982. Avoiding jack-up rig foundation failures. Geotech. Engng 13 (2), 151-188.

McClelland Engineers. 1977. Extract from technical report.

McNeilan T W, Bugno W T. 1985. Jackup rig performance in predominantly silty soils, offshore California. Proc. 17th Annual OTC, Houston, Paper OTC 5082, 395-402.

McQuillin R, Bacon M, Barclay W. 1984. An introduction to seismic interpretation, 2nd Edn. London: Graham & Trotman.

Madsen O S. 1978. Wave-induced pore pressures and effective stresses in a porous bed. Geotechnique 28(4), 377-393.

Mair R J, Wood D M. 1984. A review of the use of pressuremeters for in situ testing. London: CIRIA.

Marchetti S. 1980. In-situ tests by flat dilatometer. J. Geotech. Engng Div. , ASCE 106(GT3), 299-321.

Marcuson W F, Townsend F C. 1978. The effects of specimen reconstitution on cyclic triaxial test results. Proc 6th Symp. Earthq. Engng, Univ. Roorkee, vol. 1, 113-118.

Marr W A, Urzua A, Bouckovalas G. 1982. A numerical model to predict permanent displacement from cyclic loading of foundations. Proc. 3rd BOSS Conf., Cambridge, Mass., vol. 1, 297-312.

Marsland A. 1977. The evaluation of the engineering design parameters for glacial clays. Q. J. Engng Geol. 10(1), 1-26.

Martin G R, Finn W D L, Seed H B. 1975. Fundamentals of liquefaction under cyclic loading. J. Geotech. Engng Div., ASCE 101 (GT5), 423-438.

Martin P P. 1975. Nonlinear methods for dynamic analysis of ground response. PhD thesis, University of California, Berkeley.

Martin P P, Seed H B. 1979. Simplified procedure for effective stress analysis of ground response. J. Geotech. Engng Div., ASCE 105(GT6), 739-758.

Matar M, Salencon J. 1983. Bearing capacity of strip footings. In Foundation engineering, Vol. 1, 133-158. Paris: Presses Ponts et Chaussees.

Matlock H, Foo S C. 1979. Axial analysis of piles using a hysteretic and degrading soil model. Proc. Conf. Num. Methods in Offshore Piling, Instn Civ. Engrs, London, 165-185.

Matlock H, Foo S H C, Bryant L M. 1978. Simulation of lateral pile behaviour under earthquake motion. Proc. Conf. Earthq. Engng Soil Dynam., ASCE, vol. 2, 600-619.

Matsui T, Abe N. 1981. Behaviour of clay on cyclic stress-strain history. Proc. 10th Conf. Soil Mech. Foundat. Engng, Stockholm, vol. 3, 261-264.

Matsui T, Ohara H, Ito T. 1980. Cyclic stress-strain history and shear characteristics of clay. J. Geotech. Engng Div., ASCE 106(GT10), 1101-1120.

Mayne P W, Kulhawy F H. 1982. K0-OCR relationships in soil. J. Geotech. Engng Div., ASCE 108(GT6), 851-872.

Mei C C. 1982. Analytical theories for the interaction of offshore structures with a poro-elastic sea-bed. Proc. 3rd BOSS Conf., Cambridge, Mass., vol. 1, 358-370.

Ménard L F. 1957. Mesure in-situ des caracteristiques physiques des sols. Ann. Ponts Chaussees, Mai-Jun. No. 14, 357-377.

Mercier J A. 1982. Evolution of tension leg platform technology. Special lecture delivered to 3rd BOSS Conference, Cambridge, Mass.

Mesri G, Godlewski P M. 1977. Time - and stress-compressibility interrelationship. J. Geotech. Engng Div., ASCE 103(GT5), 417-430.

Meyer B J, Harman D E, King P G. 1982. Introduction of a new offshore cone penetrometer (CPT) device for the Gulf of Mexico. Proc. 14th Annual OTC, Houston, Paper OTC 4299.

Meyerhof G G. 1953. Bearing capacity of foundations under eccentric and inclined load. Proc. 3rd Int. Conf. Soil Mech. Foundat. Engng, Rotterdam, vol. 1, 440-445.

Meyerhof G G. 1963. Some recent research on the bearing capacity of foundations. Can. Geotech. J., vol. 1 (1), 16-26.

Meyerhof G G. 1976. Bearing capacity and settlement of pile foundations. J. Geotech. Engng. Div., ASCE 102(GT3), 195-228.

Meyerhof G G. 1979. Geotechnical properties of offshore soils. 1st Can. Conf. Mar. Geotech. Engng, 253-260.

Meyerhof G G, Adams J I. 1968. The uplift capacity of foundations. Can. Geotech. J. 5, 225-244.

Middleton G V, Hampton M A. 1976. Subaqueous sediment transport and deposition sediment gravity flows.

In Marine sediment transport and environmental management, Stanley D J, Swift D J P(eds), 197-218. New York: Wiley.

Mindlin R D. 1936. Force at a point in the interior of a semi-infinite solid. Physics 8, 195.

Miner M A. 1945. Cumulative damage in fatigue. Trans ASME 67, A159-164.

Mirza U A, Evans T G, Semple R M. 1982. Soil instability effects in offshore pile design. Proc. 2nd Int. Conf. Num. Methods in Offshore Piling, Austin, Texas, 329-348.

Mitchell J K, Gardner W S. 1975. In situ measurements of volume change characteristics. Proc. ASCE Spec. Conf. on In Situ Measurement of Soil Properties, Raleigh, NC, vol. 2, 279-345.

Mo O. 1976. Concrete drilling and production platforms; review of construction, installation and commissioning. Proc. Tech. Vol. , Offshore North Sea Tech. Conf. and Exhibition, Stavanger.

Molnia B F, Sangrey D A. 1979. Glacially derived sediments in the North Gulf of Alaska - geology and engineering characteristics. Proc. 11th Annual OTC, Houston, Paper OTC 3433, 647-655.

Moore D G. 1978. Submarine slides. Rockslides and avalanches, vol. 1: Natural phenomena. Voigt B(ed.), 563-604. Amsterdam: Elsevier.

Morgenstera N R. 1967. Submarine slumping and the initiation of turbidity currents. In Marine geotechnique, Richards A F(ed.), 189-220. Urbana: University of Illinois Press.

Morgenstera N R, Price V E. 1965. The analysis of the stability of general slip surfaces. Geotechnique 15, 79-93.

Mroz Z, Norris V A. 1982. Elasto-plastic constitutive models for soils with application to cyclic loading. In Soil mechanics - transient and cyclic loads, 173-217. New York: Wiley.

Mroz Z, Norris V A, Zienkiewicz O C. 1979. Application of an anisotropic hardening model in the analysis of the elasto-plastic deformation of soils. Geotechnique 29, 1-34.

Mulilis J P, Seed H B, Chan C K, et al. 1977. Effects of sample preparation on sand liquefaction. J. Geotech. Bngng Div. , ASCE 103(012), 91-108.

Mulilis J P, Townsend F C, Horz R C. 1978. Triaxial testing techniques and sand liquefaction. STP 654, 265-279. Philadelphia: ASTM.

Nacci V A, Kelly W E, Wang M C, et al. 1974. Strength and stress-strain characteristics of cemented deep-sea sediments. In Deep-sea sediments, Inderbitzen A L(ed.), 129-150. New York: Plenum Press.

Natarajah M S, Gill H S. 1983. Ocean wave-induced liquefaction analysis. J. Geotech. Engng, ASCE 109 (4), 573-590.

Nanroy J F, Le Tirant P. 1981. Comportement des sediments marins carbonates. Proc. 10th Int. Conf. Soil Mech. Foundat. Engng, Stockholm 3, 265-268.

Nauroy J F, Le Tirant P. 1983. Model tests of piles in calcareous sands. ASCE Spec. Conf. on Geotech. Practice in Offshore Engng, Austin, 356-369.

Nauroy J F, Brucy F, Le Tirant P, et al. 1986. Design and installation of piles in calcareous formations. Proc. 3rd Int. Conf. Num. Methods in Offshore Piling, Nantes, 461-480.

Neely W J, Stewart J G, Graham J. 1973. Failure loads of vertical anchor plates in sand. J. Soil Mech. Foundat. Div. , ASCE 99(SM9), 669-685.

Neumann G, Pierson W J. 1966. Principles of physical oceanography. Englewood Cliffs, NJ: Prentice-Hall.

Noorany I. 1972. Underwater soil sampling and testing. In Symp. on Underwater Soil Sampling, Testing and Construction Control, 3-41. STP 501. Philadelphia: ASTM.

Noorany I. 1983. Classification of marine sediments. Department of Civil Engineering, San Diego State University, San Diego.

Noorany I, Gizienski S F. 1970. Engineering properties of submarine soils: state-of-the-art review. J. Soil Mech. Foundat. Div., ASCE 96(SM5), 1735-1762.

Noorany I, Kirsten O H, Luke G L. 1975. Geotechnical properties of sea-floor sediments off the coast of southern California. Proc. 7th Annual OTC, Houston, Paper OTC 2187, 389-398.

Norwegian Petroleum Directorate. 1977. Regulations for the structural design of fixed structures on the Norwegian continental shelf. Stavanger: NPB.

Nova R. 1982. Constitutive model of soil under monotonic and cyclic loading. In Soil mechanics-transient and cyclic loads, 343-373. New York: Wiley.

Novak M. 1974. Dynamic stiffness and damping of piles. Can. Geotech. J. 11(4), 574-598.

Novak M, Nogami T. 1977. Soil-pile interaction in horizontal vibration. Int. J. Earthq. Engng Struct. Dynam. 5(3), 263-282.

Novak M, Sheta A. 1982. Dynamic response of piles and pile groups. Proc. 2nd Int. Conf. on Num. Methods in Offshore Piling, Austin, 489-507.

Nystrom G A. 1984. Finite-strain axial analysis of piles in clay. Analysis and Design of Pile Foundations, ASCE, 1-20.

Offshore Engineer 1986. Floating production systems review. April, 31-77.

Okusa S, Nakamura T, Dohi N. 1983. Geotechnical properties of submarine sediments in the Seto Inland Sea. Mar. Geotech. 5(2), 131-152.

Olsen H W, McGregor B A, Booth J S, et al. 1982. Stability of near-surface sediment on the Mid-Atlantic upper continental slope. Proc. 14th Annual OTC, Houston, Paper OTC 4303, 21-35.

Olsson R G. 1953. Approximate solution of the progress of consolidation in a sediment. Proc. 3rd Int. Conf. Soil Mech. Foundat. Engng, Zurich, vol. 1, 38-42.

O'Neill M W, Ha H B. 1982. Comparative modelling of vertical pile groups. Proc. 2nd Int. Conf. Num. Methods in Offshore Piling, Austin, 399-418.

Ono Y, Suzuki T, Niwa M, et al. 1985. Construction of Arctic concrete island drilling system (Super CIDS). Civ. Engng in Japan' 85, Jap. Soc. Civ. Engrs, 24-34.

Ovesen N K, Stroman H. 1972. Design methods for vertical anchor plates in sand. Proc. Spec. Conf. Performance of Earth and Earth-Supported Structures, ASCE, 1481-1500.

Palmer A C. 1972. Undrained plane strain expansion of a cylindrical cavity in clay: a simple interpretation of the pressuremeter test. Geotechnique 22, 451-457.

Pande G N, Pietruszczak S T. 1982. A sideways look at the constitutive models of soils. Report C7R/433/83. Institute for Numerical Methods in Engineering, University College of Wales, Swansea, UK.

Pande G N, Sharma K G. 1980. A micro-structural model for soils under cyclic loading. Proc. Int. Symp. on Soils Under Cyclic and Transient Loading, Swansea, vol. 1, 451-462.

Pande G N, Zienkiewicz O C. (eds) 1982. Soil mechanics - transient and cyclic loads - constitutive relations and numerical treatment. New York: Wiley.

Pande G N, Davis E H, Abdullah W S. 1980. Shakedown of elasto-plastic continua with special reference to soil-rock structures. Int. Symp. on Soils Under Cyclic and Transient Loading, Swansea, vol. 2, 739-746.

Pender M J. 1982. A model for cyclic loading of overconsolidated soil. Soil mechanics — transient and cyclic loads, 283-311. New York: Wiley.

Penzien J, Schaffey C F, Parmelee R A. 1964. Seismic analysis of bridges on long piles. J. Engng Mech. Div., ASCE 90(EM3), 223-254.

Pettijohn F J. 1957. Sedimentary rocks, 2nd edn. New York: Harper.

Phillips O M. 1966. Dynamics of the upper ocean. New York: Cambridge University Press.

Ploessel M E, Campbell K J, Randall R G. 1980. High-resolution geophysical surveys for siting offshore structures. Soundings 2(3), 9-13. Houston: McClelland Engineers.

Poag C W. 1981. Ecologic atlas of benthic foraminifera of the Gulf of Mexico. Woods Hole, MA: Marine Science International.

Poulos H G. 1971a. The behaviour of laterally-loaded piles: I. Single piles. J. Soil Mech. Foundat. Div., ASCE 97(SM5), 711-731.

Poulos H G. 1971b. The behaviour of laterally-loaded piles: II. Pile groups. J. Soil Mech. Foundat. Div., ASCE 97(SM5), 731-751.

Poulos H G. 1973a. Load-deflection prediction for laterally loaded piles. Aust. Geomech. J. G3(1), 1-8.

Poulos H G. 1973b. Analysis of piles in soil undergoing lateral movement. J. Soil Mech. Foundat. Div., ASCE 99(SM5), 391-406.

Poulos H G. 1977. Estimation of pile group settlement. Ground Engng, March, 40-50.

Poulos H G. 1979a. Group factors for pile deflection estimation. J. Geotech. Engng. Div., ASCE 105 (GT12), 1489-1509.

Poulos H G. 1979b. Settlement of single piles in non-homogeneous soil. J. Geotech. Engng Div., ASCE 105 (GT5), 627-641.

Poulos H G. 1979c. An Approach for the Analysis of Offshore Pile Groups. Proc. Conf. Num. Methods in Offshore Piling, Instn. Civ. Engrs, London, 119-126.

Poulos H G. 1979d. Development of an analysis for cyclic axial loading of piles. Proc. 3rd Int. Conf. Num. Meth. Geomech., Aachen, vol. 4, 1513-1530.

Poulos H G. 1981a. Some aspects of skin friction of piles in clay under cyclic loading. Geotech. Engng 12(1), 1-17.

Poulos H G. 1981b. Cyclic axial response of single pile. J. Geotech. Engng Div., ASCE 107(GT1), 41-58.

Poulos H G. 1982a. Developments in the analysis of static and cyclic lateral response of piles. Proc. 4th Int. Conf. Num. Meth. Geomech., Edmonton, vol. 3, 1117-1135.

Poulos H G. 1982b. Single pile response to cyclic lateral load. J. Geotech. Engng. Div., ASCE 108(GT3), 355-375.

Poulos H G. 1982c. Influence of cyclic loading on axial pile response. Proc. 2nd Conf. Num. Meth. in Offshore Piling, Austin, 419-440.

Poulos H G. 1983. Cyclic axial pile response - alternative analyses. ASCE Spec. Conf. on Geotech. Practice in Offshore Engng, Austin, 403-421.

Poulos H G. 1984. Cyclic degradation of pile performance in calcareous soils. Analysis and Design of Pile Foundations, ASCE, 99-118.

Poulos H G. 1985. Ultimate lateral pile capacity in two-layer soil. Geotech. Engng 16(1), 25-37.

Poulos H G. 1986. Engineering properties of bass strait sediment. Recent sediments in Eastern Australia. Frankel E, Keane J B, Wattho A E(eds.). Pub. Geol. Soc. Aust., NSW Divn., no. 2, 77-85.

Poulos H G. 1988. Cyclic axial loading analysis of piles in sand. To be published in J. Geotech. Engng, ASCE.

Poulos H G, Adler M A. 1979. Lateral response of piles of non-uniform section. Proc. 6th Asian Reg. Conf. Soil Mech. Foundat. Engng, Singapore, 327-331.

Poulos H G, Chua E W. 1985. Bearing capacity of foundations on calcareous sand. Proc. 11th Int. Conf. Soil Mech. Foundat. Engng, San Francisco, vol. 3, 1619-1622.

Poulos H G, Davis E H. 1974. Elastic solutions for soil and rock mechanics. New York: Wiley.

Poulos H G, Davis E H. 1980. Pile foundation analysis and design. New York: Wiley.

Poulos H G, Randolph M F. 1983. Pile group analysis: a study of two methods. J. Geotech. Engng, ASCE 109(3), 355-372.

Poulos H G, Chua E W, Hull T S. 1984. Settlement of model footings on calcareous sand. Geotech. Engng 15(1), 21-35.

Poulos H G, De Ambrosis L P, Davis E H. 1976. Method of calculating long-term creep settlement. J. Geotech. Div., ASCE 102(GT7), 787-804.

Poulos H G, Madhav M R. 1971. Analysis of the movement of battered piles. Proc. Ist Aust-New Zealand Conf. on Geomechanics, Melbourne, vol. 1, 268-275.

Poulos H G, Uesugi M, Young G S. 1982. Strength and deformation properties of Bass Strait carbonate sands. Geotech. Engng 13(2), 189-211.

Poulos S J. 1981a. The steady state of deformation. J. Geotech. Engng Div., ASCE 107(GT5), 553-562.

Poulos S J. 1981b. Discussion of soil testing practices. STP 740, 659-666. Philadelphia: ASTM.

Prevost J H. 1977. Mathematical modelling of monotonic and cyclic undrained clay behaviour. Int. J. Num. Anal. Meth. Geomech. 1(2), 195-216.

Prevost J H, Hughes J R. 1978. Analysis of gravity offshore structure foundations subjected to cyclic wave loading. Proc. 10th Annual OTC, Houston, Paper OTC 3261, 1809-1818.

Prindle R W. 1985. Recommendations for research in geotechnical engineering for tension leg platforms. Report SAND 85-0273. Sandia Nat. Labs, Albuquerque, New Mexico.

Prior D B, Coleman J M. 1981. Geologic mapping for offshore engineering, Mississippi Delta. Proc. 13th Annual OTC, Houston, 35-42.

Puech A. 1984. The use of anchors in offshore petroleum operations. Paris: Editions Technip.

Puech A, Meunier J, Pallard M. 1978. Behaviour of anchors in different soil conditions. Proc. 10th Annual OTC, Houston, Paper OTC 3204, 1321-1329.

Putnam J A. 1949. Loss of wave energy due to percolation in a permeable sea bottom. Trans Am. Geophys. Union 38, 662-666.

Puyuelo J G, Sastre J, Soriano A. 1983. Driven piles in a granular calcareous deposit. In Geotechnical practice in offshore engineering, Wright S G(ed.), 440-456. ASCE.

Pyke R. 1978. Some effects of test configuration of measured soil properties under cyclic loading. Geotech. Testing J. 1(3), 125-133.

Quiros G W, Young A G, Pelletier J H, et al. 1983. Shear strength interpretation for Gulf of Mexico clays. In Geotechnical practice in offshore engineering, Wright S G(ed.), 144-165. ASCE.

Rahman M S, Layas F M. 1985. Probabilistic analysis for wave-induced submarine landslides. Mar. Geotech. 6(1), 99-115.

Rahman M S, Seed H B, Booker J R. 1977. Pore pressure development under offshore gravity structures. J. Geotech. Engng Div., ASCE 103(GT12), 1419-1436.

Randolph M F. 1980. PIGLET: a computer program for the analysis and design of pile groups under general loading conditions. Research Report Soils TR91. Engineering Department, University of Cambridge.

Randolph M F. 1981. The response of flexible piles to lateral loading. Geotechnique 31(2), 247-259.

Randolph M F. 1983. Design considerations for offshore piles. ASCE Spec. Conf. on Geotech. Practice in Offshore Engng, Austin, 422-439.

Randolph M F. 1985. RATZ - load transfer analysis of axially loaded piles: users' manual. Engineering Department, University of Cambridge.

Randolph M F, Poulos H G. 1982. Estimation of the flexibility of offshore pile groups. Proc. 2nd Int. Conf. Num. Methods in Offshore Piling, Austin, 313-328.

Randolph M F, Simons H A. 1986. An improved soil model for one-dimensional pile driving analysis. Proc. 3rd Int. Conf. Num. Methods in Offshore Piling, Nantes, 3-17.

Randolph M F, Wroth C P. 1978. Analysis of deformation of vertically loaded piles. J. Geotech. Engng Div., ASCE 104(GT12), 1465-1488.

Randolph M F, Wroth C P. 1982. Recent developments in understanding the axial capacity of piles in clay. Ground Engng 15(7), 17-25, 32.

Ranjan G, Arora V B. 1980. Model studies on anchors under horizontal pull in clay. Proc. 3rd Aust.-New Zealand Conf. Geomech., Wellington, vol. 1, 65-70.

Rapaport V, Young A G. 1985. Uplift capacity of shallow offshore foundations. In Uplift behaviour of anchor foundations in soil, Clemence S P (ed.), 73-85. ASCE.

Rausche F, Goble G G, Likins G E. 1985. Dynamic determination of pile capacity. J. Geotech. Engng, ASCE 111(3), 367-383.

Rausche F, Goble G G, Moses F. 1972. Soil resistance prediction from pile dynamics. J. Soil Mech. Foundat. Div., ASCE 98(SM9), 917-937.

Redman P G, Poulos H G. 1984. Study of two field cases involving undrained creep. J. Geotech. Engng, ASCE 110(9), 1307-1321.

Reese L C, Desai C S. 1977. Laterally loaded piles. In Numerical methods in geotechnical engineering, Desai C S, Christian J T(eds), Ch. 9. New York: McGraw Hill.

Rezak R. 1974. Deep-sea carbonates. Deep-sea sediments, Inderbitzen A L (ed.), 453-461. New York: Plenum Press.

Richards A F, Palmer H D, Perlow M. 1975. Review of continental shelf. marine geo technics: distribution of soils, measurement of properties, and environmental hazards. Mar. Geotech. 1(1), 33-67.

Richart F E, Hall J R, Woods R D. 1970. Vibrations of soils and foundations. Englewood Cliffs, NJ: Prentice-Hall.

Robertson P K, Campanella R G. 1984. Guidelines for use and interpretation of the electronic cone penetration test. Soil Mech. Series no. 69. Department Civil Engineering, University of British Columbia.

Robertson P K, Campanella R G. 1985. Liquefaction potential of sands using the CPT. J. Geotech. Engng, ASCE 111(3), 384-403.

Rocker K. (ed.) 1985. Handbook for marine geotechnical engineering. Naval Civil Engineering Laboratory, Port Hueneme, California.

Roesset J M, Ettouney M M. 1977. Transmitting boundaries: a comparison. J. Num. Anal. Meth. Geomech. 1, 151-176.

Rona P A. 1977. Plate tectonics and mineral resources. In Ocean science, Readings from Scientific American, 286-295. New York: W. H. Freeman.

Ross D A. 1980. Opportunities and uses of the ocean. New York: Springer-Verlag.

Rowe P W. 1972. The relevance of soil fabric to site investigation practice. Geotechnique 22(2), 195-300.

Rowe P W. 1983. Use of large centrifugal models for off-shore and nearshore works. In Geotechnical aspects of coastal and offshore structures, Yudhbir and A. S. Balasubramaniam (eds), 21-33. Rotterdam: A. A. Balkema.

Rowe P W, Craig W H. 1977. Studies of offshore caissons founded on Oosterschelde Sand: design and construction of offshore Structures. Instn Civ. Engrs, London, 49-55.

Rowe P W, Craig W H, Procter D C. 1976. Model studies of offehore gravity structures founded on clay. Proc. 1st BOSS Conf., Trondheim, vol. 1, 439-448.

Rowe R K, Booker J R. 1979a. A method of analysis for horizontally embedded anchors in an elastic soil. Int. J. Num. Anal. Meth. Geomech. 3, 187-203.

Rowe R K, Booker J R. 1979b. Analysis of inclined anchor plates. Proc. 3rd Int. Conf. Num. Methods in Geomech., Aachen, vol. 3, 1227-1236.

Rowe R K, Booker J R. 1980. The elastic response of multiple underream anchors. Int. J. Num. Anal. Meths. Geomech. 4(4), 313-332.

Rowe R K, Booker J R. 1981. The elastic displacements of single and multiple underream anchors in a Gibson soil. Geotechnique 31(1), 125-141.

Rowe R K, Booker J R. 1982. Finite layer analysis of nonhomogeneous soils. J. Engng Mech. Div, ASCE 108(EM1), 115-132.

Rowe R K, Davis E. 1982a. The behaviour of anchor plates in clay. Geotechnique 32(1), 9-23.

Rowe R K, Davis E H. 1982b. The behaviour of anchor plates in sand. Geotechnique 32(1), 25-41.

Saada A S, Townsend F C. 1981. State of the art: laboratory strength testing of soils. STP 740, 7-77. Philadelphia: ASTM.

Salencon J, Matar M. 1983. Bearing capacity of circular shallow foundations. In Foundation engineering, vol. 1, 159-168. Paris: Presses Ponts et Chaussees.

Sangrey D A. 1977. Marine geotechnology- state of the art. Mar. Geotech. 2, 45-80.

Sangrey D A, France J W. 1980. Peak strength of clay soils after a repeated loading history. Proc. Int. Symp. on Soils Under Cyclic and Transient Loading, Swansea, vol. 1, 421-430.

Sangrey D A, Castro G, Poulos S J, et al. 1978. Cyclic loading of sands, silts and clays. Proc. ASCE Spec. Conf. on Earthq. Engng Soil Dynam., Pasadena, vol. 2, 836-851.

Sangrey D A, Clukey E C, Molnia B F. 1979. Geotechnical engineering analysis of underconsolidated sediments from Alaska coastal waters. Proc. 11th Annual OTC, Houston, Paper OTC 3436, 677-682.

Sangrey D A, Henkel D J, Esrig M I. 1969. The effective stress response of a saturated clay soil to repeated loading. Can. Geotech. J. 6, 241-252.

Sarma S K. 1973. Stability analysis of embankments and slopes. Geotechnique 22(3), 423-433.

Schapery R A, Dunlap W A. 1978. Prediction of storm-induced sea bottom movement and platform forces. Proc. 10th Annual OTC, Houston, Paper OTC 3259, 1789-1796.

Schiffman R L, Pane V. 1984. Non-linear finite strain consolidation of soft marine sediments. In Seabed mechanics, Denness B(ed.), Ch. 17. London: Graham & Trotman.

Schmertmann J H. 1975. Measurement of in situ shear strength. Spec. Conf. on in situ Measurement of Soil Props, ASCE, Raleigh, NC, vol. 2, 57-138.

Schmertmann J H. 1978. Guidelines for cone penetration test. In Performance and design. US Department of Transportation, F. H. A., Washington, DC.

Schofield A N. 1976. General principles of centrifugal model testing and a review of some testing facilities. In Offshore soil mechanics, George P J, Wood D M(eds). Cambridge University Press.

Schofield A N. 1980. Cambridge geotechnical centrifuge operations. Geotechnique 3(3), 227-268.

Schofield A M, Wroth C P. 1968. Critical state soil mechanics. New York: McGraw-Hill.

Seed H B. 1979. Soil liquefaction and cyclic mobility evaluation for level ground during earthquakes. J. Geotech. Engng Div., ASCE 105(GT2), 201-255.

Seed H B, Idriss I M. 1969. Influence of soil conditions on ground motions during earthquakes. J. Soil Mech. Foundat. Div., ASCE 95(SM1), 99-137.

Seed H B, Idriss I M. 1970. Soil moduli and damping factors for dynamic response analyses. Report no. EERC 70-110. Earthquake Engineering Research Center, University of California, Berkeley.

Seed H B, Idriss I M. 1971. Simplified procedure for evaluating soil liquefaction potential. J. Soil Mech. Foundat. Div., ASCE 97(SM9), 1249-1273.

Seed H B, Lee K L. 1966. Liquefaction of saturated sands during cyclic loading. J. Soil Mech. Foundat. Div., ASCE 92(SM6), 105-134.

Seed H B, Martin G R. 1966. The seismic coefficient in earth dam design. J. Soil Mech. Foundat. Div., ASCE 92(SM3), 25-58.

Seed H B, Rahman M S. 1977. Wave-induced pore pressures in relation to ocean floor stability of cohesionless soils. Mar. Geotech. 3(2), 123-150.

Seed H B, Idriss I M, Arango I. 1983. Evaluation of liquefaction potential using field performance data. J. of Geotech. Engng 109(3), 458-482.

Seed H B, Murarka R, Lysmer J, et al. 1976. Relationships between maximum acceleration, maximum velocity, distance from source and local site conditions for moderately strong earthquakes. Bull. Seismol. Soc. Am. 66(4), 1323-1342.

Seed H B, Peacock W H. 1971. Test procedures for measuring soil liquefaction characteristics. J. Soil Mech. Foundat. Div., ASCE 97 (SM8), 1099-1119.

Seed H B, Tokimatsu K, Harder L F, et al. 1984. The influence of SPT procedures in soil liquefaction resistance evaluations. Report no. UCB/EERC-84/15. Earthquake Engineering Research Center, Berkeley, California.

Seed H B, Ugas C, Lysmer J. 1974. Site-dependent spectra for earthquake resistant design. Report no. EERC 74-112. Earthquake Engineering Research Center, University of California, Berkeley.

Seibold E, Berger W H. 1982. The seafloor-an introduction to marine geology. Berlin: Springer-Verlag.

Seines P B. 1982. Geotechnical problems in offshore earthquake engineering. Report no. 140. Oslo: NGI.

Selvadurai A P S. 1978. The response of a deep rigid anchor due to undrained elastic deformation of the surrounding soil medium. Int. J. Num. Anal Meth. Geomech. 2, 189-197.

Selvadurai A P S. 1979. An energy estimate of the flexural behaviour of a circular foundation embedded in an isotropic elastic medium. Int. J. Num. Anal. Meth. in Geomech. 3(3), 285-292.

Selvadurai A P S. 1980. The eccentric loading of a rigid circular foundation embedded in an isotropic elastic medium. Int. J. Num. Anal. Meth. Geomech. 3(3), 121-129.

Semple R M, Rigden W J. 1984. Shaft capacity of driven piles in clay. Analysis and Design of Pile Foundns, ASCE, 59-79.

Sennesset K, Janbu N. 1984. Shear strength parameters obtained from static cone penetration tests. Report A-84-1. Institute of Geotechnics and Foundation Engineering, Norwegian Institute of Technology, Trondheim.

Sennesset K, Janbu N, Svano G. 1982. Strength and deformation parameters from cone penetration tests. Proc. ESOPT2, Amsterdam, vol. 2, 863-870.

Senpere D, Auvergne G A. 1982. Suction anchor piles - a proven alternative to driving or drilling. Proc. 14th Annual OTC, Houston, Paper OTC 4206, vol. 1, 483-493.

Shepard F P. 1963. Submarine geology, 2nd edn. New York: Harper and Row.

Shepard F P. 1977. Geological oceanography. St Lucia, Brisbane: University of Qld. Press.

Shepherd L E, Bryant W R, Dunlap W A. 1978. Consolidation characteristics and excess pore water pressures of Mississippi Delta sediments. Proc. 10th Annual OTC, Houston, Paper OTC 3167, 1037-1047.

Sherif M A, Ishibashi I, Ling S C. 1977. Dynamic properties of a marine sediment. Proc. 9th Int. Conf. Soil Mech. Foundat. Engng, Tokyo, vol. 2, 387-391.

Sherif M A, Ishibashi I, Tsuchiya C. 1978. Pore-pressure prediction during earthquake loadings. Soils and Foundations 18(4), 19-30.

Sheta M, Novak M. 1982. Vertical vibration of pile groups. J. Geotech. Engng Div., ASCE 108(GT4), 570-590.

Silva A J. 1974. Marine geomechanics: overview and projections. In Deep-sea sediments, Inderbitzen A L (ed.), 45-76. New York: Plenum Press.

Silva A J. 1977. Physical processes in deep-sea clays. Oceans 20, 31-40.

Silva A J, Jordan S A. 1984. Consolidation properties and stress history of some deep sea sediments. In Seabed mechanics, Denness B(ed.), Ch. 3. London: Graham & Trotman.

Silver M L, Chan C K, Ladd R S, et al. 1976. Cyclic triaxial strength of a standard test sand. J. Geotech. Engng Div., ASCE 102(GT5), 511-524.

Simons H A, Randolph M F. 1985. A new approach to one-dimensional pile-driving analysis. Proc. 5th Int. Conf. Num. Meth. Geomech., Nagoya 3, 1457-1464.

Singh J P, Quigley D W. 1983. Valdez silts: a challenge in design on offshore facilities. In Geotechnical practice in offshore engineering, Wright S G(ed.) 81-98. ASCE.

Singh R D, Kim J H, Caldwell S R. 1978. Properties of clays under cyclic loading. Proc. 6th Symp. Earthq. Engng, Univ. Roorkee, vol. 1, 107-112.

Skempton A W. 1951. The bearing capacity of clays. Proc. Bldng Res. Congr., Instn Civ. Engrs, London, 180-189.

Skempton A W. 1954. The pore pressure coefficients A and B. Geotechnique 4, 143-147.

Skempton A W. 1959. Cast-in-situ bored piles in London Clay. Geotechnique 9, 153-173.

Skempton A W, Sowa V A. 1963. The behaviour of saturated clays during sampling and testing. Geotechnique 13(4), 269-290.

Sleath J F A. 1970. Wave-induced pressures in beds of sand. J. Hydraul. Div., ASCE 96, 367-379.

Small J C, Booker J R. 1982. Finite layer analysis of primary and secondary consolidation. Proc. 4th Int. Conf. Num. Meth. Geomech., Edmonton, 365-371.

Smith E A L. 1960. Pile driving analysis by the wave equation. J. Soil Mech. Foundat. Div., ASCE 86 (SM4), 35-61.

Smith I M. 1976a. Analysis of dynamically loaded structures and foundations. In Offshore soil mechanics, George P J, Wood D M(eds), 357-362. Engineering Department, University of Cambridge.

Smith I M. 1976b. Aspects of the analysis of gravity offshore structures. Proc. 2nd Int. Conf. Num. Meth. Geomech., Blacksburg, ASCE, vol. 2, 957-978.

Smith I M. 1978. Transient phenomena of offshore foundations. In Numerical methods in offshore engineering, Zienkiewicz O C, Lewis R W, Stagg K G(eds). Chichester: Wiley.

Smith I M, Chow Y K. 1982. Three-dimensional analysis of pile driveability. Proc. 2nd Conf. Num. Methods in Offshore Piling, Austin, 1-19.

Smith I M, Molenkamp F. 1980. Dynamic displacements of offshore structures due to low frequency sinusoidal loading. Geotechnique 30(2), 179-205.

Smith I M, Willson S M. 1986. Plugging of pipe piles. Proc. 3rd Int. Conf. Num. Methods in Offshore Piling, Nantes, 53-73.

Smits F P. 1980. Geotechnical design of gravity structures. LGM Mededelingen, Delft Soil Mechs. Lab, Pt.

21(4), 283-318.

Stas C V, Kulhawy F H. 1984. Critical evaluation of design methods for foundations under axial uplift and compression loading. Report EL-3771. Cornell University.

Steenfelt J S, Randolph M F, Wroth C P. 1981. Model tests on instrumented piles jacked into clay. Proc. 10th Int. Conf. Soil Mech. Foundat. Engng, Stockholm, vol. 2, 857-864.

Stevens R S, Wiltsie E A, Turton T H. 1982. Evaluating pile driveability for hard clay, very dense sand and rock. Proc. 14th Annual OTC, Houston, Paper OTC 4205, vol. 1, 465-481.

Suhayda J N. 1974. Determining nearshore infragravity wave spectra. Proc. Int. Symp. on Ocean Wave Measurement and Analysis, ASCE, New Orleans, 54-63.

Suhayda J N. 1977. Surface waves and bottom sediment response. Mar. Geotech. 2, 135-146.

Sullivan R A. 1978. Platform site investigation. Civ. Engng, Feb. , 26-45.

Sullivan R A. 1980. North Sea foundation investigation techniques. Mar. Geotech. 4(1), 1-30.

Sullivan R A, Squire J M. 1980. Geotechnical properties of West and North African continental shelf sediments. Proc. 7th Reg. Conf. for Africa on Soil Mech. Foundat. Engng, Accra , 43-53.

Sullivan W R, Reese L C, Fenske C W. 1979. Unified method for analysis of laterally loaded piles in clay. Conf. on Num. Methods in Offshore Piling, Instn. Civ. Engrs, London, 135-146.

Swane I C, Poulos H G. 1985. Shakedown analysis of a laterally loaded pile tested in stiff clay. Civ. Engng Trans, Instn Engrs Aust. CE27(3), 275-279.

Swanger H J, Boore D M. 1978. Importance of surface waves in strong ground motion in the period range of 1 to 10 seconds. Proc. Int. Conf. on Microzonation for Safer Construction, San Francisco, vol. 3, 1447-1457.

Taylor D W. 1948. Fundamentals of soil mechanics. New York: Wiley.

Taylor Smith D. 1983. Seismo-acoustic wave velocities and sediment engineering properties. Proc. Conf. on Acoustics and the Sea-bed, Bath, Pace N G(ed.). University of Bath Press.

Terzaghi K. 1943. Theoretical soil mechanics. New York: Wiley.

Terzaghi K. 1956. Varieties of submarine slope failure. Publ. no. 25, 1-16. Oslo: NGI.

Terzaghi K, Peck R B. 1967. Soil mechanics in engineering practice, 2nd edn. New York: Wiley.

Thiers G R, Seed H B. 1969. Strength and stress-strain characteristics of clays subjected to seismic loading conditions. STP 450, 3-56. Philadelphia: ASTM.

Thorburn S, MacVicar R S L. 1979. Pile load tests to failure in the Clyde alluvium. Proc. Conf. on Behaviour of Piles, Instn Civil Engrs, London, 1-7, 53-54.

Thurman A G, D'Appolonia E. 1965. Computed movement of friction and end-bearing piles embedded in uniform and stratified soils. Proc. 6th Int. Conf. Soil Mech. Foundat. Engng 2, 323-327.

Tickell R G, Holmes P. 1978. Approaches to fluid loading, probabilistic and deterministic analyses. In Numerical methods in offshore engineering, Zienkiewicz O C, Lewis R W, Stagg K G(eds), Ch. 2. Chichester: Wiley.

Tjelta T I, Watt P H, Senner D W F. 1983. Deep water investigation: planning to results. In Geotechnical practice in offshore engineering, Wright S G(ed.), 166-180. ASCE.

Torstensson B A. 1975. Pore pressure sounding instrument. Proc. ASCE Spec. Conf. on in situ Measurement of Soil Properties, Raleigh, NC, vol. 2, 48-54.

Townsend F C. 1978. A review of factors affecting cyclic triaxial tests. STP 654, 356-383. Philadelphia: ASTM.

Trofimenkov J G. 1974. Penetration testing in Eastern Europe. ESOPT-1, Stockholm, vol. 2. 1, 24-28.

Tsatsanifos C P, Sarma S K. 1982. Pore pressure rise during cyclic loading of sands. J. Geotech. Engng. Div., ASCE 108(GT2), 315-319.

Tsui Y, Helfrich S C. 1983. Wave-induced pore pressures in submerged sand layer. J. Geotech. Engng, Div. ASCE 109(4), 603-618.

Turekian K K. 1976. Oceans, 2nd edn. Englewood Qiffs, NJ: Prentice Hall.

Vaid Y P, Chern J C. 1985. Cyclic and monotonic undrained response of saturated sands. Advances in the art of testing soils under cyclic conditions, ASCE, 120-147.

Valanis K C, Read H E. 1982. A new endochronic plasticity model for soils. In Soil mechanics - transient and cyclic loads, 357-417. New York: Wiley.

Valliappan S, Lee I K, Boonlualohr P. 1974. Settlement of piles in layered soils. Proc. 7th Biennial Conf. Aust. Road Res. Bd, Adelaide, vol. 7, 144-153.

Valliappan S, White W, Lee I K. 1976. Energy absorbing boundary for anisotropic material. Proc. 2nd Int. Conf. Num. Meth. Geomech., Blacksburg, ASCE, vol. 2, 1013-1024.

Van Eekelen H A M, Potts D M. 1978. The behaviour of Drammen clay under cyclic loading. Geotechnique 28(2), 173-196.

Van Weele A F. 1979. Pile bearing capacity under cyclic loading compared with that under static loading. Proc. 2nd BOSS Conf., London, 475-488.

Vesic A S. 1971. Breakout resistance of objects embedded in ocean bottom. J. Soil Mech. Foundat. Div., ASCE 97(SM9), 1183-1205.

Vesic A S. 1972. Expansion of cavities in infinite soil mass. J. Soil Mech. Foundat. Div., ASCE 98(SM3), 265-290.

Vesic A S. 1975a. Bearing capacity of shallow foundations. In Handbook of foundation engineering, Winterkom H F, Fang H(eds). New York: Van Nostrand.

Vesic A S. 1975b. Principles of pile foundation design. Soil Mech. Series no. 38. Duke University.

Vesic A S. 1977. Design of pile foundations. In National Co-Operative Highway Research Program, synthesis of highway practice no. 42. Washington DC: TRB, NRC.

Vesic A S, Clough G W. 1968. Behaviour of granular materials under high stresses. J. Soil Mech. Foundat. Div., ASCE 94(SM3), 661-688.

Vijayvergiya V N, Focht J A. 1972. A new way to predict the capacity of piles in clay. Proc. 4th Annual OTC, Houston, vol. 2, 865-874.

Vos C J. 1980. Gravity structures: practical design and construction aspects regarding the foundation. LGM Mededelingen, Delft Soil Mechs. Lab, Pt 21(4), 267-282.

Wang J L, Vivatrat V, Rusher J R. 1982. Geotechnical properties of Alaska OCS silts. Proc. 14th Annual OTC, Houston, Paper OTC 4412, 415-433.

Wang M C, Demars K R, Nacci V A. 1978. Applications of suction anchors in offshore technology. Proc. 10th Annual OTC, Houston, Paper OTC 3203, 1311-1320.

Wantland G M, O'Neill M W, Reese L C, et al. 1979. Lateral stability of pipelines in clay. Proc. 11th Annual OTC, Houston, Paper OTC 3477, 1025-1034.

Watkins D J, Kraft L M. 1976. Stability of the continental shelf and slope off Louisiana and Texas: geotechnical aspects. In Beyond the shelf break. AAPG Memoir. Also, Research and Development Report AD76-916, McClelland Engineers, Houston.

Watt B J. 1978. Basic structural systems - a review of their design and analysis requirements. In Numerical methods in offshore engineering, Zienkiewicz O C, Lewis R L, Stagg O(eds). Chichester: Wiley.

Watt B J. 1982. Hydrocarbon extraction in Arctic frontiers. Proc. 3rd BOSS Conf. , Cambridge, Mass. , vol. 1, 71-91.

Wenk E 1977. The physical resources of the ocean. In Ocean Science, Scientific American Inc. , 257-266.

Whelan T, Coleman J M, Suhayda J N, et al. 1975. The geochemistry of recent Mississippi River delta sediments: gas concentration and sediment stability. Proc. 7th Annual OTC, Houston, Paper OTC 2342, vol. 3, 71-84.

Whelan T, Ishmael J T, Rainey G B. 1978. Gas-sediment interactions in Mississippi Delta sediments. Proc. 11th OTC, Houston, Paper OTC 3166, 1029-1036.

Wiegel R L. 1964. Oceanographical engineering. Englewood Cliffs, NJ: Prentice-Hall.

Wolf J P, von Arx G A. 1978. Impedance functions of a group of vertical piles. Proc. ASCE Spec. Conf. Earthq. Engng Soil Dynam. , Pasadena, Calif. , vol. 2, 1024-1041.

Wood D M. 1982. Laboratory investigations of the behaviour of soils under cyclic loading: a review. In Soil mechanics - transient and cyclic loads, Pande G N, Zienkiewicz O C, Ch. 20. Chichester: Wiley.

Wooden W H. 1985. Navstar global positioning system: 1985. Proc. 1st Int. Symp. on Positioning with GPS, Rockville, Md, 23-31.

Woods R D. 1978. Measurement of dynamic soil properties. Proc. ASCE Spec. Conf. Earthq. Engng. Soil Dynam. , Pasadena, Calif. , vol. 1, 91-178.

Wright S G. 1976. Analyses for wave induced sea-floor movements. Proc. 8th Annual OTC, Houston, Paper OTC 2427.

Wright S G, Dunham R S. 1972. Bottom stability under wave induced loading. Proc. 4th Annual OTC, Houston, vol. 1, 853-862.

Wright N, Tamboezer A J, Windle D, et al. 1982. Pile instrumentation and monitoring during pile driving offehore Northwest Borneo. Proc. 14th Annual OTC, Houston, Paper OTC 4204, vol. 1, 451-463.

Wroth C P. 1979. Correlations of some engineering properties of soils. Proc. 2nd BOSS Conf. , London, 121-132.

Wroth C P. 1984. The interpretation of in situ soil tests. Geotechnique 34(4), 449-489.

Wroth C P, Wood D M. 1978. The correlation of index properties with some basic engineering properties of soils. Can. Geotech. J. 15(2), 137-145.

Yamamoto T. 1978. Sea bed instability from waves. Proc. 10th Annual OTC, Houston, Paper OTC 3262.

Yamanouchi T, Yasuhara K. 1977. Deformation of saturated soft clay under repeated loading. Proc. Int. Symp. on Soft Clay, Bangkok, 165-179.

Yegorov K E, Nitchiporovich A A. 1961. Research on the deflection of foundations. Proc. 5th Int. Conf. Soil Mechs. Foundat. Eng. , vol. 1, 861-866.

Yokel F Y, Dobry R, Powell D J, et al. 1980. Liquefaction of sands during earthquakes: the cyclic strain approach. Proc. Int. Symp. on Soils Under Cyclic and Transient Loading, Swansea, 571-580.

Young A G, Kraft L M, Focht J A. 1975. Geotechnical considerations in foundation design of offshore gravity structures. Proc. 7th Annual OTC, Houston, Paper OTC 2371, 367-386.

Young A G, Remmes B D, Meyer B J. 1984. Foundation performance of offshore jack-up drilling rigs. J. Geotech. Engng, ASCE 110(7), 841-859.

Young A G, House H G, Helfrich S C, et al. 1981. Foundation performance of mat-supported jack-up rigs in soft clays. Proc. 13th Annual OTC, Houston, vol. 4, 273-284.

Zienkiewicz O C. 1977. The finite element method, 3rd edn. Maidenhead: McGraw-Hill.

Zienkiewicz O C, Lewis R W, Stagg K G. 1978. Numerical methods in offshore engineering. Chichester: Wiley.